2024年版
1 級電気工事
施工管理技術検定試験
過去問題集

オフィスボルト　大嶋　輝夫　著

電気書院

[本書の正誤に関するお問い合せ方法は，最終ページをご覧ください]

はじめに

電気工事施工管理技術検定試験は，1988年（昭和63年）からスタートした試験で企業の技術力を適正に評価できるこの資格は年々高く評価されてきています．

試験は，1級と2級に分かれ，それぞれ一次検定と二次検定が行われます．

2021年度の制度改正により，一次検定に合格すると「施工管理技士補」，二次検定に合格すると「施工管理技士」の国家資格を取得できます．

一次検定は「電気工学等」「施工管理法」「法規」の3科目について，択一式の出題です．二次検定は「施工管理法」の科目から択一式および記述式で出題されます．

一次検定は，幅広い課目から出題数の多いことが特徴ですが，複雑な計算問題はまず出題されないでしょう．したがって，出題の傾向を調べて自分の得意な分野は解答できるよう学習することが必要といえます．

二次検定は，受験者の工事経験を問う内容が中心となっています．実際にどの程度の経験があり，施工管理についての知識を持っているかが問われます．受験する前に，過去の工事経験を整理し，ポイントをまとめられるよう準備しておく必要があります．

本書は，1級の電気工事施工管理技術検定試験について，2017年度（平成29年度）から2022年度（令和4年度）までの学科試験および実地試験の問題と解答・その解説，さらに受験案内および最近の出題傾向と学習ポイントを掲載しています．これから「電気工事施工管理技士」をめざして学習される方々の参考となれば幸いです．

なお，「日本工業規格」（JIS）は，2019年7月の法改正により「日本産業規格」と名称が変更されていますが，合否にかかわる変更ではないため出題当時のままの名称としています．

2023年12月

著者しるす

2024年版 1級電気工事施工管理技術検定試験過去問題集 目次

問 題

解答・解説

1級電気工事施工管理技術検定試験 受験案内

電気工事施工管理技術検定試験は，一般財団法人建設業振興基金が実施しています．下記に，令和6年度の受験案内を掲載します．詳細については，必ず建設業振興基金ホームページ等にてご確認ください．

1　一次試験の案内

1. 受験資格

(1) 下表の区分イ～ホのいずれか一つに該当する方が受験できます．

［注1］実務経験年数は，学科試験前日までで計算してください．

［注2］実務経験年数には，「指導監督的実務経験」を1年以上含むことが必要です．
指導監督的実務経験とは，現場代理人，主任技術者，工事主任，設計監理者，施工監督などの立場で，部下・下請けに対して工事の技術面を総合的に指導監督した経験をいいます．

<table>
<tr><th rowspan="2">区分</th><th rowspan="2" colspan="2">学歴または資格</th><th colspan="2">電気工事施工管理に関する実務経験年数</th></tr>
<tr><th>指定学科</th><th>指定学科以外</th></tr>
<tr><td rowspan="4">イ</td><td colspan="2">大学，専門学校の「高度専門士」</td><td>卒業後3年以上</td><td>卒業後4年6ケ月以上</td></tr>
<tr><td colspan="2">短期大学，5年制高等専門学校，専門学校の「専門士」</td><td>卒業後5年以上</td><td>卒業後7年6ケ月以上</td></tr>
<tr><td colspan="2">高等学校，専門学校の専門課程</td><td>卒業後10年以上※1，2</td><td>卒業後11年6ケ月以上※2</td></tr>
<tr><td colspan="2">その他（最終学歴問わず）</td><td colspan="2">15年以上※2</td></tr>
<tr><td>ロ</td><td colspan="2">電気事業法による第一種，第二種または第三種電気主任技術者免状の交付を受けた者</td><td colspan="2">6年以上
（交付後ではなく，通算の実務経験年数）</td></tr>
<tr><td>ハ</td><td colspan="2">第一種電気工事士免状の交付を受けた者</td><td colspan="2">実務経験年数は問いません</td></tr>
<tr><td rowspan="4">ニ</td><td colspan="2">2級電気工事施工管理技術検定第二次検定※合格者（令和二年度までは実地試験）</td><td colspan="2">合格後5年以上※1，2</td></tr>
<tr><td rowspan="3">2級電気工事施工管理技術検定合格後，実務経験が5年未満の者</td><td>短期大学，5年制高等専門学校，専門学校の「専門士」</td><td>区分イ参照</td><td>卒業後9年以上※2</td></tr>
<tr><td>高等学校，専門学校の専門課程</td><td>卒業後9年以上※2</td><td>卒業後10年6ケ月以上※2</td></tr>
<tr><td>その他（最終学歴問わず）</td><td colspan="2">14年以上※2</td></tr>
<tr><td rowspan="2">ホ</td><td colspan="4">区分ホの受験資格は，第一次検定のみ受検可能です．この区分で受験申請した場合，第一次試験合格後，今年度の第二次検定を受検することができません．</td></tr>
<tr><td colspan="2">2級電気工事施工管理技術検定第二次検定※合格者（令和二年度までは実地試験）</td><td colspan="2">実務経験年数は問いません</td></tr>
</table>

※1　主任技術者の要件を満たした後，専任の監理技術者の配置が必要な工事に配置され，監理技術者の指導を受けた2年以上の実務経験を有する方は，表中※1印がついている実務経験年数に限り2年短縮が可能です．この場合，提出書類として下記4.［7］が必要です．

※2　指導監督的実務経験として「専任の主任技術者」を1年以上経験した方は，表中※2印がついている実務経験年数に限り2年短縮が可能です．この場合，提出書類として下記4.［8］の5点が必要です．

2. 試験日

令和6年7月14日（日）

3. 受験申込事項

書面による方法とインターネットによる方法の2種類があります．

⑴ 書面による方法

① 受験申込受付期間

令和6年2月22日（木）～3月8日（金）

② 申込用紙の入手方法（令和6年2月9日より販売開始）

ⓐ 窓口販売

各地の開発協会，地域づくり協会，建築協会，建設協会，建設弘済会，クリエイト協会およびその支所，売店，沖縄しまたて協会，建設業振興基金などで販売しています．

ⓑ ネット販売

ⓒ 郵送請求による購入

1部当たり600円＋送料で郵送してもらえます．

⑵ インターネットによる方法

平成16年度～令和5年度の間に新規受験申込を行った方（再受験申込者）は，インターネット申込が可能です．

申込方法は，ホームページ（http://www.fcip-shiken.jp/）を参照してください．

4. 申込に必要な書類（新規受験者の場合）

申込に際しては，下記の書類が必要です．

[1] 受験申込書
[2] 住民票（住民票コードを記入した場合は不要）
[3] パスポート用証明写真1枚
[4] 受験料の振替払込受付証明書
[5] 資格証明書（合格証明書，免許証明書等）の写し
[6] 卒業証明書（原本）
[7]「専任の監理技術者の指導のもとにおける2年以上の実務経験証明書」
[8]「専任の主任技術者実務経験証明書」「工事請負契約書(写)」「施工体系図(写)」「現場代理人主任技術者選任届（写)」「建設業許可通知書（写)」の5点

㈱ [1]～[4]は，受験申込者全員が提出するものです．
[5]～[6]は受検資格区分イ～ニに応じた提出書類です．
[7]～[8]は，受験資格※1，※2の該当者のみが提出する書類です．

2　二次検定の案内

1.　受験資格

下記の①～③のいずれかに該当する者

① 当該年度1級電気工事施工管理技術検定試験（一次検定）の合格者

② 前年度1級電気工事施工管理技術検定試験（学科試験）の合格者

③ 技術士法による技術士の第二次試験のうちで技術部門を電気電子部門，建設部門または総合技術監理部門に合格し，なおかつ1級電気工事施工管理技術検定学科試験の受検資格も併せて有する者.

2.　試験日

令和6年10月20日（日）

3.　受験申込受付期間

令和6年2月22日（木）～3月8日（金）

4.　二次検定の内容

① 施工管理法について，筆記試験が行われます.

② 施工技術検定規則に定める検定科目および検定基準，解答形式は次のとおりです.

検定区分	検定科目	検定基準	知識・能力の別	解答形式
第二次検定	施工管理法	1　監理技術者として，電気工事の施工の管理を的確に行うために必要な知識を有すること.	知　識	五肢択一（マークシート方式）
		2　監理技術者として，設計図書で要求される発電設備，変電設備，送配電設備，構内電気設備等（以下，「電気設備」という.）の性能を確保するために設計図書を正確に理解し，電気設備の施工図を適正に作成し，及び必要な機材の選定，配置等を適切に行うことができる応用能力を有すること.	能　力	記　述

3　申込および受験に関する問い合わせ先

一般財団法人建設業振興基金　試験研修本部

〒105-0001　東京都港区虎ノ門4丁目2番12号

虎ノ門4丁目MTビル2号館

電　話　03-5473-1581（代表）

http://www.fcip-shiken.jp/

1 級電気工事施工管理技術検定試験 出題傾向と受験対策

電気工事施工管理技術検定試験は電気に関連する国家試験の中では，出題範囲の幅が一番広いものとなっています．反面，各分野における選択問題も多くあることから，勉強に当たってはまず自分の専門（仕事としている分野）を中心に学習し，確実に点を取れるように心がけ，また，日頃から仕事を行いながら（朝の TBM から始まる）仕事の中で疑問を持ったものは，その場で調べて学習して自分のものにしておくことが合格への近道です．

区分別に学習のポイントをまとめると次のようになります．

1.「**電気工学等**」は，本試験の中心をなしますが，一次検定では従来どおり選択科目も多くあると予想されます．目標の科目を選んでその科目を重点的に学習し，確実に点を取れるように心がけることが大切です．

2.「**施工管理法**」は，従来の方式では必須科目で，問題の選択が許されませんでした．本書で過去の問題の傾向をよくつかむことと後述する重要事項を学習することが大切です．

3.「**法規**」は，一時検定では選択科目になると予想されますが，選択の余地はほとんどないと思います．本書で重要と思われる項目をしっかりと見定めるとともに，後述する重要事項を確認してから学習すると効率がよいでしょう．

4. 二次検定の「**施工体験記述**」は，従来の試験と大きく変わらないと予想しています，したがって，あなた自身が体験した電気工事の中で印象に残っている工事を 2，3 件思い出して問題に当てはめてまず記述し，何回も記述練習しながら，自分で模範となる解答を作成することが大切です．本書では，模範となる標準的な解答を示してありますので，それらを参考に自分の体験した工事と照らし合わせて，具体的な解答を作成することです．

次に，過去の出題を分析したものから，特に重要と思われる事項について学習ポイントを掲げます．

なお，2021 年より，従来の学科，実地は一次，二次と変更され，出題内容も一部変更が見受けられますが，従来どおり内容をしっかりと学習しておくことが合格への大前提となるでしょう．

〔1〕一次検定

1. 電気工学等

(1) 電気理論

① 平行導体に直流電流を流した場合の導体に働く力とその方向
② 静電気，電磁気に関するクーロンの法則
③ 表皮効果における電流変化と電磁誘導
④ 交流回路の実効値，平均値，波形率，波高率など
⑤ R，L，C 回路の力率計算
⑥ コンデンサ，コイルに蓄えられるエネルギーとその計算
⑦ キルヒホッフの法則の応用，ブリッジ回路の計算
⑧ 三相負荷の Y-△等価変換
⑨ R-C，R-L 回路の過渡現象
⑩ 分流器の倍率と電圧計に用いる倍率器の抵抗の計算
⑪ 指示計器の動作原理と記号など
⑫ 自動制御（フィードバック，シーケンス制御）の概要と特徴など

(2) 電気機器

① 同期発電機の並列運転の条件，安定度向上対策
② 同期発電機の短絡比，電圧変動率，過負荷耐量などの比較
③ 変圧器の結線方式（Y-△，V-V 結線他）の特徴など
④ 変圧器のインピーダンスとインピーダンスワット（銅損），鉄損，効率
⑤ 変圧器の並行運転の条件
⑥ 各種遮断器の遮断原理とその特徴
⑦ 直列リアクトル，進相コンデンサの特徴など

(3) 電力系統

① 水力発電所の水車の比較
② 火力発電所のボイラ設備と熱サイクル
③ 原子力発電所の構成と特徴
④ 電力系統の安定度向上対策と短絡容量低減策
⑤ 電力系統における無効電力の制御と各調相設備の特徴
⑥ 電圧フリッカの低減対策
⑦ 架空送電線路の多導体方式の特徴
⑧ 架空送電線路の静電誘導・電磁誘導対策，コロナ対策
⑨ 直流送電の特徴

⑩　配電線の各種方式（単2，単3，三相3線など）の損失・電線量の比

⑷　電気応用

①　照明に関する用語と各種光源の比較（効率など）

②　床面の水平面照度の計算と照度・光度・照明率・室指数の計算

③　各種電動機の特徴とその始動方法，制御方法

④　インバータ制御の概要とその特徴

⑤　電気加熱の各種加熱方式の原理とその特徴

⑥　二次電池（鉛蓄電池，ニカド電池など）の原理とその特徴

2. 電気設備

⑴　発電設備

①　火力発電所の熱サイクルの種類と熱効率向上対策

②　ガスタービン発電とディーゼル発電の効率，燃料消費率の違いや特徴

③　火力発電プラントの各機器とその役割，制御方式など

④　水力発電の水車の比速度とキャビテーション（発生原因，対策），吸出し管の役割

⑤　水力発電所の出力計算式と揚水発電用電動機の所要動力計算式

⑥　加圧水型・沸騰水型原子炉の特徴と原子炉構成材の概要

⑦　コージェネレーションシステムの概要と特徴

⑵　変電設備

①　変圧器の結線と電圧ひずみ波形（第3調波について）

②　変圧器の振動の原因と騒音対策

③　変圧器の静電移行電圧と電磁移行電圧，雷サージ対策

④　ガス絶縁開閉装置（GIS）の特徴とGIS変電所の絶縁協調

⑤　変圧器，送電線路の保護継電方式

⑥　屋外式変電設備の塩害対策

⑶　送配電設備

①　架空送電線路の異常電圧対策と再閉路方式

②　送電系統の各種中性点接地方式の特徴とその比較

③　架空送電線路の有効電力の式

④　送電系統におけるフェランチ現象（長距離系統，地中系統）

⑤　送配電設備の絶縁協調

⑥　送電線の微風振動，サブスパン振動，ギャロッピング，スリートジャンプ

⑦　地中電線路の電力ケーブルの許容電流増大対策

⑧　地中電線路の事故点検出法と絶縁劣化測定法

⑨ OF ケーブル，CV ケーブルの特徴比較
⑩ 送電線路の保護方式と特徴
⑪ 単相３線式の中性線断線時の現象と対策
⑫ スポットネットワーク，レギュラネットワーク方式の概要と特徴
⑬ 高圧配電線の保護方式と雷対策

(4) 構内電気設備

① VDT 作業室に設置する照明器具の形式と作業照明基準
② 電気設備技術基準及びその解釈と内線規程
・低圧電動機の幹線の許容電流
・低圧屋内幹線，分岐線の許容電流
・漏電遮断器，ヒューズの設置規定
・低圧屋内配線工事の各種工事方法
・6.6 kV-CVT 管路式地中電線路の施工
・ケーブルの許容曲げ半径
③ 高圧受電設備の過電流保護協調
④ キュービクル受電設備（受入検査，高圧限流ヒューズなど）
⑤ 自家用受変電設備の需要率，負荷率，不等率の式
⑥ 高圧ケーブルのシールド接地の良否
⑦ 蓄電池の各種充電方式の特徴
⑧ 建築物の避雷設備の JIS 規定（避雷導線の設置規定など）
⑨ 建築基準法上の非常照明設備の設置基準
⑩ 建築基準法上の煙感知器連動，防火戸の配線規定
⑪ 排煙設備の操作用配線の規定，排煙口の開放方式について
⑫ 消防法上の自動火災報知設備の設置規定と各種受信機
⑬ 各種防災設備の電源容量と消防法上 30 分間容量必要な防災設備
⑭ 消防法上の誘導灯の種類とその設置規定
⑮ 消防法上の各種感知器の設置規定

(5) 電車線

① 交流き電方式の特徴と直流き電方式の事故電流の選択遮断
② 交流き電回路の電圧降下とその軽減対策，インピーダンスボンド
③ 直流電気鉄道の電食に関する一般事項
④ 鉄道トロリ線の摩耗対策と偏位の値，電車線のレール面に対する勾配
⑤ 直流架空電車線，交流電車線路とこ線橋等との離隔距離
⑥ 剛体ちょう架式電車線の支持点間隔とエアセクションについて

⑦ 鉄道信号用図記号と現示区分

⑧ 自動列車停止装置，列車集中制御方式等の概要

⑹ その他の設備

① 道路照明に用いる各種光源の特徴（低圧ナトリウムランプなど）

② 道路トンネル出入り口照明の基本施設

③ 道路交通信号制御の各種方式と各種オフセット方式

⑺ 電気通信関係

① 電話用室内端子盤の設置

② 構内交換設備のサービス機能とその用語

③ 電気時計の種類とその特徴

④ 各種マイクロホンの形式・性能，増幅器他

⑤ テレビ共同受信の分配損失と結合損失，アンテナ・出力レベル

⑥ 光ファイバケーブルの特徴，接続方法

⑦ LAN の伝送方式，伝送速度，伝送媒体，アクセス方式他

3. 関連分野

⑴ 機械設備関係

① 空気調和方式に関する各種ダクト方式の特徴と換気方式の種別

② 飲料水の給水設備（ウォーターハンマ，クロスコネクション他）

③ 各種排水設備の施設方式

⑵ 土木関係

① コンクリートの調合（ワーカビリティー，水量，スランプ他）

② 水準測量，三角測量等各種測量の概要，使用機器，特徴

③ 建設機械とその適合する作業

④ 軟弱地盤，砂質地盤の掘削時の各種現象の概要と特徴

⑤ 鉄道線路の施工基面の幅，軌間の標準値

⑥ 鉄道における建築限界と車両限界

⑶ 建築関係

① 鉄筋コンクリート，鉄骨構造の構成各部名称と特徴

⑷ 設計・契約関係

① 公共工事標準請負契約約款（完成検査期日，現場代理人の権限他）

② 電気用図記号（JIS 記号）と名称の組み合わせ

③ 制御器具番号と器具名称の組み合わせ

4. 工事施工

① 水力発電所の施工（水車・発電機の組立手順）
② 火力発電所の施工（タービン・発電機の組立手順）
③ 変電所の施工（油入変圧器の組立手順，耐雷対策など）
④ 受変電設備（保護協調・地絡方向継電器の試験・工事方法など）
⑤ 架空電線路（緊線工事方法・延線工事方法・支持物の支線・工事用工具）
⑥ 架空配電線路（工事用工具・無停電工法）
⑦ 低圧屋内配線の施工（内線規定，ケーブル・金属管工事方法）
⑧ 光ファイバケーブルの配線，接続工事の方法
⑨ 電気鉄道（軌道等の用語・各種ちょう架の方法・帰線）

5. 施工管理法

⑴ 施工計画

① 各種施工計画の作成目的，施工要領書の活用内容
② 施工速度と工事原価の関係グラフ
③ 工事現場の仮設に関する規定（安全衛生法，電気設備技術基準など）
④ 各種申請届出書類と提出先の組み合わせ

⑵ 工程管理

① 工程管理の施工速度
② 工程計画作成時の検討事項（進度管理，資材計画，配員計画など）
③ 施工管理における作業改善の手順
④ ネットワーク工程表の日数，フリーフロート，最早開始日・最遅完了日など
⑤ 各種工程表の長所，短所

⑶ 品質管理

① 品質管理の用語（平均，公差，誤差など）
② 品質管理の全数検査，抜取検査の意義とその内容
③ 各種試験の方法（接地抵抗試験，絶縁抵抗試験，絶縁耐力試験）

⑷ 安全管理

① 安衛法上の漏電遮断器の適用除外
② 安衛法上の作業床の幅・高さ，架設通路，足場，移動はしごの規定
③ 安衛法上の事業者の講ずべき措置として定められている作業
④ 移動式クレーン運転者と玉掛け作業者の資格
⑤ 絶縁用防具・保護具の自主検査規定
⑥ 労働災害における度数率等を表す式

6. 法　規

⑴　建設業法

①　施工体制台帳の作成

②　特定建設業の下請金額と軽微な工事

③　建設業の許可及び技術者の設置（主任技術者，監理技術者）

④　請負契約書に記載しなければならない事項など

⑵　電気事業法

①　電気事業法上の電気工作物の事故報告

②　電気事業法上の小出力発電設備（太陽電池，内燃力発電設備など）

③　電気事業法の目的，工事計画の事前届出

⑶　電気関連法規

①　電気工事士法上の第一種，第二種電気工事士の従事できる作業

②　電気用品安全法の目的など

⑷　建築基準法

①　用語の説明

②　建築士法上の業務範囲，建築設備士，工事監理の範囲

⑸　消防法

①　消防の用に供する設備，誘導灯，非常警報設備，警戒区域など

②　避難設備，消防設備士など

⑹　労働安全衛生法

①　事業者が行う職長に対する安全衛生教育

②　特定元方事業者と統括安全衛生責任者

③　ゴンドラ作業等の安全基準

⑺　労働基準法

①　未成年者の労働契約・就業制限

⑻　関連法規

①　道路法上の道路の占用許可申請事項，道路使用許可申請の違い

②　廃棄物の定義と産業廃棄物の処理

〔2〕二次検定

二次検定はまず，施工体験記述が合否を決定するといってよいほどウエイトが高いことが予想されます．

特に，1級電気工事施工管理技士の施工体験記述となると，1級に値する記述，そしてその記述から実際の施工に関する体験が成されているかどうかがうかがえる記述でなければ合格することは難しいでしょう．

最近の傾向として，施工体験記述は，現場工事における実務経験の有無と的確な表現力等を判断する目的で，工程管理・安全管理・品質管理に対する留意事項とその理由および対策などを記述させる問題が出題されています．

また，体験記述に記した工事件名以外の工事において経験した問題点とその対策についても記述するような出題がされており，このことからも現場経験を多く積んでいるかどうかが判断されます．

よって，現場において施工管理を実際に経験している（経験した）者にとっては，当然のごとく記述可能であり，点を取りやすいところでもあります．

ただし，何の準備もせず試験場で一発勝負的に考えをまとめて記述しようとしても，適切な記述ができずに，えてして不適切な記述となることが多くなります．したがって，本書の標準的な解答を参考にして，自分の経験した工事に置き換えて自分なりに記述練習をしておくことが大切です．

一方，施工体験記述以外の問題としては，ネットワーク工程表の問題，安全・品質・電気関連用語論説問題，法規論説問題と，従来と同様の出題がされると思われます．また，管理に必要な知識を問われる出題（五肢択一）が新しく出題されます．

一次検定に合格した人でしたら，二次検定に出題される電気工学等，施工管理法，法規の記述に関してはある程度解答を記述することができると思われますが，この論説記述は一般に6割以上の得点が必要と言われているので，試験前には過去問などで練習しておくことが大切です．

2023 年度（令和 5 年度）
第一次検定・問題

出題数 92　必要解答数 60

No.1～No.57 が午前、No.58～No.92 が午後の出題

電気工学 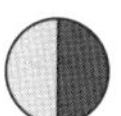

※問題番号【**No.1**】から【**No.15**】までは, **15** 問題のうちから **10** 問題を選択し, 解答してください.

No.1 図に示す回路において，コンデンサ C_1 に蓄えられる電荷 Q〔μC〕の値として，**正しいもの**はどれか.

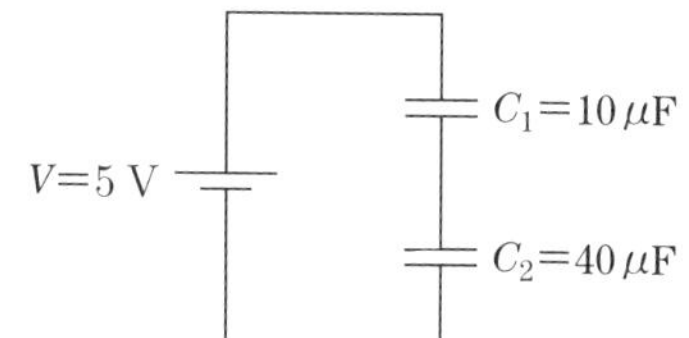

1. 40 μC
2. 65 μC
3. 150 μC
4. 250 μC

No.2 静電界における電気力線に関する記述として，**不適当なもの**はどれか.

1. 電気力線は，等電位面と垂直に交わる.
2. 電気力線は，負電荷に始まり正電荷に終わる.
3. 電気力線の向きは，その点の電界の方向と一致する.
4. 電気力線が密なところは電界が強く，疎らなところは弱い.

No.3 図に示す平衡三相回路において，電源側の相電圧が E〔V〕，負荷側の抵抗値が R〔Ω〕である場合の負荷の消費電力 P〔W〕の値を表す式として，**正しいもの**はどれか．

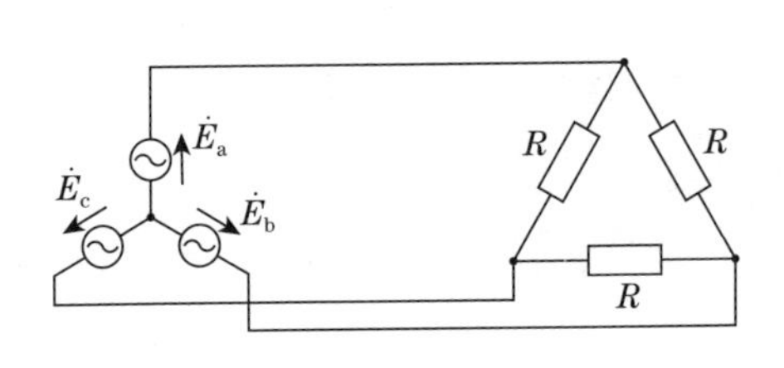

1. $P=\dfrac{\sqrt{3}E^2}{R}$〔W〕

2. $P=\dfrac{3E^2}{R}$〔W〕

3. $P=\dfrac{3\sqrt{3}E^2}{R}$〔W〕

4. $P=\dfrac{9E^2}{R}$〔W〕

No.4 指示電気計器の動作原理に関する記述として，**不適当なもの**はどれか．

1. 熱電対形計器は，測定電流で熱せられる一つ以上の熱電対の起電力を用いる熱形計器である．
2. 誘導形計器は，固定電極と稼働電極との間に生ずる静電力の作用で動作する計器である．
3. 永久磁石可動コイル形計器は，固定永久磁石の磁界と可動コイル内の電流による磁界との相互作用によって動作する計器である．
4. 電流力計形計器は，可動コイル内の電流による磁界と，一つ以上の固定コイル内の電流による磁界との相互作用によって動作する計器である．

No.5 図に示す三相電動機の正逆運転制御回路のシーケンス図において，イとロに用いる図記号の組合せとして，**適当なもの**はどれか.

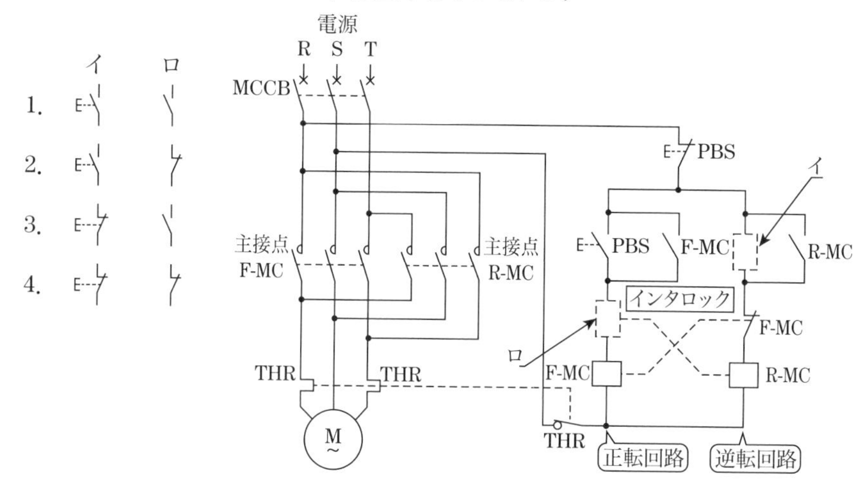

No.6 発電機に関する記述として，**最も不適当なもの**はどれか.

1. 同期発電機には，回転磁界形と回転電機子形がある.
2. 同期発電機の界磁巻線に直流電流を供給し，端子電圧を一定に保持あるいは調整する装置を励磁装置という.
3. 誘導発電機は，一般に構造が複雑で高価である.
4. 誘導発電機は，一般に電力系統より励磁電流を受けて運転するので，単独運転はできない.

No.7 図に示す変圧器の一次電流 I〔A〕の値として，**正しいもの**はどれか.

ただし，各負荷の電流は図示の値，各負荷の力率は 100 %とし，変圧器及び電線路の損失は無視するものとする.

1. 3.5 A
2. 4.0 A
3. 5.3 A
4. 7.0 A

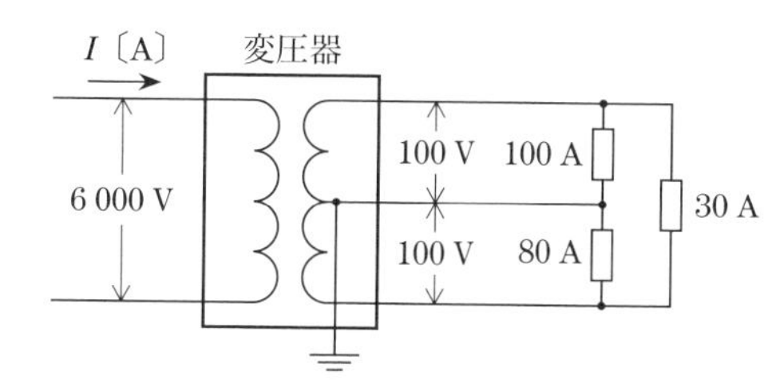

No.8 高圧進相コンデンサに関する記述として，**最も不適当なもの**はどれか．

1. はく電極（NH）コンデンサは，自己回復機能をもっている．
2. はく電極（NH）コンデンサは，薄いアルミ箔でフィルムを挟んで対向させる構造である．
3. 蒸着電極（SH）コンデンサは，薄い絶縁シートの両側に亜鉛を蒸着した構造である．
4. 蒸着電極（SH）コンデンサは，ケースがある程度膨張するとコンデンサ配線を切断する保護装置が内蔵されているものがある．

No.9 水力発電所において，最大出力 147 MW を発電するために必要な流量〔m^3/s〕として，**正しいもの**はどれか．

ただし，有効落差は 250 m とし，水車効率と発電機効率を総合した効率を 80 % とする．

1. 25 m^3/s
2. 48 m^3/s
3. 75 m^3/s
4. 96 m^3/s

No.10 変電所の構成機器に関する記述として，**最も不適当なもの**はどれか．

1. 酸化亜鉛形避雷器には，直列ギャップが必要である．
2. ガス絶縁開閉装置（GIS）は，六ふっ化硫黄ガス（SF_6）で絶縁している．
3. 負荷時タップ切換変圧器には，切換時に二つのタップ間が短絡しないように限流抵抗が用いられる．
4. 中性点接地抵抗器は，電力系統の地絡故障電流を抑制するために設けられる．

No.11 架空送電線に近接している通信線への電磁誘導電圧に関する記述として，**最も不適当なもの**はどれか．

1. 送電線の故障電流や各相の負荷電流の不平衡により発生する．
2. 各相と通信線との間の相互インダクタンスの不平衡により常時発生する．
3. 送電線と通信線の平行長が長いほど大きくなる．
4. 導電率の高い架空地線を設置すると大きくなる．

No.12 電力系統に接続する電源に関する記述として，**最も不適当なもの**はどれか．

1. 流込式水力発電は，需要に見合った出力調整が難しく，ベース供給力として使用される．
2. 揚水式水力発電は，負荷追従性に優れており，ピーク供給力として使用される．
3. 風力発電は，需要に見合った出力調整が容易なため，ピーク供給力として使用される．
4. 原子力発電は，長時間安定した運転ができるので，ベース供給力として使用される．

No.13 屋内照明に関する記述として，**不適当なもの**はどれか．

1. 相関色温度 5 300 K 未満の光源の光色は，涼色に分類される．
2. 精密な作業における演色性については，平均演色評価数 Ra の最小値として 80 が推奨されている．
3. 光度とは，光源からある方向に向かう光束の，単位立体角当たりの割合である．
4. 直接グレアは，人に不快感を及ぼす不快グレアと視対象物を見えにくくする減能グレアに分類される．

No.14 金属の電解析出に関する次の文章に該当する用語として，**最も適当なもの**はどれか．

「不純物を含む金属板を陽極とし，その金属イオンを含む溶液中で電気分解を行うと，陰極には純金属が析出し，高純度の金属が得られる．」

1. 電鋳
2. 電解精錬
3. 電解研磨
4. 電気めっき

No.15 三相誘導電動機に関する記述として，**最も不適当なもの**はどれか．

1. 滑りは，同期速度を，同期速度と回転子速度との差で除した値となる．
2. 二次回路の抵抗値と滑りが比例するならば，トルクは一定である．
3. 負荷のトルクが停動トルク以上になると，電動機は停止する．
4. 電動機の実測効率は，電動機出力を電動機入力で除した値となる．

◐ 電気設備 ◐

※問題番号【No.16】から【No.47】までは，32問題のうちから14問題を選択し，解答してください.

No.16 蒸気タービンによる汽力発電と比較した，コンバインドサイクル発電に関する記述として，**不適当なもの**はどれか.

ただし，発電設備は同容量とする.

1. 熱効率が高い.
2. 始動用電力が少ない.
3. 起動・停止時間が短い.
4. 大気温度の変化が，出力に与える影響が小さい.

No.17 固体高分子型燃料電池に関する記述として，**不適当なもの**はどれか.

1. 一酸化炭素を燃料に使用できる.
2. 電解質にイオン交換膜を用いている.
3. りん酸形燃料電池に比べて作動温度が低い.
4. 固体酸化物形燃料電池に比べて起動が早い.

No.18 変電所に設置される油入変圧器に関する記述として，**最も不適当なもの**はどれか.

1. 鉄心の磁束密度を高くすることは，騒音対策に有効である.
2. 外気中の湿気の侵入を防止するため，呼吸口に吸湿呼吸器を付けている.
3. 無圧密封形コンサベータは，絶縁油の劣化防止のために用いられる.
4. 送油風冷式変圧器では，油を送油ポンプで強制循環させるとともに冷却ファンによって放熱器を強制風冷させている.

No.19 電力系統の局所的な故障の影響が，全系統に波及拡大することを防ぐ事故波及防止保護リレーシステムの設置目的として，**最も不適当なもの**はどれか．

1. 脱調保護
2. 母線保護
3. 周波数低下防止保護
4. 過負荷防止保護

No.20 電力系統の供給信頼度の向上対策に関する記述として，**最も不適当なもの**はどれか．

1. 発電機，送電機，変圧器などの機器は，できる限り並列接続する．
2. 機器の定期点検は，負荷の軽重に関わらず，年間を通して平均化するように計画する．
3. 交流連系線や直流連系線，周波数変換設備などで隣接系統間を連系し，広域運営を行う．
4. 多重化や自動監視などの適用などによって，保護継電装置の信頼度を向上させる．

No.21 架空送電線路のギャロッピングに関する記述として，**最も不適当なもの**はどれか．

1. 電線に付着した氷雪が脱落し，その反動で電線が跳ね上がる現象である．
2. 振幅が大きくなり，相関短絡を起こすことがある．
3. 単導体よりも多導体において発生しやすい．
4. 防止対策として，送電線に相関スペーサを取り付ける方法がある．

No.22 三相3線式の地中送電線路において，無負荷時の充電容量 Qc〔kV･A〕を表す式として，**正しいもの**はどれか．

ただし，各記号は次のとおりとする．

V：線間電圧〔kV〕　C：ケーブル1線当たりの静電容量〔μF〕

ω：角周波数〔rad/s〕

1. $Q_c = \frac{1}{\sqrt{3}}\omega CV \times 10^{-3}$〔kV･A〕
2. $Q_c = \omega CV \times 10^{-3}$〔kV･A〕
3. $Q_c = \omega CV^2 \times 10^{-3}$〔kV･A〕
4. $Q_c = 3\omega CV^2 \times 10^{-3}$〔kV･A〕

No.23 送電線の表皮効果に関する記述として，**不適当なもの**はどれか．

1. 周波数が高いほど，表皮効果は大きくなる．
2. 導電率が小さいほど，表皮効果は小さくなる．
3. 表皮効果が小さいほど，電力損失が小さくなる．
4. 表皮効果が大きいほど，電線中心部の電流密度は大きくなる．

No.24 架空送電線路におけるコロナ放電の抑制対策として，**不適当なもの**はどれか．

1. 多導体の場合，素導体数を減らす．
2. がいし装置にシールドリングを設ける．
3. より太い電線を使用する．
4. がいし装置の金具は，突起物をなくし丸みを持たせる．

No.25 配電系統の保護に関する記述として，**最も不適当なもの**はどれか．

1. 高圧配電線路の地絡保護のために，変電所に過電流継電器を施設する．
2. 雷による高圧配電線路の機器保護のため，柱上変圧器の一次側に避雷器を施設する．
3. 高圧配電線路の短絡保護のため，電路に過電流遮断器を施設する．
4. 低圧配電線路の短絡故障に対し，柱上変圧器の一次側に高圧ヒューズを施設する．

No.26 分散型電源の系統連系設備に関する用語の定義として，「電気設備の技術基準とその解釈」上，**誤っているもの**はどれか．

1. 自立運転とは，分散型電源が連系している電力系統から解列された状態において，当該分散型電源設置者の構内負荷にのみ電力を供給している状態である．
2. 線路無電圧確認装置とは，電線路の電圧の有無を確認するための装置である．
3. 逆潮流とは，分散型電源設置者の構内から，一般送配電事業者が運用する電力系統側へ向かう有効電力の流れである．
4. 転送遮断装置とは，遮断器の遮断信号を通信回線で伝送し，同じ構内に設置された別の遮断器を動作させる装置である．

No.27 配電系統に発生する電圧フリッカの抑制対策に関する記述として，**最も不適当なもの**はどれか．

1. 発生源への電力供給を短絡容量の大きな電源系統に変更する．
2. 発生源の電源側にステップ式自動電圧調整器（SVR）を施設する．
3. 発生源への電力供給を専用の変圧器から行う．
4. アーク炉などのフリッカ負荷がある場合は，三巻線補償変圧器を設置する．

No.28 屋内全般照明の光束法による照度計算に関する記述として，**不適当なもの**はどれか．

1. 壁面の反射率が小さいほど，照度は下がる．
2. 保守率が小さいほど，照度は下がる．
3. 室指数が大きいほど，照度は下がる．
4. 作業面から光源までの高さが高いほど，照度は下がる．

No.29 屋内に施設するフロアヒーティングに関する記述として，「電気設備の技術基準とその解釈」上，**不適当なもの**はどれか．

1. 発熱線に電気を供給する電路の対地電圧を，150 V以下とした．
2. 使用電圧が 100 Vの発熱線に直接接続する電線の被覆に使用する金属体には，D種接地工事を施した．
3. 発熱線に電気を供給する電路には，専用の過電流遮断器（MCCB）を設けるほか，漏電遮断器（ELCB）を設置した．
4. 発熱線の温度は，120 ℃を超えないように施設した．

No.30 低圧電路に施設する過電流遮断器の性能等に関する記述として，「電気設備の技術基準とその解釈」上，**不適当なもの**はどれか．

ただし，低圧電路は，電動機のみに至る低圧分岐回路とする．

1. 短絡保護専用遮断器は，整定電流の 1.2 倍の電流で 0.2 秒以内に動作しないこと．
2. 短絡保護専用遮断器の整定電流は，定格電流の 13 倍以下であること．
3. 過負荷保護装置は，電動機が焼損するおそれがある過電流を生じた場合に，自動的にこれを遮断すること．
4. 過電流遮断器として，過負荷保護装置と短絡保護専用遮断器を組み合わせて使用する装置は，専用の一つの箱の中に収めること．

No.31 次の負荷ア，イを接続する低圧屋内幹線に必要な許容電流の最小値〔A〕として，「電気設備の技術基準とその解釈」上，**適当なもの**はどれか．

ア　電動機の定格電流の合計：80 A

イ　ヒータの定格電流の合計：60 A

1. 148 A
2. 154 A
3. 160 A
4. 175 A

No.32 高圧受変電設備に用いる機器に関する記述として，**不適当なもの**はどれか．

1. 高圧遮断器の引外し方式には，過電流引外し，電圧引外し，コンデンサ引外し等がある．
2. 高圧限流ヒューズの種類は，溶断特性により，一般用はG，変圧器用はTの記号で表される．
3. 進相コンデンサの端子電圧は，直列リアクトルを用いた場合，回路の電圧より低下する．
4. 変圧器のパーセントインピーダンスが大きいほど，変圧器二次側の遮断器の遮断容量は小さくできる．

No.33 キュービクル式高圧受電設備に関する記述として，「日本産業規格（JIS）」上，**不適当なもの**はどれか．

1. CB 形の主遮断装置は，遮断器と過電流継電器とを組み合わせたもの，又は一体としたものとする．
2. 高圧引出しを行う場合，引出し形遮断器を使用すれば断路器を省略できる．
3. 自動力率調整を行う一つの開閉装置に接続することができる高圧進相コンデンサの設備容量は，200 kvar 以下とする．
4. 変圧器容量が 500 kV・A の場合は，変圧器の一次側の開閉装置として，高圧カットアウトを使用することができる．

No.34 3回線で受電する低圧スポットネットワーク方式に関する記述として，**不適当なもの**はどれか．

1. 低圧スポットネットワーク方式とは，ネットワーク変圧器の二次側電圧が低圧の方程式をいう．
2. 一次側の1回線が停止しても，残りの変圧器で最大需要電力を供給できるように，変圧器容量を選定する．
3. プロテクタヒューズは，ネットワーク変圧器の一次側に設置される．
4. プロテクタ遮断器は，ネットワーク母線からの逆潮流により遮断動作する．

No.35 自家用発電設備に用いるディーゼル機関の冷却方式に関する記述として，**最も不適当なもの**はどれか．

1. 冷却塔方式は，機関より出た冷却水を冷却塔に導き，蒸発潜熱の作用により冷却する．
2. 熱交換冷却方式は，熱交換器の一次側（内燃機関本体側）には清水を使用するが，二次側には河川水などを使用することができる．
3. 直結ラジエータ冷却方式は，地震等により補給水が断たれた場合，運転が不可能となる．
4. 水槽循環冷却方式は，水槽への補給水が断たれた場合でも，水温が許容限度に上昇するまでは運転を継続できる．

No.36 据置鉛蓄電池に関する記述として，「日本産業規格（JIS）」上，**不適当なもの**はどれか．

1. ベント式は，防まつ構造をもつ排気栓を用いて，酸霧が脱出しないようにした蓄電池の方式である．
2. 触媒栓は，蓄電池を充電したときに発生する酸素ガス及び水素ガスを触媒反応によって水に戻す機能をもつ栓である．
3. 制御弁式鉛蓄電池は，通常の条件下ではガスを放出するが，内圧が規定値を超えた場合，密閉状態となる蓄電池である．
4. 制御弁式のモノブロック電池は，正負極板，隔離板，電解液及び端子又は中間接続体を組み立てて収納した独立の単電池室を，電気的に複数個接続した1個の電池である．

No.37 鉄骨造の建築物における接地工事に関する記述として，「電気設備の技術基準とその解釈」上，**不適当なもの**はどれか.

1. 建物の鉄骨その他の金属体は，大地との抵抗値が2 Ωであるとき，非接地式高圧電路に施設する機械器具等に施すA種接地工事の接地極に使用できる.
2. 変圧器のB種接地工事は，高圧と低圧の混触による危険を防止するために，低圧側電路の中性点又は一端子に施すものである.
3. 低圧電路に地絡を生じた場合に1秒で遮断する漏電遮断器を設けるときは，C種接地工事の接地抵抗値を500 Ωにできる.
4. 一部が地中に埋設された建物の鉄骨を，A種，B種，C種及びD種接地工事の共用の接地極として使用する場合には，等電位ボンディングを施す必要がある.

No.38 中央監視制御装置の機能に関する記述として，**最も不適当なもの**はどれか.

1. 無効電力制御は，コンデンサの台数制御を行い，常に力率を適正に保つ制御を行う.
2. 発電装置負荷制御は，停電時等の発電装置立上げに伴い，設定された優先順位に従い負荷制御を行う.
3. 電力デマンド監視は，使用電力量から一定周期で使用電力を監視し，デマンド目標値を超えるおそれがある場合に警報を発する.
4. トレンド表示は，設備系統図や平面図を表示装置上に表示して，機器の状態や警報をそのシンボルの色変化や点滅で表示を行う.

No.39 自動火災報知設備に関する記述として，「消防法」上，**不適当なもの**はどれか.

1. 面積600 m^2 で一辺の長さが100 mの工場に光電式分離型感知器を設置したので，一の警戒区域とした.
2. 面積600 m^2 で一辺の長さが50 m の事務室に煙感知器を設置したので，一の警戒区域とした.
3. 事務所ビルの3階と4階それぞれの床面積が500 m^2 であったので，合わせて一の警戒区域とした.
4. 学校の体育館で主要な出入口から内部を見通すことができたので，一の警戒区域の面積を1 000 m^2 とした.

No.40 非常用の照明装置（照明設備）に関する記述として，「建築基準法」上，**誤っているもの**はどれか．

1. 地下街の各構えの接する地下道の床面において，水平面照度で 5 lx 以上を確保しなければならない．
2. 照明器具（照明カバーその他照明器具に付属するものを含む．）のうち主要な部分は，難燃材料で造り，又は覆わなければならない．
3. 予備電源と照明器具との電気配線に用いる電線は，600 V 二種ビニル絶縁電線その他これと同等以上の耐熱性を有するものとしなければならない．
4. LED ランプを用いる場合は，常温下で床面において水平面照度で 2 lx 以上を確保しなければならない．

No.41 マイクロホンの選定に関する記述として，**最も不適当なもの**はどれか．

1. 講堂での一般的なスピーチに使用するため，ムービングコイルマイクロホン（ダイナミック形）を選定した．
2. スタジオでのピアノ演奏の録音に使用するため，コンデンサマイクロホン（エレクトレット形）を選定した．
3. 目的外の音の集音を避けるため，単一指向性マイクロホンを選定した．
4. 周囲のすべての方向からの音を集音するため，両指向性マイクロホンを選定した．

No.42 テレビ共同受信設備の分岐器，分配器における電気的特性に関する記述として，**不適当なもの**はどれか．

1. 分岐器において，入力→分岐間を通過する際の損失を挿入損失という．
2. 分岐器において，分岐→出力間を通過する際の損失を逆結合損失という．
3. 分配器において，入力→分配（出力）間を通過する際の損失を分配損失という．
4. 分配器において，分配（出力）→別の分配（出力）間を通過する際の損失を端子間結合損失という．

No.43 電気鉄道におけるトロリ線の温度上昇対策として，**不適当なもの**はどれか．

1. 耐熱性の優れたトロリ線を使用する．
2. トロリ線の断面積を大きくする．
3. トロリ線の硬点を少なくする．
4. パンタグラフすり板にトロリ線との接触抵抗の少ないものを使用する．

No.44 電気鉄道における交流き電方式（単相交流 20 kV）と比較した，直流き電方式（直流 1 500 V）に関する記述として，**不適当なもの**はどれか．

1. 変電所の変電設備が簡単である．
2. 地下埋設物の電食について考慮する必要がある．
3. 変電所間隔を短くする必要がある．
4. トンネル断面が小さくできる．

No.45 電気鉄道における常置信号機のうち，主信号機に分類されるものとして，**不適当なもの**はどれか．

1. 場内信号機
2. 遠方信号機
3. 入換信号機
4. 出発信号機

No.46 道路トンネル照明に関する記述として，**最も不適当なもの**はどれか．

1. 基本照明は，トンネル全長にわたり，灯具を原則として一定間隔に配置する．
2. 基本照明は，トンネルを走行する運転者が，前方の障害物を安全な距離から視認するために必要な明るさを確保するための照明である．
3. 入口部照明の路面輝度は，野外輝度が低い場合には，それを補うために高くしなければならない．
4. 入口部照明の路面輝度は，境界部が最も高く，移行部，緩和部の順に低くなる．

No.47 マイクロ波通信に関する記述として，**最も不適当なもの**はどれか．

1. 広帯域伝送が可能で伝送品質が良い．
2. 波長が短いので，鋭い指向性をもつアンテナを使用することができる．
3. 他回線との混信や干渉が起き難い．
4. 電離層と大地の間で反射して伝搬するため，中継することなく遠距離まで通信が可能である．

◐ 関連分野 ◑

※問題番号【No.48】から【No.55】までは，8問題のうちから5問題を選択し，解答してください.

No.48 空気調和設備の熱負荷計算に関する記述として，**最も不適当なもの**はどれか.

1. 人体，照明及び機器発熱による熱負荷は，室内負荷として冷房負荷に含める.
2. 室内圧力が正圧の場合，窓からのすきま風負荷は，暖房負荷に含めないことが多い.
3. ガラス窓透過日射熱負荷は，暖房負荷に含めないことが多い.
4. 地下階の土壌に接している壁の通過熱負荷は，冷房負荷に含める.

No.49 高置タンク方式による給水設備の運転制御に関する記述として，**最も不適当なもの**はどれか.

1. 受水タンク及び高置タンクの水位を検出して，満水警報と減水警報を設ける.
2. 揚水ポンプの運転は，高置タンクからの発停信号により2台で自動交互運転を行う.
3. 高置タンクからの減水警報信号により，揚水ポンプの空転防止を行う.
4. 受水タンクの水位制御は，パイロット電磁弁の開閉により定水位調整弁が作動して給水する.

No.50 土質調査において，ボーリング孔を利用して行う原位置試験（現地で直接行う試験）として，**最も不適当なもの**はどれか.

1. 粒度試験
2. 現場透水試験
3. 孔内載荷試験
4. 標準貫入試験

No.51 建設工事において使用する掘削機械に関する記述として，**最も不適当なもの**はどれか．

1. バックホウは，機械の位置よりも低い場所の掘削に適している．
2. ローディングシャベルは，機械の位置よりも高い場所の掘削に適している．
3. クラムシェルは，ワイヤロープによって吊り下げた開閉式のバケットで掘削する機械で，狭く深い場所の掘削に適している．
4. ドラグラインは，ワイヤロープによって吊り下げたバケットを手前に引きよせて掘削する機械で，かたい地盤の掘削に適している．

No.52 次の記述に該当する土留め壁の名称として，**最も適当なもの**はどれか．

「遮水性がよく，地下水位の高い地盤にも適するが，構成する材料が長尺な物の施工では，傾斜や継手の離脱が生じやすく，それを引き抜くとき地盤沈下しやすい土留め壁である．」

1. 既製杭壁
2. 鋼矢板壁（シートパイル型）
3. 親杭横矢板土留め壁
4. ソイルセメント壁

No.53 鉄道線路における軌道変位に関する記述として，**不適当なもの**はどれか．

1. 軌間とは，2 本のレールの内面距離のことをいい，軌道の軌間変位は，その距離の設計値からのずれのことである．
2. 通りとは，レール側面の長さ方向の凹凸のことをいい，軌道の通り変位は，その凹凸の設計値からのずれのことである．
3. 高低変位は，左右レールの高さの差のことをいい，列車荷重が繰り返し加わることにより生ずるものである．
4. 軌道の平面性変位は，軌道面のねじれの設計値からのずれのことをいい，緩和曲線中では，構造的な平面性変位がある．

No.54 鉄筋コンクリートに関する記述として，**最も不適当なもの**はどれか．

1. クリープは，持続荷重が作用すると時間の経過とともにひずみが増大する現象のことである．
2. コンクリートと鉄筋の付着強度は，異形鉄筋より丸鋼を用いた方が大きい．
3. コンクリートのアルカリ性により，鉄筋をさびにくくしている．
4. 打設時にコンクリートのまわりが悪くなるおそれがあるため，隣り合うガス圧接継手の位置をずらす．

No.55 鉄骨工事に用いる鋼材の部材名称として，**最も不適当なもの**はどれか．

1. フランジプレート
2. ウェブプレート
3. スプライスプレート
4. ガセットプレート

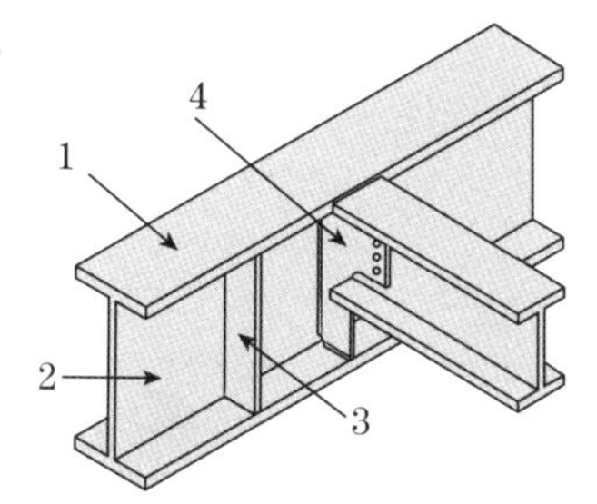

※問題番号【No.56】，【No.57】の 2 問題は，全問解答してください．

No.56 電話･情報設備に用いる中間配線盤の図記号として，「日本産業規格（JIS）」上，**正しいもの**はどれか．

1. RT
2. IDF
3. DSU
4. ATT

No.57 請負契約における現場代理人に関する記述として，「公共工事標準請負契約約款」上，**誤っているもの**はどれか．

1. 受注者は，現場代理人を定めて工事現場に設置し，設計図書に定めるところにより，その氏名その他必要な事項を発注者に通知しなければならない．
2. 現場代理人は，工事現場に常駐し，その運営，取締りを行うほか，請負代金額の変更，請負代金の請求及び受領，契約の解除に係る権限を行使することができる．
3. 現場代理人，監理技術者等（監理技術者，監理技術者補佐又は主任技術者）及び専門技術者は，これを兼ねることができる．
4. 発注者は，現場代理人がその職務の執行につき著しく不適当と認められるときは，受注者に対して，その理由を明示した書面により，必要な措置を取るべきことを請求することができる．

施工管理法

※問題番号【No.58】から【No.63】までの6問題は，施工管理法の応用能力問題です．全問解答してください．

No.58 建設工事における仮設計画に関する記述として，**最も不適当なもの**はどれか．

1. 屋内に設ける仮設通路は，通路面から高さ1.8 m以内に障害物がないようにした．
2. 工事用電源として出力10 kWの可搬型ディーゼル発電機を使用するので，電気主任技術者を選任する計画とした．
3. 仮設の低圧ケーブル配線が通路床上を横断するので，車両等の通過により絶縁被覆が損傷しないように架空配線で使用する計画とした．
4. 仮設の配線に接続する架空つり下げ電灯は，高さ2.3 mに接地したのでガードを省略した．
5. 工事用電気設備の建物内幹線は，工事の進捗に伴う移設や切り回し等の支障の少ない場所で立上げる計画とした．

No.59 建設工事における施工要領書を作成する際の留意事項として，**最も不適当なもの**はどれか．

1. 品質の向上を図り，安全かつ経済的な施工方法を検討した．
2. 他の現場においても共通に利用できるよう一般的事項を記入した．
3. 設計図書などに明示のない部分を具体化して作成した．
4. 作業員に施工方針や施工技術を周知するために作成した．
5. 工事の着手前に作成して，工事管理者の承諾を受けた．

No.60 図に示す建設工事のネットワーク工程表において，クリティカルパスの日数（所要工期）を7日から6日に1日短縮する場合の記述として，**最も不適当なもの**はどれか．

ただし，○内の数字はイベント番号，アルファベットは作業名，日数は所要日数を示す．

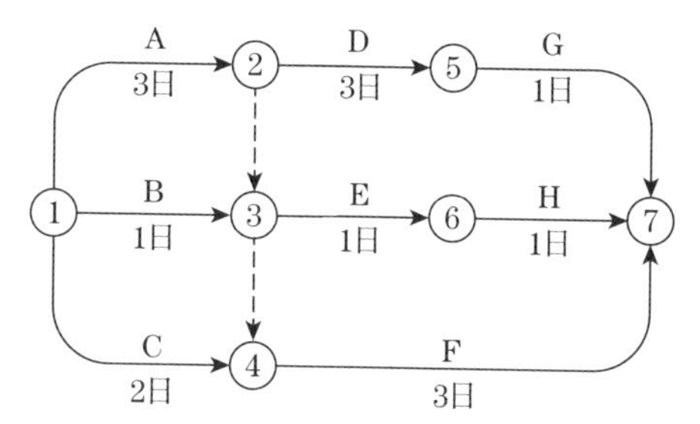

1. 各作業のトータルフロートを算出した．
2. トータルフロートが負（マイナスの値）となった作業の中から短縮が可能な作業を選び，日数の短縮を行った．
3. 最終イベント⑦の最遅完了時刻を，当初の所要工期より1日短縮した日数とし，各イベントの再遅完了時刻を算出した．
4. トータルフロートが負（マイナスの値）となる作業は，作業D及び作業Gであった．
5. 作業Aを1日短縮すると作業Fは1日早くスタートできる．

No.61 図のネットワーク工程表において，クリティカルパスの日数（所要工期）として，**正しいもの**はどれか．

ただし，○内の数字はイベント番号，アルファベットは作業名，日数は所要日数を示す．

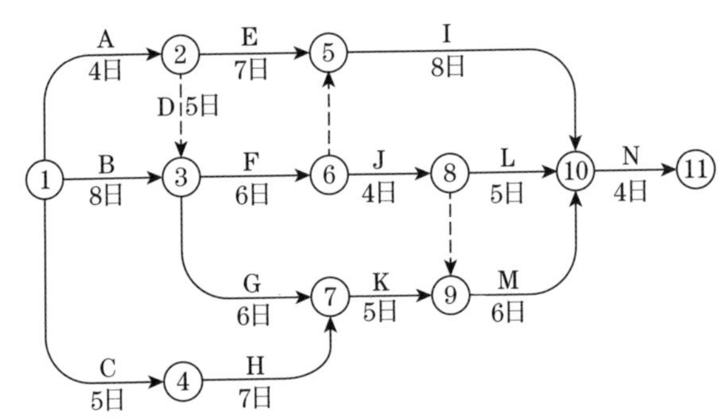

1. 27日
2. 28日
3. 29日
4. 30日
5. 31日

No.62 品質管理に関する記述として，**最も不適当なもの**はどれか．

1. 品質管理とは，品質計画における目標を施工段階で実現するために行う工事管理の項目，方法等をいう．
2. 品質管理は，問題発生後の検出を重視し，工事の過程で予防処置を行う必要はない．
3. 工程の各ステップごとに品質管理のチェックリストを作成して計画的に管理する．
4. 品質管理においては，要求する品質と品質を作り出すために必要な原価とのバランスが重要である．
5. P→D→C→Aの管理サイクルを回していくことが,品質管理の基本となる．

No.63 品質管理に関する次の記述に該当する図等の名称として，**適当なもの**はどれか．

「不良品等の発生個数や損失金額等を原因別に分類し，大きい順に左から並べて棒グラフとし，さらにこれらの大きさを順次累積した折れ線グラフで表した図」

1. ヒストグラム
2. レーダーチャート
3. 管理図
4. 特性要因図
5. パレート図

※問題番号【No.64】から【No.70】までの7問題は，全問解答してください．

No.64 着工時の施工計画を作成する際の検討事項として，**最も重要度の低いもの**はどれか．

1. 防火区画の確認をする．
2. 塩害などの環境条件を確認する．
3. 新工法や特殊な工法などを調査する．
4. 関連業者と施工上の詳細な納まりを検討する．

No.65 バーチャート工程表の特徴に関する記述として，**最も不適当なもの**はどれか．

1. 各作業の所要日数，日程が把握しやすい．
2. 現場の工程変化に対し，補正・補足が容易である．
3. 横線式工程表の一種であり，各作業の余裕時間が把握しやすい．
4. 作業間の手順が概ね分かり，工程上の問題点の把握が容易である．

No.66 進捗度曲線（Ｓチャート）を用いた工程管理に関する記述として，**最も不適当なもの**はどれか．

1. 進捗度曲線は，上方許容限界曲線と，下方許容限界曲線で囲まれた形がバナナ形になることから，バナナ曲線と呼ぶことがある．
2. 実施数量の累積値が計画数量の累積値の上側にある場合は，工程に遅れが生じている．
3. 計画時点の進捗度曲線は，労力などの平均施工速度を基礎として作成される．
4. 進捗度のずれには許容限界があり，回復しがたい状態に追い込まれないことが必要である．

No.67 高圧受電設備の絶縁性能の試験（絶縁耐力試験）に関する記述として，**最も不適当なもの**はどれか．

1. 試験実施の前に，変圧器や計器用変成器の二次側の接地を外していることを確認した．
2. 試験実施の前後に絶縁抵抗測定を行い，絶縁抵抗が既定値以上であり，試験前後で変わらないことを確認した．
3. 試験電圧の半分くらいまでは徐々に昇圧し，検電器で機器に電圧が印加されていることを確認してから，試験電圧まで昇圧した．
4. 試験終了後，電圧を零に降圧して電源を切り，検電して無電圧であることを確認してから接地し，残留電荷を放電した．

No.68 労働者の危険を防止するための措置に関する記述として，「労働安全衛生法」上，**誤っているもの**はどれか．

1. 作業員の昇降用に幅が30 cmの移動はしごを設けた．
2. 地中管路を施設するための掘削深さが１ mであったので，作業員昇降用の設備を省略した．
3. 高さが２ mの箇所での作業であったので，要求性能墜落制止用器具を取り付けるための設備を設けた．
4. 物体を投下する高さが３ mであったので，投下設備を設ける等労働者の危険を防止するための措置を省略した．

No.69 建設現場において，特別教育を終了した者が就業できる業務として，「労働安全衛生法」上，**誤っているもの**はどれか．

ただし，道路上を走行する運転を除く．

1. つり上げ荷重が 1.5 t の移動式クレーンの玉掛けの業務
2. 最大荷重が 1 t 未満のフォークリフトの運転の業務
3. ゴンドラの操作の業務
4. 高圧充電電路の支持物の点検の業務

No.70 明り掘削の作業における，労働者の危険を防止するための措置に関する記述として，「労働安全衛生法」上，**誤っているもの**はどれか．

1. 掘削作業によりガス導管が露出したので，つり防護を行った．
2. 地山の掘削作業主任者が，器具及び工具を点検し，不良品を取り除いた．
3. 砂からなる地山を手掘りで掘削するので，掘削面のこう配を 35 度とした．
4. 土止め支保工を設けたので，14 日ごとに点検を行い，異常を認めたときは直ちに補修した．

※問題番号【No.71】から【No.79】までは，9 問題のうちから 6 問題を選択し，解答してください．

No.71 水力発電の有水試験に関する記述として，**最も関係のないもの**はどれか．

1. 水車関係機器の単体動作試験として，圧油装置の調整後，調速機によるガイドベーンの開閉の動作を確認した．
2. 負荷遮断試験として，発電機の負荷を突然遮断したときに，水車発電機が異常なく無負荷運転に移行できることを確認した．
3. 発電機特性試験として，発電機を定格速度で運転し，電圧調整試験を実施後，無負荷飽和特性，三相短絡特性など諸特性の測定を行った．
4. 非常停止試験として，発電機の一定負荷運転時に，非常停止用保護継電器のひとつを動作させ，所定の順序で水車が停止することを確認した．

No.72 屋外に設置するキュービクル式高圧受電設備に関する記述として，「高圧受電設備規程」上，**最も不適当なもの**はどれか．

1. キュービクルへ至る保守点検用の通路は，保守員がキュービクルまで安全に到達できるように，幅0.8 mの通路を全面にわたり確保した．
2. キュービクルを建物屋上の端までの保有距離が2 mの位置に設置するので，墜落防止のために高さ0.9 mのさくを設けた．
3. キュービクル前面には，基礎に足場スペースを設けた．
4. 基礎の開口部からキュービクル内部に小動物が侵入しないよう，開口部に網を設けた．

No.73 架空送電線路の延線工事に関する記述として，**不適当なもの**はどれか．

1. 架線ウインチのキャプスタンの軸方向は，メッセンジャワイヤの巻き取り方向に対して直角とした．
2. 電線が金車を通過するときに．スリーブとその前後の電線を保護するためにジョイントプロテクタを装着した．
3. 電線やワイヤロープに必要な張力を与えて安定した延線を行うために，延線車を用いた．
4. メッセンジャワイヤの巻き取り，繰り出し，停止及び変速のために，緊線ウインチを用いた．

No.74 一般事務室に設けるコンセント用の分岐回路に関する記述として，「内線規程」上，**不適当なもの**はどれか．

1. 20 A配線用遮断器分岐回路に，定格電流15 Aのコンセントを10個設置した．
2. 20 A配線用遮断器分岐回路に，定格電流20 Aのコンセントを2個設置した．
3. 30 A分岐回路に，定格電流20 Aのコンセントを3個設置した．
4. 30 A分岐回路に，定格電流30 Aのコンセントを2個設置した．

No.75 構内電気設備の合成樹脂可とう電線管（PF 管，CD 管）の施工に関する記述として，**最も不適当なもの**はどれか．

ただし，使用電圧は，300 V 以下とする．

1. 太さが 28 mm の管を曲げるときは，その内側の半径を管内径の 6 倍以上とした．
2. コンクリート埋込の管は，バインド線で鉄筋に結束し，支持間隔を 1.5 m とした．
3. 合成樹脂管に金属製のボックスを接続して使用したが，乾燥した場所に施設したので設置工事を省略した．
4. CD 管はコンクリート埋込部分に使用し，PF 管は二重天井内の隠ぺい部分とコンクリート埋込部分で使用した．

No.76 バスダクト工事による低圧屋内配線に関する記述として，「電気設備の技術基準とその解釈」上，**不適当なもの**はどれか．

1. 造営材に水平に取り付けるバスダクトの支持間隔を 3 m とした．
2. 電気シャフト（EPS）内に垂直に取り付けるバスダクトの支持間隔を 6 m とした．
3. 使用電圧 400 V の屋外用バスダクトを湿気の多い展開した場所に施設した．
4. 使用電圧 400 V のバスダクトに，人が接触しないようさくを設けたので，バスダクトには D 種接地工事を施した．

No.77 架空単線式の電車線路に関する記述として，「鉄道に関する技術上の基準を定める省令及び同省令等の解釈基準」上，**誤っているもの**はどれか．

ただし，新幹線鉄道は除くものとする．

1. 本線におけるカテナリちょう架式の電車線（トロリ線）は，公称断面積85 mm^2 のみぞ付き硬銅トロリ線とした．
2. カテナリちょう架式の電車線のハンガ間隔は，5 m とした．
3. 剛体ちょう架式の電車線は，支持点の間隔を7 m 以下とした．
4. 集電装置にパンタグラフを使用する区間の電車線（トロリ線）の偏いは，レール面に垂直の軌道中心面から300 mm 以内とした．

No.78 建築物の屋内駐車場の車路管制設備に関する記述として，**最も不適当なもの**はどれか．

1. ループコイルをスラブに埋設するので，鉄筋との離隔を0.05 m とした．
2. ループコイルとループコイル式検知器の間の配線の長さは，15 m とした．
3. 車路上に取り付ける信号灯の高さを，車路床面から器具下端で2.1 m とした．
4. 壁掛形発券機の発券口の高さを，車路床面から1.2 m とした．

No.79 地中電線路の施工に関する記述として，**最も不適当なもの**はどれか．

1. 洞道内のケーブルは，熱伸縮の影響を少なくするため，スネーク布設の変曲点で拘束した．
2. 管路へのケーブル引入時，ケーブルの損傷を防ぐため，引入側の管路口にケーブルガイドを取り付けた．
3. 管路の途中に水平屈曲部があったので，引入張力を小さくするため，屈曲部に近い方のマンホールからケーブルを引き入れた．
4. 傾斜地の管路に布設されたケーブルの熱伸縮による滑落を防止するため，上端側管路口にプーリングアイを取り付けた．

法　規

※問題番号【**No.80**】から【**No.92**】までは，**13** 問題のうちから **10** 問題を選択し，解答してください.

No.80 監理技術者資格者証に関する記述として，「建設業法」上，**誤っているもの**はどれか.

1. 資格者証の申請者が二以上の監理技術者資格を有する者であるときは，それぞれ個別の資格者証が交付される.
2. 資格者証には，交付を受ける者の生年月日及び住所が記載されている.
3. 資格者証の有効期間は，申請により更新される.
4. 資格者証には，建設業者の業務に従事している場合にあっては，当該建設業者の商号又は名称が記載されている.

No.81 建設工事の請負契約の当事者が，契約の締結を電磁的措置で行う場合におけるその措置の技術的基準として，「建設業法」上，**定められていないもの**はどれか.

1. 当該契約の相手方がファイルへの記録を出力することによる書面を作成することができるものであること.
2. ファイルに記録された契約事項等について，改変が行われていないかどうかを確認することができる措置を講じていること.
3. 当該契約の相手方が本人であることを確認することができる措置を講じていること.
4. 必要に応じて，ファイルを，容量の異なる複数個に分割したり，結合したりすることができるものであること.

No.82 建設工事において，施工体系図を作成する場合に表示する事項として，「建設業法」上，**定められていないもの**はどれか．

1. 複数の下請負人が建設業者であるときは，下請負人ごとに置く主任技術者の氏名
2. 発注者が監督員を置くときは，当該監督員の氏名
3. 下請負人が建設業者であるときは，一般建設業又は特定建設業の別
4. 作成建設業者が監理技術者補佐を置くときは，その者の氏名

No.83 電気工作物に関する記述として，「電気事業法」上，**誤っているもの**はどれか．

1. 工事計画の届出を必要とする自家用電気工作物を新たに設置する者は，工事計画を届け出，その届出が受理された日から 30 日を経過した後でなければ，工事を開始してはならない．
2. 発電のために設置するダム，水路及び貯水池は，電気工作物である．
3. 一般用電気工作物以外の電気工作物は，すべて自家用電気工作物である．
4. 自家用電気工作物を設置する者は，死亡又は入院を要する感電事故の発生を知った時から 24 時間以内可能な限り速やかに管轄する産業保安監督部長に概要について報告するとともに，30 日以内に報告書を提出しなければならない．

No.84 次の電気用品のうち，「電気用品安全法」上，特定電気用品に**該当しないもの**はどれか．

1. 定格電圧 600 V，38 mm^2 の CVT ケーブル
2. 定格電圧 AC250 V の温度ヒューズ
3. 定格電圧 AC200 V，定格消費電力 10 kV の電気温水器
4. 定格電圧 100 V の携帯発電機

No.85 電気工事士等に関する記述として，「電気工事士法」上，**誤っているもの**はどれか．

1. 第一種電気工事士は，自家用電気工作物に係る電気工事の作業すべてに従事することができる．
2. 第二種電気工事士は，最大電力 50 kW 未満であってもその自家用電気工作物に係る電気工事の作業に従事することができない．
3. 認定電気工事従事者は，電圧 600 V 以下で使用する自家用電気工作物に係る電気工事のうち，電線路に係るものを除く電気工事の作業に従事することができる．
4. 特種電気工事資格者認定証及び認定電気工事従事者認定証は，経済産業大臣が交付する．

No.86 次の記述のうち，「建築基準法」上，**誤っているもの**はどれか．

1. 建築物は，土地に定着する工作物のうち，屋根及び柱若しくは壁を有するものをいい，建築設備を含む．
2. 倉庫，自動車車庫，危険物の貯蔵場の建築物は，特殊建築物に含まれる．
3. 通常の火災が終了するまでの間，当該火災による建築物の倒壊及び延焼を防止するために，当該建築物の部分に必要とされる性能を，耐火性能という．
4. 建築主事は，建築物の敷地，構造及び建築設備を常時適法な状態にするよう努めなければならない．

No.87 次の記述のうち「建築士法」上，**誤っているもの**はどれか．

1. 建築士は，建築物に関する調査又は鑑定を行うことができる．
2. 一級建築士は，一級建築士として 5 年以上設備設計に従事した後，登録講習機関が行う所定の講習の課程を修了した後，1 年以内に国土交通大臣へ設備設計一級建築士証の交付を申請できる．
3. 建築士は，工事監理を終了したときは，直ちにその結果を文書で建築主事に報告しなければならない．
4. 建築物（応急仮設建築物を除く．）を新築する場合に，延べ面積が 1 000 m^2 を超え，かつ，階数が 2 以上の建築物は，一級建築士でなければ工事監理をしてはならない．

No.88 危険物の貯蔵及び取扱いの制限等における指定数量に関する記述として，「消防法」上，**誤っているもの**はどれか．

ただし，所轄消防長又は消防署長の承認を受けた場合を除く．

1. 指定数量とは，危険物についてその危険性を勘案して政令で定める数量である．
2. 少量危険物とは，指定数量の二分の一以上で当該指定数量未満のものをいう．
3. 経由の指定数量は，1 000 L である．
4. 指定数量以上の危険物は，貯蔵所以外の場所で貯蔵してはならない．

No.89 建設業における特定元方事業者が，労働災害を防止するために講ずべき措置に関する記述として，「労働安全衛生法」上，**誤っているもの**はどれか．

1. 特定元方事業者と関係請負人との間及び関係請負人相互間における，作業間の連絡及び調整を行うこと．
2. 特定元方事業者及びすべての関係請負人が参加する協議組織の設置及び運営を行うこと．
3. 統括安全衛生責任者との連絡を行わせるための，関係請負人の安全衛生責任者の選任を行うこと．
4. 関係請負人が行う労働者の安全又は衛生のための教育場所の提供など，指導及び援助を行うこと．

No.90 常時 50 人以上の労働者を使用する建設業の事業場において，選任しなければならない者又は設けなければならない委員会として，「労働安全衛生法」上，**定められていないもの**はどれか．

1. 産業医
2. 安全衛生推進者
3. 衛生管理者
4. 安全衛生委員会

No.91 使用者が労働契約の締結に際し，労働者に対して書面の交付により明示しなければならない労働条件として，「労働基準法」上，**定められていないもの**はどれか．

1. 休職に関する事項
2. 従事すべき業務に関する事項
3. 就業の場所に関する事項
4. 退職に関する事項

No.92 建設資材廃棄物に関する記述として，「建設工事に係る資材の再資源化等に関する法律」上，**誤っているもの**はどれか．

1. 都道府県知事は，特定建設資材廃棄物の再資源化等の適正な実施を確保するため，職員に，営業に関係のある場所に立ち入り，帳簿，書類その他の物件を検査させることができる．
2. 特定建設資材とは，コンクリート，木材その他建設資材のうち，政令で定められた建設資材のことをいい，合成樹脂製可とう電線管（CD管）が含まれる．
3. 建設工事の元請業者は，当該工事に係る特定建設資材廃棄物の再資源化等が完了したときは，その旨を発注者に，書面により報告又は電磁的方法により通知をしなければならない．
4. 再資源化には，分別解体等に伴って生じた建設資材廃棄物であって，燃焼の用に供することができるものを，熱を得ることに利用できる状態にする行為が含まれる．

2023 年度（令和 5 年度）第二次検定・問題

出題数 5　必要解答数 5

問題 1～3 は記述式，問題 4～5 は五肢択一式です．

問題 1　あなたが**経験した電気工事**について，次の問に答えなさい．

1－1　経験した電気工事について，次の事項を記述しなさい．

⑴　工 事 名

⑵　工事場所

⑶　電気工事の概要

　㈠　請負金額（概略の額）

　㈡　概　　要

⑷　工　　期

⑸　この電気工事でのあなたの立場

⑹　あなたが担当した業務の内容

1－2　**上記の電気工事の現場**において，**墜落災害**が発生する**危険性がある**と，あなたが予測した**事項とその理由**を **2 項目**あげ，これらの**労働災害**を防止するために，あなたがとった**対策**を項目ごとに **2 つ**具体的に記述しなさい．

ただし，対策の内容は重複しないこと．

なお，次のいずれか又は両方の記述については配点しない．

・保護帽の単なる着用のみの記述

・要求性能墜落制止用器具の単なる着用のみの記述

1－3　**上記（1－1）の電気工事の現場**において，電気工事に従事する労働者に**感電災害**が発生する危険性があると予測した**作業内容とその理由**をあげ，あなたがとった**対策**を具体的に記述しなさい．

問題 2 電気工事に関する次の語句の中から **2 つ**選び，番号と語句を記入のうえ，**適正な品質を確保するための方法**を，それぞれについて **2 つ**具体的に記述しなさい．

ただし，方法の内容は重複しないこと．

1. 資材の管理
2. 合成樹脂製可とう電線管（PF 管）の施工
3. 重量機器の取付け
4. 電線相互の接続

問題 3 電気工事に関する次の用語の中から **4 つ**選び，番号と用語を記入のうえ，**技術的な内容**を，それぞれについて **2 つ**具体的に記述しなさい．

ただし，**技術的な内容**とは，施工上の留意点，選定上の留意点，動作原理，発生原理，定義，目的，用途，方式，方法，特徴，対策などをいう．

1. 水車のキャビテーション
2. 汽力発電の熱効率向上対策
3. 架空電線路と比較した地中電線路の特徴
4. 電力系統の直流送電
5. 電力デマンド制御
6. サージ防護デバイス（SPD）
7. 遮断機の保護協調
8. 新 4K8K 衛生放送用構内共同受信設備
9. 電気鉄道の電食防止対策
10. 電気鉄道の閉そく装置
11. 交通信号の半感応制御
12. B 種接地工事

問題4 次の問に答えなさい．

4－1 図に示す直径が4 mm，長さが8 kmの一様な断面を持つ直線状の電線の抵抗値〔Ω〕として，**最も適当なもの**はどれか．

ただし，電線の抵抗率は 1.57×10^{-8} Ω・mとする．

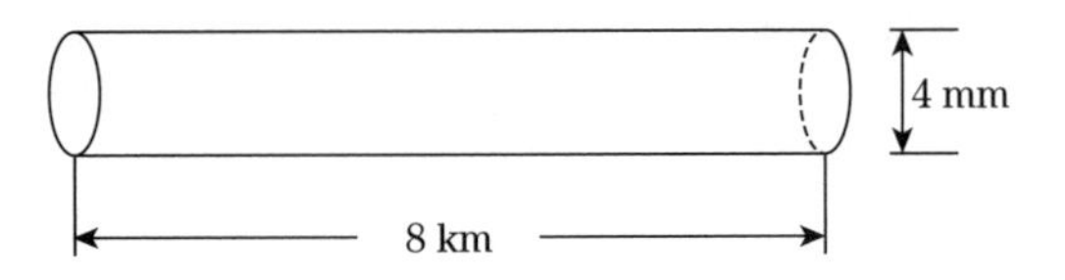

① 0.01 Ω

② 0.1 Ω

③ 0.4 Ω

④ 2.5 Ω

⑤ 10 Ω

4－2 図に示す高低圧架空配電線路の引留箇所において，電線の水平張力を支線で支えるとき，電柱の支線に必要な引張強さ T〔kN〕の値として，**最も適当なもの**はどれか．

ただし，支線は1条とし，安全率を1.5とする．

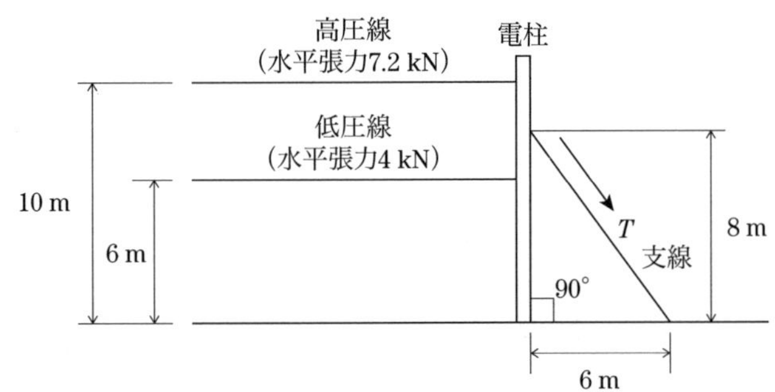

① 12 kN

② 18 kN

③ 20 kN

④ 30 kN

⑤ 45 kN

問題5 「建設業法」又は「電気事業法」に関する次の問に答えなさい．

5－1 建設工事の元請負人の義務に関する次の記述の［　　］に当てはまる語句として，「建設業法」上，**定められているもの**はそれぞれどれか．

「元請負人は，請負代金の出来形部分に対する支払い又は工事完成後における支払いを受けたときは，当該支払いの対象となった建設工事を施工した下請負人に対して，当該元請負人が支払いを受けた金額の出来形に対する割合及び当該下請負人が施工した出来形部分に相応する下請代金を，当該支払いを受けた日から［ア］以内で，かつ，できる限り［イ］支払わなければならない．」

ア ① 20日 ② 1月 ③ 40日 ④ 50日 ⑤ 2月

イ ① 現金で ② 手形で ③ 短い期間内に ④ 下請負人に直接 ⑤ 明細書を付して

5－2 建設工事の請負契約に関する次の記述の［　　］に当てはまる語句として，「建設業法」上，**定められているもの**はそれぞれどれか．

「建設工事の請負契約の当事者は，各々の［ア］な立場における合意に基いて公正な契約を締結し，信義に従って誠実にこれを［イ］しなければならない．」

ア ① 公平 ② 独自 ③ 適正 ④ 対等 ⑤ 平等

イ ① 履行 ② 敢行 ③ 施工 ④ 実行 ⑤ 実施

5－3 事業用電気工作物の設置又は変更の工事で，その工事の計画を主務大臣に届け出なければならない工事の種類及び届出を要するものに関する次の記述の［　　］に当てはまる語句として，「電気事業法」上，**定められているもの**はそれぞれどれか.

(電気事業法第48条第1項)

「事業用電気工作物の設置又は変更の工事であって，主務省令で定めるものをしようとする者は，その工事の計画を主務大臣に届け出なければならない.」

(電気事業法施行規則第65条の抜粋)

「法第48条第1項の主務省令で定めるものは，次のとおりとする.

一 事業用電気工作物の設置又は変更の工事であって，別表第2の上欄に掲げる工事の種類に応じてそれぞれ同表の下欄に掲げるもの.（事業用電気工作物が滅失し，若しくは損壊した場合又は災害その他非常の場合において，やむを得ない一時的な工事としてするものを除く.）」

別表第2

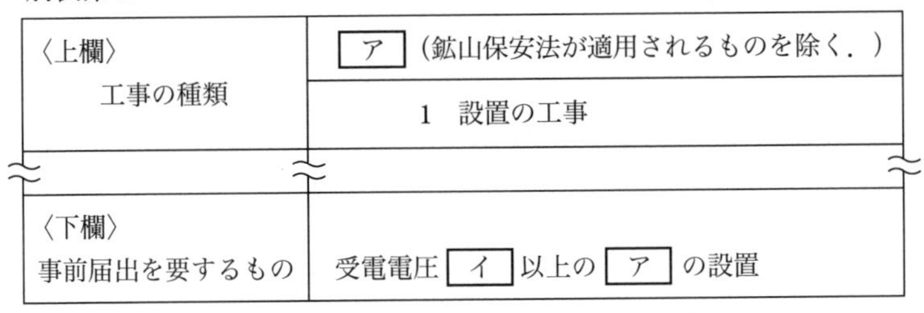

〈上欄〉 工事の種類	［ア］（鉱山保安法が適用されるものを除く.） 1 設置の工事
〈下欄〉 事前届出を要するもの	受電電圧［イ］以上の［ア］の設置

ア ① 需要設備 ② 自家用電気工作物 ③ 受電設備
④ 変電所 ⑤ 事業用電気工作物

イ ① 600 V ② 7 000 V ③ 10 000 V
④ 50 000 V ⑤ 170 000 V

2022年度（令和4年度）第一次検定・問題

出題数92　必要解答数60

No.1～No.57が午前、No.58～No.92が午後の出題

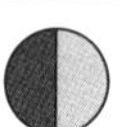 電気工学 

※問題番号【**No.1**】から【**No.15**】までは, **15**問題のうちから**10**問題を選択し, 解答してください.

No.1 2 Ωの抵抗に10 Vの電圧を1分間加えたとき，この抵抗に発生する熱量として，**正しいもの**はどれか.

1. 20 J
2. 50 J
3. 1 200 J
4. 3 000 J

No.2 図に示す, 平均磁路長L〔m〕, 断面積S〔m²〕透磁率μ〔H/m〕の環状鉄心に, 巻数N_1, N_2の2つのコイルがあるとき，両コイル間の相互インダクタンスM〔H〕を表す式として，**正しいもの**はどれか.

ただし，漏れ磁束はないものとする.

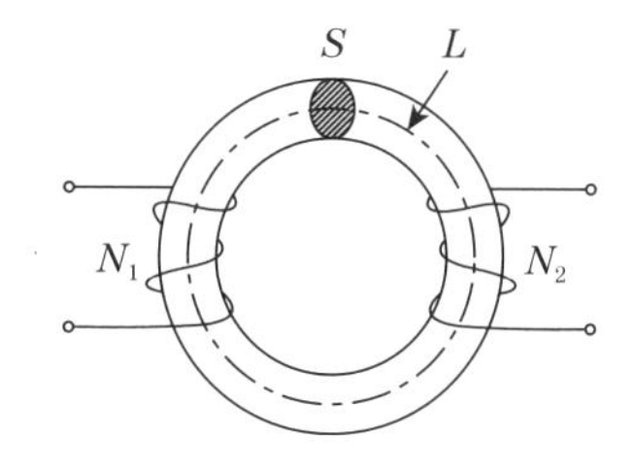

1. $M = \dfrac{\mu S N_1 N_2}{L}$〔H〕
2. $M = \dfrac{S N_1 N_2}{\mu L}$〔H〕
3. $M = \dfrac{L}{\mu S N_1 N_2}$〔H〕
4. $M = \dfrac{\mu L}{S N_1 N_2}$〔H〕

No.3 図に示す三相交流回路に流れる電流 I〔A〕を表す式として，**正しいもの**はどれか．

ただし，電源は平衡三相電源とし，線間電圧は V〔V〕，誘導リアクタンスは X_L〔Ω〕，容量リアクタンスは X_C〔Ω〕，X_L と X_C の関係は，$X_L > X_C$ とする．

1. $I = \dfrac{V}{X_L - X_C}$〔A〕
2. $I = \dfrac{\sqrt{3}V}{X_L - X_C}$〔A〕
3. $I = \dfrac{V}{2(X_L - X_C)}$〔A〕
4. $I = \dfrac{V}{\sqrt{3}(X_L - X_C)}$〔A〕

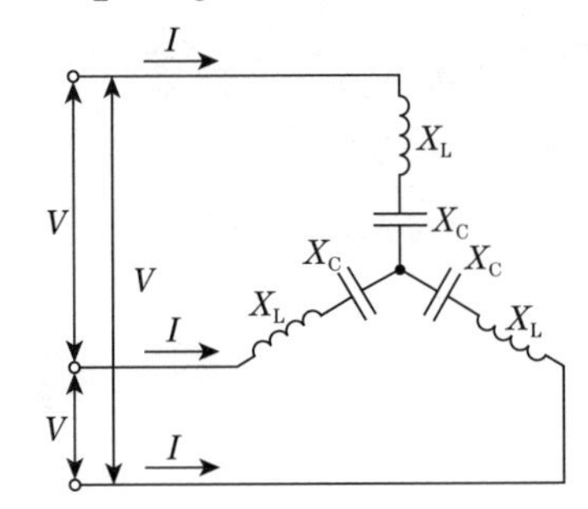

No.4 図に示す最大目盛 50 mA の永久磁石可動コイル形電流計に 0.1 Ωの分流器 R_s を接続したとき，1 A まで測定可能な電流計となった．電流計の内部抵抗 R_a〔Ω〕の値として，**正しいもの**はどれか．

1. 0.1 Ω
2. 0.5 Ω
3. 1.9 Ω
4. 10 Ω

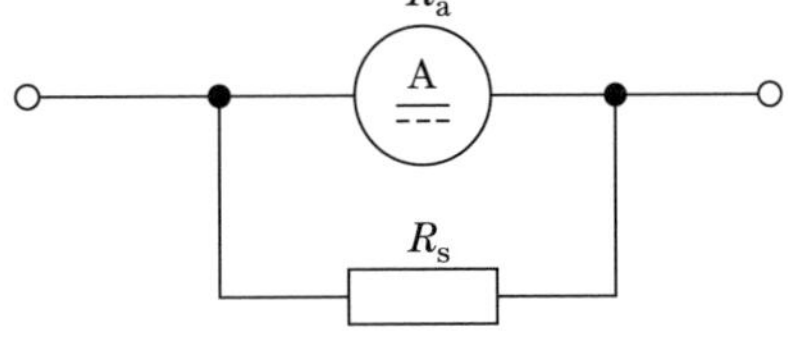

No.5 自動制御に関する記述として，「日本産業規格（JIS）」上，**不適当なもの**はどれか．

1. 開ループ制御は，フィードバックによって制御量を目標値と比較し，それらを一致させるように操作量を生成する制御である．
2. フィードフォワード制御は，目標値，外乱などの情報に基づいて，操作量を決定する制御である．
3. PID 制御は，比例動作，積分動作，及び微分動作の 3 つの動作による制御方式である．
4. 安定性とは，系の状態が何らかの原因で一時的に平衡状態又は定常状態からはずれても，その原因がなくなれば元の平衡状態又は定常状態に復帰するような特性をいう．

No.6 定格電圧 6 600 V の同期発電機を，定格力率における定格出力から無負荷にしたとき，端子電圧が 7 590 V になった．このときの電圧変動率の値として，**正しいもの**はどれか．

ただし，励磁を調整することなく，回転速度は一定に保つものとする．

1. 8.7 %
2. 13.0 %
3. 15.0 %
4. 26.0 %

No.7 単相変圧器の百分率電圧変動率の近似値 ε〔%〕を求める式として，**適当なもの**はどれか．

ただし，p は百分率抵抗降下，q は百分率リアクタンス降下，$\cos\theta$ は力率とする．

1. $\varepsilon = p\cos\theta + q\sin\theta$〔%〕
2. $\varepsilon = p\sin\theta + q\cos\theta$〔%〕
3. $\varepsilon = 3(p\cos\theta + q\sin\theta)$〔%〕
4. $\varepsilon = 3(p\sin\theta + q\cos\theta)$〔%〕

No.8 電力系統における調相設備の機能に関する記述として，**不適当なもの**はどれか．

1. 分路リアクトルは，進相無効電力を吸収して送電線損失を軽減し，電力系統の電圧上昇を軽減する．
2. 電力用コンデンサ回路に使用される直列リアクトルは，回路電圧波形のひずみを軽減する．
3. 同期調相機は，遅相容量の分担はできるが，進相容量の分担はできない．
4. 静止形無効電力補償装置（SVC）は，無効電力を発生・吸収し，即応性に優れた電圧調整ができる．

No.9 原子力発電に用いる原子炉の構成に関する記述として，**最も不適当なもの**はどれか．

1. 冷却材は，核分裂によって発生した熱エネルギーを原子炉外に取り出す．
2. 減速材は，炉の内部の放射線が外部に漏れるのを防ぐ．
3. 反射体は，炉心から漏えいする中性子を炉心に戻す．
4. 制御材は，炉心の中性子数を調整して原子炉の出力を制御する．

No.10 変電所の変圧器の中性点接地方式において，非接地方式と比較した直接接地方式の特徴に関する記述として，**不適当なもの**はどれか．

1. 1 線地絡時の保護継電器の動作が確実である．
2. 1 線地絡時の電磁誘導障害が小さい．
3. 1 線地絡時の健全相の電圧上昇が小さい．
4. 変圧器の巻線の絶縁を軽減することができる．

No.11 配電線路に 600 kW，遅れ力率 80 % の三相負荷があるとき，電力用コンデンサを負荷と並列に接続して力率を 100 % に改善するために必要なコンデンサ容量〔kvar〕として，**正しいもの**はどれか．

1. 360 kvar
2. 450 kvar
3. 480 kvar
4. 800 kvar

No.12 電力系統の安定度向上対策に関する記述として，**不適当なもの**はどれか．

1. 送電電圧の高電圧化を図る．
2. 直列リアクトルを設置する．
3. 発電機に速応励磁方式を採用する．
4. 高速度の保護継電器や遮断器を採用する．

No.13 図に示す床面 P 点の水平面照度 E_{h}〔lx〕を求める式として，**正しいもの**はどれか．

ただし，L は点光源とし，P 方向に向かう光度を I〔cd〕，LP の距離を R〔m〕，∠PLO を θ とする．

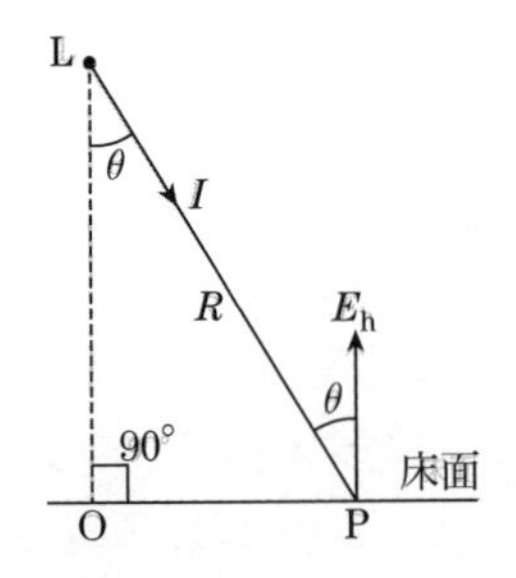

1. $E_{\mathrm{h}} = \dfrac{I}{R^2}\sin\theta$〔lx〕
2. $E_{\mathrm{h}} = \dfrac{I}{R^2}\cos\theta$〔lx〕
3. $E_{\mathrm{h}} = \dfrac{I}{\pi R^2}\sin\theta$〔lx〕
4. $E_{\mathrm{h}} = \dfrac{I}{\pi R^2}\cos\theta$〔lx〕

No.14 シリコン結晶系太陽電池に関する記述として，**最も不適当なもの**はどれか．

1. p 形半導体と n 形半導体を接合した構造となっており，光が入射すると電子は n 形半導体に集まる．
2. アレイ内の直列に接続されたモジュール群をストリングという．
3. 表面温度が高くなると最大出力が増大する温度特性を有している．
4. 単結晶太陽電池セルは，多結晶太陽電池セルに比べて変換効率が高い．

No.15 電気加熱の方式に関する次の記述において，[　　]に当てはまる用語の組合せとして適当なものはどれか．

「誘導加熱は，交番[ア]中において，導電性の被熱物に生じる渦電流損や，磁性材料の場合に生じるヒステリシス損により加熱するもので，[イ]などに利用されている．」

	ア	イ
1.	電界	電子レンジ
2.	電界	IH 調理器
3.	磁界	電子レンジ
4.	磁界	IH 調理器

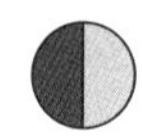 電気設備 

※問題番号【**No.16**】から【**No.47**】までは，**32** 問題のうちから **14** 問題を選択し，解答してください．

No.16 水力発電に用いる水車に関する記述として，**最も不適当なもの**はどれか．

1. フランシス水車には，ランナの出口から放水面までの接続管として，吸出し管が設置される．
2. フランシス水車では，最高効率はペルトン水車よりも優れているが，軽負荷時に効率が低下する．
3. ペルトン水車のノズル内には，負荷に応じて使用流量を調整するためのニードル弁が設けられる．
4. ペルトン水車は，フランシス水車と比較して，高落差での比速度を大きくとれる．

No.17 風力発電の風車の受風面積を通過する風の運動エネルギー W〔J〕を表す式として，**正しいもの**はどれか．

ただし，受風面積を A〔m^2〕，風速を v〔m/s〕，空気密度を ρ〔kg/m^3〕とする．

1. $W = \rho A v^2$〔J〕
2. $W = \rho A v^3$〔J〕
3. $W = \dfrac{\rho A v^2}{2}$〔J〕
4. $W = \dfrac{\rho A v^3}{2}$〔J〕

No.18 変電所に用いられる機器に関する記述として，**最も不適当なもの**はどれか．

1. 遮断器は，機器などの故障時に回路を自動遮断するために設置されるが，常時は回路の開閉操作に用いられる．
2. 断路器は，無負荷時に，回路を切り離したり系統の接続変更をするために用いられる．
3. 負荷開閉器は，負荷電流の開閉操作用に設けられるが，短絡電流の遮断能力もある．
4. 接地開閉器は，遮断器や断路器が開放したのちに，電路に残留している電荷や誘導電圧をなくし，点検作業時の安全性を確保するために使用する．

No.19 送電系統の保護に関する記述として，**最も不適当なもの**はどれか．

1. 保護継電器は，その役割を果たすため事故判別の正確性と高速性が要求される．
2. 比率差動継電器は，電流と電圧の位相差がある比率以上になったとき動作するものである．
3. 回線選択継電器は，並行 2 回線送電線の場合，送電線区間内の 1 回線のみに故障が生じたとき，健全回線と故障回線の電流または電力潮流の差により，故障回線を選択遮断するものである．
4. 後備保護継電器は，主保護継電器がロックされているなどの理由で動作できない場合に動作して，故障部分を除去するものである．

No.20 電力系統の運用と制御に関する記述として，**最も不適当なもの**はどれか．

1. 太陽光発電等のインバータ電源は，回転エネルギーを持たない電源なので，その比率が増大すると，系統安定度が低下する．
2. 軽負荷時には系統電圧が上昇傾向となり，これを抑制するために電力用コンデンサを並列に系統へ投入する．
3. 電力潮流は，電源構成や送変電設備などにより制約を受け，需要および供給力により変化する．
4. 系統周波数が上がると，発電機の発電電力を減少させるよう調速機が動作する．

No.21 架空送電線における支持点間の電線のたるみの近似値 D〔m〕及び電線の実長の近似値 L〔m〕を求める式の組合せとして，**適当なもの**はどれか．

ただし，各記号は次のとおりとし，電線支持点の高低差はないものとする．

S：径間〔m〕

T：電線の最低点の水平張力〔N〕

W：電線の単位長さ当たりの重量〔N/m〕

	たるみ	実長
1.	$D=\dfrac{WS^2}{3T}$	$L=S+\dfrac{8D^2}{3S}$
2.	$D=\dfrac{WS^2}{8T}$	$L=S+\dfrac{3D^2}{8S}$
3.	$D=\dfrac{WS^2}{3T}$	$L=S+\dfrac{3D^2}{8S}$
4.	$D=\dfrac{WS^2}{8T}$	$L=S+\dfrac{8D^2}{3S}$

No.22 架空送電線路のフラッシオーバに関する記述として，**不適当なもの**はどれか．

1. 径間逆フラッシオーバを防止するため，架空地線のたるみを電線のたるみより大きくする．
2. がいし表面が塩分などで汚損されると，交流に対するフラッシオーバ電圧が低下する．
3. 鉄塔逆フラッシオーバを防止するため，埋設地線を施設して塔脚接地抵抗を小さくする．
4. アークホーン間隔は，遮断器の開閉サージでフラッシオーバしないように設定する．

No.23 送配電系統におけるフェランチ現象に関する記述として，**不適当なもの**はどれか．

1. 線路の静電容量が大きいほど発生しやすい．
2. 深夜などの軽負荷時に発生しやすい．
3. 地中電線路よりも架空電線路のほうが発生しやすい．
4. 進み力率の負荷が多く接続されているときに発生しやすい．

No.24 地中配電線路に用いる図のような 3 心ケーブルにおいて，導体 1 条当たりの静電容量 C〔μF〕を表す式として，**正しいもの**はどれか．

ただし，C_S〔μF〕は導体と金属シース間，C_m〔μF〕は導体相互間の静電容量とする．

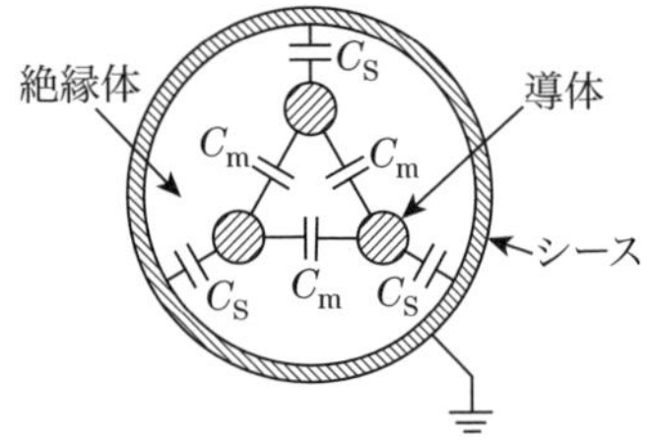

1. $C = C_S + \frac{1}{3} C_m$〔μF〕
2. $C = \frac{1}{3} C_S + C_m$〔μF〕
3. $C = 3C_S + C_m$〔μF〕
4. $C = C_S + 3C_m$〔μF〕

No.25 送電線の再閉路方式に関する記述として，**最も不適当なもの**はどれか．

1. 遮断器が開放されたのち，設定時間が経過してから自動投入される．
2. 三相再閉路方式は，当該回線の事故により三相一括で遮断し，再閉路を行う．
3. 遮断器開放から再閉路までの無電圧時間により高速度，中速度，低速度に区分される．
4. 再閉路方式は，停電時間を短くするものであり，主に地中送電系統で使用される．

No.26 地中電線路における CV ケーブルの絶縁劣化診断法として，**最も不適当なもの**はどれか．

1. 静電容量法
2. 直流高圧法
3. 誘電正接法
4. 直流漏れ電流法

No.27 配電系統における高調波に関する記述として，**最も不適当なもの**はどれか．

1. インバータ等の変換装置を用いた機器が，高調波の発生源となる．
2. 高調波により変圧器など鉄心を有する機器の損失が増大する．
3. 高調波障害の対策としては，コンデンサと共振するように直列リアクトルを設置する．
4. 高調波障害の対策として，短絡容量の大きな配電系統から受電する．

No.28 光束法により算出される作業面の平均照度として，**適当なもの**はどれか．
ただし，条件は次のとおりとする．

部屋の間口：10 m
部屋の奥行：15 m
作業面から光源までの高さ：2 m
照明器具 1 台の光束：3 000 lm
照明器具の台数：25 台
照明率：図の固有照明率より選定
保守率：0.8
反射率：天井 70 %，壁 50 %，床 10 %

照明器具形式	室指数 \ 反射率[%]	天井	70			50		30	0
		壁	70	50	30	50	30	30	0
		床	10			10		10	0
LSS9-4-30	0.60	J	0.50	0.38	0.32	0.38	0.31	0.30	0.24
	0.80	I	0.59	0.49	0.41	0.47	0.40	0.39	0.34
	1.00	H	0.65	0.56	0.48	0.53	0.47	0.46	0.40
	1.25	G	0.71	0.61	0.55	0.59	0.54	0.52	0.46
	1.50	F	0.75	0.66	0.59	0.64	0.58	0.57	0.51
	2.00	E	0.80	0.73	0.67	0.70	0.65	0.63	0.59
	2.50	D	0.83	0.77	0.72	0.75	0.70	0.68	0.63
	3.00	C	0.86	0.80	0.76	0.77	0.74	0.71	0.67
	4.00	B	0.89	0.85	0.80	0.81	0.78	0.76	0.72
	5.00	A	0.91	0.87	0.84	0.84	0.81	0.78	0.76

1. 292 lx
2. 308 lx
3. 320 lx
4. 340 lx

No.29 コンセント専用の低圧分岐回路に関する記述として，「電気設備の技術基準とその解釈」上，**誤っているもの**はどれか．

ただし，配線は長さが 10 m の EM-EEF ケーブルとし，許容電流の低減は考慮しないものとする．また，コンセントの施設数は 1 個とする．

1. 定格電流 20 A の配線用遮断器に，定格電流 15 A のコンセントを接続し，配線の太さを直径 1.6 mm とする．
2. 定格電流 20 A の配線用遮断器に，定格電流 20 A のコンセントを接続し，配線の太さを直径 2.0 mm とする．
3. 定格電流 30 A の配線用遮断器に，定格電流 20 A のコンセントを接続し，配線の太さを直径 2.0 mm とする．
4. 定格電流 30 A の配線用遮断器に，定格電流 30 A のコンセントを接続し，配線の太さを直径 2.6 mm とする．

No.30 三相誘導電動機に用いる低圧進相用コンデンサに関する記述として，「内線規程」上，**不適当なもの**はどれか．

ただし，低圧進相コンデンサは，個々の電動機の回路ごとに取り付けるものとする．

1. 低圧進相コンデンサは，手元開閉器よりも電動機側に接続する．
2. 低圧進相コンデンサを屋内に施設する場合は，周囲温度が 40 ℃を超える場所などを避けて堅固に取り付ける．
3. 低圧進相用コンデンサの容量は，電動機の無効分より大きくする．
4. 低圧進相コンデンサの放電装置は，開路後 3 分以内にコンデンサの残留電荷を 75 V 以下に低下させる能力のものであること．

No.31 電気使用場所内に設けた変圧器から供給する低圧配線において，変圧器の二次側端子から最遠端の負荷に至る電線のこう長と電圧降下の組合せとして，「内線規程」上，**不適当なもの**はどれか．

	電線のこう長	電圧降下
1.	50 m	3 %
2.	100 m	5 %
3.	150 m	6 %
4.	200 m	7 %

No.32 キュービクル式高圧受電設備に関する記述として，「日本産業規格（JIS）」上，**不適当なもの**はどれか．

1. 主遮断装置の形式がPF・S形の場合，受電設備容量は300 kV・A以下である．
2. 主遮断装置の形式がCB形の場合，受電設備容量は5 000 kV・A以下である．
3. 通気孔（換気口を含む．）には，小動物などの侵入を防止する処置として，直径10 mmの丸棒が入るような孔又は隙間がないものとする．
4. 本体，屋根，扉及び囲い板は，JISに規定する鋼板を用い，鋼板の厚さは，屋内用は標準厚さ1.6 mm以上，屋外用は標準厚さ2.3 mm以上とする．

No.33 高圧受電用過電流継電器に関する記述として，**不適当なもの**はどれか．

1. 限時要素の動作電流の整定値は，契約電力に比例し，変流器（CT）の一次電流に反比例する．
2. 限時要素の動作時間の整定にあたっては，電力会社の配電用変電所との保護協調を図る．
3. 瞬時要素の動作電流の整定値は，変圧器の励磁突入電流などで動作しない値とする．
4. 瞬時要素は過負荷保護用に適用され，限時要素は短絡保護用に適用される．

No.34 特別高圧のループ受電方式に関する記述として，最も**不適当なもの**はどれか．

1. オープンループ方式では，クローズドループ方式と比較して，保護継電方式が複雑となる．
2. オープンループ方式では，送電線の事故処理及び保守停電のための操作を電力会社の指令により行う必要がある．
3. クローズドループ方式では，常時2回線受電となり，片回線の事故では停電しない．
4. クローズドループ方式では，送電線の保守の際，片回線ずつ停止することができ，停電が不要となる．

No.35 自家用発電設備におけるガスタービン発電装置と比較したディーゼル発電装置の特徴に関する記述として，**不適当なもの**はどれか．

ただし，定格出力は同一のものとする．

1. 往復動機関のため，発生振動は大きい．
2. 燃焼用空気量が少ない．
3. 軽負荷時において燃料の完全燃焼が得られにくい．
4. 構成部品点数が少なく，重量も軽い．

No.36 コージェネレーションシステム（CGS）の用語に関する記述として，「日本産業規格（JIS）」上，**誤っているもの**はどれか．

1. 熱電比とは，建物又は施設の熱需要を電力需要で除した値である．
2. ピークカット運転とは，需要電力のピーク負荷部分に発電電力を供給する運転方式である．
3. コンバインドサイクルとは，高温の熱機関サイクルと低温の熱機関サイクルとを並列に組み合わせたサイクルである．
4. 電力負荷追従運転とは，電力需要を基準に，CGS を運転する運転制御方式である．

No.37 高圧受電設備において，変圧器の高圧側電路の 1 線地絡電流が 15 A であるとき，B 種接地工事の接地抵抗値の最大値として，「電気設備の技術基準とその解釈」上，**正しいもの**はどれか．

ただし，高圧側の電路には低圧側の電路との混触時に 1 秒を超え 2 秒以下で自動的に遮断する装置が施設されているものとする．

1. 10 Ω
2. 20 Ω
3. 30 Ω
4. 40 Ω

No.38 需要場所に施設する高圧地中電線路の施工方法に関する記述として，「日本産業規格（JIS）」上，**不適当なもの**はどれか．

1. 配管用炭素鋼鋼管（SGP）相互の接続は，ボールジョイントによる接続とした．
2. ケーブルを造営物の屋側に立ち上げたので，防護材で地表上の高さ 2 m まで覆った．
3. 多心の電力用ケーブルを収容する地中箱の大きさは，ケーブルの屈曲部の内側半径が仕上がり外径の 8 倍となるものとした．
4. 電力ケーブルを堅ろうな不燃性の管に収め，その管が地中光ファイバケーブルと直接接触しないように施設した．

No.39 自動火災報知設備の煙感知器に関する記述として，「消防法」上，**誤っているもの**はどれか．

ただし，光電式分離型感知器を除くものとする．

1. 天井が低い居室又は狭い居室にあっては，入口付近に設ける．
2. 天井付近に吸気口のある居室にあっては，当該吸気口から離して設ける．
3. 壁又ははりから 0.6 m 以上離れた位置に設ける．
4. 換気口等の空気吹出し口から 1.5 m 以上離れた位置に設ける．

No.40 消防用設備等とこれを有効に作動できる非常電源の最小の容量の組合せとして，「消防法」上，**誤っているもの**はどれか．

	消防用設備等	非常電源の最小の容量
1.	自動火災報知設備	10 分間
2.	非常コンセント設備	20 分間
3.	屋内消火栓設備	30 分間
4.	不活性ガス消火設備	60 分間

No.41 駐車場管制設備に関する記述として，**最も不適当なもの**はどれか．

1. 駐車場管制設備は，制御盤，車両検知器，警報灯，信号灯等により構成される．
2. 車両検出方式には，ループコイル式，赤外線式及び超音波式がある．
3. ループコイルは，車両の荷重に耐えられるように金属製配管で保護する．
4. 赤外線式の受光器は，誤検知をしないよう直射日光の当たらない場所に設置する，

No.42 構内交換設備における局線応答方式に関する記述として，**最も不適当なもの**はどれか．

1. ダイヤルイン方式は，局線からの着信により直接電話機を呼出す方式のことをいう．
2. 局線中継台方式は，局線からの着信を検出すると，全て中継台で受信し，専任の交換手が応答し該当する内線番号に転送する方式のことをいう．
3. 分散中継台方式は，局線からの着信が局線表示盤等に表示され，局線受付に指定された電話機により応答する方式のことをいう．
4. ダイレクトインライン方式は，代表番号をダイヤルしたのち1次応答を受け，引き続き内線番号をダイヤルして直接電話機を呼出す方式のことをいう．

No.43 電車線の支持方式において，カテナリちょう架式と比較した剛体ちょう架式の特徴に関する記述として，**最も不適当なもの**はどれか．

1. 高速運転に適している．
2. 断線事故を軽減できる．
3. トンネル断面を小さくすることができる．
4. 曲線引装置または振止装置が不要である．

No.44 電気鉄道におけるき電方式に関する記述として，**最も不適当なもの**はどれか．

1. 直接き電方式は，回路構成は簡単であるが，通信誘導障害が大きい．
2. 並列き電方式は，隣接する変電所が電気的に接続されており，直流き電区間で用いられる．
3. ATき電方式は，一定の間隔ごとに吸上変圧器を設け，帰線電流を吸い上げることで通信誘導障害を軽減している．
4. 同軸き電方式は，ケーブルの内部導体を電車線，外部導体をレールに結ぶ方式で，主に狭隘（きょうあい）な区間やトンネル区間に適する．

No.45 電気鉄道における信号機に関する記述として，**不適当なもの**はどれか．

1. 出発信号機とは，停車場に進入する列車に対する信号機をいう．
2. 誘導信号機とは，場内信号機の停止信号現示により停止した列車を構内に誘導する信号機をいう．
3. 入換信号機とは，入換をする車両に対する信号機をいう．
4. 閉そく信号機とは，閉そく区間に進入する列車に対する信号機をいう．

No.46 道路交通信号の信号制御におけるオフセットに関する記述として，**不適当なもの**はどれか．

1. 同時式オフセットは，隣り合う交差点の信号をほぼ同時に青にするもので，優先オフセット方式に用いられる．
2. 交互オフセットは，隣り合う交差点の信号がほぼ半周期ずれて青にするもので，平等オフセット方式に用いられる．
3. 基本オフセットは，混雑のない交差点間を流れる単純な交通量に対する最適なオフセットである．
4. 優先オフセット方式は，上り下りの両方向の交通流に差がある場合などに，一方向に対して高い系統効果を与えるようにオフセットを設定する方式である．

No.47 高速電力線通信（HD-PLC）に関する記述として，**最も不適当なもの**はどれか．

ただし，PLC アダプタは，単相 3 線式の 100 V 回路のコンセントに接続して使用するものとする．

1. 配線に高周波信号を重畳して通信を行う通信方式である．
2. 配線に重畳したノイズが，通信速度に影響を与える場合がある．
3. 配線から電磁波が漏洩（ろうえい）する．
4. 同相配線間の通信は，異相配線間の場合に比べて，信号が減衰しやすい性質がある．

関連分野

※問題番号【No.48】から【No.55】までは，8問題のうちから5問題を選択し，解答してください.

No.48 空気調和設備に関する記述として，**最も不適当なもの**はどれか.

1. 変風量単一ダクト方式は，給気温度一定で変風量ユニットにより風量を制御して送風する.
2. 定風量単一ダクト方式は，受け持つ空調ゾーンの温度調節器にて給気温度を制御しながら送風する.
3. ファンコイルユニット・ダクト併用方式は，ペリメータ部にファンコイルユニットを設置し主に湿度制御を行う.
4. パッケージ空調機方式では，全熱交換ユニットなどを組み合わせて必要な外気を取り入れる.

 図に示す遠心ポンプの特性曲線において，軸動力曲線を示す記号として，**適当なもの**はどれか.

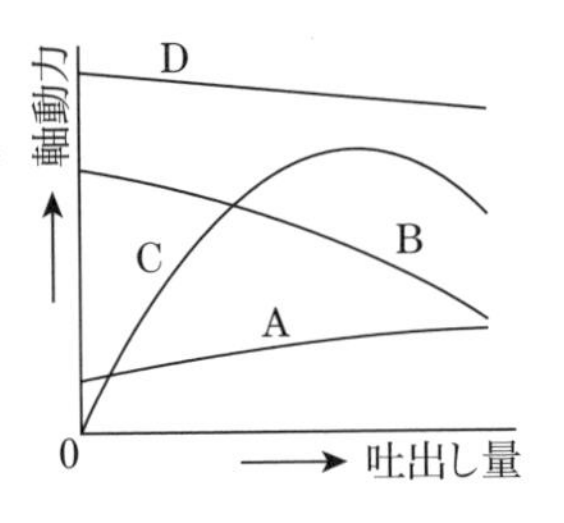

1. A
2. B
3. C
4. D

No.50 盛土工事を行うために地山を掘削したときの，ほぐした土量が720 m^{3}であった．この土量を用いて造成できる盛土の量として，**正しいもの**はどれか.

ただし，土量の変化率L及びCは次のとおりとする.

$$L=\frac{\text{ほぐした土量}}{\text{地山の土量}}=1.2 \qquad C=\frac{\text{締固めた土量}}{\text{地山の土量}}=0.9$$

1. 540 m^3
2. 600 m^3
3. 667 m^3
4. 778 m^3

No.51 建設工事に使用する締固め機械に関する記述として，**不適当なもの**はどれか.

1. ロードローラは，平滑車輪により締め固めを行うもので，路床の仕上げ転圧に適している.
2. タイヤローラは，空気入りタイヤの特性を利用して締め固めを行うもので，土やアスファルト混合物などの締め固めに適している.
3. 振動ローラは，ローラの表面の突起による静的荷重により締め固めを行うもので，土塊や岩塊などの締め固めに適している.
4. 振動コンパクタは，起振機を平板の上に直接装備したもので，ローラが走行できないのり面やみぞ内の締め固めに適している.

No.52 鉄塔の基礎に関する次の記述に該当する基礎の名称として，**適当なもの**はどれか.

「勾配の急な山岳地に適用され，鋼板などで孔壁を保護しながら円形に掘削し，コンクリート躯体を孔内に構築する.」

1. 杭基礎
2. 深礎基礎
3. マット基礎
4. 逆T字基礎

No.53 鉄道の軌道構造に関する記述として，**不適当なもの**はどれか.

1. 最大カントとは，列車がカントの付いた曲線線路上で停車しても転倒しないように安全率を考慮したものである.
2. スラックとは，曲線部において，車輪を円滑に通過させるための軌間の拡幅をいう.
3. レール締結装置は，レールをまくらぎ又はスラブに定着させて軌間を保持するためのものである.
4. スラブ軌道は，コンクリートの現場打設により構築したものである.

No.54 鉄筋コンクリート構造に関する記述として，**最も不適当なもの**はどれか.

1. 鉄筋とコンクリートの線膨張係数は，ほぼ等しい.
2. コンクリートの水セメント比を小さくすると，圧縮強度は小さくなる.
3. 鉄筋端部のフックは，コンクリートに対する定着を高める効果がある.
4. あばら筋（スターラップ）は，梁のせん断力に対する補強を目的としている.

No.55 鉄筋コンクリート構造と比較した鉄骨構造の特徴に関する記述として，**最も不適当なもの**はどれか.

1. 鋼材は不燃材料なので，そのままで耐火構造となる.
2. 鋼材は工場加工の比率が高いので，現場作業が少ない.
3. 部材断面を小さくでき，構造体は軽くなる.
4. 地震時に建物の変形が大きくなりやすい.

※問題番号【No.56】，【No.57】の 2 問題は，全問解答してください.

No.56 配電盤・制御盤・制御装置の文字記号と用語の組合せとして，「日本電機工業会規格（JEM）上，**誤っているもの**はどれか」.

	文字記号	用語
1.	ZCT	零相変流器
2.	UVR	不足電圧継電器
3.	PGS	ガス遮断器
4.	RPR	逆電力継電器

No.57 下請負人が請け負った工事の一部を第三者に請け負わせた場合，元請負人に対して，その契約に関し遅滞なく書面をもって通知する事項として，「建設工事標準下請契約約款」上，**定められていないもの**はどれか.

1. 現場代理人及び主任技術者の氏名
2. 安全管理者の氏名
3. 工期
4. 請負代金額

◐ 施工管理法 ◐

※問題番号【**No.58**】から【**No.63**】までの**6**問題は，施工管理法の応用能力問題です．全問解答してください．

No.58 施工計画に関する記述として，**最も不適当なもの**はどれか．

1. 労務工程表を，工事の規模，作業内容，資材の搬入時期などを検討して作成した．
2. 実行予算書を，工事着工前に工事費見積書を基に実行可能な数量，価格を算出して作成した．
3. 機器承諾図の内容を基に，総合施工計画書を作成した．
4. 搬入計画書を，搬入経路，揚重機の選定，運搬車両の駐車位置と待機場所などを検討して作成した．
5. 仮設計画書を，火災予防や盗難防止等を考慮して作成した．

No.59 法令に基づく申請書等に関する記述として，**最も不適当なもの**はどれか．

1. 重量機器搬入のため道路上でラフタークレーンを使用するので，道路交通法に基づく「道路使用許可申請書」を道路管理者に提出した．
2. 延面積 1 500 m^2 の事務所ビルの新築工事において，消防法に基づく「消防用設備等設置届出書」を工事が完了した日から 4 日後に提出した．
3. 重油を貯蔵する地下タンクの容量が 5 000 L であったので，消防法に基づく「危険物貯蔵所設置許可申請書」を提出した．
4. 工事用仮設電源として，内燃力を原動力とする出力 20 kW の移動用発電設備を使用するので，電気事業法に基づく「主任技術者選任届出書」を所轄の産業保安監督部長に提出した．
5. 受電電圧 6 kV の需要設備を設置するので，電気事業法に基づく「保安規程届出書」を所轄の産業保安監督部長に提出した．

No.60 作業現場の合理的な配員計画のため，図に示すネットワーク工程表を利用して山崩し図を作成する場合の記述として，**最も不適当なもの**はどれか.

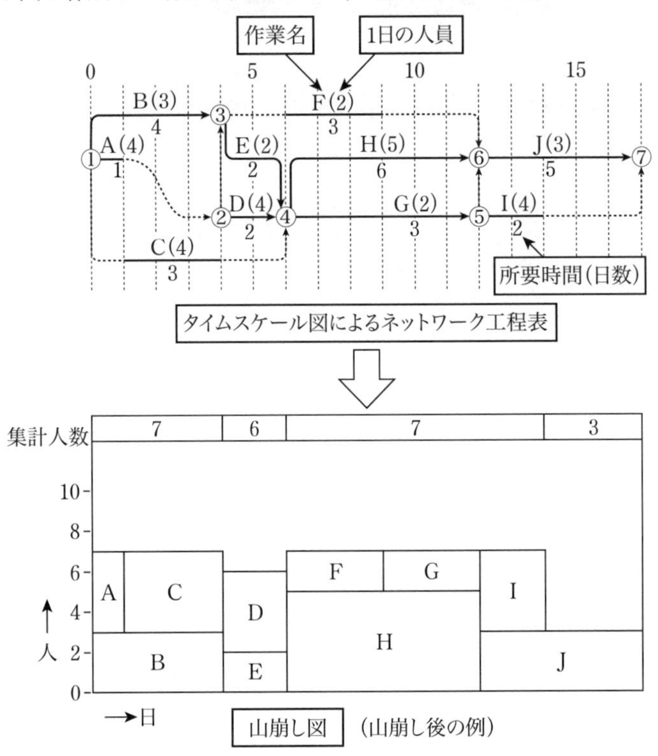

1. 山積み図は，クリティカルパス上の作業を除いた作業を底辺に置いて作成した.
2. 山積み図は，各作業の開始や完了の時点に縦線を入れ，縦線間の各作業の使用人員を集計して作成した.
3. 山積み図は，最早開始時刻と最遅開始時刻の2通りについて作成した.
4. 山崩しは，各作業の作業開始日を調整し，作業者数を平均化するために行った.
5. 山崩しは，トータルフロートが同じ場合，作業時間が短い方から開始した.

No.61 図のネットワーク工程表において，所要工期として，**正しいもの**はどれか．
ただし，○内の数字はイベント番号，アルファベットは作業名，日数は所要日数を示す．

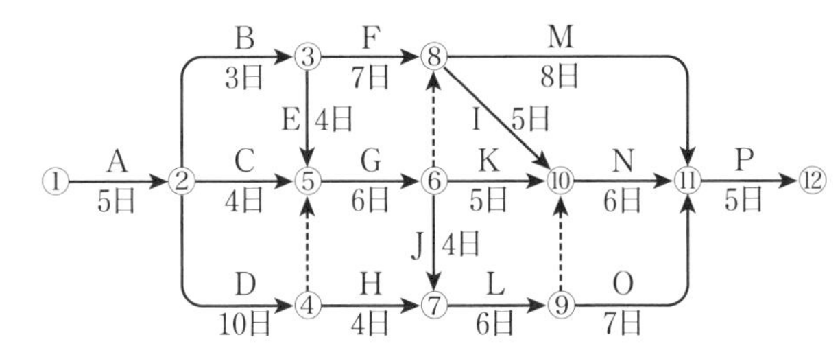

1. 31 日
2. 34 日
3. 37 日
4. 40 日
5. 43 日

No.62 品質管理に関する次の記述に該当する図の名称として，**適当なもの**はどれか．
「2 つの特性をグラフの横軸と縦軸とし，観測値を打点して作るグラフである．2 つの特性の相関関係を見るために使用する．」

1. パレート図
2. レーダーチャート
3. 特性要因図
4. 散布図
5. ヒストグラム

No.63 図に示す品質管理に用いる管理図に関する記述として，**最も不適当なもの**はどれか.

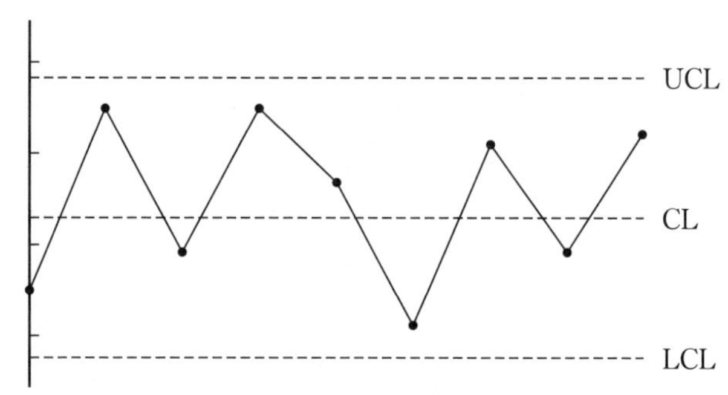

1. 管理図は，工事の品質管理において，工程が安定状態にあるかどうかを調べるために用いられる.
2. 管理図の UCL は，上側管理限界線といい，これを超えると工程が異常である.
3. 管理図の CL は, 中心線 (平均値) である, この図では管理限界に納まっている.
4. 管理図に打点した点の連続 100 点中 60 点が管理限界内にあるときは，工程が安定状態にある.
5. 管理図に打点した点の連続 20 点中 16 点が平均値以上にあるときは，工程が異常である.

※問題番号【No.64】から【No.70】までの 7 問題は，全問解答してください.

No.64 施工計画書の作成に関する記述として，**最も不適当なもの**はどれか.

1. 工種別施工計画書を作成し，それに基づき総合施工計画書を作成した.
2. 工種別施工計画書は，施工の具体的な計画及び一工程の施工の確認内容を含めて作成した.
3. 総合施工計画書は，施工体制，仮設計画及び公害防止対策を含めて作成した.
4. 総合施工計画書は，現場担当者だけで検討することなく，会社内の組織を活用して作成した.

No.65 工程表の特徴に関する記述として，**最も不適当なもの**はどれか．

1. バーチャート工程表は，工程が複雑化してくると作業間の関連性がわかりにくい．
2. ガントチャート工程表は，各作業の現時点における達成度がわかりにくい．
3. タクト工程表は，高層ビルなどの繰り返し作業の工程管理に適している．
4. ネットワーク工程表は，重点管理作業がわかりやすい．

No.66 工程管理に関する記述として，**最も不適当なもの**はどれか．

1. 採算速度とは，損益分岐点の施工出来高以上の施工出来高をあげるときの施工速度をいう．
2. 作業工程を速くすると品質は低下しがちで，品質の良いものを望めば原価は高くなる．
3. 変動原価は，出来高に比例して大きくなる費用のことである．
4. 間接工事費は，一般に施工速度を遅くするほど安くなる．

No.67 接地抵抗試験に関する記述として，「電気設備の技術基準とその解釈」上，**誤っているもの**はどれか．

1. 高圧の変圧器から供給される，使用電圧 400 V の電動機の鉄台に施す接地工事の接地抵抗値が 10 Ω であったので，良と判断した．
2. 高圧の変圧器から供給される，単相 3 線式 100/200 V の分電盤の金属製外箱に施す接地工事の接地抵抗値が 30 Ω であったので，良と判断した．
3. 特別高圧計器用変成器の二次側電路に施す接地工事の接地抵抗値が 10 Ω であったので，良と判断した．
4. 特別高圧の電路に施設する避雷器に施す接地工事の接地抵抗値が 30 Ω であったので，良と判断した．

No.68 高圧活線近接作業に用いる絶縁用保護具の定期自主検査を行ったとき，その事項を記録し，3 年間保存しなければならないものとして，「労働安全衛生法」上，**定められていないもの**はどれか．

1. 検査の結果に基づいて補修等の措置を講じたときは，その内容
2. 検査標章を貼り付けた年月
3. 検査を実施した者の氏名
4. 検査方法

No.69 高所作業車に関する記述として，「労働安全衛生法」上，**誤っているもの**はどれか．

ただし，高所作業車は，継続して使用しているものとし，道路上の走行の作業を除く．

1. 事業者は，高所作業車を用いて作業を行なうときは，あらかじめ，当該作業に係わる場所の状況，当該高所作業車の種類及び能力等に適応する作業計画を定めなければならない．
2. 事業者は，高所作業車を用いて作業を行なうときは，その日の作業を開始する前に，制動装置，操作装置及び作業装置の機能について点検を行わなければならない．
3. 事業者は，高所作業車の作業床の高さが 10 m以上の運転の業務に労働者を就かせるときは，当該業務に関する特別の教育を受けた者でなければ，業務に就かせてはならない．
4. 事業者は，高所作業車については，1 年以内ごとに 1 回，定期に，自主検査を行わなければならない．

No.70 電気による危険の防止に関する記述として，「労働安全衛生法」上，**誤っているもの**はどれか．

1. 電気機械器具の充電部分に感電を防止するために設ける囲い及び絶縁覆いは，毎月 1 回損傷の有無を点検した．
2. 高圧電路の停電作業に使用する短絡接地器具は，その日の使用を開始する前に取付金具及び接地導線の損傷の有無を点検した．
3. 高圧活線作業に使用する絶縁用防具は，その日の使用を開始する前に損傷の有無及び乾燥状態を点検した．
4. 対地電圧が 150 V を超える，常時使用する移動式の電動機械器具を接続する電路の感電防止用漏電しゃ断装置は，毎月 1 回作動状態を点検した．

※問題番号【**No.71**】から【**No.79**】までは，**9** 問題のうちから **6** 問題を選択し，解答してください．

No.71 汽力発電設備の発電機据付工事に関する記述として，**最も不適当なもの**はどれか．

1. 発電機は，工場において組み立てて試運転を行ったのち，固定子と回転子及び付属品に分けて現場に搬入した．
2. エンドカバーベアリング及び軸密封装置を取り付けたのち，固定子に回転子を挿入し，冷却系の配管等の付属品を取り付けた．
3. 水素冷却タービン発電機及び付属配管の漏れ検査には，不活性ガスを使用した．
4. 発電機の据付工事は，固定子の据付，回転子の挿入，発電機付属品の組立据付，配管の漏れ検査の順で行った．

No.72 変電所に施設するメッシュ接地工事の電圧降下法による接地抵抗測定に関する記述として，**最も不適当なもの**はどれか．

1. 測定電圧は，誘起電圧の影響を受けやすい．
2. 電流回路は，交流によるものとした．
3. 電流回路の接地電流値は，1 Aとした．
4. 電圧回路用の補助接地極は，メッシュ接地から500 m離して設けた．

No.73 A及びBを支持点とした図のような架線工事において，次の近似式を用いて弛度dを求める測定方法の名称として，**適当なもの**はどれか．

$$\sqrt{a}+\sqrt{b}=2\sqrt{d}$$

1. 異長法
2. 等長法
3. 角度法
4. カテナリー角法

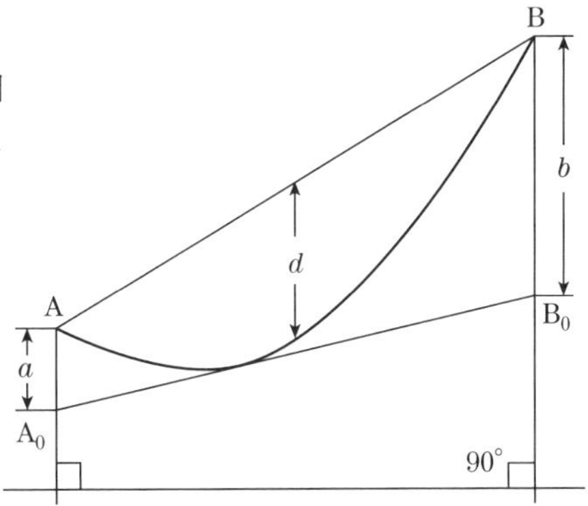

No.74 屋内配線をケーブル工事により施設する場合の記述として，「電気設備の技術基準とその解釈」上，**不適当なもの**はどれか.

ただし，簡易接触防護措置を施すとき又は乾燥した場所に施設するときを除く.

1. 弱電流電線と交差するので，高圧ケーブルは鋼管に収めて施設した.
2. 高圧ケーブルとガス管の離隔距離を 30 cm とした.
3. 交流対地電圧 200 V で使用する CV ケーブルの防護装置の金属製部分の長さが 6 m であったので接地工事を省略した.
4. 点検できる隠ぺい場所において，使用電圧が 200 V の配線に 2 種キャブタイヤケーブルを使用した.

No.75 動力設備に関する記述として，「内線規程」上，**不適当なもの**はどれか.

ただし，低圧電動機の使用電圧は，200 V とする.

1. 低圧電動機へ接続する配管は，振動が伝わらないように二種金属製可とう電線管を用いた.
2. 低圧電動機をコンセントに接続して使用する場合，その定格出力が 0.4 kW だったので，手元開閉機を省略した.
3. 低圧電動機に電気を供給する分岐回路に取り付ける分岐開閉機の定格電流は，分岐過電流遮断器の定格電流以上とした.
4. スターデルタ始動器と低圧電動機間の配線は，当該電動機分岐回路の配線の 60 % の許容電流を有する電線を使用した.

No.76 高圧ケーブルの地絡事故を検出するケーブルシールドの接地方法を示す図として，**不適当なもの**はどれか.

1. 引込用ケーブル

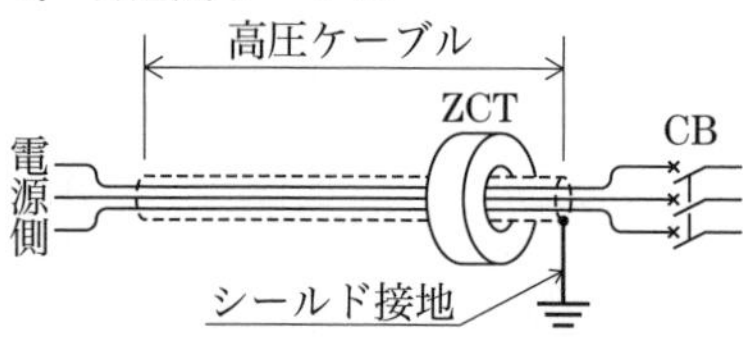

2. 引込用ケーブル

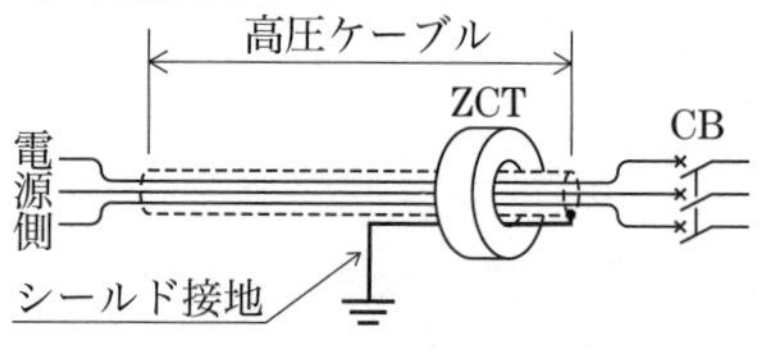

3. 引出用ケーブル

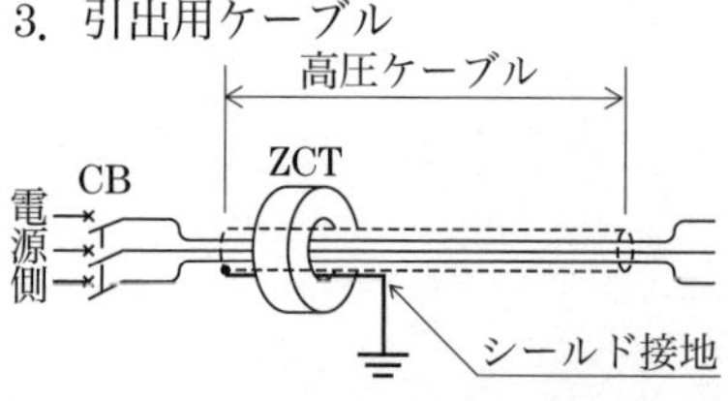

4. 引出用ケーブル

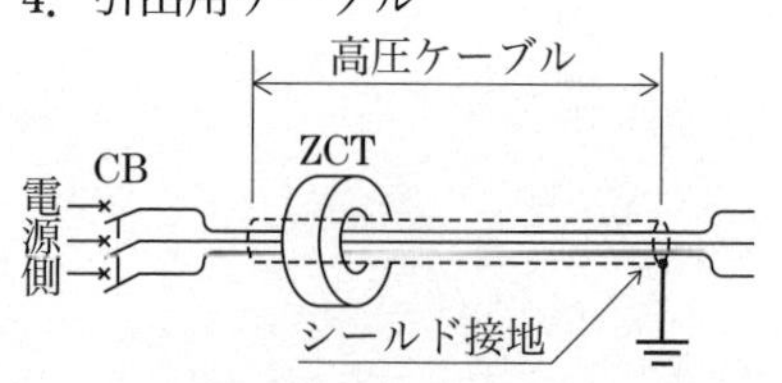

No.77 直流電気鉄道における帰線の漏れ電流の低減対策に関する記述として，**不適当なもの**はどれか．

1. クロスボンドを増設して，帰線抵抗を小さくした．
2. 架空絶縁帰線を設けて，レール電位の傾きを大きくした．
3. 変電所数を増加し，き電区間を縮小した．
4. 道床の排水をよくして，レールからの漏れ抵抗を大きくした．

No.78 監視カメラ設備の施工に関する記述として，**最も不適当なもの**はどれか．

1. 屋外カメラのハウジングは，水などの浸入に対する保護等級として，IP66の仕様のものを使用した．
2. ネットワークカメラに用いる屋外ケーブルは，誘導雷を考慮して，光ファイバケーブルを使用した．
3. ネットワークカメラ（IPカメラ）にはPoEタイプのスイッチングハブからLANケーブルを用い，電力を供給した．
4. 屋外カメラの雷保護として，信号ケーブル及び電源ケーブルの監視装置本体側のみにサージ保護デバイス（SPD）をそれぞれ設けた．

No.79 地中電線路に関する記述として，**不適当なもの**はどれか．

1. 管路には，ライニングなどの防食処理を施した厚鋼電線管を使用した．
2. 単心ケーブル1条を引き入れる管路に，配管用炭素鋼鋼管（SGP）を使用した．
3. ケーブルの熱伸縮対策として，マンホール内にオフセットを設けた．
4. マンホールの管口部分には，マンホール内部に水が浸入しにくいように防水処理を施した．

法　規

※問題番号【No.80】から【No.92】までは，13 問題のうちから 10 問題を選択し，解答してください．

No.80 建設工事の請負契約書に記載しなければならない事項として，「建設業法」上，**定められていないもの**はどれか．

1. 現場代理人の権限に関する事項
2. 価格等の変動若しくは変更に基づく請負代金の額又は工事内容の変更
3. 工事の施工により第三者が損害を受けた場合における賠償金の負担に関する定め
4. 各当事者の履行の遅滞その他債務の不履行の場合における遅延利息，違約金その他の損害金

No.81 図に示す施工体系の電気工事の現場における技術者の配置に関する記述として，「建設業法」上，**不適当なもの**はどれか．

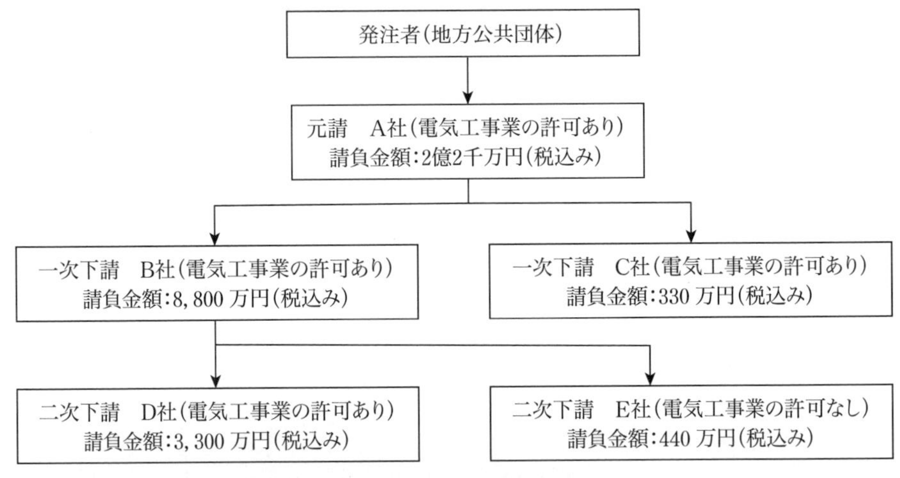

1. A社は，当該工事現場に専任の監理技術者を配置した．
2. B社は，当該工事現場に専任の主任技術者を配置した．
3. C社は，当該工事現場に主任技術者を配置しなかった．
4. E社は，当該工事現場に主任技術者を配置しなかった．

No.82 元請負人となった特定建設業者の義務に関する記述として,「建設業法」上,**不適当なもの**はどれか.

ただし,工事を施工するために締結した下請契約の請負代金の総額は,1億円とする.

1. 下請負人から，その請け負った工事が完成した旨の通知を受けたので，通知を受けた日から25日目に，その完成を確認するための検査を完了した.
2. 請け負った建設工事を施工するために必要な工程の細目，作業方法その他元請負人において定めるべき事項を定めようとしたので，あらかじめ，下請負人の意見をきいた.
3. 請け負った建設工事について，下請負人の商号又は名称，当該下請負人に係る建設工事の内容及び工期などを記載した施工体制台帳を作成し，工事現場ごとに備え置いた.
4. 請負代金の出来形部分に対する支払いを受けたので，下請負人に対して相応する下請代金を，当該支払いを受けた日から25日目に支払った.

No.83 事業用電気工作物の工事を行う場合，工事計画の事前届出を要するものとして，「電気事業法」上，**定められていないもの**はどれか.

ただし，やむを得ない一時的な工事を除く.

1. 電圧275 kVで構内以外の場所から伝送される電気を変成するための変電所の設置
2. 電圧187 kVの送電線路の設置
3. 出力1 000 kWの太陽電池発電所の設置
4. 出力500 kWの風力発電所の設置

No.84 電気用品に関する記述として，「電気用品安全法」上，**誤っているもの**はどれか.

1. 電気用品とは，自家用電気工作物の部分となり，又はこれに接続して用いられる機械，器具又は材料であって，政令で定めるものをいう.
2. 特定電気用品とは，構造又は使用方法その他の使用状況から，みて特に危険又は障害の発生するおそれが多い電気用品であって，政令で定めるものをいう.
3. 電気用品の製造の事業を行う者は，電気用品の区分に従い，必要な事項を経済産業大臣又は所轄の経済産業局長に届け出なければならない.
4. 届出事業者は，届出に係る型式の電気用品を輸入する場合においては，電気用品の技術上の基準に適合するようにしなければならない.

No.85 電気工事業に関する記述として，「電気工事業の業務の適正化に関する法律」上，**定められていないもの**はどれか.

1. 登録電気工事業者の登録の有効期間は，5 年である.
2. 電気工事業者は，営業所ごとに帳簿を備え，省令で定める事項を記載し，記載の日から 5 年間保存しなければならない.
3. 登録電気工事業者は，営業所の名称を変更したときは，変更の日から 30 日以内に，その旨をその登録した経済産業大臣又は都道府県知事に届け出なければならない..
4. 登録電気工事業者は，新たに特定営業所を設置したときは. 設置した日から 30 日以内に主任電気工事士の選任をしなければならない.

No.86 次の記述のうち，「建築基準法」上，**誤っているもの**はどれか.

1. 主要構造部が耐火構造である建築物は，耐火建築物である.
2. 建築物に設ける防火シャッターは，建築設備である.
3. 居住の目的のために継続的に使用する室は，居室である.
4. 建築面積の敷地面積に対する割合を建蔽率という.

No.87 次の記述のうち「建築士法」上，**誤っているもの**はどれか.

1. 建築士とは，一級建築士，二級建築士及び建築設備士をいう.
2. 設計図書とは，建築物の建築工事の実施のために必要な図面（現寸図その他これに類するものを除く.）及び仕様書をいう.
3. 建築士は，工事監理を終了したときは，直ちに，省令で定めるところにより，その結果を文書で建築主に報告しなければならない.
4. 建築士事務所の開設者は，委託を受けた工事監理の業務を建築士事務所の開設者以外の者に委託してはならない.

No.88 次の記述のうち「消防法」上，**誤っているもの**はどれか.

1. 無窓階とは，建築物の地上階のうち，省令で定める避難上又は消火活動上有効な開口部を有しない階をいう.
2. 自動火災報知設備の警戒区域は，省令で定める場合を除き，防火対象物の二以上の階にわたらないものとする.
3. 漏電火災警報器は，建築物の屋内電気配線に係る火災を有効に感知することができるように設置する.
4. 無線通信補助設備は，消防の用に供する設備のうち，警報設備に該当する.

No.89 建設業の事業者が選任する総括安全衛生管理者に関する記述として，「労働安全衛生法」上，**誤っているもの**はどれか．

1. 常時100人以上の労働者を使用する事業場ごとに，総括安全衛生管理者を選任しなければならない．
2. 選任した総括安全衛生管理者に，元方安全衛生管理者の指揮をさせるとともに，技術的事項を管理させなければならない．
3. 選任した総括安全衛生管理者に，健康診断の実施その他健康の保持増進のための措置に関することを統括管理させなければならない．
4. 総括安全衛生管理者を選任すべき事由が発生した日から14日以内に選任しなければならない．

No.90 建設業における安全委員会及び衛生委員会に関する記述として，「労働安全衛生法」上，**誤っているもの**はどれか．

1. 安全委員会及び衛生委員会は，常時50人以上の労働者を使用する事業場ごとに設けなければならない．
2. 安全委員会及び衛生委員会を設けなければならないときは，それぞれの委員会の設置に代えて，安全衛生委員会を設置することができる．
3. 衛生委員会の委員のうちの一人は，産業医のうちから事業者が指名した者でなければならない．
4. 安全委員会及び衛生員会は，少なくとも6箇月に1回は開催するようにしなければならない．

No.91 建設の事業における災害補償に関する記述として，「労働基準法」上，**誤っているもの**はどれか．

1. 建設の事業が数次の請負によって行われる場合においては，災害補償については，その元請負人は使用者とはならない．
2. 労働者が業務上負傷し，又は疾病にかかった場合においては，使用者は，必要な療養の費用を負担しなければならない．
3. 労働者災害補償保険法に基づいて労働基準法の災害補償に相当する給付が行われる場合においては，使用者は，補償の責を免れる．
4. 労働者が業務上負傷し，治った場合において，その身体に障害が存するときは，使用者は法令に定められた金額の障害補償を行わなければならない．

No.92 騒音の規制に関する記述として，「騒音規制法」上，**誤っているもの**はどれか.

1. 特定建設作業とは，建設工事として行われる作業のうち，著しい騒音を発生する政令で定める作業をいう.
2. 特定施設とは，工場又は事業場に設置される施設のうち，著しい騒音を発生する政令で定める施設をいう.
3. 指定地域内において特定建設作業を伴う建設工事を施工しようとする者は，環境大臣に所定の事項を届け出なければならない.
4. 規制基準とは，特定工場等において発生する騒音の特定工場等の敷地の境界線における大きさの許容限度を言う.

2022年度（令和4年度）第二次検定・問題

出題数5　必要解答数5

問題1～3は記述式，問題4～5は五肢択一式です．

問題1　あなたが経験した**電気工事**について，次の問に答えなさい．

1－1　経験した電気工事について，次の事項を記述しなさい．

(1)　工 事 名

(2)　工事場所

(3)　電気工事の概要

　(ア)　請負金額（概略の額）

　(イ)　概　　要

(4)　工　　期

(5)　この電気工事でのあなたの立場

(6)　あなたが担当した業務の内容

1－2　**上記の電気工事の現場**において，施工中に発生した又は発生すると予想した**工程管理上の問題とその理由**を**2つ**あげ，これらの問題を防止するために，あなたがとった**対策**を問題ごとに**2つ**具体的に記述しなさい．

ただし，対策の内容は重複しないこと．

1－3　**上記（1－1）の電気工事の現場**において，**施工の計画から引渡しまでの間の品質管理**に関して，あなたが特に**留意した事項とその理由**をあげ，あなたがとった**対策**を具体的に記述しなさい．

問題2 電気工事に関する次の作業の中から **2 つ**選び，番号と作業を記入のうえ，その作業において，**労働災害を防止するための対策を**，それぞれについて **2 つ**具体的に記述しなさい．

ただし，対策の内容は重複しないこと．なお，保護帽の着用及び安全帯（要求性能墜落制止用器具）の着用のみの記述については配点しない．

1. クレーン等による揚重作業
2. 高圧活線近接作業
3. 酸素欠乏危険場所での作業
4. 掘削作業

問題3 電気工事に関する次の用語の中から **4 つ**選び，番号と用語を記入のうえ，**技術的な内容**を，それぞれについて **2 つ**具体的に記述しなさい．

ただし，**技術的な内容**とは，施工上の留意点，選定上の留意点，動作原理，発生原理，定義，目的，用途，方式，方法，特徴，対策などをいう．

1. 汽力発電のタービン発電機
2. 油入変圧器の冷却方式
3. 光ファイバ複合架空地線（OPGW）
4. 架空送電線の振動現象
5. 交流無停電電源装置（UPS）
6. 電線の許容電流
7. スコット変圧器
8. 共同住宅用自動火災報知設備
9. 列車集中制御装置（CTC）
10. カテナリちょう架方式
11. 交通信号の感応制御
12. 接地抵抗の低減方法

問題 4 次の計算問題を答えなさい.

4－1 図に示す単相 2 線式配電線路において, C 点の線間電圧の値〔V〕として, **正しいもの**はどれか.

ただし，電線 1 線あたりの抵抗は A-B 間，B-C 間，C-D 間は，各 0.1 Ω，負荷は抵抗負荷とし，線路リアクタンスは無視する.

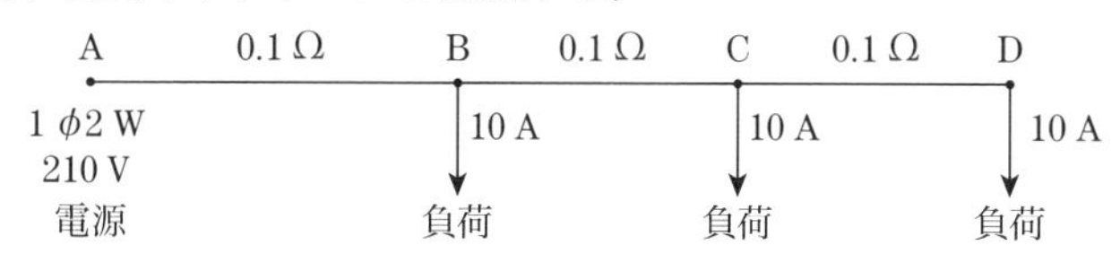

① 198 V

② 200 V

③ 202 V

④ 205 V

⑤ 206 V

4－2 図に示す三相 6 kV/200 V 1 000 kV·A の変圧器において，想定短絡点における三相短絡電流 I_S の値〔kA〕として，**最も適当なもの**はどれか.

ただし，計算条件は次によるものとし，少数第一位を四捨五入する.

基準容量：1 000 kV·A

電源から変圧器一次側端子までの % インピーダンス：0.1 %

変圧器の % インピーダンス：4.7 %

変圧器二次側端子から想定短絡点までの電路の % インピーダンス：0.2 %

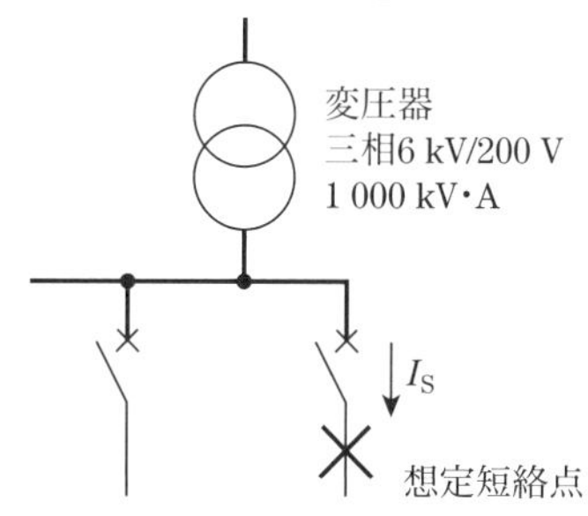

① 29 kA

② 50 kA

③ 58 kA

④ 100 kA

⑤ 173 kA

問題 5 「建設業法」又は「電気事業法」に関する次の問に答えなさい．

5－1 軽微な建設工事に関する次の記述の［　　］に当てはまる語句として，「建設業法」上，**定められているもの**はそれぞれどれか．

「政令で定める軽微な建設工事は，工事一件の請負代金の額が［ア］万円，(当該建設工事が建築一式工事である場合にあつては［イ］万円）に満たない工事又は建築一式工事のうち延べ面積が 150 m^2 に満たない木造住宅を建設する工事とする．」

ア ① 100 ② 300 ③ 500 ④ 700 ⑤ 1 000

イ ① 1 000 ② 1 500 ③ 2 000 ④ 2 500 ⑤ 3 000

5－2 建設工事の請負契約に関する次の記述の［　　］に当てはまる語句として，「建設業法」上，**定められているもの**はそれぞれどれか．

「委託その他いかなる［ア］をもつてするかを問わず．報酬を得て建設工事の［イ］を目的として締結する契約は，建設工事の請負契約とみなして，この法律の規定を適用する．」

ア ① 業務 ② 方法 ③ 立場 ④ 名義 ⑤ 資格

イ ① 完成 ② 着工 ③ 許可 ④ 設計 ⑤ 発注

5－3 電気工作物の工事に関する次の記述の［　　］に当てはまる語句として，「電気事業法」上，**定められているもの**はそれぞれどれか．

「事業用電気工作物の設置又は変更の工事であつて，公共の安全の確保上特に重要なものとして主務省令で定めるものをしようとする者は，その工事の［ア］について主務大臣の［イ］を受けなければならない．ただし，事業用電気工作物が滅失し，若しくは損壊した場合又は災害その他非常の場合において，やむを得ない一時的な工事としてするときは，この限りではない．」

ア ① 計画 ② 保安規程 ③ 実施 ④ 技術基準 ⑤ 監督

イ ① 安全管理審査 ② 認可 ③ 使用前検査 ④ 評価 ⑤ 立入検査

2021 年度（令和 3 年度）
第一次検定・問題

出題数 92　必要解答数 60

No.1～No.57 が午前、No.58～No.92 が午後の出題

電気工学 

※問題番号【**No.1**】から【**No.15**】までの **15** 問題のうちから **10** 問題を選択し，解答してください．

No.1 図のように，真空中に，一直線上に等間隔 r〔m〕で，$-4Q$〔C〕，$2Q$〔C〕Q〔C〕の点電荷があるとき，Q〔C〕の点電荷に働く静電力 F〔N〕を表す式として，正しいものはどれか。

ただし，真空の誘電率を ε_0〔F/m〕とし，右向きの力を正とする．

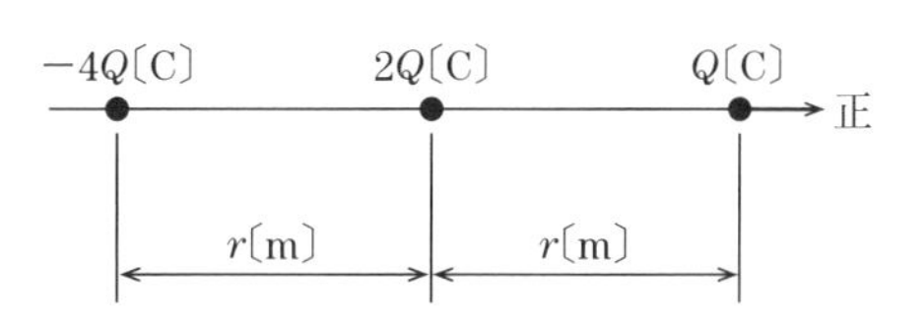

1. $F = \dfrac{Q^2}{4\pi\varepsilon_0 r^2}$〔N〕

2. $F = -\dfrac{Q^2}{4\pi\varepsilon_0 r^2}$〔N〕

3. $F = \dfrac{Q^2}{2\pi\varepsilon_0 r^2}$〔N〕

4. $F = -\dfrac{Q^2}{2\pi\varepsilon_0 r^2}$〔N〕

No.2 図に示す磁路の平均長さ l〔m〕，磁路の断面積 A〔m^2〕，透磁率 μ〔H/m〕の環状鉄心に巻数 N のコイルがあるとき，コイルの自己インダクタンス L〔H〕を表す式として，**正しいもの**はどれか．

ただし，磁束の漏れはないものとする．

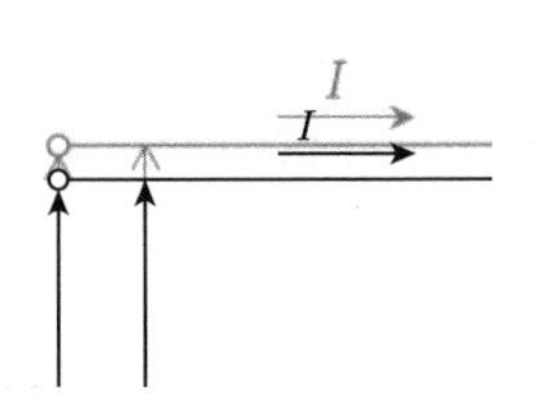

1. $L = \dfrac{\mu A N^2}{l}$〔H〕
2. $L = \dfrac{l}{\mu A N^2}$〔H〕
3. $L = \dfrac{A N^2}{\mu l}$〔H〕
4. $L = \dfrac{\mu l}{A N^2}$〔H〕

No.3 図に示す回路において，検流計の電流の流れが 0 となるとき，抵抗 R〔Ω〕とインダクタンス L〔mH〕の値の組合せとして，**正しいもの**はどれか．

ただし，相互インダクタンスは無視するものとする．

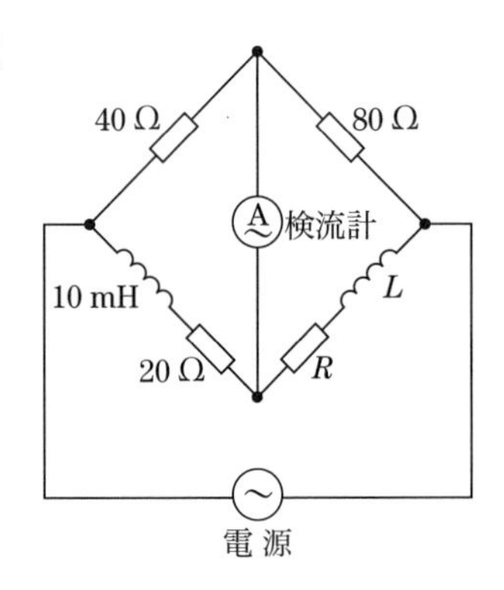

	R	L
1.	10 Ω	5 mH
2.	40 Ω	10 mH
3.	40 Ω	20 mH
4.	60 Ω	10 mH

No.4 図に示す平衡三相回路の電力を測定する 2 電力計法において，線間電圧が V〔V〕, 線電流が I〔A〕のとき, 電力計 W_1, W_2 の指示値は, それぞれ P_1〔W〕, P_2〔W〕であった．このとき，負荷の力率を表す式として，**正しいもの**はどれか．

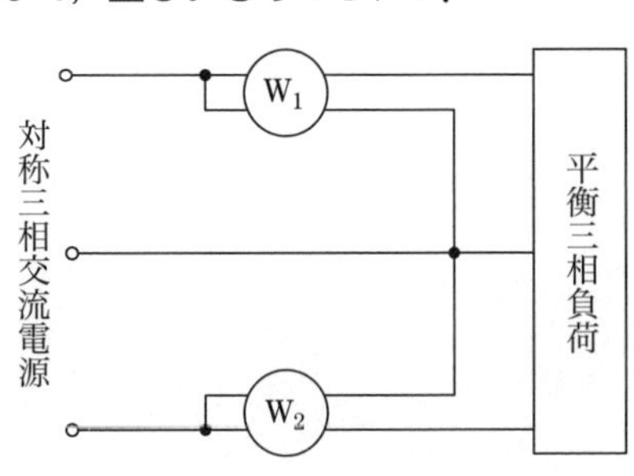

1. $\dfrac{\sqrt{2}VI}{P_1 + P_2}$
2. $\dfrac{\sqrt{3}VI}{P_1 + P_2}$
3. $\dfrac{P_1 + P_2}{\sqrt{2}VI}$
4. $\dfrac{P_1 + P_2}{\sqrt{3}VI}$

No.5 図に示すブロック線図の合成伝達関数 G を表す式として，**正しいもの**はどれか.

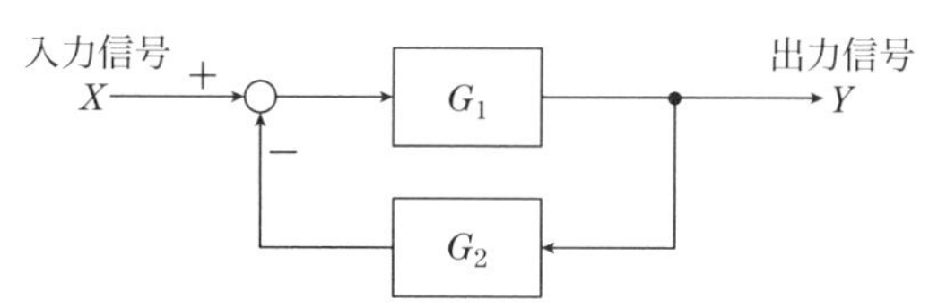

1. $G = G_1 + G_2$
2. $G = G_1 - G_2$
3. $G = \dfrac{G_1}{1 + G_1 G_2}$
4. $G = \dfrac{G_1}{1 - G_1 G_2}$

No.6 同期発電機において，スリップリングが不要な励磁方式として，**適当なもの**はどれか.

1. 直流励磁機方式
2. コミュテータレス励磁方式
3. ブラシレス励磁方式
4. 静止形励磁方式

No.7 変圧器の励磁突入電流に関する記述として，**不適当なもの**はどれか.

1. 励磁突入電流はひずみ波形であり，高調波を多く含み，特に第3調波の含有率が最も高い.
2. 励磁突入電流の継続時間は，変圧器回路のインダクタンスと抵抗により決まり，大容量器ほど長い.
3. 励磁突入電流は，電圧を印加した直後に過渡的に流れる電流で，定格電流より大きい.
4. 励磁突入電流は，変圧器の保護に用いられる比率差動継電器の誤動作の原因となる場合がある.

No.8 リアクトルの設置に関する記述として，**不適当なもの**はどれか.

1. 特別高圧変圧器の中性点と対地間に接続し，地絡電流を制限する.
2. 回路に直列に接続し，遅れ電流を抑制する.
3. 高圧進相コンデンサに直列に接続し，コンデンサへの高調波の流入を抑制する.
4. 高圧進相コンデンサに直列に接続し，コンデンサ投入時の突入電流を抑制する.

No.9 図に示す汽力発電のランキンサイクルにおいて，タービンの入口から出口に至る蒸気の圧力及び体積の変化を表す過程として，**適当なもの**はどれか．

1. A → B
2. B → C
3. C → D
4. D → A

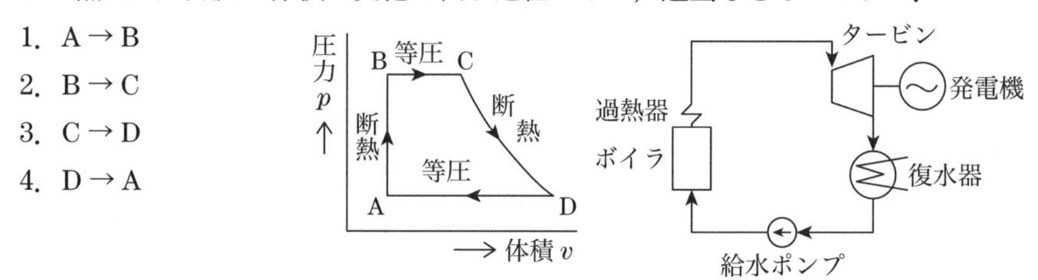

No.10 変電所に関する記述として，**最も不適当なもの**はどれか．

1. 系統電圧を調整する負荷時タップ切換装置には，電圧調整方式としては直接式が，限流方式としては抵抗式がある．
2. 二重母線は，環状母線に比べて所要面積が少なくて済むが，系統運用上の自由度が少ない．
3. ガス絶縁変圧器は，不燃性ガスを絶縁に使用しており，地下変電所など屋内設置に適している．
4. 中性点接地方式の直接接地では，変圧器に段絶縁を施すことが可能となり，経済的である．

No.11 送配電系統における短絡容量の軽減対策に関する記述として，**不適当なもの**はどれか．

1. 高インピーダンスの変圧器を採用する．
2. 上位電圧の系統を導入し，既設系統を分割する．
3. 限流リアクトルを設置する．
4. 電力用コンデンサを設置する．

No.12 直流送電に関する記述として，**最も不適当なもの**はどれか．

1. 安定度の問題がなく，送電線の許容電流まで送電容量を大きくすることができる．
2. 直流送電で交流系統を連系しても，それぞれの短絡容量が増加しない．
3. 電力潮流の制御が迅速，かつ容易に行える．
4. 高電圧・大電流の遮断が容易に行える．

No.13 LED 光源に関する記述として，**最も不適当なものは**どれか.

1. 蛍光ランプや HID ランプより長寿命である.
2. 光束は，点灯時間の経過にかかわらず一定である.
3. 蛍光ランプに比べて，振動や衝撃に強い.
4. pn 接合の個体デバイスであり，順方向に電流を流すと発光する.

No.14 鉛蓄電池に関する記述として，**不適当なもの**はどれか.

1. ベント形蓄電池は，酸霧が脱出しないようにしたもので，使用中補水が必要である.
2. 蓄電池の内部抵抗は，残存容量が少なくなるほど減少する.
3. 触媒栓は，充電したときに発生するガスを水に戻す機能を持つ.
4. 定格容量は，規定の条件下で放電終止電圧まで放電したとき，取り出せる電気量である.

No.15 三相かご形誘導電動機の Y－△始動方式に関する記述として，**不適当なもの**はどれか.

1. Y 結線から△結線へ切り替えるときに，大きな突入電流が流れることがある.
2. 始動時には，各相の固定子巻線に定格電圧の $\frac{1}{3}$ の電圧が加わる.
3. 始動電流は，△結線で全電圧始動したときの $\frac{1}{3}$ になる.
4. 始動トルクは，△結線で全電圧始動したときの $\frac{1}{3}$ になる.

※問題番号【No.16】～【No.47】までの 32 問題のうちから 14 問題を選択し，解答してください.

No.16 汽力発電所の設備に関する記述として，**不適当なもの**はどれか.

1. 過熱器は，高圧タービンで仕事をした蒸気を再びボイラで過熱し，熱効率を向上させる.
2. 節炭器は，煙道ガスの余熱を利用してボイラへの給水を加熱し，熱効率を向上させる.
3. 復水器は，タービンの排気蒸気を冷却凝縮するとともに水として回収する.
4. 給水加熱器は，タービンの途中から抽気した蒸気で，ボイラへの給水を加熱する.

No.17 風力発電に関する記 述 として，**最も不適当なもの**はどれか.

1. プロペラ形風車は，風速変動に対する制御が容易である.
2. ダリウス形風車は，垂直軸型のため，風向の変化に対して姿勢を変える必要がない.
3. ナセルは，水平軸風車においてタワーの上部に配置され，動力伝達装置，発電機，制御装置などを格納するもの，及びその内容物の総称である.
4. ヨー制御装置は，風況に応じてブレードの設置角度を制御する装置である.

No.18 変電所の変圧器のインピーダンスを小さくした場合の記述として，**不適当なもの**はどれか.

1. 変圧器の電圧変動率が減少する.
2. 系統の安定度が向上する.
3. 系統の短絡電流が増加する.
4. 変圧器の全損失が増加する.

No.19 送電線の保護方式に関する記述として，**最も不適当なもの**はどれか．

1. 過電流リレー方式は，常時の負荷電流より大きな電流が流れたときに事故を検出する．
2. 距離リレー方式は，リレー設置点の電圧と電流から事故点の方向と事故点までの電気的距離（インピーダンス）を求め，それが整定値以内のときに動作する．
3. 回線選択リレー方式は，平行 2 回線のうち 1 回線のみが故障した場合に，両回線の電流又は電力を比較して，故障回線を選択し遮断する．
4. パイロットリレー方式は，自端の情報のみで送電線の内部故障か外部故障かを判別する．

No.20 揚水発電に関する記述として，**最も不適当なもの**はどれか．

1. 系統の供給余力電気エネルギーを水の位置エネルギーに変換して蓄え，これをピーク時等に電気エネルギーに変換して供給する．
2. 河川の流量に制約されるため，一般水力発電に比べて地点選定が困難である．
3. 軽負荷時に揚水することによって系統の負荷率を改善し，火力発電所の稼働率が向上する．
4. 可変速揚水発電システムは，深夜あるいは系統需要が少ないときに揚水運転をしながら，可変速運転により入力を調整し，周波数調整を行う．

No.21 架空送電線におけるスリートジャンプによる事故の防止対策として，**不適当なもの**はどれか．

1. 電線の張力を大きくする．
2. 長径間になることを避ける．
3. 単位重量の小さい電線を使用する．
4. 電線相互のオフセットを大きくする．

No.22 架空電線路の架空地線に関する記述として，**不適当なもの**はどれか．

1. 誘導雷により電力線に発生した雷電圧を低減する効果がある．
2. 直撃雷に対しては，遮へい角が大きいほど遮へい効果が高い．
3. 直撃雷に対しては，1 条より 2 条施設した方が遮へい効果が高い．
4. 送電線の地絡故障による通信線への電磁誘導障害を軽減する効果がある．

No.23 架空送電線路に使用されるアルミ電線の特徴に関する記述として，**最も不適当なもの**はどれか．

1. アルミ線を使用することで，銅線に比べ自重が減り長径間に有利になり，風雪の影響を受けにくくなる．
2. 鋼心耐熱アルミ合金より線（TACSR）は，大容量送電が必要な超高圧以上の高電圧送電線に多く採用されている．
3. アルミ線を使用することで，銅線に比べ導体が太くなるため表面電界が小さくなり，コロナ放電が発生しにくくなる．
4. 鋼心アルミより線（ACSR）は，電線の中心部に引張強度の大きい鋼より線を用い，その周囲に硬アルミ線をより合わせた構造となっている．

No.24 地中送電線路における電力ケーブルの常時許容電流を増大させる方法に関する記述として，**不適当なもの**はどれか．

1. ケーブルのシース回路損を低くする．
2. 誘電正接の小さい絶縁体を使用する．
3. ケーブルを冷却する．
4. 比誘電率の大きい絶縁体を使用する．

No.25 高圧の電力系統に分散型電源を連系する場合において，分散型電源を自動的に解列しなければならない事象として，「電気設備の技術基準とその解釈」上，**定められていないもの**はどれか．

1. 連系している電力系統の短絡事故又は地絡事故
2. 分散型電源の単独運転
3. 連系している電力系統におけるフリッカ電圧の発生
4. 分散型電源の異常又は故障

No.26 図に示すパルスレーダ法により地中送電線の事故点を検出する場合，事故点までの距離 x〔m〕を表す式として，**正しいもの**はどれか．

ただし，l：ケーブルの長さ〔m〕

v：パルス伝搬速度〔m/μs〕

t：パルスを送り出してから反射波が帰ってくるまでの時間〔μs〕

1. 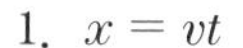 $x = vt$

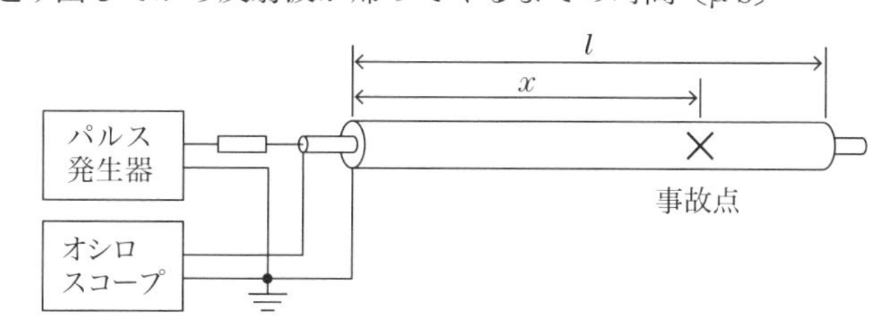

2. $x = \dfrac{vt}{2}$

3. 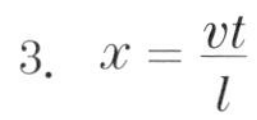 $x = \dfrac{vt}{l}$

4. 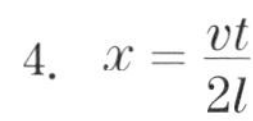 $x = \dfrac{vt}{2l}$

No.27 配電系統の電圧調整に関する記述として，**最も不適当なもの**はどれか．

1. 負荷電流の増減に応じて線路電圧を維持するため，変電所の送り出し電圧を負荷時タップ切換変圧器で調整した．
2. こう長が長い配電線の電圧降下を許容範囲内に抑えるために，線路の途中に配電用（ステップ式）自動電圧調整器を施設した．
3. 負荷電流の増加により電圧降下が大きくなった地域で，柱上変圧器のタップを変更し二次側電圧を調整した．
4. こう長が長い配電線の末端で，軽負荷時の電圧上昇を抑制するために，電力用コンデンサを施設した．

No.28 間口 18 m，奥行 12 m，天井高さ 2.6 m の事務室の天井に LED 照明器具を設置する．机上面の平均照度を 750 lx とするために，光束法により算出される LED 照明器具の台数として，**正しいもの**はどれか．

ただし，LED 照明器具 1 台の定格光束は 7 500 lm，照明率は 0.9，保守率は 0.8 とする

1. 12 台
2. 22 台
3. 24 台
4. 30 台

No.29 事務室に設ける分岐回路に関する記述として，「内線規程」上，**不適当なもの**はどれか.

1. 20 A 配線用遮断器分岐回路に設ける電灯受口の数は制限されていない.
2. 20 A 配線用遮断器分岐回路に設けることのできる 15 A コンセントの数は 10 個以下である.
3. 30 A 分岐回路に 15 A・20 A 兼用コンセントを設けることができる.
4. 40 A 分岐回路に 40 A コンセントを 2 個設けることができる.

No.30 屋内に施設する電動機に過負荷保護装置を省略できる場合として，「電気設備の技術基準とその解釈」上，**誤っているもの**はどれか.

1. 運転中，常時，取扱者が監視できる位置に電動機を施設する場合
2. 負荷の性質上，その電動機の巻線に当該電動機を焼損する過電流が生じるおそれがない場合
3. 単相電動機の場合で，その電源側電路の配線用遮断器の定格電流が 20 A の場合
4. 電動機の出力が 0.4 kW の場合

No.31 機械器具に接続する電路において，地絡遮断装置を省略できるものとして，「電気設備の技術基準とその解釈」上，**誤っているもの**はどれか.

ただし，機械器具には簡易接触防護措置は施されていないものとする.

1. 電気用品安全法の適用を受けた単相 100 V の二重絶縁構造の電動工具に電気を供給する電路
2. 水気のある場所に施設する単相 100 V のコンセントに電気を供給する電路
3. 乾燥した場所に施設する三相 200 V の機械器具に電気を供給する電路
4. 接地抵抗値が 3 Ω以下の D 種接地工事が施された三相 200 V の電動機に電気を供給する電路

No.32 PF・S 形受電設備の主遮断装置として用いる限流ヒューズ付高圧交流負荷開閉器に関する記述として，**最も不適当なもの**はどれか.

1. 相間及び側面には，絶縁バリアを取り付ける.
2. 限流ヒューズは，一般に過負荷保護専用として使用する.
3. 高圧交流負荷開閉器は，3 極を同時に開閉する構造である.
4. 限流ヒューズの 1 相が遮断した場合は，ストライカが動作して欠相運転を防止する.

No.33 図に示す変圧器で構成される高圧受電設備の設備不平衡率として，「高圧受電設備規程」上，**正しいもの**はどれか．

1. 25 %
2. 30 %
3. 35 %
4. 40 %

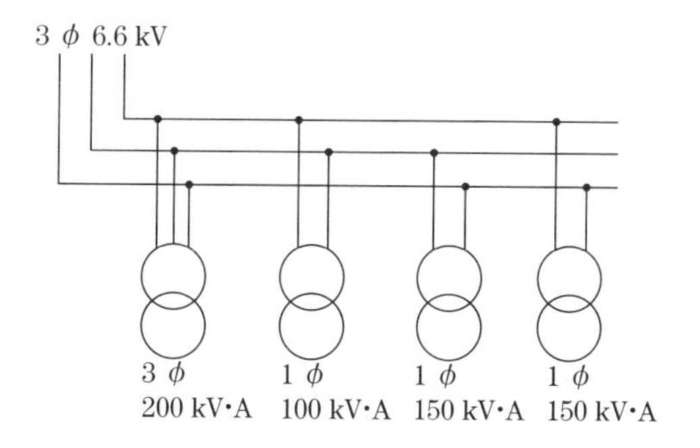

No.34 特別高圧連系時の系統連系用保護装置の略記号とリレー保護内容の組合せとして，「系統連系規程」上，**不適当なもの**はどれか．

	略記号	リレー保護内容
1.	DSR	短絡方向
2.	PRP	逆電力
3.	UFR	周波数低下
4.	OCGR	地絡過電圧

No.35 自家用発電設備におけるガスタービン発電装置に関する記述として，**不適当なもの**はどれか．

1. 液体又は気体の燃料が使用できる．
2. ガスタービン本体を冷却するための水が必要である．
3. ディーゼル発電装置に比べて振動が少ない．
4. ディーゼル発電装置に比べて体積，重量ともに小さく軽い．

No.36 無停電電源装置（UPS）に関する記述として，「日本産業規格（JIS）」上，**不適当なもの**はどれか．

1. インバータは，直流電力を交流電力に変換する半導体電力変換装置である．
2. 常時商用給電方式は，常用電源の電圧又は周波数が許容範囲から外れた場合，蓄電池運転状態となりインバータで負荷電力の連続性を維持する UPS である．
3. 保守バイパスは，システムの UPS ユニット又は UPS ユニットのグループを追加することによって，負荷電力の連続性を向上させた電力経路である．
4. UPS ユニットは，インバータ，整流器，及び蓄電池などのエネルギー蓄積装置をそれぞれ一つ以上ずつもっている UPS の構成要素である．

No.37 A 種接地工事に関する記述として，「電気設備の技術基準とその解釈」上，**誤っているもの**はどれか．

ただし，発電所又は変電所，開閉所若しくはこれらに準ずる場所に施設する場合，及び移動して使用する電気機械器具の金属製外箱等に接地工事を施す場合を除くものとする．

1. 人が触れるおそれがある高圧電路に施設する機械器具の金属製の台及び外箱に施す．
2. 特別高圧計器用変成器の二次側電路に施す．
3. 接地線は，直径 2.0 mm 以上の軟銅線を使用する．
4. 人が触れるおそれがある場所に施設する接地極は，地下 75 cm 以上の深さに埋設する．

No.38 ビルの中央監視制御設備に関する記述として，**最も不適当なもの**はどれか．

1. 信号線は，電源による静電誘導を防止するためシールドケーブルを使用し，両端を接地した．
2. 信号線は，電源による電磁誘導を防止するためツイストペアケーブルを使用し，鋼製電線管で保護した．
3. システムのローカル系には，LonWorks を採用した．
4. 異なる製造者の装置間を接続するため，上位層のプロトコルとして，BACnet を採用した．

No.39 誘導灯に関する記述として，「消防法」上，**誤っているもの**はどれか．

1. 避難口誘導灯は，表示面の縦寸法及び表示面の明るさにより A 級，B 級及び C 級に区分されている．
2. 避難口誘導灯の B 級には，表示面に避難方向を示すシンボルを併記したものがある．
3. 客席誘導灯は，客席内の通路の床面における水平面の照度が 0.1 lx 以上になるように設ける．
4. 階段又は傾斜路に設ける通路誘導灯は，踏面又は表面及び踊場の中心線の照度が 1 lx 以上となるように設ける．

No.40 防火対象物に設置する非常コンセント設備に関する記述として，「消防法」上，**定められていないもの**はどれか.

1. 地階を除く階数が 11 以上の建築物に設置が必要である.
2. 延べ面積 500 m^2 以上の地下街に設置が必要である.
3. 床面又は階段の踏面からの高さが 1 m 以上 1.5 m 以下の位置に設置する.
4. 非常コンセントに電気を供給する電源からの回路に設ける非常コンセントの数は，10 以下とする.

No.41 図に示すテレビ共同受信設備において，増幅器出口からテレビ端子 A の出力端子までの総合損失として，**正しいもの**はどれか

ただし，条件は，次のとおりとする.

増幅器出口からテレビ端子 A までの同軸ケーブルの長さ：10 m
同軸ケーブルの損失：0.5 dB/m
2 分岐器の挿入損失：5.0 dB
2 分岐器の結合損失：10.0 dB
4 分配器の分配損失：10.0 dB
4 分配器の端子間結合損失：15.0 dB
テレビ端子の挿入損失：1.0 dB

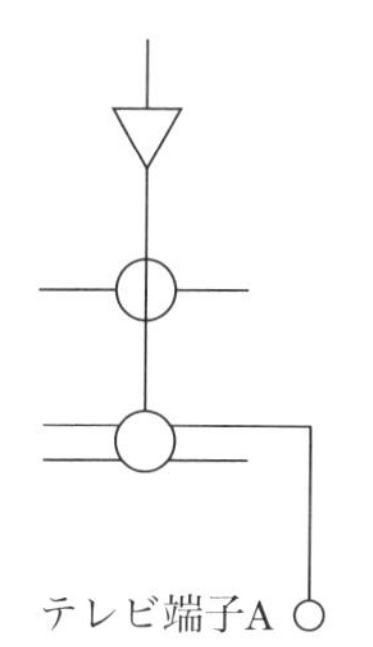

1. 11.0 dB
2. 21.0 dB
3. 31.0 dB
4. 46.0 dB

No.42 電話・情報設備に関する配線用図記号と名称の組合せとして，「日本産業規格（JIS）」上，**誤っているもの**はどれか」.

	図記号	名　称
1.	MDF	本配線板
2.	PBX	交換機
3.	DSU	中間配線盤
4.	ATT	局線中継台

No.43 電気鉄道におけるカテナリ式電車線路のセクション（区分装置）に関する記述として，**不適当なもの**はどれか．

1. セクションオーバとは，セクションの両側を集電装置で短絡することをいう．
2. セクションオーバによる事故では，集電装置の損傷や温度上昇により電車線が断線する場合がある．
3. セクションオーバによる障害が発生しない措置を講じていない場合，電気機関車や電車が常時停車する区域にはセクションを設けてはならない．
4. セクションオーバは，列車長以上のデッドセクション（無電圧区間）においても発生する．

No.44 直流電気鉄道のき電回路における，電圧降下の軽減対策に関する記述として，**不適当なもの**はどれか．

1. 変電所間に，新たな変電所を増設する．
2. き電線を太くしたり，条数を増設する．
3. 上下線一括き電方式を採用する．
4. 静止形無効電力補償装置（SVC）を設置する．

No.45 鉄道の自動運転をするための装置に関する記述として，「鉄道に関する技術基準を定める省令」上，**誤っているもの**はどれか．

1. 自動列車運転装置を設ける場合は，自動列車制御装置を設けなくてもよい．
2. 自動列車運転装置により発車させる場合は，乗降する旅客の安全が確認された後でなければ，発車することはできない．
3. 自動列車運転装置は，列車の停止位置に円滑に列車を停止させる機能を有する．
4. 自動列車運転装置は，運転士が手動によりブレーキ操作を行う場合，自動運転状態が解除されなければならない．

No.46 道路照明の用語に関する記述として，**不適当なもの**はどれか.

1. 平均路面輝度は，灯具から照射される光が，その目的とする照明対象の単位面積当たりに入射する光束をいう.
2. 輝度均斉度は，輝度分布の均一の程度をいい，路面上の対象物の見え方を左右する総合均斉度と，前方路面の明暗による不快の程度を左右する車線軸均斉度がある.
3. 視機能低下グレアは，視野内に高輝度の光源が存在することによって，対象物の見え方を低下させるものをいう.
4. 誘導性は，照明の効果により，運転者に道路の線形を明示するものであり，灯具を適切な高さや間隔で配置することでこの効果が得られる.

No.47 光ファイバに関する記述として，**不適当なもの**はどれか.

1. マルチモードファイバは，屈折率分布により，ステップインデックス（SI）型とグレーデッドインデックス（GI）型がある.
2. シングルモードファイバは，コア径が小さく単一のモードで伝搬するものである.
3. 光ファイバは，光の屈折率の高いコア（中心部）とその外側の屈折率の低いクラッドから構成されている.
4. シングルモードファイバは，マルチモードファイバと比較して，伝送損失が大きく長距離伝送に適さない特徴がある.

◐ 関連分野 ◑

※問題番号【No.48】から【No.55】までの 8 問題のうちから 5 問題を選択し，解答してください.

No.48 空気調和設備の省エネルギー対策に関する記述として，**最も不適当なもの**はどれか.

1. 空気調和機の予冷・予熱運転時に，外気の導入量を増やす.
2. 空気調和機から吹出し口や吸込み口までのダクトルートを短くする.
3. 計測した室内の二酸化炭素濃度に応じて，外気の導入量を制御する方式とする.
4. 熱負荷に応じて空気調和機の送風量を制御する変風量方式とする.

No.49 排水設備に関する記述として，**最も不適当なもの**はどれか.

1. 排水管には，トラップを二重に設置してはならない.
2. 排水の通気管は，直接外気に開放してはならない.
3. 雨水排水管の立て管は，汚水排水管に連結してはならない.
4. 給水タンクのオーバーフロー管は，排水管に直接連結してはならない.

No.50 コンクリートの施工に関する記述として，**最も不適当なもの**はどれか.

1. コンクリートを型枠の隅々まで充填する作業が締固めである.
2. 打込み後のコンクリートの露出面は，風雨や直射日光から保護する.
3. 硬化初期の期間中は，セメントの水和反応のため，乾燥した状態を保つようにする.
4. 打継ぎ部は，部材のせん断応力の小さい位置に設ける.

No.51 水準測量に関する記述として，**不適当なもの**はどれか.

1. 器械高とは，器械を水平に据え付けたときの三脚の高さをいう.
2. 水準点（ベンチマーク）は，水準測量の基準として用いられる.
3. 標尺が前後に傾いていると，標尺の読みは正しい値より大きくなる.
4. 前視とは，レベルを据えて，標高の不明点を視準すること，又はその読みをいう.

No.52 土留め壁を設けて行う掘削工事に関する次の記述に該当する現象として，**適当なもの**はどれか．

「軟弱な粘度質地盤で掘削を行うとき，矢板背面の鉛直土圧によって掘削底面が盛り上がる現象」

1. スカラップ
2. ヒービング
3. ボイリング
4. パイピング

No.53 鉄道の線路に関する用語の定義として，「日本産業規格（JIS）」上，**不適当なもの**はどれか．

1. 路盤とは，軌道を支えるための構造物をいう．
2. 狭軌とは，標準軌より狭い軌間をいう．
3. カントとは，曲線部において軌間を拡大する量をいう．
4. 軌きょうとは，レールとまくらぎとを，はしご状に組み立てたものをいう．

No.54 鉄骨構造に関する用語と関連する語句の組合せとして，**最も不適当なもの**はどれか．

	用語	関連する語句
1.	ウェブ	ブリーディング
2.	トラス	軸方向力
3.	筋かい	ターンバックル
4.	溶接	オーバーラップ

No.55 鉄筋コンクリート構造の建築物における，梁貫通に関する記述として，**最も不適当なもの**はどれか．

1. 貫通孔の径は，梁せいの$\frac{1}{3}$以下とした．
2. 貫通孔が並列する場合の中心間隔は，孔径平均値の3倍以上とする．
3. 貫通孔の横方向の位置は，柱の付近が望ましい．
4. 貫通孔の上下方向の位置は，梁せいの中心付近が望ましい．

※問題番号【No.56】，【No.57】の 2 問題は，全問解答してください．

No.56 自動火災報知設備に用いる配線用図記号と名称の組合せとして，「日本産業規格（JIS）」上，**誤っているもの**はどれか．

	図記号	名称
1.	◎（四角の中に二重丸）	炎感知器
2.	R（四角囲み）	移報器
3.	S（二重四角囲み，上部に区画）	点検ボックス付煙感知器
4.	田形（横長の四角を四分割）	副受信機

No.57 請負契約に関する記述として，「公共工事標準請負契約約款」上，**誤っているもの**はどれか．

1. 発注者は，工事が完成の検査に合格し，請負代金の支払いの請求があったときは，請求を受けた日から 40 日以内に請負代金を支払わなければならない．
2. 現場代理人は，契約の履行に関し，請負代金額の変更に係る権限を行使することができる．
3. 受注者は，監督員がその職務の遂行につき著しく不適当と認められるときは，発注者に対してその理由を明示した書面により，必要な措置をとるべきことを請求することができる．
4. 受注者は，工事の施工にあたり，設計図書の表示が明確でないことを発見したときは，その旨を直ちに監督員に通知し，その確認を請求しなければならない．

◐ 施工管理法 ◑

※問題番号【No.58】から【No.63】までの 6 問題は，施工管理法の応用能力問題です．全問解答してください．

No.58 施工計画の作成に関する記述として，**最も不適当なもの**はどれか．

1. 新工法や新技術は実績が少ないため採用を控え，過去の技術や実績に基づき作成する．
2. 現場担当者のみに頼ることなく，会社内の組織を活用して作成する．
3. 発注者の要求品質を確保するとともに，安全を最優先にした施工を基本とした計画とする．
4. 計画は 1 つのみでなく，複数の案を考えて比較検討し，最良の計画を採用する．
5. 図面，現場説明書及び質問回答書を確認し工事範囲や工事区分を明確にする．

No.59 仮設計画に関する記述として，**最も不適当なもの**はどれか．

1. 電圧 100 V の仮設配線は，使用期間が 1 年 6 箇月なので，ビニルケーブル(VVF)をコンクリート内に直接埋設する計画とした．
2. 工事用電気設備の建物内幹線は，工事の進捗に伴う移設や切回し等の支障の少ない場所で立上げる計画とした．
3. 工事用として出力 10 kW の可搬型ディーゼル発電機を使用するので，電気主任技術者を選任する計画とした．
4. 仮囲いのゲート付近は，通行人・交通量が多いため交通誘導警備員を配置する計画とした．
5. 仮設の低圧ケーブル配線が通路床上を横断するので，防護装置を設ける計画とした．

No.60 図に示すバーチャート工程表及び進度曲線に関する記述として，**最も不適当なもの**はどれか．

月日 / 作業名	4月	5月	6月	7月	8月	9月		出来高
	10 20 30	10 20 30	10 20 30	10 20 30	10 20 30	10 20 30		%
準備作業								100
配管工事								90
配線工事								80
機器据付工事								70
盤類取付工事								60
照明器具取付工事								50
弱電器具取付工事								40
受電設備工事								30
試運転・検査								20
あと片付け								10

□ 予定　　- - - - - - - - 予定進度曲線

■ 実施　　——●—— 実施進度曲線

1. 6 月末における全体の実施出来高は，約 60 % である．
2. 6 月末の時点では，予定出来高に対して実施出来高が上回っている．
3. 7 月は，盤類取付工事の施工期間が，他の作業よりも長くなる予定である．
4. 7 月末での配線工事の施工期間は，50 % を超える予定である．
5. 受電設備工事は，盤類取付工事の後に予定している．

No.61 図に示すネットワーク工程の所要工期（クリティカルパス）として，**正しいもの**はどれか．

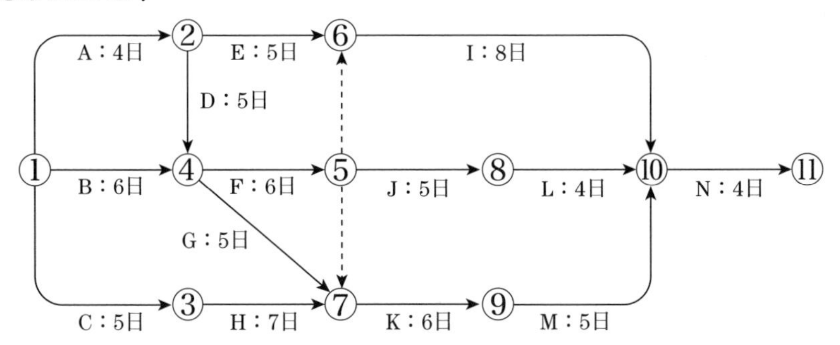

1. 21 日
2. 24 日
3. 26 日
4. 28 日
5. 30 日

No.62 品質管理に関する記述として，**最も不適当なもの**はどれか．

1. 品質管理は，設計図書で要求された品質に基づく品質計画におけるすべての目標について，同じレベルで行う．
2. 品質管理は，問題発生後の検出に頼るより，問題発生の予防に力点を置くことが望ましい．
3. 作業標準を定め，その作業標準通り行われているかどうかをチェックする．
4. 異常を発見したときは，原因を探し，その原因を除去する処置をとる．
5. P → D → C → A の管理のサイクルを回していくことが，品質管理の基本となる．

No.63 図に示す品質管理に用いる図表に関する記述として，**不適当なもの**はどれか．

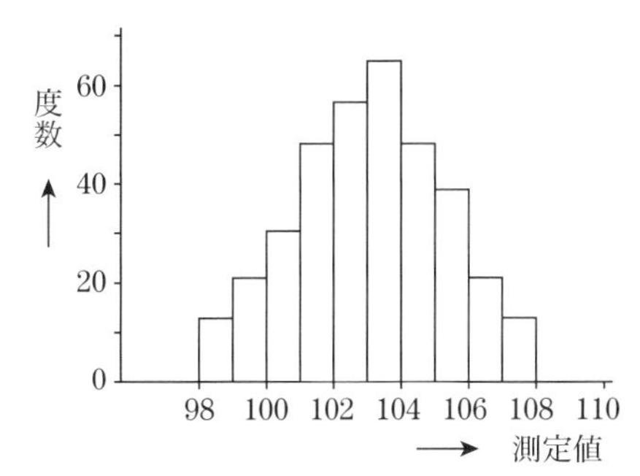

1. 図の名称は，ヒストグラムであり柱状図ともいわれている．
2. 分布のばらつきは，中心付近からほぼ左右対称であり，一般に現れる形である．
3. 平均値とは，データの総和をデータの個数で割った値をいう．
4. 標準偏差とは，個々の測定値の平均値からの差の２乗和を（データ数－１）で割り，これを平方根に開いた値をいう．
5. 標準偏差が小さいということは，平均値から遠く離れているものが多くあるということである．

※問題番号【No.64】から【No.70】までの 7 問題は，全問解答してください．

No.64 施工計画書の作成に関する記述として，**最も不適当なもの**はどれか．

1. 労務計画は，必要な労務量を予測して工事を円滑に進めるために作成した．
2. 安全衛生管理計画では，安全管理体制の確立のため，安全衛生管理組織表を作成した．
3. 工種別施工計画書を作成し，それに基づき総合施工計画書を作成した．
4. 総合施工計画書は，施工管理計画，仮設計画及び機器搬入計画を含めて作成した．

No.65 図に示す利益図表において，ア～ウに当てはまる語句の組合せとして，**適当なもの**はどれか．

	アの領域	イの領域	ウ
1.	利益	損失	固定原価
2.	利益	損失	変動原価
3.	損失	利益	固定原価
4.	損失	利益	変動原価

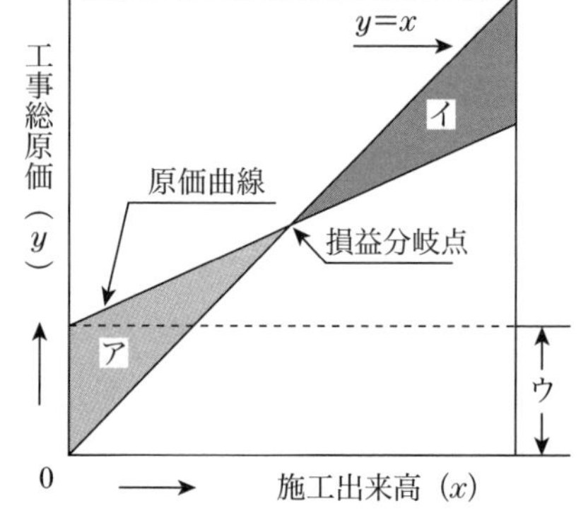

No.66 進度曲線（S チャート）を用いた工程管理に関する記述として，**最も不適当なもの**はどれか．

1. 標準的な工事の進捗度は，工期の初期と後期では早く，中間では遅くなる．
2. 予定進捗度曲線は，労働力等の平均施工速度を基礎として作成される．
3. 実施累積値が計画累積値の下側にある場合は，工程に遅れが生じている．
4. 実施進捗度を管理するため，上方許容限界曲線と下方許容限界曲線を設ける．

No.67 事務室における照度測定方法に関する記述として，「日本産業規格（JIS）」上，**誤っているもの**はどれか．

1. 机等がなく特に指定がなかったので，床上 80 cm の位置を測定面とした．
2. 基準・規定の適合性評価などにおける，照度値の信頼性が要求される照度測定なので，一般形 A 級照度計を使用した．
3. 測定対象以外の外光の影響があったので，その影響を除外して照度測定を行った．
4. 放電灯は 30 分間点灯させたのち照度測定を開始した．

No.68 酸素欠乏危険作業に関する記述として,「労働安全衛生法」上,**誤っているもの**はどれか.

1. 酸素欠乏危険場所に労働者を入場及び退場させるときに,人員の点検を行った.
2. 第二種酸素欠乏危険場所において,その日の作業を開始する前に空気中の酸素及び硫化水素の濃度を測定した.
3. 地下に敷設されたケーブルを収容するマンホール内部での作業は,第一種酸素欠乏危険作業である.
4. 作業を行うにあたり,当該現場で実施する特別の教育を修了した者のうちから,酸素欠乏危険作業主任者を選任した.

No.69 建設工事現場における安全管理に関する記述として,「労働安全衛生法」上,**誤っているもの**はどれか.

1. 機械間又はこれと他の設備との間に設ける通路を,幅 80 cm とした.
2. 屋内に設ける通路は,つまずき,すべり,踏抜き等の危険のない状態を保持した.
3. 屋内に設ける通路には,通路面から高さ 1.5 m 以内に障害物がないようにした.
4. 作業場に通ずる場所及び作業場内には安全な通路を設け,通路で主要なものには,通路であることを示す表示をした.

No.70 墜落等による危険を防止するために,事業者が講ずべき措置に関する記述として,「労働安全衛生法」上,**誤っているもの**はどれか.

1. 脚立は,脚と水平面との角度が 75 度のものを使用した.
2. 昇降用の移動はしごは,幅が 30 cm のものを使用した.
3. 踏み抜きの危険のある屋根上には,幅が 20 cm の歩み板を設けた.
4. 作業場所の高さが 2 m なので,作業床を設けた.

※問題番号【No.71】から【No.79】までは，9 問題のうちから 6 問題を選択し，解答してください．

No.71 屋内に設置するディーゼル機関を用いた自家発電設備の施工に関する記述として，「消防法」上，**不適当なもの**はどれか．

ただし，自家発電設備はキュービクル式以外のものとする．

1. 自家発電装置に組み込まない操作盤の前面には，幅 1 m の空地を確保した．
2. 自家発電装置の周囲には，幅 0.6 m の空地を確保した．
3. 予熱する方式の原動機なので，原動機と燃料小出漕の間隔を 2 m とした．
4. 燃料小出漕の通気管の先端は，屋外に突き出して建築物の開口部から 0.8 m 離した．

No.72 屋内に設置するキュービクル式高圧受電設備に関する記述として，「高圧受電設備規程」上，**誤っているもの**はどれか．

ただし，主遮断装置は定格遮断電流 12.5 kA の遮断器とする．

1. 点検を行う面の保有距離を 0.6 m とした．
2. 高圧母線には，14 mm^2 の高圧機器内配線用電線（KIP）を使用した．
3. 容量 50 kvar の高圧進相コンデンサの開閉装置として，高圧真空電磁接触器を使用した．
4. 容量 300 kV･A の変圧器の一次側の開閉装置として，高圧カットアウト（PC）を使用した．

No.73 架空送電線路の工事におけるワイヤロープ等の使用方法に関する記述として，**不適当なもの**はどれか．

1. 延線用ワイヤロープのよりは，電線のより方向と反対方向のものを使用した．
2. 割ワイヤロープの強度は，延線用ワイヤロープよりも大きいものを使用した．
3. 緊線用ワイヤロープは，細径かつ高強度であり，自転トルクが小さいものを使用した．
4. 繊維ロープは，比較的荷重の小さいパイロットロープ延線に使用した．

No.74 金属線ぴ配線の記述として，「内線規程」上，**不適当なもの**はどれか．

1. 金属線ぴの終端部は閉そくした．
2. 二種金属製線ぴに収める電線の断面積の総和は，線ぴの内断面積の 20 %とした．
3. 雨線内に二種金属製線ぴを施設した．
4. 一種金属製線ぴに収める電線本数を 10 本とした．

No.75 屋内のケーブルラックにケーブルを敷設する工事に関する記述として，**最も不適当なもの**はどれか．

1. トレー形ケーブルラックの水平部分に敷設した配線の固定を省略した．
2. 配線本数とケーブル相互の間隔により，ケーブルの許容電流値を補正した．
3. ケーブルは整然と並べ，水平部分では 3 m の間隔で支持固定した．
4. 高圧ケーブルの屈曲部の内側半径は，ケーブル仕上り外径の 6 倍とした．

No.76 防災設備の電源に関する記述として，**不適当なもの**はどれか．

1. 不特定多数の者が出入りする場所の露出したケーブルラックに敷設する消防用非常電源として，高難燃ノンハロゲン耐火ケーブルを使用した．
2. 電源別置形の非常照明用分電盤に主遮断器を設けず，停電時に切り替わる装置を設置した．
3. 電池内蔵形の非常用照明器具の配線にビニルケーブル（VVF）を使用した．
4. 屋内消火栓設備の非常電源回路に，漏電遮断器を設置した．

No.77 新幹線鉄道における架空単線式の電車線に関する記述として，「鉄道に関する技術上の基準を定める省令及び同省令等の解釈基準」上，**不適当なもの**はどれか．

1. 本線の電車線は，公称断面積 110 mm^2 の溝付硬銅線とした．
2. 本線の電車線に自動張力調整装置を設けた．
3. 電車線の高さは，レール面上 5 m を標準とした．
4. 電車線の偏いは，レール面に垂直に軌道中心面から 350 mm とした．

No.78 光ファイバケーブルの施工に関する記述として，**最も不適当なもの**はどれか．

1. 塩害区域の橋梁区間は，耐塩害性に優れ，温度伸縮が少ない繊維強化プラスチック管（FRP 管）に敷設した．
2. マンホールでの光ファイバ心線相互の接続は，圧着接続工法を行いクロージャに収容した．
3. ノンメタリックケーブルを使用したので，電力ケーブルと並行して敷設した．
4. メタリックケーブルを使用したので，鋼線のテンションメンバとアルミテープを成端箱で接地を施した．

No.79 需要場所に施設する高圧地中電線路の管路工事に関する記述として，**最も不適当なもの**はどれか．

1. 防水鋳鉄管と波付硬質合成樹脂管（FEP）の接続に，異物継手を使用した．
2. 軟弱地盤の管路に，硬質塩化ビニル電線管（VE）を使用した．
3. 金属製管路材と大地との間の電気抵抗が 100 Ω以下であったので，接地工事を省略した．
4. 地中箱内で中間接続を行ったので，ケーブルを地中箱の壁に固定した．

法　規

※問題番号【No.80】から【No.92】までは，13 問題のうちから 10 問題を選択し，解答してください．

No.80 建設業の許可に関する記述として，「建設業法」上，**誤っているもの**はどれか．

1. 建設業の許可は，3 年ごとにその更新を受けなければ，その期間の経過によって，その効力を失う．
2. 建設業者は，許可を受けてから 1 年以内に営業を開始せず，又は引き続いて 1 年上営業を休止した場合は，当該許可を取り消される．
3. 建設業者は，許可を受けた建設業に係る建設工事を請け負う場合においては，当該建設工事に附帯する他の建設業に係る建設工事を請け負うことができる．
4. 電気工事業に係る一般建設業の許可を受けた者が，電気工事業に係る特定建設業の許可を受けたときは，その一般建設業の許可は効力を失う．

No.81 建設工事の請負契約に関する記述として,「建設業法」上,**誤っているもの**はどれか.

1. 建設工事の元請負人は,その請け負った建設工事を施工するために必要な工程の作業方法を定めるときは,下請負人の意見を聞かなければならない.
2. 注文者は,自己の取引上の地位を不当に利用して,原価に満たない金額を請負代金の額とする請負契約を締結してはならない.
3. 請負人は,請負契約の履行に関し工事現場に現場代理人を置く場合,注文者の承諾を得なければならない.
4. 建設業者は,その請け負った建設工事を,いかなる方法をもってするかを問わず,一括して他人に請け負わせてはならない.

No.82 施工体制台帳に関する記述として,「建設業法」上,**誤っているもの**はどれか.

1. 下請負人は,その請け負った建設工事を他の建設業を営む者に請け負わせたときは,施工体制台帳を作成する特定建設業者に対して,当該他の建設業を営む者の商号又は名称などの定められた事項を通知しなければならない.
2. 施工体制台帳には,施工体制台帳を作成する特定建設業者に関する事項として,許可を受けて営む建設業の種類の他に,健康保険等の加入状況を記載しなければならない.
3. 施工体制台帳は,営業所に備え置き,発注者から請求があったときは閲覧に供しなければならない.
4. 施工体制台帳には,請け負った建設工事に従事する「外国人建設就労者」の従事の状況を記載しなければならない.

No.83 電気工作物に関する記述として，「電気事業法」上，**誤っているもの**はどれか.

1. 工事計画の届出を必要とする自家用電気工作物を新たに設置する者は，保安規程を工事完了後，遅滞なく届け出なければならない.
2. 保安規程には，災害その他非常の場合に採るべき措置に関することを定めなければならない.
3. 発電のために設置するダム，水路及び貯水池は電気工作物である.
4. 自家用電気工作物を設置する者は，死亡又は入院を要する感電事故の発生を知った時から，24 時間以内可能な限り速やかに管轄する産業保安監督部長に概要について報告するとともに，30 日以内に報告書を提出しなければならない.

No.84 次の電気用品のうち，「電気用品安全法」上，特定電気用品に**該当しないもの**はどれか.

ただし，機械器具に組み込まれる特殊な構造のもの及び防爆型のものは除く.

1. 定格電圧 AC 250 V　32 W1 灯用の蛍光灯用安定器
2. 特定格電圧 AC 125 V　定格電流 20 A のライティングダクト
3. 定格電圧 AC 250 V　定格電流 50 A の漏電遮断器
4. 定格電圧 AC 100 V の携帯発電機

No.85 電気工事士等に関する記述として，「電気工事士法」上，**誤っているもの**はどれか.

ただし，保安上支障がないと認められる作業であって省令で定める軽微なものを除く.

1. 第一種電気工事士は，自家用電気工作物に係る電気工事のうち特殊電気工事を除く作業に従事できる.
2. 特種電気工事資格者認定証及び認定電気工事従事者認定証は，経済産業大臣が交付する.
3. 認定電気工事従事者は，電圧 600 V 以下で使用するすべての自家用電気工作物に係る電気工事の作業に従事できる.
4. 特殊電気工事の種類には，ネオン工事と非常用予備発電装置工事がある.

No.86　次の記述のうち，「建築基準法」上，**定められていないもの**はどれか．

1. 建築とは，建築物を新築し，増築し，改築し，又は移転することをいう．
2. 避難階とは，直接地上へ通ずる出入口のある階をいう．
3. 建築設備の一種以上について行う過半の修繕は，大規模の修繕である．
4. 建築物の電気設備は，電気工作物に係る建築物の安全及び防火に関するものの定める工法によって設けなければならない．

No.87　次の記述のうち「建築士法」上，**誤っているもの**はどれか．
ただし，建築物には応急仮設建築物は含まないものとする．

1. 建築物を新築する場合において，延べ面積が1 000 m^2 を超え，かつ，階数が2以上の建築物は，一級建築士でなければ設計してはならない．
2. 延べ面積が2 000 m^2 を超える建築物の建築設備に係る設計をする場合に，建築士は，建築設備士の意見を聴くよう努めなければならない。ただし，設備設計一級建築士が設計する場合は除く．
3. 建築設備士とは，建築設備に関する知識及び技能につき国土交通大臣が定める資格を有する者をいう．
4. 二級建築士になろうとする者は，国土交通大臣の行う二級建築士試験に合格し，都道府県知事の免許を受けなければならない．

No.88　次の記述のうち「消防法」上，**誤っているもの**はどれか．

1. 防火対象物とは，山林又は舟車，船きょ若しくはふ頭に繋留された船舶，建築物その他の工作物若しくはこれらに属する物をいう．
2. 危険物の取扱所を設置しようとする者は，その区分に応じて市町村長，都道府県知事又は総務大臣の許可を受けなければならない．
3. 乙種第7類の消防設備士は，電源の部分を除く，漏電火災警報器の工事及び整備を行うことができる．
4. 統括防火管理者は，当該防火対象物全体の消防計画を作成し，消火，通報，及び避難の訓練を実施しなければならない．

No.89 建設業における安全衛生管理体制に関する記述として，「労働安全衛生法」上，**誤っているもの**はどれか．

1. 総括安全衛生管理者を選任したときは，遅滞なく，報告書を所轄労働基準監督署長に提出しなければならない．
2. 安全衛生責任者を選任した請負人は，同一の場所において作業を行う統括安全衛生責任者を選任すべき事業者に対し，遅滞なく，その旨を通報しなければならない．
3. 衛生管理者を選任した事業者は，その者に労働者の健康障害を防止するための措置のうち衛生に係る技術的事項を管理させなければならない．
4. 都道府県労働局長は，労働災害を防止するため必要があると認めるときは，事業者に対し，安全管理者の増員又は解任を命ずることができる．

No.90 常時 50 人以上の労働者を使用する建設業の事業場において，選任しなければならない者又は設けなければならない委員会として，「労働安全衛生法」上，**定められていないもの**はどれか．

1. 安全衛生推進者
2. 産業医
3. 安全委員会
4. 衛生委員会

No.91 建設業における使用者に関する記述として，「労働基準法」上，**誤っているもの**はどれか．

1. 使用者とは，事業主又は事業の経営担当者その他その事業の労働者に関する事項について，事業主のために行為をするすべての者をいう．
2. 使用者は，労働時間が 8 時間を超える場合においては，少なくとも 1 時間の休憩時間を労働時間の途中に与えなければならない．
3. 使用者は，労働者に与えた休憩時間を自由に利用させなければならない．
4. 使用者は，労働契約の不履行について違約金を定めることができる．

No.92 ディーゼル機関の燃料の燃焼能力に関し，ばい煙発生施設に該当するものとして，「大気汚染防止法」上，**定められているもの**はどれか．

1. 軽油換算 1 時間当たり 35 リットル以上
2. 軽油換算 1 時間当たり 50 リットル以上
3. 重油換算 1 時間当たり 35 リットル以上
4. 重油換算 1 時間当たり 50 リットル以上

2021 年度（令和 3 年度）
第二次検定・問題

出題数 5　必要解答数 5
解答は記述式です。

問題 1　あなたが経験した**電気工事**について，次の問に答えなさい．

1 - 1　経験した電気工事について，次の事項を記述しなさい．

⑴　工 事 名

⑵　工事場所

⑶　電気工事の概要

　㈠　請負金額（概略額）

　㈡　概　　要

⑷　工　　期

⑸　この電気工事でのあなたの立場

⑹　あなたが担当した業務の内容

1 - 2　**上記の電気工事の現場**において，**墜落災害**又は**飛来落下災害**が発生する危険性があると，あなたが予測した**事項とその理由**を **2 項目**あげ，これらの**労働災害**を防止するために，あなたがとった**対策**を項目ごとに **2 つ**具体的に記述しなさい．

ただし，2 項目は，墜落災害 2 項目，飛来落下災害 2 項目，墜落災害及び飛来落下災害各 1 項目のいずれでもよいものとするが，対策の内容は重複しないこと．

なお，**保護帽の着用のみ**又は**安全帯**（要求性能墜落制止用器具）**の着用のみ**の記述については配点しない．

1 - 3　**上記（1 - 1）の電気工事の現場**において，施工中に発生した又は発生すると予想した**工程管理上の問題とその理由**をあげ，この問題を防止するためにあなたがとった**対策**を具体的に記述しなさい．

問題 2 電気工事に関する次の語句の中から **2 つ**選び，番号と語句を記入のうえ，**適正な品質を確保**するための**方法**を，それぞれについて **2 つ**具体的に記述しなさい．

ただし，内容は重複しないこと．

1. 資材の管理
2. 金属管の施工
3. 重量機器の取付け
4. 電線の盤への接続

問題 3 電気工事に関する次の用語の中から **4 つ**選び，番号と用語を記入のうえ，**技術的な内容**を，それぞれについて **2 つ**具体的に記述しなさい．

ただし，技術的な内容とは，施工上の留意点，選定上の留意点，動作原理，発生原理，定義，目的，用途，方式，方法，特徴，対策などをいう．

1. コンバインドサイクル発電
2. ガス絶縁開閉装置（GIS）
3. 送電線の多導体方式
4. 送電線の分路リアクトル
5. スポットネットワーク受電方式
6. 電力デマンド制御
7. 等電位ボンディング
8. LAN のルータ
9. 電気鉄道の電食防止対策
10. 電車線の区分装置
11. 交通信号の定周期制御
12. 過電流継電器（OCR）の動作試験

問題 4 次の計算問題を答えなさい．

4 − 1 図に示す配電線路において，C 点の線間電圧として，**正しいもの**はどれか．

ただし，電線 1 線あたりの抵抗は A-B 間で 0.1 Ω，B-C 間で 0.2 Ω，負荷は抵抗負荷とし，線路リアクタンスは無視する．

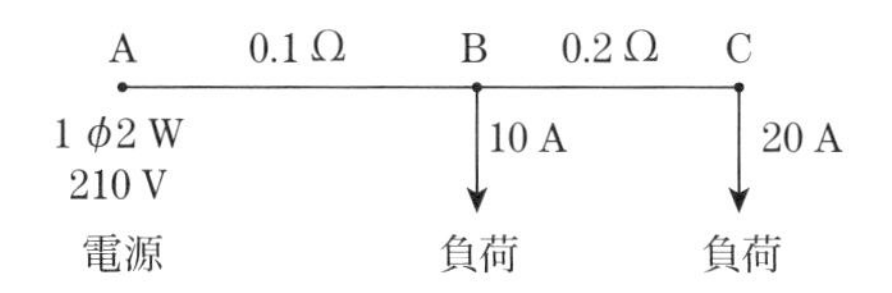

① 192 V

② 196 V

③ 200 V

④ 203 V

⑤ 205 V

4 − 2 図に示す架空配電線路において，電線の水平張力の最大値として，**正しいもの**はどれか．

ただし，電線は十分な引張強度を有するものとし，支線の許容引張強度は 22 kN，その安全率を 2 とする．

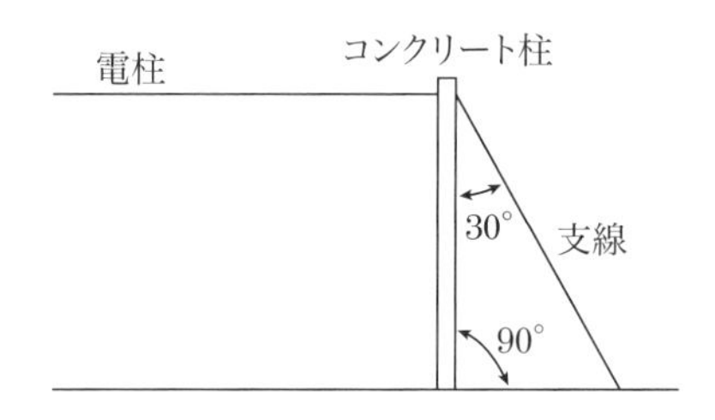

① 5 kN

② 5.5 kN

③ 9.52 kN

④ 11 kN

⑤ 19.05 kN

問題5 「建設業法」又は「電気事業法」に関する次の問に答えなさい．

5－1 工事の下請代金に関する次の記述の［　　］に当てはまる語句として，「建設業法」上，**定められているもの**はそれぞれどれか．

「元請負人は，前払金の支払いを受けたときは，下請負人に対して，［ア］，労働者の募集その他建設工事の［イ］に必要な費用を前払い金として支払うよう適切な配慮をしなければならない．」

ア ① 機器の調達　② 仮設の手配見積　③ 工具の購入
　④ 資材の購入　⑤ 仮設の契約

イ ① 見積　② 着手　③ 施工　④ 完成　⑤ 完了

5－2 注文者に関する次の記述の［　　］に当てはまる語句として，「建設業法」上，**定められているもの**はそれぞれどれか．

「注文者は，請負人に対して，建設工事の［ア］につき著しく不適当と認められる下請負人があるときは，その［イ］することができる．」

ア ① 業務　② 管理　③ 進捗　④ 施工　⑤ 監理

イ ① 解任を要求　② 解任を要請　③ 交代を要求
　④ 変更を要求　⑤ 変更を請求

5－3 主任技術者免状に関する次の記述の［　　］に当てはまる数値として，「電気事業法」上，**定められているもの**はそれぞれどれか．

「経済産業省令で定める事業用電気工作物の工事，維持及び運用の範囲は，次の表の左欄に掲げる主任技術者免状の種類に応じて，それぞれ同表の右欄に掲げるとおりとする．」

主任技術者免状の種類	保安の監督をすることができる範囲
1　第1種電気主任技術者免状	事業用電気工作物の工事．維持及び運用（4又は6に掲げるものを除く．）
2　第2種電気主任技術者免状	電圧［　ア　］V 未満の事業用電気工作物の工事．維持及び運用（4又は6に掲げるものを除く．）
3　第3種電気主任技術者免状	電圧［　イ　］V 未満の事業用電気工作物（出力 5 000 kW 以上の発電所を除く．）の工事，維持及び運用（4又は6に掲げるものを除く．）
4　第1種ダム水路主任技術者免状	省略
5　第2種ダム水路主任技術者免状	省略
6　第1種ボイラー・タービン主任技術者免状	省略
7　第2種ボイラー・タービン主任技術者免状	省略

ア　①　17 万　　②　14 万　　③　11 万　　④　7 万　　⑤　6 万

イ　①　11 万　　②　7 万　　③　6 万　　④　5 万　　⑤　2 万

2020年度（令和2年度）学科試験・問題

出題数 92　必要解答数 60

No.1～No.56 が午前、No.57～No.92 が午後の出題

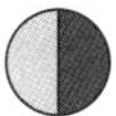 電気工学

※問題番号【**No.1**】～【**No.15**】までの **15** 問題のうちから，**10** 問題を選択し，解答してください.

No.1 図に示す回路において，コンデンサ C_1 に蓄えられる電荷〔μC〕として，**正しいもの**はどれか.

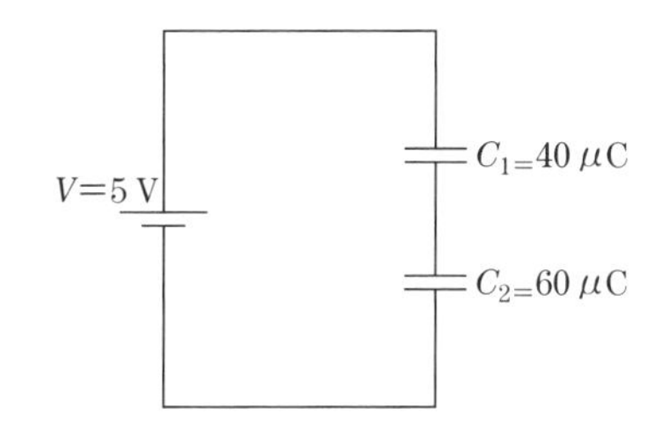

1. 100 μC
2. 120 μC
3. 500 μC
4. 600 μC

No.2 図に示す強磁性体のヒステリシス曲線に関する記述として，**誤っているもの**はどれか.

ただし，H：磁界の強さ〔A/m〕

　　　　B：磁束密度〔T〕

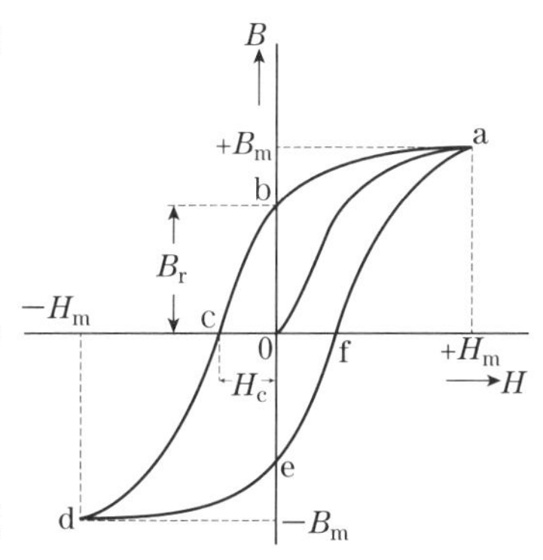

1. 磁化されていない強磁性体に磁界を加え，その磁界を徐々に増加させたときの磁束密度は，0からaに至る曲線に沿って増加する.
2. 磁界の強さを $+H_m$ から $-H_m$ に変化させたときの磁束密度は，aからb，cを通りdに至る曲線に沿って変化する.
3. ヒステリシス損は，ヒステリシス曲線内の面積に反比例する.
4. B_r を残留磁気といい，H_c を保磁力という.

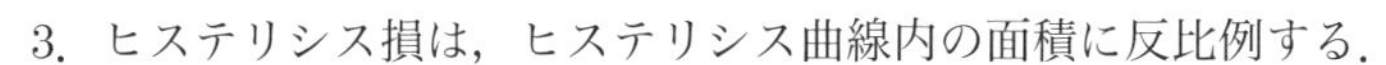

No.3 図に示す RLC 直列回路に交流電圧を加えたとき，当該回路の有効電力の値〔W〕として，**正しいもの**はどれか．

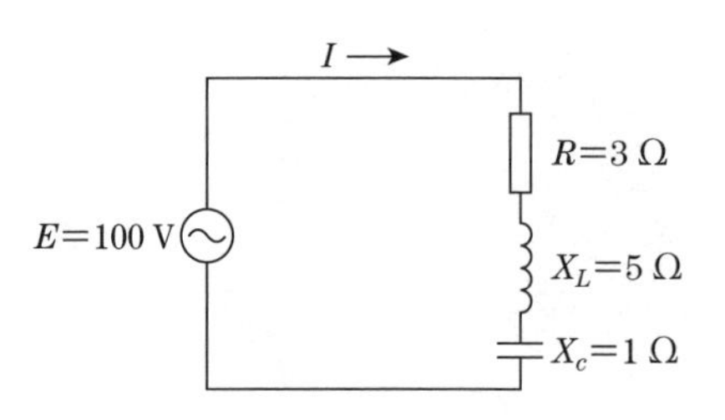

1. 860 W
2. 1 200 W
3. 1 785 W
4. 2 000 W

No.4 内部抵抗 R_{v} が 1 000 Ω，最大目盛が 1 V の電圧計を，最大指示値が 1 V，5 V，10 V の多重範囲電圧計とするために接続する直列抵抗器 R_{m1}，R_{m2} の抵抗値〔Ω〕の組合せとして，**適当なもの**はどれか．

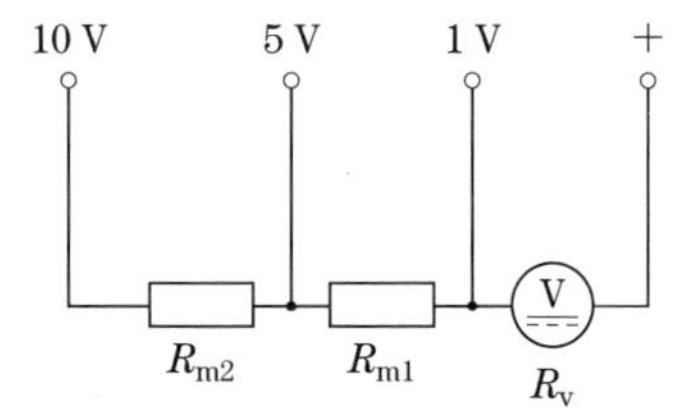

	R_{m1}	R_{m2}
1.	3 000 Ω	4 000 Ω
2.	3 000 Ω	5 000 Ω
3.	4 000 Ω	5 000 Ω
4.	4 000 Ω	9 000 Ω

No.5 図に示すシーケンス回路において，スイッチ A，B，C の状態とランプ L の点滅の関係として，**誤っているもの**はどれか．

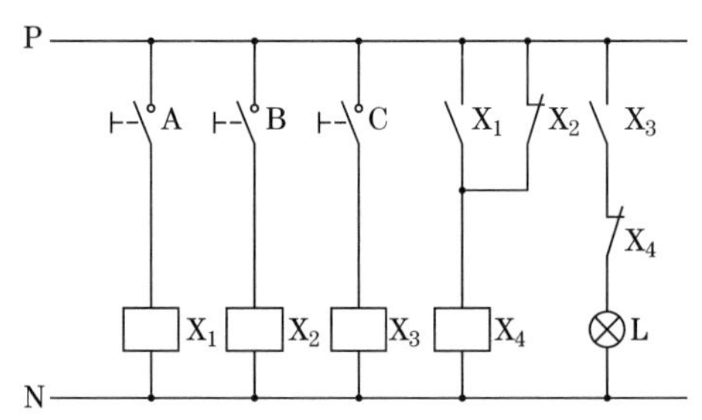

	スイッチA	スイッチB	スイッチC	ランプL
1.	ON	OFF	OFF	消灯
2.	OFF	ON	ON	点灯
3.	ON	ON	OFF	消灯
4.	OFF	ON	OFF	点灯

No.6 同期発電機の並行運転に関する記述として，**誤っているもの**はどれか.

1. 起電力の大きさが異なると，横流が流れ，起電力が等しくなるように作用する.
2. 起電力の位相が異なると，横流が流れ，同期化するように作用する.
3. 発電機の負荷の分担は．発電機の励磁電流の調整により．変更することができる.
4. 発電機の負荷の急変は，周波数の変動や乱調を生じることがある.

No.7 変圧器の負荷が，$\frac{1}{2}$ 負荷から全負荷になったとき，鉄損と銅損の変化の組合せとして，**適当なもの**はどれか．ただし，電圧及び力率の変動はないものとする.

	鉄損の変化	銅損の変化
1.	1倍	2倍
2.	1倍	4倍
3.	2倍	2倍
4.	2倍	4倍

No.8 ガス遮断器等に用いられる，六フッ化硫黄（SF_6）ガスに関する記述として，**不適当なもの**はどれか.

1. 化学的に安定であり無色無臭である.
2. 空気と比べてアーク放電に対する消弧性能が高い.
3. 空気と比べて絶縁耐力が高い.
4. 地球温暖化係数が二酸化炭素（CO_2）に比べて小さい.

No.9 図のような揚水式発電の，揚水時に必要な電力量〔MW･h〕として，**正しいもの**はどれか.

ただし，条件は次のとおりとする．なお，水の揚程は一定とし，損失水頭はないものとする.

水の揚程　H_p：240 m

揚水量　V：3.6×10^6 m^3

ポンプの効率　η_p：0.80

電動機の効率　η_m：0.98

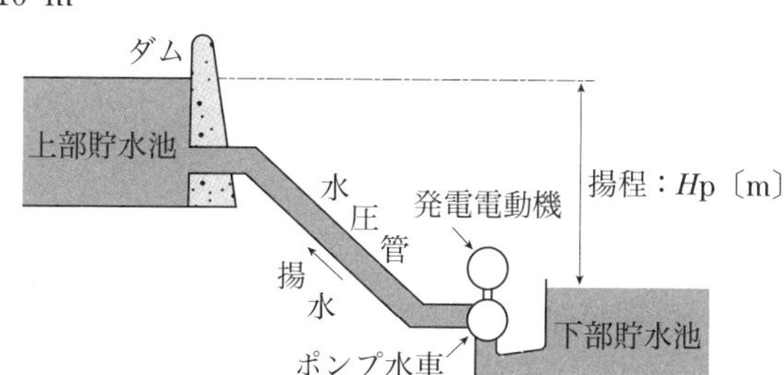

1. 1 900 MW･h
2. 2 400 MW･h
3. 3 000 MW･h
4. 4 500 MW･h

No.10 変電所の母線保護に用いられる保護継電方式として，**不適当なもの**はどれか．

1. 電流差動方式
2. 電圧差動方式
3. 温度継電方式
4. 位相比較方式

No.11 架空送電線における，単導体方式と比較した多導体方式の特徴として，**不適当なもの**はどれか．

ただし，多導体の合計断面積は，単導体の断面積に等しいものとする．

1. 静電容量が小さい．
2. 送電容量が大きい．
3. インダクタンスが小さい．
4. コロナ開始電圧が高い．

No.12 図のような直流 2 線式環状配電線路において，AB 間に流れる電流 I〔A〕の値として，**正しいもの**はどれか．

ただし，配電線の 1 線当たりの抵抗値は，AB 間及び AC 間が 0.1 Ω，BC 間が 0.2 Ω とする．

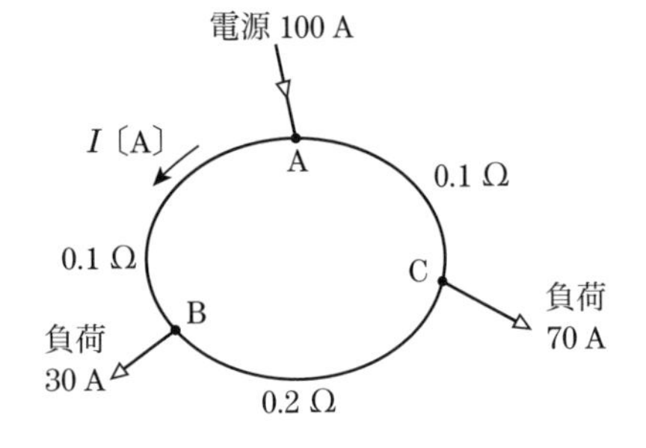

1. 30 A
2. 40 A
3. 50 A
4. 60 A

No.13 照明に関する用語の記述として，**不適当なもの**はどれか．

1. 光度とは，ある面上の最小照度の，平均照度に対する比をいう．
2. 光量とは，光束の時間積分量をいう．
3. グレアとは，視野の中に輝度の高い光源などがあることにより，不快を感じたり物の見え方を害することをいう．
4. 照度とは，光を受ける面の単位面積当たりに入射する光束をいう．

No.14 電気化学に関する記述として，**不適当なもの**はどれか．

1. 水溶液中でイオンとなる物質を電解質といい，このイオンを含んだ水溶液を電解液という．
2. 電気的に中性の分子が陽イオンと陰イオンに分かれることを電気分解という．
3. 硫酸銅水溶液を電気分解すると陰極に銅が析出する．
4. 電気分解により析出する物質の析出量は，通電した電気量に比例する．

No.15 三相誘導電動機の速度制御に関する記述として，**不適当なもの**はどれか．

1. 極数切換による制御は，固定子巻線をY－△に変えて行う制御方式である．
2. 二次抵抗制御は，比例推移の原理により，回転子に接続する抵抗を加減して行う制御方式である．
3. $\frac{V}{f}$一定制御は，電源の電圧と周波数を同時に可変して行う制御方式である．
4. ベクトル制御は，電動機に流れる電流を励磁電流成分とトルク電流成分に分けて，各々独立して行う制御方式である．

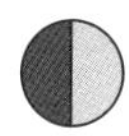

電気設備

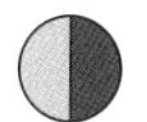

※問題番号【**No.16**】～【**No.48**】までの**33**問題のうちから，**15**問題を選択し，解答してください．

No.16 火力発電の熱サイクルに関する次の記述に該当する用語として，**適当なもの**はどれか．

「高圧タービンで断熱膨張した蒸気をボイラに送り，過熱して蒸気の湿り度を少なくし再び低圧タービンに送り膨張させ，熱効率を向上させる熱サイクル

1. 再生サイクル
2. 再熱サイクル
3. ランキンサイクル
4. カルノーサイクル

No.17 水力発電に用いる水車に関する記述として，**最も不適当なもの**はどれか．

1. フランシス水車には，ランナの出口から放水面までの接続管として吸出し管が設置される．
2. フランシス水車は，負荷が変化しても効率は，ほぼ一定である．
3. ペルトン水車のノズル内には，負荷に応じて使用流量を調整するためのニードル弁が設けられる．
4. ペルトン水車は，急激な負荷変化でも水圧管内の圧力上昇を抑制することが可能である．

No.18 変電所に用いられるガス絶縁開閉装置（GIS）の特徴に関する記述として，**最も不適当なもの**はどれか．

1. 気中絶縁に比べて小型化が可能であり，その小型化の効果は電圧が高いほど大きい．
2. 露出充電部がなく外気の影響を受けにくいため，信頼性が高い．
3. 内部事故の場合，事故部分を一括取替することにより，気中絶縁に比べて迅速な復旧が可能である．
4. 規模に応じて，組立調整，熱伸縮吸収，地震時の過渡変位吸収などのために伸縮継手が必要となる．

No.19 電力系統の保護継電方式の基本的な考え方として，**最も不適当なもの**はどれか．

1. 事故の発生及び事故点を検出し，遮断器に遮断指令を与える．
2. 事故除去のための遮断区間を必要最小限にとどめ，余分な区間までの停止を避ける．
3. 隣り合った保護区間は保護範囲が重ならないようにして，事故を検出する．
4. 主保護が何らかの原因で不動作となっても事故が除去できるよう，後備保護を検討する．

No.20 電力系統の供給信頼度の向上対策に関する記述として，**最も不適当なもの**はどれか．

1. 大容量機器は信頼度が高いため，大容量機器を少数設置する．
2. 系統どうしを互いに並列化して運転する．
3. 発電機，変圧器などの機器は，できる限り並列接続する．
4. 機器の定期点検は，負荷が最大になる時期に集中しないように計画する．

No.21 架空送電線における支持点間の電線のたるみの近似値 D〔m〕及び電線の実長の近似値 L〔m〕を求める式の組合せとして，**正しいもの**はどれか．

ただし，各記号は次のとおりとし，電線支持点の高低差はないものとする．

S：径間〔m〕

T：電線の最低点の水平張力〔N〕

W：電線の単位長さ当たりの重量〔N/m〕

	たるみ	実長
1.	$D = \dfrac{WS^2}{3T}$	$L = S + \dfrac{8S^2}{3D}$
2.	$D = \dfrac{WS^2}{8T}$	$L = S + \dfrac{8S^2}{3D}$
3.	$D = \dfrac{WS^2}{3T}$	$L = S + \dfrac{8D^2}{3S}$
4.	$D = \dfrac{WS^2}{8T}$	$L = S + \dfrac{8D^2}{3S}$

No.22 架空送電線路のフラッシオーバに関する記述として，**不適当なもの**はどれか．

1. 鉄塔逆フラッシオーバを防止するため，埋設地線を施設する．
2. がいし表面が塩分などで汚損されると，交流に対するフラッシオーバ電圧が上昇する．
3. 径間逆フラッシオーバを防止するため，架空地線のたるみを電線のたるみより小さくする．
4. アークホーン間隔は，遮断器の開閉サージでフラッシオーバしないように設定する．

No.23 送電系統のフェランチ現象に関する次の記述のうち，［　　］に当てはまる語句の組合せとして，**適当なもの**はどれか．

「フェランチ現象は，送電線路のこう長が［ア］ほど著しくなり，同じ長さの合［イ］の方が発生しやすい．」

	ア	イ
1.	長い	地中ケーブル
2.	長い	架空電線
3.	短い	地中ケーブル
4.	短い	架空電線

No.24 架空送電線における電線の微風振動防止対策として，**不適当なもの**はどれか.

1. アーマロッドを取り付ける.
2. 電線を太線化する.
3. ダンパを取り付ける.
4. 電線の張力を大きくする.

No.25 低圧の電力系統に分散型電源を連系する場合において，分散型電源を自動的に解列しなければならない事象として，「電気設備の技術基準とその解釈」上**定められていないもの**はどれか.

1. 分散型電源の単独運転又は逆充電.
2. 連系している電力系統における高調波の発生.
3. 分散型電源の異常又は故障.
4. 連系している電力系統の短絡事故，地絡事故又は高低圧混触事故.

No.26 図に示すマーレーループ法により地中送電線の地絡故障点を検出する場合，地絡故障点までの距離 x〔m〕を表す式として，**正しいもの**はどれか.

ただし，各記号は次のとおりとする.

G：検流計

L：ケーブルの長さ〔m〕

x：地絡故障点までの距離〔m〕

a：抵抗辺が ～1 000 で目盛られている場合の抵抗辺の読み

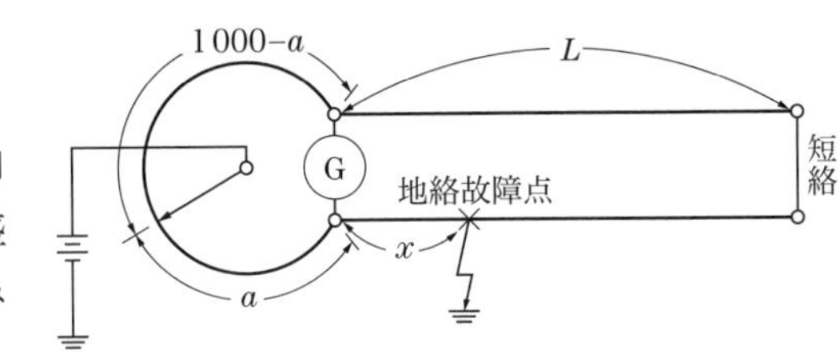

1. $x=\dfrac{2aL}{1000}$〔m〕

2. $x=\dfrac{aL}{1000-a}$〔m〕

3. $x=\dfrac{1000}{2aL}$〔m〕

4. $x=\dfrac{aL}{1000-2a}$〔m〕

No.27 配電系統に発生する電圧フリッカの抑制対策に関する記述として，**不適当なもの**はどれか.

1. 発生源への電力供給を専用線あるいは専用変圧器で行う.
2. アーク炉用変圧器に直列に可飽和リアクトルを挿入する.
3. 発生源へ電力を供給している電源側のインピーダンスを増加させる.
4. アーク炉などフリッカ負荷がある場合は三巻線補償変圧器を設置する.

No.28 屋内全般照明の光束法による照度計算に関する記述として，**最も不適当なもの**はどれか.

1. 室指数が小さいほど亜照明率は小さくなる.
2. 下面カバー付照明器具は，下面開放形照明器具と比較して，保守率は小さくなる.
3. 天井面の反射率が大きいほど，照明率は大きくなる.
4. 作業面から光源までの高さが高いほど，室指数は大きくなる.

No.29 フロアヒーティングに関する記述として，「電気設備の技術基準とその解釈」上，**不適当なもの**はどれか.

1. 発熱線に電気を供給する電路の対地電圧は，200 V とした.
2. 発熱線に電気を供給する電路には，配線用遮断器及び漏電火災警報器を施設した.
3. 発熱線と電線の接続部分の収納には，鋼板製ボックスを使用した.
4. 屋内エントランスホールに施設する発熱線の温度は，80 ℃を超えないようにした.

No.30 低圧電路に施設する過電流遮断器の性能等に関する記述として，「電気設備の技術基準とその解釈」上，**不適当なもの**はどれか.

ただし，低圧電路は，電動機のみに至る低圧分岐回路とする

1. 過負荷保護装置は，電動機が損傷するおそれがある過電流を生じた場合に，自動的にこれを遮断すること.
2. 短絡保護専用ヒューズは，定格電流の 1.3 倍の電流に耐えること.
3. 短絡保護専用遮断器は，整定電流の 1.2 倍の電流で 0.2 秒以内に動作しないこと.
4. 過電流遮断器として，過負荷保護装置と短絡保護専用遮断器を組み合わせて使用する装置は，専用の一の箱の中に収めること.

No.31 図に示す電動機を接続しない分岐幹線において，分岐幹線保護用過電流遮断器を省略できる分岐幹線の長さと分岐幹線の許容電流の組合せとして，「電気設備の技術基準とその解釈」上，**適当なもの**はどれか．

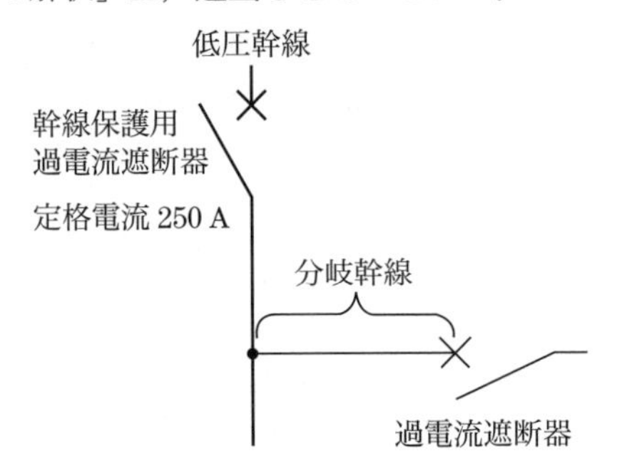

	分岐幹線の長さ	分岐幹線の許容電流
1.	5 m	70 A
2.	7 m	90 A
3.	9 m	110 A
4.	11 m	130 A

No.32 キュービクル式高圧受電設備の構造に関する記述として，「日本産業規格(JIS)」上，**不適当なもの**はどれか．

1. 配線の引込口，引出口のすき間をふさぐために，厚さ2 mmの合成樹脂製のプレートを取付けた．
2. 屋外用の本体及び扉は，標準厚さ2.3 mmの鋼板を用いた
3. 盤側面の通気孔部分に，孔径が直径9 mmのパンチングメタルを用いた
4. 収納機器の充電部の取付高さは，屋内用にあっては外箱の底面から150 mm以上の高さとした．

No.33 キュービクル式高圧受電設備の接地回路に関する記述として，「日本産業規格（JIS）」上，**不適当なもの**はどれか．

1. 接地電線及び接地母線は，低圧絶縁電線を使用する．ただし，接地母線には，銅帯を使用することができる．
2. 外部の接地工事と接続する接地端子は，外箱の扉を開いた状態で，漏れ電流を安全に測定できるように取り付ける．
3. 外箱のない高圧機器で鉄心が露出している計器用変圧器．変流器類は．鉄心にA種接地工事を施す．
4. B種接地工事の接地端子は，外箱と接続し，他の接地端子とは容易に取外しできる導体で連結できる構造とする．

No.34 3回線の22 kV又は33 kVのスポットネットワーク受電方式に関する記述として，**不適当なもの**はどれか．

1. 受電変圧器の二次側の電圧により，高圧スポットネットワーク方式と低圧のスポットネットワーク方式の2種類がある．
2. プロテクタヒューズは，受電変圧器の二次側に設置される．
3. プロテクタ遮断器は，ネットワーク母線からの逆潮流により遮断動作する．
4. 受電用断路器は，ネットワークリレーの無電圧投入特性により自動的に投入される

No.35 自家用発電設備の原動機の冷却方式に関する記述として，**最も不適当なもの**はどれか．

1. 冷却塔方式は，冷却水を循環する方式なので，水の補給が必要である．
2. 熱交換冷却方式は，熱交換器の一次側には清水を使用するが，二次側には河川水などを使用することができる．
3. 水槽循環冷却方式は，水槽への補給水が断たれた場合，直ちに運転を停止させる必要がある．
4. 直結ラジエータ冷却方式は，ファンの排風の処理が必要なので，地下室に設置するには不向きである．

No.36 コージェネレーションシステム（CGS）に関する記述として，「日本産業規格（JIS）」上，**不適当なもの**はどれか．

1. 省エネルギー率とは，従来システムで運用する場合のエネルギー量と CGS を採用した場合のエネルギー量との削減率である．
2. 熱電比とは，建物又は施設の熱需要を電力需要で除した値である．
3. 電力負荷追従運転とは，電力需要を基準に CGS を運転する運転制御方式である．
4. ピークカット運転とは，発電機の過負荷停止を避けるために，発電機容量に見合った負荷以外を遮断する方式である．

No.37 蓄電池の充電方式に関する次の記述に該当する用語として，「日本産業規格（JIS）」上，**適当なもの**はどれか．

「整流装置の直流出力に蓄電池と負荷とを並列に接続し，常時蓄電池に一定電圧を加え充電状態を保ちながら，同時に整流装置から負荷へ電力を供給し，停電時又は負荷変動時に無遮断で蓄電池から負荷へ電力を供給する充電方式.」

1. 浮動充電
2. トリクル充電
3. 均等充電
4. 回復充電

No.38 低圧電路に施設する機械器具の金属製の台及び外箱の接地工事を省略できる場合の記述として，「電気設備の技術基準とその解釈」上，不適当なものはどれか．

ただし，機械器具が小出力発電設備である燃料電池発電設備である場合を除く．

1. 水気のある場所に定格感度電流が 15 mA の漏電遮断器を施設する場合．
2. 電気用品安全法の適用を受ける 2 重絶縁の構造の機械器具を施設する場合．
3. 交流の対地電圧が 150 V 以下又は直流の使用電圧が 300 V 以下の機械器具を，乾燥した場所に施設する場合．
4. 機械器具を乾燥した木製の床その他これに類する絶縁性のものの上で取り扱うように施設する場合．

No.39 建築物の中央監視制御装置の機能に関する記述として，**最も不適当なもの**はどれか．

1. 機器稼働履歴監視は，機器の運転時間や運転回数等を積算し，設定した値を超えた場合に警報を発することをいう．
2. 火災連動制御は，火災発生時，関連する空気調和機，給排気ファン等を一斉又は個別に停止させることをいう．
3. 停電・復電制御は，停電時にあらかじめ定められた負荷の自動切離しを行い，復電時は，スケジュール状態に合わせた負荷の再投入を行うことをいう．
4. 無効電力制御は，変圧器群の負荷計測を行い，最小運転台数を決定し変圧器の投入及び切離しを行うことをいう．

No.40 自動火災報知設備の差動式スポット型感知器に関する記述として，「消防法」上，**誤っているもの**はどれか．

1. 感知器は，30 度傾斜させて設けることができる．
2. 感知器は，取付け面の高さが 4 m の高さに設けることができる．
3. 感知器の下端は，取付け面の下方 0.6 m の位置に設けることができる．
4. 感知器は，換気口等の空気吹出し口から 1.5 m 離れた位置に設けることができる．

No.41 非常用の進入口又はその近くに設ける赤色灯に関する記述として，「建築基準法」上，**誤っているもの**はどれか．

1. 常時点灯（フリッカー状態を含む）している構造とすること．
2. 一般の者が容易に電源を遮断することができる開閉器を設けないこと．
3. 赤色灯の大きさは，直径 10 cm 以上の半球が内接する大きさとすること．
4. 蓄電池は，充電を行うことなく 20 分間継続して点灯させることができる容量とすること．

No.42 コンピュータネットワークの OSI 基本参照モデルに関する次の記述に該当する階層名として，**最も適当なもの**はどれか．

「IP アドレスなど論理的なアドレスを扱い，経路選択などルーティング機能を提供する階層」

1. トランスポート層
2. ネットワーク層
3. データリンク層
4. セッション層

No.43 放送設備に関する記述として，**最も不適当なもの**はどれか．

1. ホーン形のスピーカは，大出力を必要とする屋外に使用されることが多い．
2. コーン形のスピーカは，音質を重視する場合に適しており屋内に使用されることが多い．
3. ダイナミック形のマイクロホンは，コンデンサ形に比べて周波数特性に優れている．
4. コンデンサ形のマイクロホンは，ダイナミック形に比べて温湿度の影響を受けやすい．

No.44 架空単線式電車線のちょう架方式に関する記述として，誤っているものはどれか．

1. 直接ちょう架式とは，ちょう架線を用いないで，き電線から直接ハンガでトロリ線がつり下げられた方式である．
2. シンプルカテナリ式とは，トロリ線がちょう架線からハンガでつり下げられた方式である．
3. ツインシンプルカテナリ式とは，シンプルカテナリ2組で構成された方式である．
4. コンパウンドカテナリ式とは，ちょう架線，補助ちょう架線，トロリ線の3条で構成された方式である．

No.45 電気鉄道において，電磁誘導作用による人の健康に及ぼす影響の防止のため，規制の対象となる設備として，「鉄道に関する技術基準を定める省令」上，除かれているものはどれか．

1. 直流変電所内の整流器用変圧器
2. き電区分所内の吸上変圧器
3. 駅の配電所内の非常用発電機
4. 交流電化区間のレール等の帰線

No.46 電気鉄道の常置信号機のうち，現示が灯列式の信号機として，適当なものはどれか．

1. 場内信号機
2. 中継信号機
3. 出発信号機
4. 閉そく信号機

No.47 道路トンネル照明に関する記述として，**最も不適当なもの**はどれか．

1. 基本照明は，トンネル全長にわたり，灯具を原則として一定間隔に配置する．
2. ちらつきによる不快感は，明暗輝度比，明暗周波数，明暗時間率などが複合して生ずる．
3. 出口部照明は，昼間，出口付近の野外輝度が著しく高い場合に，出口の手前付近にある障害物や先行車の見え方を改善するための照明である．
4. 基本照明の平均路面輝度は，トンネル延長が長いほど高い値とする．

No.48 テレビ共同受信設備に関する記述として，**不適当なもの**はどれか．

1. テレビジョン受信用同軸ケーブルの減衰量は，伝送する周波数が高くなると減少する．
2. テレビジョン受信用同軸ケーブルには，銅心線を発泡ポリエチレンで絶縁し，アルミ箔テープで巻き，外周を網状の導体で覆い，外側をビニルシースで包む構造のものがある．
3. C/N 比の低下によりブロックノイズが発生した場合，ブースターを挿入し，デジタルテレビジョン受信機への入力レベルを上げても改善するとは限らない．
4. テレビジョン受信用同軸ケーブルには，特性インピーダンス 75 Ωのものが使用される．

※問題番号【**No.49**】～【**No.56**】までの **8** 問題のうちから，**5** 問題を選択し，解答してください．

No.49 空気調和設備の制御方式に関する記述として，**最も不適当なもの**はどれか．

1. 吸収冷温水機は，冷媒に臭化リチウム水溶液が用いられている．
2. 吸収冷温水機は，油やガスなどを燃焼させて，冷水をつくることができる．
3. ヒートポンプは，冷房用及び暖房用として兼用される熱源機器である
4. ヒートポンプは，採熱方法の違いにより，空気熱源式や水熱源式などに区分される．

No.50 給水設備の飲料用受水槽に関する記述として，**最も不適当なもの**はどれか．

1. 水槽のオーバーフロー管及び通気管の末端には，耐食性の防虫網を取り付けた．
2. 水槽の側面には保守点検のために，60 cm のスペースを設けた．
3. 水槽の上面には保守点検のために，80 cm のスペースを設けた．
4. 水槽内の給水流入口端とオーバーフロー管下端との間に，吐水口空間を設けた．

No.51 砂質地盤での土留め（山留め）壁を用いた掘削工事において，ボイリングの発生を防止する方法として，**最も関係のないもの**はどれか．

1. 土留め壁背面の地下水位を低下させる．
2. 切りばりの間隔を狭くする．
3. 土留め壁の根入れを深くする．
4. 掘削底面の止水を行う．

No.52 土留め（山留め）壁を設けて掘削する工法に関する記述として，**最も不適当なもの**はどれか．

1. アイランド工法は，地下構造体の打継ぎが不要な工法である．
2. 逆打ち工法は，土留め壁の支保工として地下構造体を用いる工法である．
3. 地盤アンカー工法は，切りばりが不要であり，機械掘削が容易な工法である．
4. トレンチカット工法は，外周部に地下躯体を構築後，内部の掘削を行う工法である．

No.53 地中送電線路における管路の埋設に関する次の記述に該当する工法として，**適当なもの**はどれか．

「圧入方式では，操向性のあるパイロット管を先導管として，管本体を圧入しながら到達坑まで推進する．」

1. 刃口推進工法
2. 小口径推進工法
3. シールド工法
4. セミシールド工法

No.54 鉄道線路及び軌道構造に関する記述として，**不適当なもの**はどれか．

1. 車両限界は，線路の負担力を超えてはならない車両重量の限界である．
2. 縦曲線は，こう配変更点の前後に設けられ，こう配変化を滑らかにするための曲線である．
3. まくらぎは，車両の荷重を道床に伝え，レールの位置と角度を保つ機能がある．
4. 伸縮継目は，ロングレールの端部に設置し，温度変化によるレール伸縮を処理する装置である．

No.55 建築物の鉄筋コンクリート構造に関する記述として，**最も不適当なもの**はどれか．

1. 柱において主筋の座屈を防止するためには，主筋の本数や太さを割増しする必要がある．
2. 床又は梁で起こるクリープ現象は，長期荷重によってたわみが増加する現象である．
3. 鉄筋とコンクリートとの付着強度は，コンクリートの圧縮強度が大きいほど増加する．
4. 鉄筋のコンクリートのかぶりは，部材の耐火性，耐久性から部位に応じた厚さが要求される．

No.56 建築物の鉄骨構造に関する記述として，**最も不適当なもの**はどれか．

1. ラーメン構造は，柱と梁を剛強に接合した構造である．
2. ラーメン構造の柱や梁は，ブレース構造に比べて部材の断面は大きくなる．
3. ブレース構造は，柱亜梁及びブレースで構成する三角形の形状によって骨組みの変形を防ぐ構造である．
4. ブレース構造のブレースは，主に曲げモーメントに抵抗する部材である．

※問題番号【No.57】，【No.58】の2問題は，全問解答してください．

No.57 電気設備の制御装置の器具名称に対応する基本器具番号として，「日本電機工業会規格（JEM）上，**誤っているもの**はどれか．

	器具名称	基本器具番号
1.	交流過電流継電器	51
2.	交流遮断器	52
3.	地絡方向継電器	67
4.	交流不足電圧継電器	80

No.58 請負契約に関する記述として，「公共工事標準請負契約約款」上，**定められていないもの**はどれか．

1. 発注者は，受注者に対して，下請負人の商号又は名称その他必要な事項の通知を請求することができる．
2. 現場代理人は，契約の履行に関し，工事現場に常駐し，その運営，取締りを行うほか，請負代金の請求及び受領に係る権限を行使することができる．
3. 受注者は，工事現場内に搬入した工事材料を監督員の承諾を受けないで工事現場外に搬出してはならない．
4. 発注者は，特別の理由により工期を短縮する必要があるときは，工期の短縮変更を受注者に請求することができる．

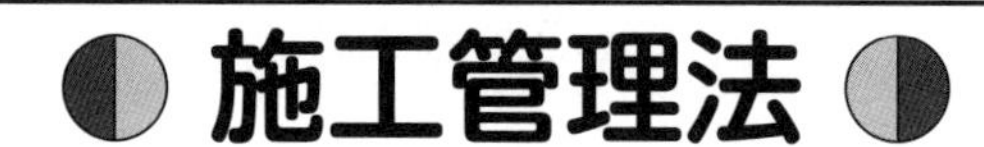

施工管理法

※問題番号【No.59】～【No.67】までの9問題のうちから，6問題を選択し，解答してください．

No.59 水力発電所の有水試験として，**最も関係のないもの**はどれか．

1. 通水検査として，導水路，水槽及び水圧鉄管に充水し，漏水などの異常がないことを確認した．
2. 水車関係機器の単体動作試験として，圧油装置の調整後，調速機によるガイドベーンの開閉の動作を確認した．
3. 発電機特性試験として，発電機を定格速度で運転し，電圧調整試験を実施後，無負荷飽和特性，三相短絡特性など諸特性の測定を行った．
4. 非常停止試験として，発電機の一定負荷運転時に，非常停止用保護継電器のひとつを動作させ，所定の順序で水車が停止することを確認した．

No.60 受電室における高圧受電設備の施工に関する記述として，「高圧受電設備規程」上，**不適当なもの**はどれか.

1. A 種接地工事の接地極として，大地との間の電気抵抗値が 10 Ωの建物の鉄骨を使用した.
2. 容量 500 kV·A の変圧器一次側の開閉装置に，高圧交流負荷開閉器（LBS）を使用した.
3. 受電室には，取扱者が操作する受電室専用の分電盤を設置した.
4. 受電室の室温が過昇するおそれがないので，換気装置又は冷房装置を省略した.

No.61 架空送電線の架線工事に関する記述として，**不適当なもの**はどれか.

1. ACSR のニッキングを抑制するため，径の小さな金車を使用した.
2. ACSR 延線中の回転を防止するため，ワイヤロープの間にスイーベルを挿入した.
3. OPGW 延線中の回転を防止するため，細溝付き金車を使用した.
4. OPGW の疲労破壊を防止するため，延線後すぐに緊線した.

No.62 低圧屋内配線のバスダクト工事に関する記述として，「電気設備の技術基準とその解釈」上，**不適当なもの**はどれか.

ただし，使用電圧は 300 V 以下とする.

1. 電気シャフト（EPS）内に垂直に取り付けるバスダクトの支持間隔を 6 m とした.
2. 乾燥した点検できない隠ぺい場所にバスダクトを使用した.
3. 造営材に取り付けるバスダクトの水平支持間隔を 3 m とした.
4. 湿気の多い展開した場所に屋外用バスダクトを使用した

No.63 構内情報通信網（LAN）に使用する，UTP ケーブルの施工に関する記述として，**最も不適当なもの**はどれか.

1. カテゴリー 6 ケーブルの成端時に，対のより戻し長を 6 mm とした.
2. カテゴリー 5e ケーブルは，結束時には強く締付けないようにした.
3. フロア配線盤から通信アウトレットまでのケーブル長（パーマネントリンクの長さ）を 100 m とした.
4. 24 対ケーブルの固定時の曲げ半径を，仕上がり外径の 10 倍とした.

No.64 高圧ケーブルの地絡事故を検出するシールド接地工事を示す図として，**不適当なもの**はどれか．

1.　引出用ケーブル

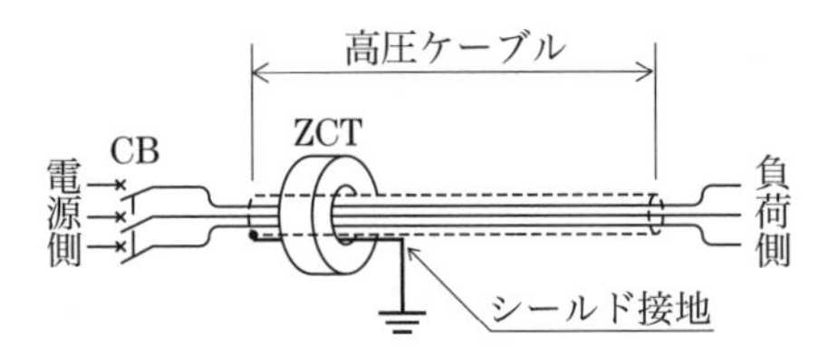

2.　引込用ケーブル

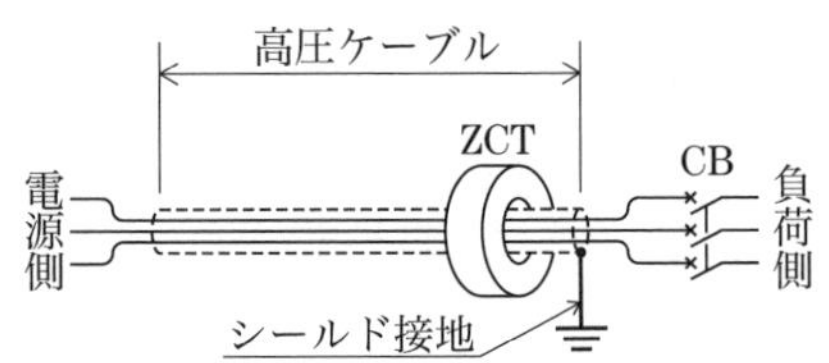

3.　引出用ケーブル

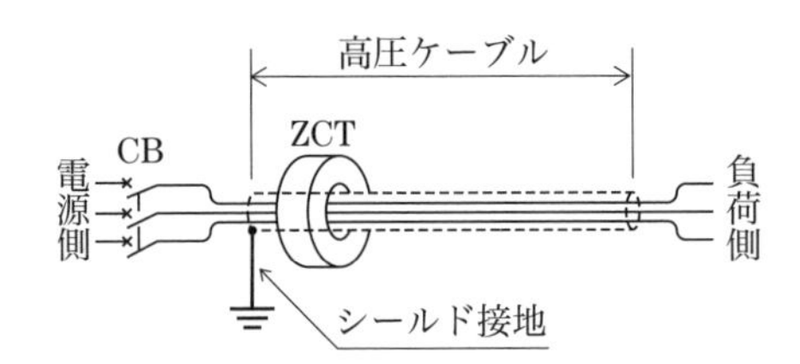

4.　引込用ケーブル

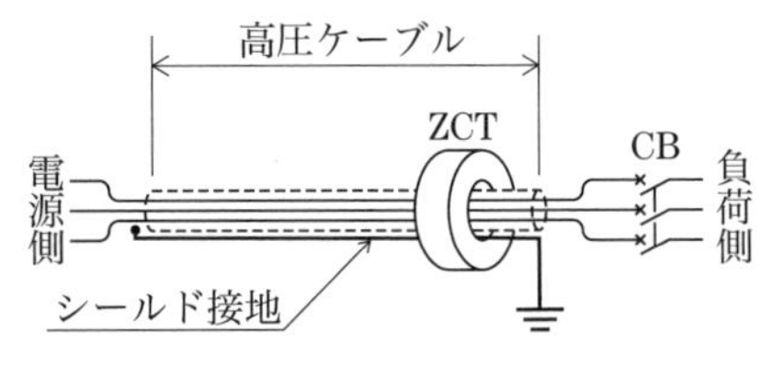

No.65 架空単線式の電車線路に関する記述として，「鉄道に関する技術上の基準を定める省令及び同省令等の解釈基準」上，**不適当なもの**はどれか．

1. コンクリート柱の根入れは，全長の 6 分の 1 以上とした．
2. コンクリート柱の安全率は，破壊荷重に対し 2 以上とした．
3. シンプルカテナリちょう架式は，支持物相互間の距離を 60 m とした．
4. 列車が最高速度 90 km/h で走行する区間なので，直接ちょう架式とした．

No.66 有線電気通信設備に関する記述として，「有線電気通信法」上，**誤っているもの**はどれか．

ただし，光ファイバは除くものとし，強電流電線の設置者の承諾を得ていないものとする．

1. 第一種保護網と架空電線との垂直離隔距離を 60 cm とした．
2. 第一種保護網の特別保安接地工事の接地抵抗値を 10 Ω以下とした．
3. 使用電圧が低圧の強電流ケーブルに架空電線が交差するので，強電流ケーブルとの離隔距離を 15 cm とした．
4. 架空電線と他人の建造物との離隔距離を 40 cm とした．

No.67 地中電線路の施工に関する記述として，**最も不適当なもの**はどれか.

1. 洞道内のケーブルは，熱伸縮の影響を少なくするため，スネーク布設の変曲点で拘束した.
2. ケーブルの熱伸縮による金属シースの疲労を防止するため，マンホール内にオフセットを設けた.
3. 管路の途中に水平屈曲部があったので，引入張力を小さくするため，屈曲部に近い方のマンホールからケーブルを引き入れた.
4. 傾斜地の管路に布設されたケーブルの熱伸縮による滑落を防止するため，上端側管路口部にプーリングアイを取り付けた.

※問題番号【No.68】～【No.79】までの12問題は，全問解答してください.

No.68 施工計画に関する記述として，**最も不適当なもの**はどれか.

1. 労務工程表は，工事の規模，作業内容，資材の搬入時期などを検討して作成した.
2. 施工要領書は，品質の維持向上を図り安全かつ経済的施工方法を考慮して作成した.
3. 安全衛生管理計画では，安全管理体制の確立のために施工体制台帳を作成した.
4. 搬入計画書は，揚重機の選定，運搬車両の駐車位置と待機場所などを検討して作成した.

No.69 仮設計画に関する記述として，**最も不適当なもの**はどれか.

1. 仮設の配線に接続する架空つり下げ電灯を高さ2.3 m以上に設置したので，電灯のガードを省略した.
2. 高さ10 m以上の単管足場の計画の作成に，足場に係る工事の有資格者を参画させた.
3. 屋内に設ける仮設通路は，高さ1.8 m以内に障害物がなく，用途に応じた幅を確保した.
4. 構内の管路式の高圧地中電線路は，長さが15 m以下なので電圧の表示を省略した.

No.70 新たに設置する電気設備等の工事に係る提出書類と提出時期の組合せとして，「電気事業法」又は「消防法」上，**不適当なもの**はどれか.

	提出書類	提出時期
1.	主任技術者選任届出書 （受電電圧 6 kV の需要設備の場合）	工事の開始前
2.	工事計画届出書 （受電電圧 1 万 V 以上の需要設備の場合）	工事の開始 14 日前まで
3.	工事整備対象設備等着工届出書 （自動火災報知設備の場合）	工事に着手しようとする日の 10 日前まで
4.	消防用設備等設置届出書 （非常警報設備延べ面積 300 m^2 以上の場合）	工事が完了した日から 4 日以内

No.71 アロー形ネットワーク工程表のクリティカルパスに関する記述として，**不適当なもの**はどれか.

1. クリティカルパスは，必ずしも 1 本の経路とは限らない.
2. クリティカルパス上のアクティビティのフロートは，0（ゼロ）である.
3. クリティカルパス上では,各イベントの最早開始時刻と最遅完了時刻は等しくなる.
4. クリティカルパスは，開始点から終了点までのすべての経路のうち，最も短い経路である.

No.72 新築事務所ビルの電気工事において，着工時に作成する総合工程表に関する記述として，**最も不適当なもの**はどれか.

1. 仕上げ工事など各種工事が輻輳する工程は，各種工事を詳細に記入する.
2. 主要機器の最終承諾時期は，製作期間，搬入据付けから試験調整までの期間を見込んで記入する.
3. 厳守しなければならないキーとなるイベントの日程を押さえ，計画通り進行するようマイルストーンを設定して記入する.
4. 諸官庁への書類の作成を計画的に進めるため，提出予定時期を記入する.

No.73 アロー形ネットワーク工程表を用いて工程の短縮を検討する際に留意する事項として，**最も不適当なもの**はどれか.

1. 各作業の所要日数を検討せずに，全体の作業日数を短縮してはならない.
2. 各作業の順序を入れ替えてはならない.
3. 機械台数の増加が可能であっても，増加限度を超過してはならない.
4. 余裕のない他の作業から，人員の応援を見込んではならない.

No.74 品質管理に用いられる図表に関する次の記述に該当する名称として，**適当なもの**はどれか.

「データの範囲をいくつかの区間に分け，区間ごとのデータの数を柱状にして並べた図で，データのばらつきの状態が一目で分かる.」

1. 管理図
2. パレート図
3. ヒストグラム
4. チェックシート

No.75 ISO 9000 の品質マネジメントシステムに関する次の記述に該当する用語として，「日本産業規格（JIS）」上，**正しいもの**はどれか.

「当初の要求事項とは異なる要求事項に適合するように，不適合となった製品又はサービスの等級を変更すること.」

1. 再格付け
2. 手直し
3. 是正処置
4. リリース

No.76 接地抵抗試験に関する記述として，「電気設備の技術基準とその解釈」上，**誤っているもの**はどれか

1. 使用電圧 400 V の電動機の鉄台に施す接地工事の接地抵抗値が 10 Ω であったので，良と判断した．
2. 特別高圧計器用変成器の二次側電路に施す接地工事の接地抵抗値が 20 Ω であったので，良と判断した．
3. 高圧電路の 1 線地絡電流が 5 A のとき，高圧電路と低圧電路とを結合する変圧器の低圧側中性点に施す接地工事の接地抵抗値が 30 Ω であったので，良と判断した．
4. 高圧計器用変成器の二次側電路に施す接地工事の接地抵抗値が 50 Ω であったので，良と判断した．

No.77 建設現場において，作業主任者を選任すべき作業として，「労働安全衛生法」上，**定められていないもの**はどれか．

1. 石綿を取り扱う作業
2. 掘削面の高さが 2 m の地山の掘削の作業
3. 高さが 4 m の構造の足場の組立ての作業
4. アセチレン溶接装置を用いて行う金属の溶接の作業

No.78 建設業において．事業者が新たに職務につくこととなった職長に対して行わなければならない安全又は衛生のための教育として，「労働安全衛生法」上，**定められていないもの**はどれか．

1. 労働者に対する災害補償の方法に関すること．
2. 作業方法の決定及び労働者の配置に関すること．
3. 労働者に対する指導又は監督の方法に関すること．
4. 作業行動その他業務に起因する危険性又は有害性等の調査に関すること．

No.79 高圧活線近接作業に関する記述として，「労働安全衛生法」上，**誤っているもの**はどれか.

1. 高圧の充電電路に対して，頭上距離 30 cm 以内に接近して行う作業は，高圧活線近接作業である.
2. 高圧の充電電路に対して，躯（く）側距離又は足下距離 60 cm 以内に接近して行う作業は，高圧活線近接作業である.
3. 高圧の充電電路への接触による感電のおそれがない場合であっても，事業者から命じられたときは，絶縁用保護具を着用しなければならない.
4. 感電の危険が生ずるおそれのある場所で作業を行う場合に，作業指揮者を置くときは，当該充電電路の絶縁用防具を装着しなくてもよい.

※問題番号【No.80】～【No.92】までの 13 問題のうちから，10 問題を選択し，解答してください.

No.80 建設工事の請負契約書に記載しなければならない事項として，「建設業法」上，**定められていないもの**はどれか.

1. 下請負人の選定条件
2. 請負代金の額
3. 天災その他不可抗力による工期の変更に関する定め
4. 工事の施工により第三者が損害を受けた場合における賠償金の負担に関する定め

No.81 建設工事における元請負人の義務に関する記述として，「建設業法」上，**誤っているもの**はどれか．

ただし，元請負人は発注者から直接電気工事を請け負った特定建設業者とし，下請負人は資本金額 4 000 万円未満の一般建設業の者とする．

1. 元請負人は，その請け負った建設工事を施工するために必要な工程の細目，作業方法その他元請負人において定めるべき事項を定めようとするときは，あらかじめ下請負人の意見をきかなければならない．
2. 元請負人は，下請負人からその請け負った建設工事が完成した旨の通知を受けたときは，通知を受けた日から 30 日以内で，かつ，できる限り短い期間内に検査を完了しなければならない．
3. 元請負人は，検査によって建設工事の完成を確認した後，下請負人が申し出たときは，特約がされている場合を除き，直ちに，当該建設工事の目的物の引渡しを受けなければならない．
4. 下請代金の支払期日は，下請負人の建設工事の完成を確認した後，当該工事の目的物の引渡しの申し出を行った日，あるいは特約がある場合はその定める一定の日から起算して 50 日を経過する日以前で，かつ，できる限り短い期間内において定められなければならない．

No.82 建設工事において，施工体系図に表示する事項として，「建設業法」上，**定められていないもの**はどれか．

1. 作成建設業者の商号又は名称
2. 作成建設業者が請け負った建設工事の名称
3. 下請負人が建設業者であるときは，下請負人の緊急連絡先
4. 下請負人が建設業者であるときは，下請負人が置く主任技術者の氏名

No.83 一般用電気工作物の小出力発電設備の出力の範囲として，「電気事業法」上，**誤っているもの**はどれか．

ただし，電圧は 600 V 以下とし，他の小出力発電設備は同一構内に設置していないものとする．

1. 太陽電池発電設備であって，出力 50 kW 未満のもの
2. 風力発電設備であって，出力 20 kW 未満のもの
3. 水力発電設備であって，出力 30 kW 未満のもの
4. 内燃力を原動力とする火力発電設備であって，出力 10 kW 未満のもの

No.84 電気用品に関する記述として，「電気用品安全法」上，**誤っているもの**はどれか.

1. 電気用品とは，自家用電気工作物の部分となり，又はこれに接続して用いられる機械，器具又は材料であって，政令で定めるものをいう
2. 特定電気用品とは，構造又は使用方法その他の使用状況からみて特に危険又は障害の発生するおそれが多い電気用品であって，政令で定めるものをいう.
3. 電気用品の製造の事業を行う者は，電気用品の区分に従い，必要な事項を経済産業大臣又は所轄経済産業局長に届け出なければならない
4. 届出事業者は．届出に係る型式の電気用品を輸入する場合においては，電気用品の技術上の基準に適合するようにしなければならない

No.85 電気工事業に関する記述として，「電気工事業の業務の適正化に関する法律」上，**定められていないもの**はどれか.

1. 登録電気工事業者の登録の有効期間は，5年である.
2. 電気工事業者とは，登録電気工事業者及び通知電気工事業者をいう.
3. 電気工事業者は，一般用電気工作物に係る電気工事の業務を行う営業所ごとに，主任電気工事士を置かなければならない.
4. 電気工事業者は，営業所ごとに帳簿を備え，省令で定める事項を記載し，記載の日から3年間保存しなければならない.

No.86 次の記述のうち，「建築基準法」上，**誤っているもの**はどれか.

1. 建築とは，建築物を新築，増築，改築又は移転することをいう.
2. 建築物とは，屋根及び柱若しくは壁を有するものであって，建築設備を含むものである.
3. 居室とは，執務又は作業のため継続的に使用する室である.
4. 床面積とは，建築物の各階又はその一部で壁その他の区画で囲まれた床部の有効面積をいう.

No.87 次の記述のうち，「建築士法」上，**誤っているもの**はどれか．

1. 工事監理とは，その者の責任において，工事を設計図書と照合し，それが設計図書のとおりに実施されているかを確認することをいう．
2. 一級建築士になろうとする者は，国土交通大臣の行う一級建築士試験に合格し，国土交通大臣の免許を受けなければならない．
3. 建築士は，工事監理を行う場合において，工事が設計図書のとおりに実施されていないと認めるときは，工事施工者に，当該工事を設計図書のとおりに実施するよう求めなければならない．
4. 建築士は，工事監理を終了したときは，省令で定めるところにより，その結果を文書で都道府県知事に報告しなければならない．

No.88 次の記述のうち，「消防法」上，**誤っているもの**はどれか．

1. 防火対象物には，山林，ふ頭に繋留された船舶，建築物その他の工作物が含まれる．
2. 消防の用に供する設備には，消火設備，警報設備及び避難設備が含まれる．
3. 避難設備には，誘導灯，誘導標識，避難はしご及び昇降機が含まれる．
4. 屋内消火栓設備及びガス漏れ火災警報設備には，非常電源を附置しなければならない．

No.89 建設業における特定元方事業者が，労働災害を防止するために講ずべき措置に関する記述として，「労働安全衛生法」上，**誤っているもの**はどれか．

1. 関係請負人が行う労働者の安全又は衛生のための教育に対する指導及び援助を行うこと．
2. 労働者の危険を防止するための措置に関することを管理させる関係請負人の安全管理者を選任すること．
3. 特定元方事業者と関係請負人との間及び関係請負人相互間における，作業間の連絡及び調整を行うこと．
4. 特定元方事業者及びすべての関係請負人が参加する協議組織の設置及び運営を行うこと．

No.90 建設業における店社安全衛生管理者の職務として,「労働安全衛生法」上,**定められていないもの**はどれか.

1. 協議組織の会議に随時参加すること
2. 少なくとも毎月1回労働者が作業を行う場所を巡視すること
3. 労働者の作業の種類その他作業の実施の状況を把握すること
4. 作業場所における機械,設備等の配置に関する計画を作成すること

No.91 建設の事業において年少者を使用する場合の記述として,「労働基準法」上,**誤っているもの**はどれか.

1. 使用者は,満16歳以上の男性を,交替制により午後10時から午前5時までの間において使用することができる.
2. 使用者は,満18歳に満たない者について,その年齢を証明する戸籍証明書を事業場に備え付けなければならない
3. 親権者又は後見人は,未成年者の賃金を代って受け取ることができる
4. 親権者又は後見人は,労働契約が未成年者に不利であると認める場合においては,将来に向ってこれを解除することができる.

No.92 建設工事から発生する廃棄物の種類に関する記述として,「廃棄物の処理及び清掃に関する法律」上,**誤っているもの**はどれか.

1. 工作物の除去に伴って生じたコンクリートの破片は,産業廃棄物である.
2. 工作物の新築に伴って生じた廃ウエスは,産業廃棄物である.
3. 工作物の新築に伴って生じた紙くずは,一般廃棄物である.
4. 工作物の除去に伴って生じた灯油類などの廃油は,特別管理産業廃棄物である.

2020 年度（令和 2 年度）実地試験・問題

出題数 5　必要解答数 5

解答は記述式です。

問題 1　あなたが経験した**電気工事**について，次の問に答えなさい．

1－1　経験した電気工事のなかで，墜落災害及び感電災害が発生する危険性があると予測した工事について，次の事項を記述しなさい．

⑴　工 事 名

⑵　工事場所

⑶　電気工事の概要

　㋐　請負金額（概略額）

　㋑　概　　要

⑷　工　　期

⑸　この電気工事でのあなたの立場

⑹　あなたが担当した業務の内容

1－2　**上記の電気工事の現場**において，**墜落災害**が発生する危険性があると，あなたが予測した**事項とその理由**を **2 項目**あげ，これらの**労働災害**を防止するために，あなたがとった**対策**を項目ごとに **2 つ**具体的に記述しなさい．

ただし，対策の内容は重複しないこと．

また，保護帽の着用及び安全帯（要求性能墜落制止用器具）の着用のみの記述については配点しない．

1－3　上記（1－1）の電気工事の現場において，電気工事に従事する労働者に**感電災害**が発生する危険性があると予測した**作業内容とその理由**をあげ，あなたがとった**対策**を具体的に記述しなさい．

問題 2 電気工事に関する次の作業の中から **2 つ**を選び，番号と語句を記入のうえ，**適正な品質を確保するための方法**を，それぞれについて **2 つ**具体的に記述しなさい．

ただし，対策の内容は重複しないこと．

1. 資材の管理
2. 合成樹脂管（PF 管）の施工
3. 機器の取付け
4. 電線相互の接続

問題 3 下記の条件を伴う作業から成り立つ工事のアロー形ネットワーク工程について，次の問に答えなさい．

(1) **所要工期**は，何日か．

(2) 作業 L の**フリーフロート**は，何日か．

条　件

1. 作業A，B，Cは，同時に着手でき，最初の仕事である．
2. 作業D，Eは，Aが完了後着手できる．
3. 作業F，Gは，B，Dが完了後着手できる．
4. 作業Hは，Cが完了後着手できる．
5. 作業 I は，Eが完了後着手できる．
6. 作業 J は，Fが完了後着手できる．
7. 作業Kは，G，Hが完了後着手できる．
8. 作業Lは，I，Jが完了後着手できる．
9. 作業Mは，Jが完了後着手できる．
10. 作業Nは，L，Mが完了後着手できる．
11. 作業Nが完了した時点で，工事は終了する．
12. 各作業の所要日数は亜次のとおりとする．

A＝5 日，B＝7 日，C＝4 日，D＝5 日，E＝6 日，
F＝7 日，G＝6 日，H＝7 日，I＝5 日，J＝4 日，
K＝6 日，L＝6 日，M＝7 日，N＝4 日

問題4 電気工事に関する次の用語の中から**4つ**を選び，番号と用語を記入のうえ，**技術的な内容**を，それぞれについて**2つ**具体的に記述しなさい．

ただし，**技術的な内容**とは，施工上の留意点，選定上の留意点，動作原理，発生原理，定義，目的，用途，方式，方法，特徴，対策などをいう．

1. 水車のキャビテーション
2. モールド変圧器
3. 送電系統の中性点接地方式
4. 架空電線路と比較した地中電線路の特徴
5. パーセントインピーダンス（%Z）
6. 電動機のインバータ制御
7. サージ防護デバイス（SPD）
8. LANのスイッチングハブ
9. 電気鉄道の閉そく装置
10. 電気鉄道のインピーダンスボンド
11. 交通信号の半感応制御
12. 絶縁耐力試験

問題5 「建設業法」又は「電気事業法」に関する次の問に答えなさい．

5－1 工事現場における建設工事を適正に実施するために，**監理技術者が行わなければならない職務**として，「建設業法」上，定められている事項を**2つ**記述しなさい．

5－2 「建設業法」に定められている次の法文において，[　　]に当てはまる語句を答えなさい．

元請負人は，下請負人からその請け負った建設工事が完成した旨の通知を受けたときは当該通知を受けた日から[①]日以内で，かつ，できる限り短い期間内に，その完成を確認するための[②]を完了しなければならない．

5－3 「電気事業法」に定められている次の法文において，[　　]に当てはまる語句を答えなさい．

主務大臣は，事業用電気工作物の工事，[①]及び運用に関する保安を確保するため必要があると認めるときは，事業用電気工作物を設置する者に対し，[②]を変更すべきことを命ずることができる．

2019年度（令和元年度）学科試験・問題

出題数 92　必要解答数 60

No.1～No.56 が午前、No.57～No.92 が午後の出題

電気工学 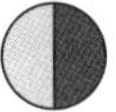

※問題番号【**No.1**】～【**No.15**】までの **15** 問題のうちから，**10** 問題を選択し，解答してください.

No.1 10 Ωの抵抗に 100 V の電圧を一定時間加えたとき，この抵抗に 3×10^5 J の熱量が発生した．加えた時間として，**正しいもの**はどれか.

1. 5 分
2. 12 分
3. 21 分
4. 50 分

No.2 図に示すスイッチ S を入れたとき，環状鉄心の一次コイルの電流 i_1〔A〕が 0.1 ms の間に 0.5 A 変化し，二次コイルに誘導起電力 e_2〔V〕が 3 V 発生した．このときの相互インダクタンス M の値〔mH〕として，**正しいもの**はどれか.

ただし，漏れ磁束はないものとする.

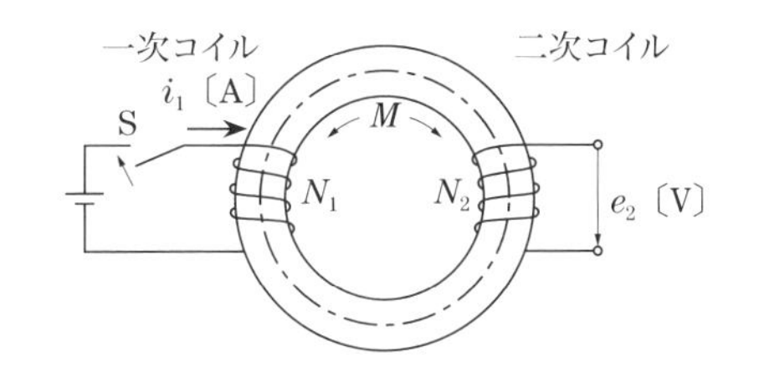

1. 0.15 mH
2. 0.3 mH
3. 0.6 mH
4. 1.2 mH

No.3 図に示す三相対称交流回路において，三相平衡負荷の消費電力が2 kWである場合の抵抗Rの値〔Ω〕として，**正しいもの**はどれか．

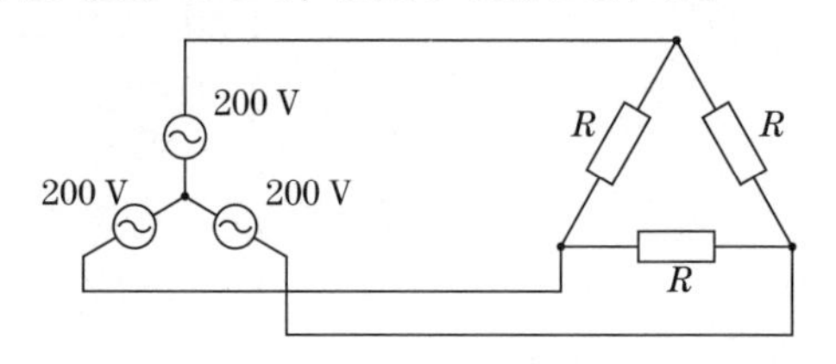

1. 20 Ω
2. 60 Ω
3. 180 Ω
4. 540 Ω

No.4 電流力計形計器に関する記述として，**不適当なもの**はどれか．

1. 交流専用の計器である．
2. 電力計として使用できる．
3. 固定コイルの磁界の中に，可動コイルを配置している．
4. 固定コイルの作る磁界が弱いので，外部磁界の影響を受けやすい．

No.5 図に示す回路を論理式に置き換えたものとして，**正しいもの**はどれか．

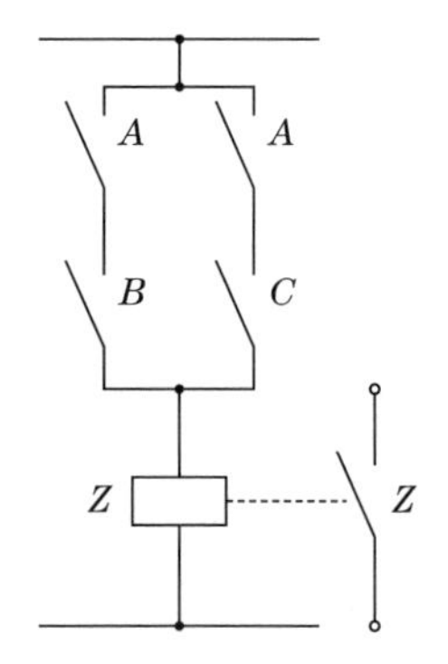

1. $A + B + C = Z$
2. $A \cdot B \cdot C = Z$
3. $(A + B) \cdot C = Z$
4. $A \cdot (B + C) = Z$

No.6 図は，同期発電機において電機子巻線抵抗を無視したときの，負荷電流 $\dot{I}$，誘導起電力 $\dot{E}$，出力電圧 $\dot{V}$ の関係を示したベクトル図である．この図に関する記述として，**最も不適当なもの**はどれか．

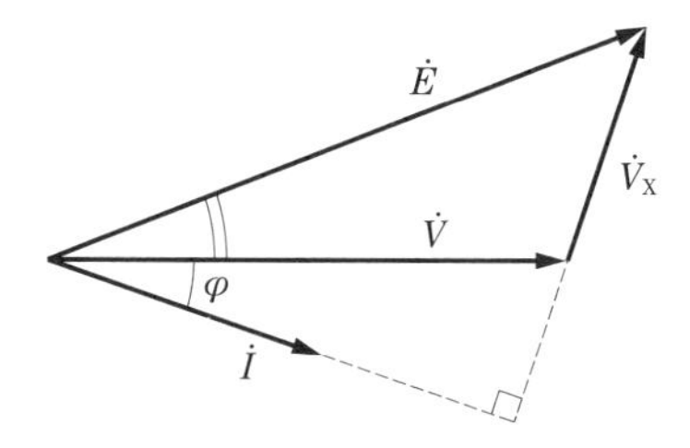

1. $\angle\delta$ は，負荷角（内部相差角）を表している．
2. ベクトル $\dot{V}_x$ は，同期リアクタンス降下を表している．
3. 負荷電流 $\dot{I}$ の位相が遅れるほど，出力電圧 $\dot{V}$ の大きさは，誘導起電力 $\dot{E}$ より大きくなる．
4. 発電機が負荷に電力を送っている場合，誘導起電力 $\dot{E}$ の位相は，出力電圧 $\dot{V}$ より進んでいる．

No.7 変圧器の負荷電流に対する効率と損失を表すグラフとして，**適当なもの**はどれか．

1.
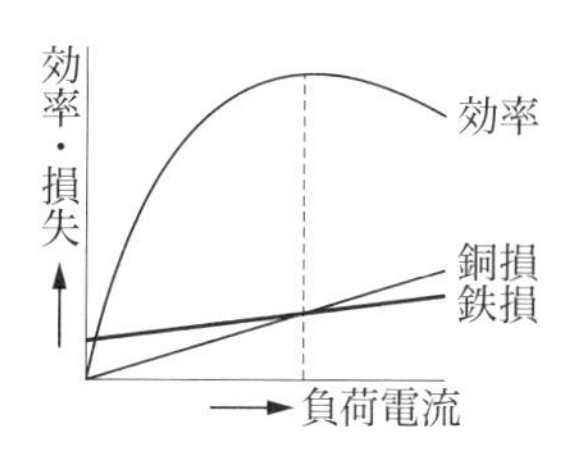

2.
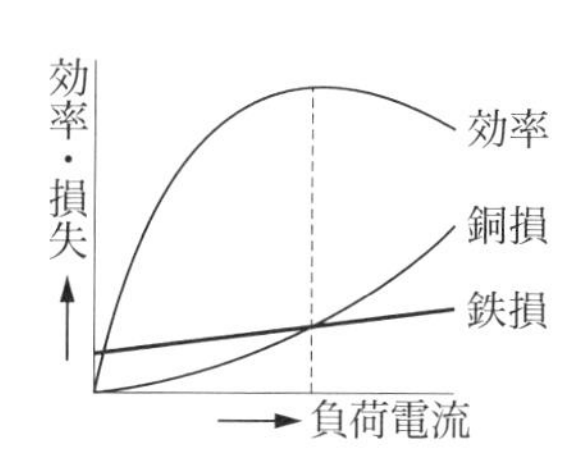

3.
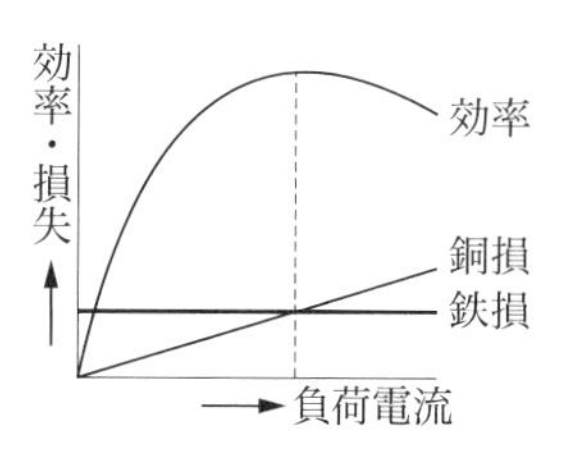

4.
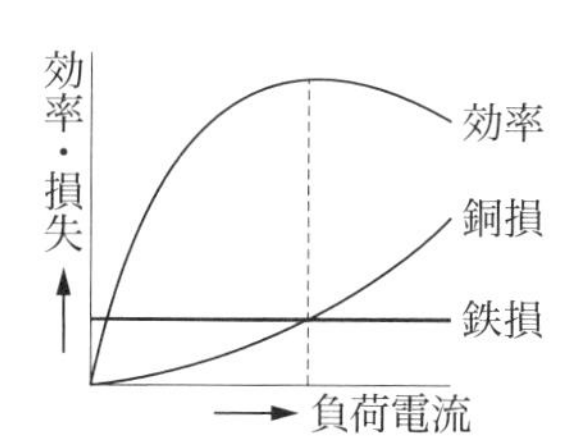

No.8 高圧進相コンデンサに関する記述として，「日本工業規格（JIS）」上，**誤っているもの**はどれか.

1. 保安装置内蔵コンデンサは，蒸着電極コンデンサの内部に異常が生じた際，異常素子又は素体に電圧が加わらないように切り離しできる装置を組み込んだコンデンサである.
2. 蒸着電極コンデンサは，蒸着金属を電極としており，自己回復することができないコンデンサである.
3. 乾式コンデンサは，コンデンサ内部に，80 ℃において流動性のない固体含浸剤又は気体を充てんしたコンデンサである.
4. 集合形コンデンサは，適切な個数の単器形コンデンサを1個の共通容器又は枠に収めて1個の単器形コンデンサと同等に取り扱えるように構成したコンデンサである.

No.9 水力発電における水車の調速機に関する記述として，**不適当なもの**はどれか.

1. 発電機の負荷変動に応じて，ガイドベーンを開閉して水の流入量を調整する.
2. 発電機と系統との並列運転が解けた場合には，発電機の電圧低下を防止する.
3. 調速機は，並列運転している発電機の負荷分担を自由に変える役割を有する.
4. 発電機が系統と並列運転するまでは，自動同期装置などの信号により調速制御を行う.

No.10 変電所の変圧器の中性点接地方式において，非接地方式と比較した直接接地方式の特徴に関する記述として，**不適当なもの**はどれか.

1. 1線地絡時の保護継電器の動作が確実である.
2. 1線地絡時の誘導障害が大きい.
3. 1線地絡時の健全相の電圧上昇が大きい.
4. 1変圧器の巻線の絶縁を軽減することができる.

No.11 電力系統の安定度向上対策に関する記述として，**不適当なもの**はどれか.

1. 系統のリアクタンスを小さくする.
2. 直列リアクトルを設置する.
3. 発電機に速応励磁方式を採用する.
4. 高速度保護リレー方式を採用する.

No.12 図に示す単相３線式の配電線がある．AB 間の電圧 V_{ab} の値〔V〕と BC 間の電圧 V_{bc} の値〔V〕の組合せとして，**正しいもの**はどれか．

ただし，配電線は抵抗分のみとし，各負荷の力率は 100 % とする．

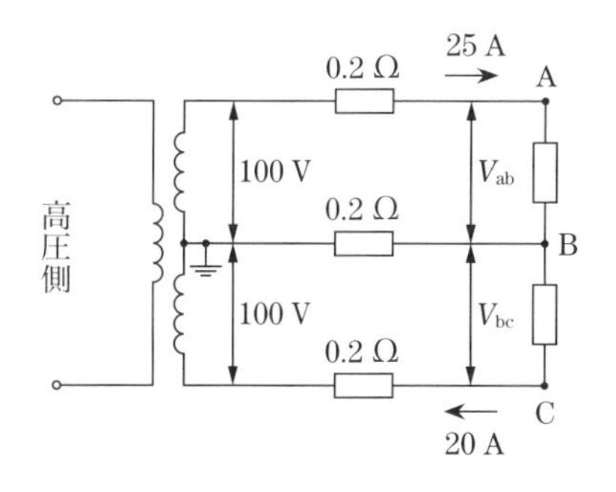

	V_{ab}	V_{bc}
1.	94 V	97 V
2.	95 V	96 V
3.	96 V	95 V
4.	96 V	97 V

No.13 屋内照明に関する記述として，**不適当なもの**はどれか．

1. 相関色温度 3 300 K 未満の光源の光色は，暖色系に分類される．
2. 精密な作業における演色性については，平均演色評価数 R_a の最小値として 80 が推奨されている．
3. 照度均斉度とは，作業領域における最大照度に対する平均照度の比である．
4. グレアは，人に不快感を及ぼす不快グレアと視対象物を見えにくくする減能グレアに分類される．

No.14 鉛蓄電池に関する記述として，**不適当なもの**はどれか．

1. 極板の種類には，主としてペースト式とクラッド式がある．
2. 蓄電池の内部抵抗は，残存容量の減少に伴い減少する．
3. 蓄電池から取り出せる容量は，放電電流が大きくなるほど減少する．
4. 定格容量は，規定の条件下で放電終止電圧まで放電したとき，取り出せる電気量である．

No.15 三相誘導電動機に関する記述として，**不適当なもの**はどれか．

1. 電動機の出力は，角速度とトルクを乗じることで求められる．
2. 同期速度は，電源周波数と極数を乗じることで求められる．
3. 滑りは，同期速度と回転子速度の差を同期速度で除すことで求められる．
4. 電動機の実測効率は，電動機出力を電動機入力で除すことで求められる．

 電気設備 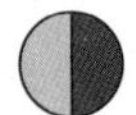

※問題番号【No.16】～【No.48】までの 33 問題のうちから，15 問題を選択し，解答してください.

No.16 蒸気タービンによる汽力発電と比較したコンバインドサイクル発電に関する記述として，**不適当なもの**はどれか.

ただし，発電設備は同容量とする.

1. 始動用電力が少ない.
2. 熱効率が高い.
3. 起動・停止時間が長い.
4. 大気温度の変化が，出力に与える影響が大きい.

No.17 固体高分子形燃料電池に関する記述として，**不適当なもの**はどれか.

1. 電解質にイオン交換膜を用いている.
2. 排熱を給湯に利用できる.
3. りん酸形燃料電池に比べて作動温度が高い.
4. 溶融炭酸塩形燃料電池に比べて起動が速い.

No.18 変電所に設置される変圧器に関する記述として，**最も不適当なもの**はどれか.

1. ガス絶縁変圧器は，不燃性が要求される地下変電所での使用に適している.
2. ガス絶縁変圧器では，SF_6 ガスで巻線及び鉄心を冷却している.
3. 油入変圧器の油劣化防止装置として，窒素封入密封式がある.
4. 油入風冷式変圧器では，絶縁油をポンプで循環させている.

No.19 送電線事故時の再閉路方式に関する記述として，**最も不適当なもの**はどれか.

1. 遮断器はいったん開放されたのち，設定時間が経過してから自動的に投入される.
2. 高速度再閉路方式では，1 秒程度で再閉路を行う.
3. 三相再閉路方式では，故障相のみを遮断・再閉路する.
4. 遮断器開放から再閉路までの無電圧時間により，高速度・中速度・低速度に区分される.

No.20 電力系統の運用と制御に関する記述として，**最も不適当なもの**はどれか．

1. 軽負荷時には系統電圧が上昇傾向となり，これを抑制するために電力用コンデンサを並列に系統へ投入する．
2. 供給予備力の保有量が大きいと供給支障リスクは下がるが，設備投資は大きくなる．
3. 電力潮流は，電源構成や送変電設備などにより制約を受け，需要及び供給力に応じて変化する．
4. 電力系統は，一体的システムであり，一箇所の事故が連鎖的に拡大・波及して全システムの崩壊につながるおそれがある．

No.21 架空電線路の架空地線に関する記述として，**不適当なもの**はどれか．

1. 電線は，アルミ覆鋼より線や，鉛めっき鋼より線が一般的に用いられている．
2. 直撃雷に対しては，遮へい角が大きいほど遮へい効果が高い．
3. 誘導雷により電力線に発生した雷電圧を低減する効果がある．
4. 送電線の地絡故障による通信線への電磁誘導障害を軽減する効果がある．

No.22 架空送電線におけるスリートジャンプによる事故の防止対策として，**不適当なもの**はどれか．

1. 電線の張力を大きくする．
2. 電線の径間にねじれ防止ダンパを取り付ける．
3. 単位重量の小さい電線を使用する．
4. 電線相互のオフセットを大きくする．

No.23 送電線の表皮効果に関する記述として，**不適当なもの**はどれか．

1. 周波数が高いほど，表皮効果は大きくなる．
2. 導電率が小さいほど，表皮効果は大きくなる．
3. 合計断面積が等しい場合，単導体よりも多導体の方が表皮効果の影響が小さくなる．
4. 表皮効果が大きいほど，電線中心部の電流密度は小さくなる．

No.24 架空送電線により通信線に発生する誘導障害の軽減対策として，**最も不適当なもの**はどれか．

1. 通信線路に遮へい線を設ける．
2. 中性点の接地抵抗を小さくする．
3. 通信線路と送電線路の間隔を大きくする．
4. 送電線をねん架する．

No.25 架空送電線路の雷害対策に関する記述として，**不適当なもの**はどれか.

1. フラッシオーバによるがいし破損を防止するため，アークホーンを取り付ける.
2. 逆フラッシオーバを防止するため，相間スペーサを設ける.
3. 2回線送電線での両回線同時事故を避ける対策として，不平衡絶縁方式がある.
4. 懸垂クランプ支持箇所の電線の溶断を防止するため，アーマロッドを取り付ける.

No.26 分散型電源の系統連系設備に関する用語の定義として，「電気設備の技術基準とその解釈」上，**誤っているもの**はどれか.

1. 分散型電源とは，一般電気事業者及び卸電気事業者以外の者が設置する発電設備等であって，常用電源の停電時にのみ使用する非常用予備電源が含まれる.
2. 自立運転とは，分散型電源が，連系している電力系統から解列された状態において，当該分散型電源設置者の構内負荷にのみ電力を供給している状態である.
3. 逆潮流とは，分散型電源設置者の構内から，一般送配電事業者が運用する電力系統側へ向かう有効電力の流れである.
4. 転送遮断装置とは，遮断器の遮断信号を通信回線で伝送し，別の構内に設置された遮断器を動作させる装置である.

No.27 架空送配電線路の塩害対策に関する記述として，**最も不適当なもの**はどれか.

1. 耐トラッキング性能の高い材料を使用したポリマがいしを用いる.
2. 懸垂がいしの連結個数を増加させ，対地間絶縁強度を上げる.
3. 電線相互の間隔を保つため，長幹がいしをV吊りとして用いる.
4. 沿面距離を長くとり耐電圧性能を向上させた深溝がいしを用いる.

No.28 間口15 m，奥行12 m，天井高さ2.5 mの事務室の天井にLED照明器具を設置する．机上面照度を750 lxとするために，光束法により算出される照明器具の台数として，**正しいもの**はどれか.

ただし，LED照明器具1台の光束は7 500 lm，照明率は0.9，保守率は0.8とする.

1. 10台
2. 18台
3. 20台
4. 25台

No.29 コンセント専用の回路に関する記述として，「電気設備の技術基準とその解釈」上，**誤っているもの**はどれか．

ただし，配線は，ビニル絶縁電線（IV）とし長さは 10 m，コンセントの施設数は 1 個とし，許容電流の低減は考慮しないものとする．

1. 定格電流 15 A の配線用遮断器に，定格電流 15 A のコンセントを接続し，その配線太さを直径 1.6 mm とする．
2. 定格電流 20 A の配線用遮断器に，定格電流 20 A のコンセントを接続し，その配線太さを直径 2.0 mm とする．
3. 定格電流 30 A の配線用遮断器に，定格電流 30 A のコンセントを接続し，その配線太さを直径 2.6 mm とする．
4. 定格電流 50 A の配線用遮断器に，定格電流 50 A のコンセントを接続し，その配線太さを断面積 8 mm^2 とする．

No.30 機械器具に接続する電路において，地絡遮断装置を省略できないものとして，「電気設備の技術基準とその解釈」上，**適当なもの**はどれか．

ただし，機械器具には，簡易接触防護措置は施されていないものとし，その停止が公共の安全確保に支障を生じないものとする．

1. 水気のある場所以外に施設する単相 100 V のコンセントに電気を供給する電路
2. 乾燥した場所に施設する三相 200 V の電動機に電気を供給する電路
3. 電気用品安全法の適用を受ける単相 100 V の二重絶縁構造の工具に電気を供給する電路
4. 接地抵抗値が 10 Ω の C 種接地工事が施された三相 400 V の電動機に電気を供給する電路

No.31 低圧幹線の短絡電流に関する記述として，**不適当なもの**はどれか．

1. 電源側の変圧器のインピーダンスが小さいほど，短絡電流は小さくなる．
2. 電源側の変圧器から短絡点までのケーブルが長いほど，短絡電流は小さくなる．
3. 電源側の変圧器から短絡点までのケーブルの断面積が大きいほど，短絡電流は大きくなる．
4. 同一幹線に接続されている誘導電動機が発電機として作用し，短絡電流は瞬間的に大きくなる．

No.32 変圧器を構成する絶縁材料の耐熱特性による分類の組合せとして，「日本工業規格（JIS）」上，**不適当なもの**はどれか．

	耐熱クラス	許容最高温度
1.	A	90℃
2.	B	130℃
3.	F	155℃
4.	H	180℃

No.33 キュービクル式高圧受電設備に関する記述として，「日本工業規格（JIS）」上，**不適当なもの**はどれか．

1. 自動力率調整を行う一つの開閉装置に接続する高圧進相コンデンサの設備容量は，200 kvar 以下とする．
2. CB 形は，負荷設備に高圧電動機を使用することができる．
3. 変圧器容量が 500 kV·A 以下の場合，開閉装置として高圧カットアウトを使用することができる．
4. PF・S 形の主遮断装置は，高圧交流負荷開閉器と限流ヒューズとを組み合わせたもの，又は一体としたものとする．

No.34 特別高圧連系時の系統連系用保護装置の略記号とリレー保護内容の組合せとして，「系統連系規程」上，**不適当なもの**はどれか．

	略記号	リレー保護内容
1.	DSR	短絡方向
2.	RPR	逆電力
3.	UFR	周波数低下
4.	OVGR	地絡過電流

No.35 ガスタービン発電装置と比較したディーゼル発電装置に関する記述として，**不適当なもの**はどれか．

ただし，同一の定格出力のものとする．

1. 原動機本体には冷却水が必要である．
2. 燃焼用空気量が少ない．
3. 軽負荷時において燃料の完全燃焼が得られにくい．
4. 構成部品点数が少なく，重量も軽い．

No.36 無停電電源装置（UPS）に関する記述として，「日本工業規格（JIS）」上，**不適当なもの**はどれか．

1. インバータは，直流電力を交流電力に変換する半導体電力変換装置である．
2. 常時商用給電方式は，常用電源の電圧又は周波数が許容範囲から外れた場合，蓄電池運転状態となりインバータで負荷電力の連続性を維持するものである．
3. 保守バイパスは，システムのUPSユニット又はUPSユニットのグループを追加することによって，負荷電力の連続性を向上させた電力経路である．
4. 並列冗長UPSは，複数のUPSユニットで並列運転を行い，1台以上のUPSユニットが故障したとき，残りのUPSユニットで全負荷を負うことができるシステムである．

No.37 建築物等の雷保護システムに関する記述として，「日本工業規格（JIS）」上，**不適当なもの**はどれか．

1. 外部雷保護システムは，受雷部システム，引下げ導線システム及び接地システムから成り立っている．
2. 内部雷保護システムは，被保護物内において，雷の電磁的影響を低減させるため外部雷保護システムに追加するすべての措置で，等電位ボンディング及び安全離隔距離の確保を含む．
3. 保護レベルⅠは，保護レベルⅣと比べて，雷の影響から被保護物を保護する確率が低い．
4. 等電位ボンディングは，雷保護システム，金属構造体，金属製工作物，系統外導電性部分並びに被保護物内の電力及び通信用設備をボンディング用導体又はサージ保護装置で接続することで等電位化を行うものである．

No.38 鉄骨造の建築物等における接地工事に関する記述として，「電気設備の技術基準とその解釈」上，**不適当なもの**はどれか．

1. 一部が地中に埋設された建物の鉄骨を，A種，B種，C種及びD種接地工事の共用の接地極として使用する場合には，等電位ボンディングを施す必要がある．
2. 大地との間の抵抗値が10 Ωである建物の鉄骨その他の金属体は，機械器具等に施すA種接地工事の接地極として使用できる．
3. 低圧電路に地絡を生じた場合に0.5秒以内に遮断する漏電遮断器を設けるときは，C種接地工事の接地抵抗値を500 Ω以下にできる．
4. 変圧器のB種接地工事は，高圧と低圧との混触による危険を防止するために低圧側電路の中性点又は1端子に施すものである．

No.39 フィードバック制御とシーケンス制御に関する記述として，**最も不適当なもの**はどれか．

1. 定値制御とは，目標値を一定に保つよう，外乱に対し常に制御対象を一定にする制御である．
2. 追従制御とは，対象物の移動に従い目標値が常に変化している制御である．
3. プロセス制御とは，化学工場などに用いられ，主に化学反応プロセスにおける物理量を制御量としている．
4. シーケンス制御とは，あらかじめ定められた変化をする目標値に追従させる制御である．

No.40 誘導灯に関する記述として，「消防法」上，**誤っているもの**はどれか．

ただし，通路誘導灯及び避難口誘導灯は，容易に見とおすことができ，かつ，識別することができるものとする．

1. C級の通路誘導灯は，当該誘導灯までの歩行距離が20 m以下になるように設ける．
2. B級の避難口誘導灯（避難の方向を示すシンボルのないもの）は，当該誘導灯までの歩行距離が30 m以下になるよう設ける．
3. 客席誘導灯は，客席内の通路の床面における水平面の照度が0.2 lx以上になるように設ける．
4. 階段又は傾斜路に設ける通路誘導灯は，踏面又は表面及び踊場の中心線の照度が1 lx以上となるように設ける．

No.41 防火対象物に設置する非常コンセント設備に関する記述として，「消防法」上，**定められていないもの**はどれか．

1. 地階を除く階数が11以上の建築物に設置が必要である．
2. 延べ面積500 m^2 以上の地下街に設置が必要である．
3. 単相交流100 Vで15 A以上の電気を供給できるものとする．
4. 電気を供給する電源からの回路に設ける非常コンセントの数は，10以下とする．

No.42 図に示すテレビ共同受信設備において，増幅器出口からテレビ端子Aの出力端子までの総合損失として，**正しいもの**はどれか．

ただし，条件は，次のとおりとする．

増幅器出口からテレビ端子Aまでの同軸ケーブルの長さ：20 m
同軸ケーブルの損失：0.3 dB/m
2分岐器の挿入損失：6.0 dB
2分岐器の結合損失：15.0 dB
4分配器の分配損失：11.0 dB
4分配器の端子間結合損失：15.0 dB
テレビ端子の挿入損失：2.0 dB

テレビ端子A

1. 25.0 dB　2. 29.0 dB　3. 34.0 dB　4. 38.0 dB

No.43 光ファイバケーブルに関する記述として，**不適当なもの**はどれか．

1. クラッドは，コアより屈折率が高い．
2. シングルモードでは，光が全反射しながらコアの中を伝搬する．
3. シングルモードは，マルチモードと比べてコア径が小さい．
4. シングルモードは，マルチモードと比べて長距離伝送に適している．

No.44 カテナリ式電車線のトロリ線に関する記述として，「日本工業規格（JIS）」上，**不適当なもの**はどれか．

1. サグとは，トロリ線の支持点の高さと径間中央点の高さとの差のことをいう．
2. 勾配とは，隣接する二つの支持点において，レール面から測ったトロリ線の高さの差と径間長との比率をいう．
3. 偏位とは，トロリ線の軌道中心面からの偏りの寸法のことをいう．
4. 架高とは，トロリ線のレール面に対する垂直な高さのことをいう．

No.45 直流電気鉄道において電力回生車を導入する場合，き電システム上での回生失効の低減策として，**不適当なもの**はどれか．

1. サイリスタインバータの設置
2. 上下一括き電方式の導入
3. 12パルス整流器の設置
4. 電力貯蔵装置の設置

No.46 電気鉄道における信号保安に関する次の記述に該当する用語として，「日本工業規格（JIS）」上，**適当なもの**はどれか．

「列車の速度制御，停止などの運転操作を自動的に制御する装置」

1. 自動列車制御装置
2. 自動列車運転装置
3. 自動列車停止装置
4. 自動進路制御装置

No.47 道路の照明方式に関する記述として，**最も不適当なもの**はどれか．

1. ポール照明方式は，道路の線形の変化に応じた灯具の配置が可能なので，誘導性が得やすい．
2. 構造物取付照明方式は，構造物に灯具を取り付けるので，照明器具の選定や取付位置が制限される．
3. 高欄照明方式は，灯具の取付高さが低いので，グレアの抑制に効果がある．
4. ハイマスト照明方式は，光源が高所にあるので，路面上の輝度均斉度が得やすい．

No.48 道路交通信号の系統制御におけるオフセットに関する記述として，**不適当なもの**はどれか．

1. 優先オフセット方式は，上下交通量に差がある場合などに，一方向に対して高い系統効果を与えるようにオフセットを設定する方式である．
2. 交互オフセットは，隣り合う交差点の信号がほぼ半周期ずれて青にするもので，優先オフセット方式に用いられる．
3. 平等オフセット方式は，上下両方向の交通に対して，ほぼ同等の系統効果を与えるようにオフセットを設定する方式である．
4. 同時式オフセットは，隣り合う交差点の信号をほぼ同時に青にするもので，平等オフセット方式に用いられる．

◐ 関連分野 

※問題番号【No.49】～【No.56】までの 8 問題のうちから，5 問題を選択し，解答してください．

No.49 空気調和設備の制御方式に関する記述として，**最も不適当なもの**はどれか．

1. 給気温度制御とは，還気ダクトや室内に設置したサーモスタットの指令により冷温水コイルに流れる冷温水量を制御する方式である．
2. 外気冷房制御とは，室内と外気の相対湿度の差を基準に外気ダンパの開度を制御する方式である．
3. ウォーミングアップ制御とは，外気ダンパを全閉，還気ダンパを全開にして外気負荷削減を行うために制御する方式である．
4. CO_2 濃度制御とは，還気ダクトや室内に設置した CO_2 濃度センサにより外気ダンパの開度を制御し，外気導入量を制御する方式である．

No.50 都市ガス（LNG）又は液化石油ガス（LPG）を使用する建築物等のガス設備に関する記述として，**不適当なもの**はどれか．

1. LPG は，LNG より発熱量が大きい．
2. ガス管には，LNG 及び LPG とも配管用炭素鋼鋼管が用いられる．
3. ガス燃焼器からガス漏れ検知器までの最大水平距離は，LNG のほうが小さい．
4. LPG は，LNG より比重が大きい．

No.51 200 m^3 の砂質土の地山を掘削し締め固める場合に，その土のほぐした土量又は締め固めた土量として，**正しいもの**はどれか．

ただし，ほぐし率 L ＝ 1.25，締固め率 C ＝ 0.9 とする．

1. ほぐした土量　222.2 m^3
2. ほぐした土量　250.0 m^3
3. 締め固めた土量　160.0 m^3
4. 締め固めた土量　200.0 m^3

No.52 水準測量に関する記述として，**不適当なもの**はどれか．

1. 器械高とは，測定器の三脚の高さをいう．
2. 水準測量の基準となる点を，水準点（ベンチマーク）という．
3. 視準軸誤差とは，視準線（視準軸）が気泡管軸と平行でないことによって生じる誤差をいう．
4. 後視とは，レベルを据えて，標高のわかっている点を視準すること，又はその読みをいう．

No.53 次の記述に該当する土留め壁の名称として，**最も適当なもの**はどれか．

「遮水性がよく，原地盤の土砂を材料として用い，H 型鋼などを芯材に利用した土留め壁」

1. ソイルセメント壁
2. 鋼矢板土留め壁
3. 鋼管矢板土留め壁
4. 親杭横矢板土留め壁

No.54 鉄道線路の軌道に関する記述として，**最も不適当なもの**はどれか．

1. 道床厚さとは，レール直下のまくらぎ下面から表層路盤の上面までの距離をいう．
2. スラックとは，曲線部において車輪を円滑に通過させるための軌間の拡幅をいう．
3. レール締結装置は，レールをまくらぎに定着させて軌間を保持するためのものである．
4. スラブ軌道は，現場打ちコンクリートによりスラブを構築したものである．

No.55 鉄筋コンクリート構造の建築物に関する記述として，**最も不適当なもの**はどれか．

1. 柱のせん断補強筋をあばら筋，梁のせん断補強筋を帯筋という．
2. 柱や梁の主筋は，部材に作用する曲げモーメントによる引張力を主に負担する．
3. 耐力壁は，上下階とも同じ位置に配置する．
4. スパイラル筋は，コンクリートのはらみをおさえ，粘り強さを増す効果がある．

No.56 鉄骨構造の特徴に関する記述として，**最も不適当なもの**はどれか．

1. 鋼材は，熱に弱く，火災により柱・梁がある温度以上になると構造材料としての強度を失う．
2. 鋼材は，低温になると粘りを失いもろくなり，破壊しやすくなる性質を有する．
3. 鉄筋コンクリート構造と比べて，工場加工の比率が高いので，現場作業が少ない．
4. 鋼材は強度が大きいため，鉄筋コンクリート構造と比べて，部材断面を小さくできるが，構造体は重くなる．

※問題番号【No.57】，【No.58】の 2 問題は，全問解答してください．

No.57 配電盤・制御盤・制御装置の文字記号と用語の組合せとして，「日本電機工業会規格（JEM）」上，**誤っているもの**はどれか．

	文字記号	用語
1.	DGR	地絡方向継電器
2.	ZCT	零相計器用変圧器
3.	UVR	不足電圧継電器
4.	GCB	ガス遮断器

No.58 請負契約に関する記述として，「公共工事標準請負契約約款」上，**誤っているもの**はどれか．

1. 受注者は，監督員がその職務の執行につき著しく不適当と認められるときは，発注者に対して，その理由を明示した書面により，必要な措置をとるべきことを請求することができる．
2. 受注者は，工事の施工に当たり，設計図書の表示が明確でないことを発見したときは，その旨を直ちに監督員に通知し，その確認を請求しなければならない．
3. 発注者は，工事が完成の検査に合格し，請負代金の支払いの請求があったときは，請求を受けた日から 40 日以内に請負代金を支払わなければならない．
4. 受注者は，発注者が設計図書を変更したため請負代金額が 3 分の 1 以上減少したときは，契約を解除することができる．

施工管理法

※問題番号【No.59】～【No.67】までの 9 問題のうちから，6 問題を選択し，解答してください．

No.59 汽力発電のタービン発電機の総合試運転調整に関する記述として，**不適当なもの**はどれか．

1. 発電機の無負荷運転を行い検相を実施した後，送電系統に接続して各種の調整を行った．
2. 調速機（ガバナ）の調整は，全負荷投入時の回転数や電圧の変化を計測することで行った．
3. 負荷試運転において，運転状態を監視し，電圧，電流，出力等の測定や，発電機の温度状態の確認を行った．
4. 負荷試運転を一定期間続けた後，いったん停止してタービン発電機の軸受メタルそのほかの点検を行った．

No.60 変電所に施設するメッシュ接地の接地抵抗測定に関する記述として，**最も不適当なもの**はどれか．

1. 測定は，電圧降下法によるものとした．
2. 電流回路は，直流によるものとした．
3. 測定用の補助電極相互の交差角を，90 度前後とした．
4. 電流回路の接地電流値は，20 A 以上とした．

No.61 架空送電線路の施工に関する記述として，**不適当なもの**はどれか．

1. 立金車は，電線の引上げ箇所の鉄塔で電線が浮き上がるおそれのある場所に使用した．
2. ジョイントプロテクタは，接続管の電線を保護して金車を通過させるために使用した．
3. 延線作業での架線ウインチのキャプスタンの軸方向は，メッセンジャーワイヤの巻取り方向と直角とした．
4. 緊線作業は，角度鉄塔や耐張鉄塔のように，がいしが耐張状になっている鉄塔区間ごとに行った．

No.62 低圧屋内配線の接地工事に関する記述として，「電気設備の技術基準とその解釈」上，**不適当なもの**はどれか．

ただし，乾燥した場所での交流の使用電圧 100 V の配線とする．

1. 金属可とう電線管工事で，管の長さが 8 m であったので接地工事を省略した．
2. 金属管工事で，管の長さが 8 m であったので接地工事を省略した．
3. 金属線ぴ工事で，線ぴの長さが 8 m であったので接地工事を省略した．
4. ケーブル工事で，防護装置の金属製部分の長さが 8 m であったので接地工事を省略した．

No.63 屋内に施設する低圧のケーブル配線に関する記述として，「内線規程」上，**誤っているもの**はどれか．

1. VVF ケーブルをメッセンジャーワイヤでちょう架する場合のハンガの間隔を 50 cm とした．
2. 造営材の下面に沿って施設する CV ケーブルの支持点間の距離を 1 m とした．
3. 使用電圧 300 V 以下の点検できる水気のある隠ぺい場所に，ビニルキャブタイヤケーブルを使用した．
4. 露出場所で造営材に沿って施設する電線太さ 2.0 mm の VVF ケーブルを器具と接続したので，接続箇所から 50 cm の位置でケーブルを支持した．

No.64 自動火災報知設備に関する記述として，「消防法」上，**誤っているもの**はどれか．

1. 一の地区音響装置までの水平距離は，その階の各部分から 25 m 以下となるように設置した．
2. 音声によらない地区音響装置の音圧は，音響装置の中心から 1 m 離れた位置で 90 dB 以上となるようにした．
3. 受信機の操作スイッチは，床面から 0.5 m 以上 1.6 m 以下の高さに設置した．
4. P 型受信機の感知器回路の電路の抵抗は，50 Ω以下となるようにした．

No.65 直流電気鉄道における帰線の漏れ電流の低減対策に関する記述として，**不適当なもの**はどれか．

1. ロングレールを採用して，帰線抵抗を小さくした．
2. 変電所数を増加し，き電区間を短縮した．
3. 架空絶縁帰線を設けて，レール電位の傾きを大きくした．
4. 道床の排水をよくして，レールからの漏れ抵抗を大きくした．

No.66 監視カメラ設備の施工に関する記述として，**最も不適当なもの**はどれか．

1. 屋外カメラのハウジングは，水の浸入に対する保護等級として，IP66 の仕様のものを使用した．
2. 屋外カメラの雷保護として，信号ケーブル及び電源ケーブルの監視装置本体側のみに専用のサージ防護デバイス（SPD）をそれぞれ設けた．
3. ネットワークカメラ（IP カメラ）には，PoE タイプのスイッチングハブから LAN ケーブルを用い，電力を供給した．
4. ネットワークカメラ（IP カメラ）の信号線は，専用のコンバータを用いて既設の同軸ケーブルを流用した．

No.67 現場打ちマンホールの施工に関する記述として，**最も不適当なもの**はどれか．

1. 根切り深さの測定には，精度を高めるためにレーザ鉛直器を用いた．
2. 底面の砂利は，すき間がないように敷き，振動コンパクタで十分締め固めた．
3. マンホールを正確に設置するため捨てコンクリートを打ち，その表面に墨出しを行った．
4. マンホールに管路を接続後，良質の根切り土を使用し，ランマで締め固めながら埋め戻した．

※問題番号【No.68】～【No.79】までの 12 問題は，全問解答してください．

No.68 市街地での新築工事現場の仮設計画立案のための現地での調査の確認事項として，**最も重要度が低いもの**はどれか．

1. 周辺における既存建築物等の外観の状況
2. 仮囲い，現場事務所，警備員詰所等の予定位置
3. 工事用車両の進入・退出経路と周辺交通状況
4. 配電線，通信線，給排水管等の状況及び計画引込予定位置

No.69 工事着手の届出が必要な消防用設備として，消防法上，**定められているもの**はどれか．

1. 誘導灯
2. 漏電火災警報器
3. 非常警報設備の放送設備
4. ガス漏れ火災警報設備

No.70 発注者が適正な施工体制を確立するため，受注者を選定する場合に評価すべき事項として，**最も重要度が低いもの**はどれか．

1. 経営管理能力
2. 営業活動の状況
3. 建設業許可の有無
4. 労働安全衛生管理の状況

No.71 工程表の特徴に関する記述として，**最も不適当なもの**はどれか．

1. バーチャート工程表は，各作業の所要日数と日程がわかりやすい．
2. バーチャート工程表は，計画と実績の比較が容易である．
3. ガントチャート工程表は，全体工程に影響を与える作業がどれであるかがわかりやすい．
4. ガントチャート工程表は，現時点における達成度がわかりやすい．

No.72 アロー形ネットワーク工程表に関する記述として，**不適当なもの**はどれか．

1. 矢線は作業を示し，その長さは作業に要する時間を表す．
2. イベントに入ってくる矢線がすべて完了した後でないと，出る矢線は開始できない．
3. イベントは，作業と作業を結合する点であり，対象作業の開始点又は終了点である．
4. ダミーは，作業の相互関係を点線の矢線で表し，作業及び時間の要素は含まない．

No.73 図に示す利益図表において，ア～ウに当てはまる語句の組合せとして，**適当なもの**はどれか．

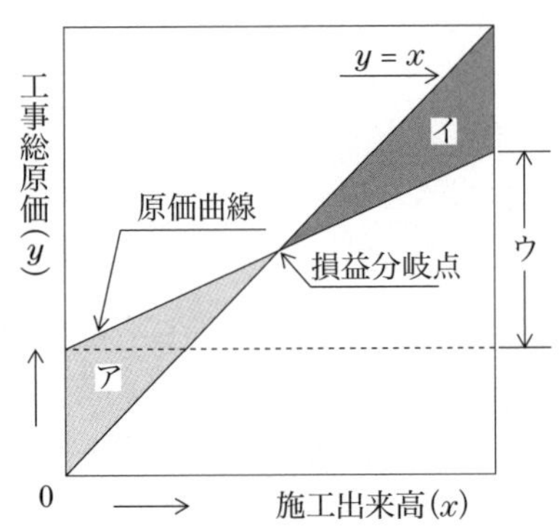

	アの領域	イの領域	ウ
1.	利益	損失	固定原価
2.	利益	損失	変動原価
3.	損失	利益	固定原価
4.	損失	利益	変動原価

No.74 工場立会検査に関する記述として，**最も不適当なもの**はどれか．

1. 現場代理人は，工場立会検査の際，必ず立会わなければならない．
2. 検査員は，検査の実施に先立ち関係者と協議し，検査項目，検査方法及び判定基準を決定する．
3. 検査員は，検査結果がすべて合格の場合には，検査記録に「指摘事項なし」などと記録する．
4. メーカが事前に行った社内検査の試験成績書は，工場立会検査の検査資料として使用できる．

No.75 品質管理に関する次の記述に該当する図の名称として，**適当なもの**はどれか．

「不良品等の発生個数や損失金額等を原因別に分類し，大きい順に左から並べて棒グラフとし，さらにこれらの大きさを順次累積した折れ線グラフで表した図」

1. パレート図
2. ヒストグラム
3. 管理図
4. 特性要因図

No.76 高圧受電設備の絶縁耐力試験に関する記述として，**最も不適当なもの**はどれか．

1. 試験実施の前後に絶縁抵抗測定を行い，絶縁抵抗が規定値以上であることを確認した．
2. 試験実施の前に，計器用変成器の二次側の接地を外していることを確認した．
3. 試験電圧の半分ぐらいまでは徐々に昇圧し，検電器で機器に電圧が印加されていることを確認したのち，試験電圧まで昇圧した．
4. 試験終了後，電圧を零に降圧して電源を切り，検電して無電圧であることを確認してから接地し，残留電荷を放電した．

No.77 つり上げ荷重が5tの移動式クレーンを使用して，変圧器を荷下ろしする場合，移動式クレーンの運転と玉掛け作業に必要な資格として，「労働安全衛生法」上，**正しいもの**はどれか．

	移動式クレーンの運転	玉掛け作業
1.	免許	特別教育
2.	免許	技能講習
3.	技能講習	特別教育
4.	技能講習	技能講習

No.78 酸素欠乏危険作業に関する記述として，「労働安全衛生法」上，**誤っているもの**はどれか．

1. 酸素欠乏危険場所には，当該作業に従事する労働者以外の者が立ち入ることを禁止し，その旨を見やすい箇所に表示した．
2. 地下に敷設されたケーブルを収容するマンホール内部での作業は，第一種酸素欠乏危険作業である．
3. 第二種酸素欠乏危険作業を開始する前に，作業場所の空気中の酸素濃度と硫化水素濃度を測定した．
4. 作業を行うにあたり，当該現場で実施する特別教育を修了した者のうちから，酸素欠乏危険作業主任者を選任した．

No.79 墜落及び飛来・落下等による危険の防止に関する記述として，「労働安全衛生法」上，**誤っているもの**はどれか．

1. 3 m の高所から物体を投下するときに，投下設備を省略した．
2. 踏み抜きの危険のある屋根上には，幅が 30 cm の歩み板を設け，防網を張った．
3. 脚立は，脚と水平面との角度が 75 度のものを使用した．
4. 高さが 1.5 m の箇所で作業を行うときに，要求性能墜落制止用器具（安全帯）を取り付けるための設備を省略した．

法　規

※問題番号【No.80】～【No.92】までの 13 問題のうちから，10 問題を選択し，解答してください．

No.80 建設業の許可に関する記述として，「建設業法」上，**誤っているもの**はどれか．

1. 電気工事業に係る一般建設業の許可を受けた者が，電気工事業に係る特定建設業の許可を受けたときは，その一般建設業の許可は効力を失う．
2. 電気工事業に係る特定建設業の許可を受けた者は，発注者から直接請け負った電気工事を施工するための下請契約に係る下請代金の総額が，4 000 万円以上である下請契約を締結することができる．
3. 電気工事業を営もうとする者が，二以上の都道府県の区域内に営業所を設けて営業しようとする場合は，それぞれの所在地を管轄する都道府県知事の許可を受けなければならない．
4. 一定の資格又は電気工事に関する 10 年以上の実務経験を有する者は，電気工事業に係る一般建設業の許可を受けようとする者がその営業所ごとに専任で置かなければならない技術者になることができる．

No.81 建設工事の請負契約に関する記述として,「建設業法」上, **誤っているもの**はどれか.

1. 注文者は, 入札の方法により競争に付する場合にあっては, 入札を行う以前に, 建設業者が当該建設工事の見積りをするために必要な一定の期間を設けなければならない.
2. 建設業者はその請け負った建設工事が共同住宅を新築する工事である場合, あらかじめ発注者の書面による承諾を得たときは, 一括して他人に請け負わせることができる.
3. 注文者は, 請負人に対して, 建設工事の施工につき著しく不適当と認められる下請負人があるときは, あらかじめ注文者の書面による承諾を得て選定した下請負人である場合等を除き, その変更を請求することができる.
4. 請負人は, その請け負った建設工事の施工について, 工事監理を行う建築士から工事を設計図書のとおりに実施するよう求められた場合において, これに従わない理由があるときは直ちに注文者に対して, その理由を報告しなければならない.

No.82 建設工事の現場に置く主任技術者又は監理技術者に関する記述として,「建設業法」上, **誤っているもの**はどれか.

1. 1級電気工事施工管理技士の資格を有する者は, 電気工事の主任技術者になることができる.
2. 特定建設業の許可を受けた電気工事業者は, 発注者から直接受注した電気工事において, 下請代金の額の総額が3 000万円の場合には, 当該工事現場に監理技術者を置かなければならない.
3. 学校に関する電気工事に置く専任の監理技術者は, 監理技術者資格者証の交付を受けた者であって, 国土交通大臣の登録を受けた講習を受講した者でなければならない.
4. 病院に関する電気工事の下請契約において, 請負った額が3 500万円以上となる場合, 工事現場ごとに置く主任技術者は, 専任の者でなければならない.

No.83 事業用電気工作物に関する記述として，「電気事業法」上，**誤っているもの**はどれか．

ただし，災害その他の場合で，やむを得ない一時的な工事及び原子力発電工作物を除く．

1. 公共の安全の確保上特に重要なものとして経済産業省令で定める事業用電気工作物の設置の工事をする者は，その工事の計画について経済産業大臣又は所轄産業保安監督部長の認可を受けなければならない．
2. 保安規程には，災害その他非常の場合に採るべき措置に関することを定めなければならない．
3. 事業用電気工作物の工事，維持又は運用に従事する者は，主任技術者がその保安のためにする指示に従わなければならない．
4. 事業用電気工作物を新たに設置する者は，その電気工作物の使用開始後，速やかに，保安規程を経済産業大臣又は所轄産業保安監督部長に届け出なければならない．

No.84 特定電気用品に該当するものとして，「電気用品安全法」上，**誤っているもの**はどれか．

ただし，使用電圧 200 V の交流の電路に使用するものとし，機械器具に組み込まれる特殊な構造のもの及び防爆型のものは除く．

1. 定格電流 20 A のリモートコントロールリレー
2. 定格電流 30 A の配線用遮断器
3. 14 mm^2 の 600 V　CVT ケーブル
4. 定格消費電力 10 kW の電気温水器

No.85 電気工事士等に関する記述として，「電気工事士法」上，**誤っているもの**はどれか．

ただし，保安上支障がないと認められる作業であって省令で定める軽微なものを除く．

1. 第一種電気工事士は，自家用電気工作物に係るネオン工事の作業に従事することができる．
2. 第二種電気工事士は，一般用電気工作物に係る電気工事の作業に従事することができる．
3. 認定電気工事従事者は，自家用電気工作物に係る電気工事のうち簡易電気工事の作業に従事することができる．
4. 第一種電気工事士は，自家用電気工作物の保安に関する所定の講習を受けなければならない．

No.86 次の記述のうち，「建築基準法」上，**誤っているもの**はどれか．

1. 工場は，特殊建築物である．
2. 建築物に設けた煙突は，建築設備である．
3. 集会のため継続的に使用する室は，居室である．
4. 建築設備について行う過半の修繕は，大規模の修繕である．

No.87 次の記述のうち，「建築士法」上，**誤っているもの**はどれか．

1. 一級建築士とは，国土交通大臣の免許を受け，一級建築士の名称を用いて，建築物に関し，設計，工事監理その他の業務を行う者をいう．
2. 建築設備士とは，建築設備に関する知識及び技能につき国土交通大臣が定める資格を有する者をいう．
3. 設計図書とは，建築物の建築工事の実施のために必要な図面及び仕様書をいい，現寸図その他これに類するものを含む．
4. 一級建築士は，他の一級建築士の設計した設計図書の一部変更の承諾が得られなかったときは，自己の責任において，その設計図書の一部を変更することができる．

No.88 自動火災報知設備の感知器の種別のうち，取付け面の高さが8m以上15m未満に設けるものとして，「消防法」上，**定められていないもの**はどれか．

1. 差動式分布型感知器
2. イオン化式スポット型1種感知器
3. 光電式スポット型1種感知器
4. 差動式スポット型感知器

No.89 建設業の総括安全衛生管理者又は統括安全衛生責任者に関する記述として，「労働安全衛生法」上，**誤っているもの**はどれか．

1. 常時100人以上の労働者を使用する事業場ごとに，総括安全衛生管理者を選任しなければならない．
2. 常時50人以上の労働者及びその請負人を使用する事業場ごとに，統括安全衛生責任者を選任しなければならない．
3. 事業者は，選任した総括安全衛生管理者に元方安全衛生管理者の指揮をさせるとともに，技術的事項を管理させなければならない．
4. 統括安全衛生責任者は，労働災害を防止するため，労働者及び関係請負人の作業間の連絡及び調整等の統括管理を行なわなければならない．

No.90 常時50人以上の労働者を使用する建設業の事業場において，選任しなければならない者又は設けなければならない委員会として，「労働安全衛生法」上，**定められていないもの**はどれか．

1. 安全衛生推進者
2. 衛生管理者
3. 安全委員会
4. 衛生委員会

No.91 使用者が労働契約の締結に際し，労働者に対して明示しなければならない労働条件として，「労働基準法」上，**定められていないもの**はどれか．

1. 労働契約の期間に関する事項
2. 就業の場所及び従事すべき業務に関する事項
3. 福利厚生施設の利用に関する事項
4. 退職に関する事項

No.92 建設資材廃棄物に関する記述として，「建設工事に係る資材の再資源化等に関する法律」上，**誤っているもの**はどれか．

1. 建設業を営む者は，建設資材廃棄物の再資源化により得られた建設資材を使用するよう努めなければならない．
2. 建設工事の元請業者は，当該工事に係る特定建設資材廃棄物の再資源化等が完了したときは，その旨を都道府県知事に書面で報告しなければならない．
3. 都道府県知事は，特定建設資材廃棄物の再資源化等の適正な実施を確保するため，職員に，営業に関係のある場所に立ち入り，帳簿，書類その他の物件を検査させることができる．
4. 再資源化には，分別解体等に伴って生じた建設資材廃棄物であって，燃焼の用に供することができるものを，熱を得ることに利用できる状態にする行為が含まれる．

2019 年度（令和元年度）
実地試験・問題

出題数 5　必要解答数 5
解答は記述式です。

問題 1　あなたが経験した**電気工事**について，次の問に答えなさい．

1 - 1　経験した電気工事の次の事項を記述しなさい．

⑴　工 事 名

⑵　工事場所

⑶　電気工事の概要

　⑺　請負金額（概略額）

　⑷　概　　要

⑷　工　　期

⑸　この電気工事でのあなたの立場

⑹　あなたが担当した業務の内容

1 - 2　**上記の電気工事の現場**において，施工中に発生した又は発生があると予想した**工程管理上の問題**とその理由を **2 つ**あげ，これらの問題を防止するために，あなたがとった**対策**を問題ごとに **2 つ**具体的に記述しなさい．

ただし，対策の内容は重複しないこと．

1 - 3　**上記の電気工事の現場**において，**施工の計画から引渡しまでの間の品質管理**に関して，あなたが特に**留意した事項とその理由**をあげ，あなたがとった**対策**を具体的に記述しなさい．

問題2 電気工事に関する次の作業の中から**2つ**を選び，番号と作業を記入のうえ，**労働災害を防止するための対策**を，それぞれについて**2つ**具体的に記述しなさい．

ただし，対策の内容は重複しないこと．また，**保護帽の着用及び安全帯**（要求性能墜落制止用器具）**の着用のみ**の記述については配点しない．

1．クレーン等による揚重作業
2．高圧活線近接作業
3．酸素欠乏危険場所での作業
4．建設機械による掘削作業

問題3 下記の条件を伴う作業から成り立つ工事のアロー形ネットワーク工程について，次の問に答えなさい．

⑴ **所要工期**は，何日か．

⑵ 作業Gの所要日数が**3日増えた**とき，作業Lの**最早開始時刻**は，何日遅れるか．

条　件

1．作業A，B，Cは，同時に着手でき，最初の仕事である．
2．作業D，Hは，Cが完了後着手できる．
3．作業Eは，Aが完了後着手できる．
4．作業F，Gは，B，Dが完了後着手できる．
5．作業Ⅰは，E，F，Gが完了後着手できる．
6．作業Jは，Fが完了後着手できる．
7．作業Kは，F，Hが完了後着手できる．
8．作業Lは，Ⅰが完了後着手できる．
9．作業Mは，Jが完了後着手できる．
10．作業Nは，K，L，Mが完了後着手できる．
11．作業Nが完了した時点で，工事は終了する．
12．各作業の所要日数は，次のとおりとする．

A＝5日，B＝6日，C＝4日，D＝5日，E＝5日，
F＝6日，G＝5日，H＝7日，Ⅰ＝6日，J＝4日，
K＝7日，L＝5日，M＝5日，N＝5日

問題4 電気工事に関する次の用語の中から**4つ**を選び，番号と用語を記入のうえ，**技術的な内容**を，それぞれについて**2つ**具体的に記述しなさい．

ただし，**技術的な内容**とは，施工上の留意点，選定上の留意点，動作原理，発生原理，定義，目的，用途，方式，方法，特徴，対策などをいう．

1. コンバインドサイクル発電
2. 変電所の調相設備
3. 架空電線路の雷害対策
4. 送配電系統の波及事故の要因と対策
5. 太陽光発電の系統連系
6. 遮断器の保護協調
7. 誘導加熱
8. 自動火災報知設備の炎感知器
9. ATき電方式
10. 電気鉄道の信号装置
11. トンネルの入口部照明
12. 接地抵抗の低減方法

問題5 「建設業法」又は「電気事業法」に関する次の問に答えなさい．

5－1 「建設業法」に定められている**下請負人に対する元請負人の義務**を**2**つ記述しなさい．

5－2 「建設業法」に定められている**施工体制台帳に記載すべき事項**を**2**つ記述しなさい．

5－3 「電気事業法」に関する次の規定において，[　　　]に当てはまる語句を答えなさい．

経済産業省令で定める事業用電気工作物の工事，維持及び運用の範囲は，次の表の左欄に掲げる主任技術者免状の種類に応じて，それぞれ同表の右欄に掲げるとおりとする．

主任技術者免状の種類	保安の監督をすることができる範囲
1　第1種電気主任技術者免状	事業用電気工作物の工事，維持および運用(4又は6に掲げるものを除く．)
2　第2種電気主任技術者免状	電圧[　①　]V未満の事業用電気工作物の工事，維持及び運用(4又は6に掲げるものを除く．)
3　第3種電気主任技術者免状	電圧[　②　]V未満の事業用電気工作物(出力5000 kW以上の発電所を除く．)の工事，維持，及び運用(4又は6に掲げるものを除く．)
4　第1種ダム水路主任技術者免状	省略
5　第2種ダム水路主任技術者免状	省略
6　第1種ボイラー・タービン主任技術者免状	省略
7　第2種ボイラー・タービン主任技術者免状	省略

2018年度（平成30年度）学科試験・問題

出題数92　必要解答数60

No.1～No.56が午前、No.57～No.92が午後の出題

電気工学 

※問題番号【**No.1**】～【**No.15**】までの**15**問題のうちから，**10**問題を選択し，解答してください．

No.1　図のように，真空中に，一直線上に等間隔 r〔m〕で，$4Q$〔C〕，$-3Q$〔C〕，Q〔C〕の点電荷があるとき，Q〔C〕の点電荷に働く静電力 F〔N〕を表す式として，正しいものはどれか．

ただし，真空の誘電率を ε_0〔F/m〕とし，右向きの力を正とする．

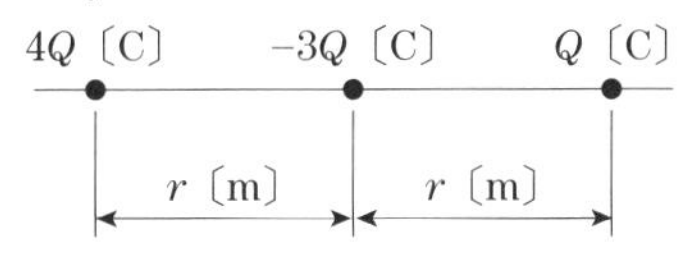

1.　$F = \dfrac{Q^2}{4\pi\varepsilon_0 r}$〔N〕

2.　$F = -\dfrac{Q^2}{4\pi\varepsilon_0 r}$〔N〕

3.　$F = \dfrac{Q^2}{2\pi\varepsilon_0 r^2}$〔N〕

4.　$F = -\dfrac{Q^2}{2\pi\varepsilon_0 r^2}$〔N〕

No.2 図のように，円形コイルに磁束を加えるときの起電力に関する記述として，**不適当なもの**はどれか.

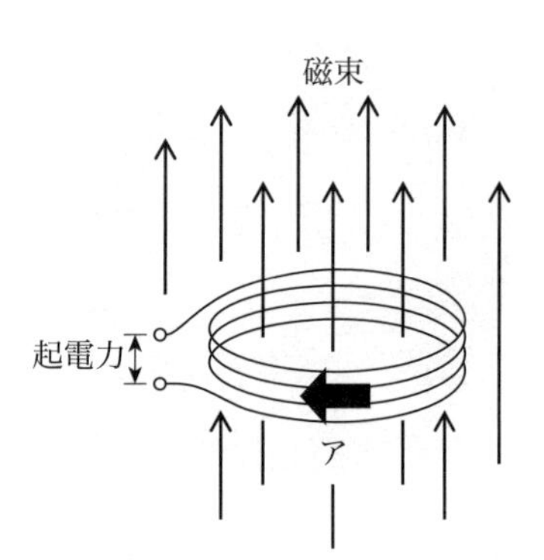

1. 円形コイルと鎖交しない磁束は，起電力の発生に関与しない.
2. 磁束が増加したとき，アの方向に電流を流す起電力が発生する.
3. 円形コイルの巻数を増やすと，起電力は大きくなる.
4. 加えている磁束を時間に正比例して増加させると，起電力も増加する.

No.3 交流回路に関する記述として，**不適当なもの**はどれか.

1. 回路網の任意の接続点において，流入する電流の和と流出する電流の和は等しい.
2. 並列に接続された抵抗器に流れるそれぞれの電流は，各コンダクタンスの値に反比例した大きさとなる.
3. 交流波形の波形率は，実効値を平均値で除した値である.
4. 皮相電力は，有効電力の2乗と無効電力の2乗の和の平方根に等しい.

No.4 図に示す平衡三相回路の電力を測定する2電力計法において，線間電圧がV〔V〕，線電流がI〔A〕のとき，電力計W_1, W_2の指示値は，それぞれP_1〔W〕, P_2〔W〕であった．このとき，負荷の力率を表す式として，**正しいもの**はどれか.

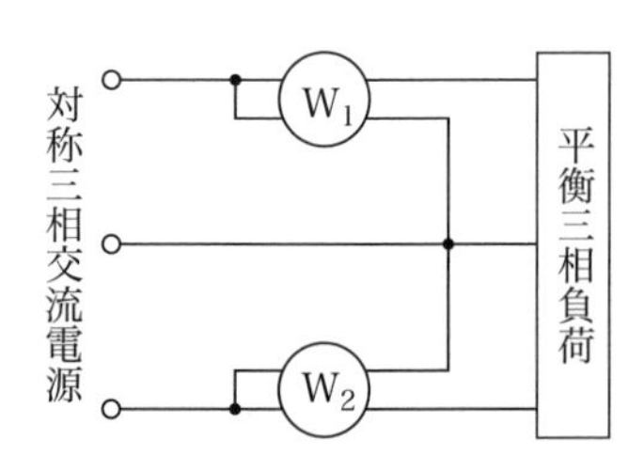

1. $\dfrac{2VI}{P_1+P_2}$

2. $\dfrac{\sqrt{3}VI}{P_1+P_2}$

3. $\dfrac{P_1+P_2}{2VI}$

4. $\dfrac{P_1+P_2}{\sqrt{3}VI}$

No.5 入力（A，B）と出力（X）の状態が真理値表の関係となる論理回路の名称として，**適当なもの**はどれか．

入力		出力
A	B	X
0	0	1
0	1	0
1	0	0
1	1	0

真理値表

1. OR 回路
2. AND 回路
3. NOR 回路
4. NAND 回路

No.6 誘導発電機に関する記述として，**不適当なもの**はどれか．

1. 発電には，回転子速度を同期速度以上の速度で回転させる必要がある．
2. 発電機には，かご形誘導電動機を使用することができる．
3. 電力系統への接続にあたっては，同期調整が必要である．
4. 運転にあたっては，他の電源から励磁電流を供給する必要がある．

No.7 図に示す変圧器の一次電流 I〔A〕の値として，**正しいもの**はどれか．

ただし，各負荷の電流は図示の値，各負荷の力率は 100％とし，変圧器及び電線路の損失は無視するものとする．

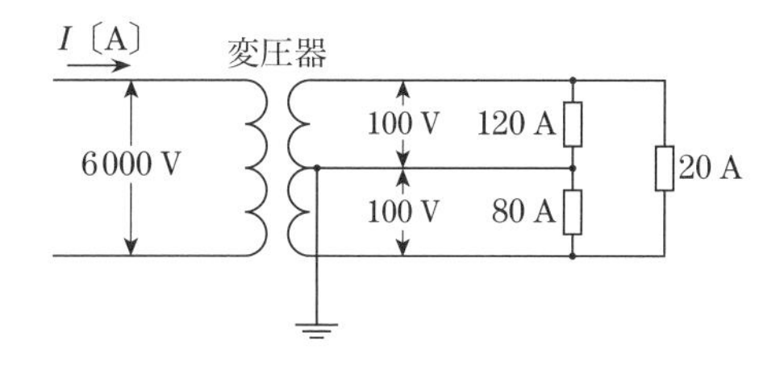

1. 3.7 A
2. 4.0 A
3. 6.0 A
4. 7.3 A

No.8 リアクトルの設置に関する記述として，**不適当なもの**はどれか．

1. 特別高圧変圧器の中性点と対地間に接続し，地絡電流を制限する．
2. 架空送電線路に並列に接続し，負荷の遅れ電流を補償する．
3. 高圧進相コンデンサに直列に接続し，回路電圧波形を改善する．
4. 高圧進相コンデンサに直列に接続し，コンデンサ開放時に開閉器の再点弧の発生を防止する．

No.9 図に示す汽力発電のランキンサイクルにおいて，タービンの入口から出口に至る蒸気のエントロピーSと絶対温度Tの変化を示す過程として，**適当なもの**はどれか．

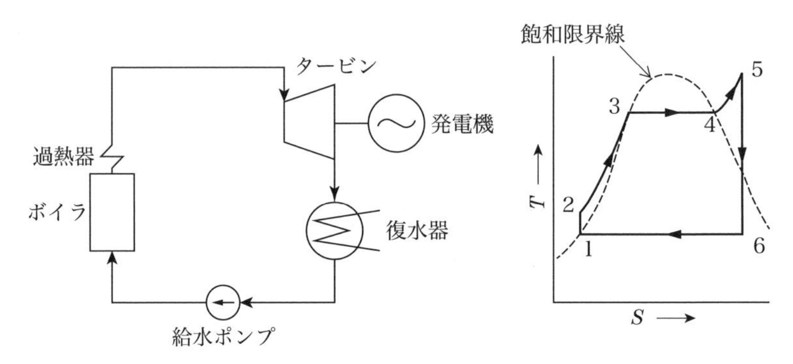

1. 2 → 3
2. 3 → 4
3. 4 → 5
4. 5 → 6

No.10 変電所の構成機器に関する記述として，**不適当なもの**はどれか．

1. 酸化亜鉛形避雷器には，直列ギャップが必要である．
2. 送油風冷式の変圧器は，油入自冷式に比べて冷却能力が大きい．
3. 負荷時タップ切換変圧器には，切換時に短絡しないように限流抵抗が用いられる．
4. 架空送電線に用いられる遮断器は，近距離線路故障に対する遮断性能が要求される．

No.11 交流送電方式と比較した直流送電方式の特徴に関する記述として，**最も不適当なもの**はどれか．

1. 高電圧・大電流の遮断が容易に行える．
2. 電力潮流の制御が迅速，かつ容易に行える．
3. ケーブル送電の場合は，誘電体損失を考慮する必要がない．
4. 大電力の長距離送電に適している．

No.12 図に示す受電点の短絡容量として，**正しいもの**はどれか．

ただし，基準容量等は次のとおりとする．

基準容量：10 MV･A

変電所のパーセントインピーダンス：$\% Z_g = j2\%$

配電線のパーセントインピーダンス：$\% Z_l = 6 + j6\%$

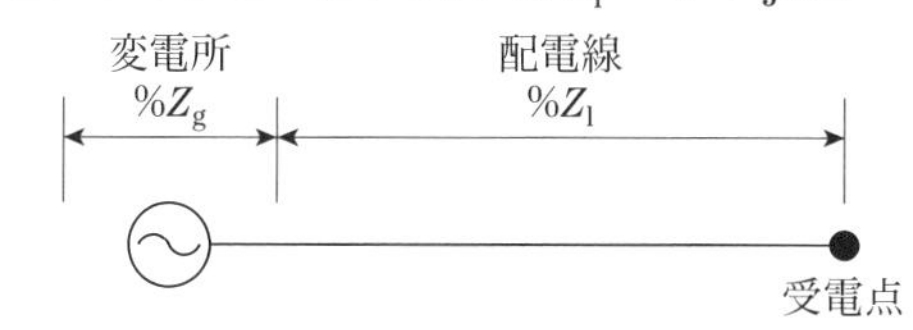

1. 10 MV･A
2. 70 MV･A
3. 100 MV･A
4. 125 MV･A

No.13 照明に関する用語の記述として，**不適当なもの**はどれか．

1. 照度とは，光を受ける面の単位面積当たりに入射する光束をいう．
2. 輝度とは，光源からある方向に向かう光束の，単位立体角当たりの割合をいう．
3. 光束とは，光源の放射束のうち，人の目に光として感じるエネルギーをいう．
4. 光束発散度とは，光を発生又は反射している物体の単位面積から発散する光束の量をいう．

No.14 シリコン太陽電池に関する記述として，**最も不適当なもの**はどれか．

1. シリコン太陽電池は，p形半導体とn形半導体を接合した構造となっている．
2. シリコン太陽電池は，半導体の接合部に光が入射したときに起こる光起電力効果を利用している．
3. シリコン太陽電池は，表面温度が高くなると最大出力が低下する温度特性を有している．
4. 多結晶シリコン太陽電池は，単結晶シリコン太陽電池に比べて変換効率が高い．

No.15 三相誘導電動機の速度制御方式に関する記述として，**最も不適当なもの**はどれか．

1. 一次電圧制御は，トルクが一次電圧の 2 乗に比例することを利用して速度制御する方式である．
2. 一次周波数制御は，可変周波数の電源を用いその周波数を変えて速度制御する方式である．
3. 極数切換制御は，同期速度が極数に正比例することを利用して段階的に速度制御する方式である．
4. 二次抵抗制御は，比例推移を利用して二次抵抗を変えることによって速度制御する方式である．

電気設備

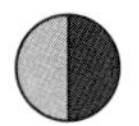

※問題番号【**No.16**】～【**No.48**】までの **33** 問題のうちから，**15** 問題を選択し，解答してください．

No.16 排熱回収方式のコンバインドサイクル発電における作動流体（空気と燃焼ガス）の流れの順序として，**正しいもの**はどれか．

1. 燃焼器 → ガスタービン → 圧縮機 → 排熱回収ボイラ
2. 圧縮機 → 燃焼器 → ガスタービン → 排熱回収ボイラ
3. ガスタービン → 燃焼器 → 圧縮機 → 排熱回収ボイラ
4. 燃焼器 → 圧縮機 → ガスタービン → 排熱回収ボイラ

No.17 風力発電に関する記述として，**最も不適当なもの**はどれか．

1. プロペラ形風車は，水平軸形風車の一種である．
2. ダリウス形風車は，風向の変化に対して向きを変える必要がない．
3. 風車は，回転のトルクを発生させる方式によって，揚力形と抗力形に分類される．
4. ナセルは，風車ロータ回転面を風向に追従させる運転制御装置である．

No.18 ガス絶縁開閉装置(GIS)に関する記述として，**最も不適当なもの**はどれか．

1. 六フッ化硫黄ガスで主回路を絶縁している．
2. 気中絶縁方式に比べて容積，設置面積が大きくなる．
3. 現場の工事が簡素化され，設置工期が短い．
4. 充電部が密閉されているので，感電のおそれがなく安全性に優れている．

No.19 電力系統の保護リレーシステムに関する記述として，**最も不適当なもの**はどれか．

1. 常時監視機能は，設備を運転した状態で保護リレーを構成するハードウェアを常時監視するものである．
2. 自動点検機能は，装置の点検を自動で行うもので，設備の停止が必要である．
3. 誤動作防止のため，主検出要素と事故検出要素を組み合わせている．
4. 装置の並列二重化は，不動作故障に対する対策として有効である．

No.20 電力系統の安定度を向上させるための対策に関する記述として，**最も不適当なもの**はどれか．

1. 高速度遮断，高速度再閉路方式を採用する．
2. 長距離送電線に中間開閉所を設置する．
3. 送電線の並列回線数を増やす．
4. 高リアクタンスの変圧器を採用する．

No.21 架空送電線における支持点間の電線の実長の近似値 L〔m〕を求める式として，**正しいもの**はどれか．

ただし，各記号は次のとおりとし，電線支持点の高低差はないものとする．

S：径間〔m〕

D：たるみ〔m〕

1. $L = S + \frac{8D^2}{3S}$〔m〕
2. $L = S + \frac{8S^2}{3D}$〔m〕
3. $L = S + \frac{8D^2}{8S}$〔m〕
4. $L = S + \frac{8S^2}{8D}$〔m〕

No.22 架空送電線路のフラッシオーバに関する記述として，**不適当なもの**はどれか．

1. フラッシオーバは，がいし連の絶縁耐力を上回る異常電圧が侵入したときに発生する．
2. がいし表面が塩分などで汚損されると，交流に対するフラッシオーバ電圧が低下する．
3. 径間逆フラッシオーバを防止するため，架空地線のたるみを電線のたるみより大きくする．
4. アークホーン間隔は，遮断器の開閉サージでフラッシオーバしないように設定する．

No.23 架空送電線路の線路定数を定める要素として，**最も関係のないもの**はどれか．

1. 電線の種類
2. 導体の断面積
3. 電線の配置
4. 負荷の力率

No.24 架空送電線路におけるコロナ放電の抑制対策として，**不適当なもの**はどれか．

1. 電線間の距離を大きくする．
2. 外径の小さい電線を用いる．
3. がいし装置に遮へい環を設ける．
4. 電線に傷をつけないように架線する．

No.25 高圧配電線路の保護に関する記述として，**不適当なもの**はどれか．

1. 施設箇所を通過する短絡電流を遮断する能力を有する高圧真空遮断器を施設する．
2. 過電流遮断器として，日本工業規格（JIS）に定める高圧限流ヒューズを施設する．
3. 高圧配電線の地絡保護のために，配電用変電所に地絡方向継電器と地絡過電圧継電器を施設する．
4. 雷による高圧配電線の過電圧保護のために，柱上変圧器の二次側に避雷器を施設する．

No.26 高圧の配電系統に連系する分散型電源の単独運転を検出する保護リレー等として，「電気設備の技術基準とその解釈」上，**不適当なもの**はどれか．

1. 過電圧リレー
2. 逆電力リレー
3. 周波数上昇リレー
4. 転送遮断装置

No.27 配電系統に発生する電圧フリッカの抑制対策に関する記述として，**不適当なもの**はどれか．

1. 発生源への供給を専用の変圧器から行う．
2. 電線を太線化して電源側インピーダンスを低減する．
3. 発生源の電源側に自動電圧調整器（SVR）を施設する．
4. 発生源への供給を短絡容量の大きい電源系統から行う．

No.28 光束法による照度計算に使用する室指数の値として，**正しいもの**はどれか．
ただし，部屋の間口及び奥行きを 10 m，作業面から光源までの高さを 2 m とする．

1. 1.25　　2. 2.5
3. 3.75　　4. 5.0

No.29 屋外駐車場に施設するロードヒーティングに関する記述として，**不適当なもの**はどれか．

1. 発熱線に電気を供給する電路の対地電圧は，300 V 以下とする．
2. 金属被覆に D 種接地工事を施した発熱シートを施設できる．
3. 金属被覆を有する発熱線を施設する場合は，発熱線の温度を 120℃以下とする．
4. 発熱線などの施工中，随時，導通試験及び絶縁抵抗測定を行わなければならない．

No.30 三相 200 V の電動機回路に関する記述として，「内線規程」上，**最も不適当なもの**はどれか．

1. 電動機の回路に，最大使用電流の約 150％の定格目盛をもつ普通目盛電流計を使用した．
2. 電動機の進相用コンデンサを，周囲温度が 40℃を超えない場所に取り付けた．
3. 定格出力 3.7 kW の誘導電動機の始動方式を，直入始動とした．
4. 定格出力 0.2 kW の電動機の電源を，コンセントから供給した．

No.31 次の負荷ア，イを接続する低圧屋内幹線に必要な許容電流の最小値として，「電気設備の技術基準とその解釈」上，**適当なもの**はどれか．

ア　電動機の定格電流の合計：200 A

イ　ヒータの定格電流の合計：80 A

1. 280 A
2. 300 A
3. 330 A
4. 350 A

No.32 キュービクル式高圧受電設備に関する記述として，「日本工業規格（JIS）」上，**不適当なもの**はどれか．

1. 主遮断装置の形式がCB形の場合，受電設備容量は4 000 kV･A以下である．
2. 主遮断装置の形式がPF・S形の場合，受電設備容量は300 kV･A以下である．
3. 前面保守形（薄形）は，機器の操作，保守・点検，交換などの作業を行うための外箱の外面開閉部を，キュービクルの前面に設けた構造で奥行寸法が1 200 mm以下のものである．
4. 通気孔（換気口を含む．）には，小動物などの侵入を防止する処置として，直径10 mmの丸棒が入るような孔又は隙間がないものとする．

No.33 図に示す需要家の受電方式の名称として，**適当なもの**はどれか．

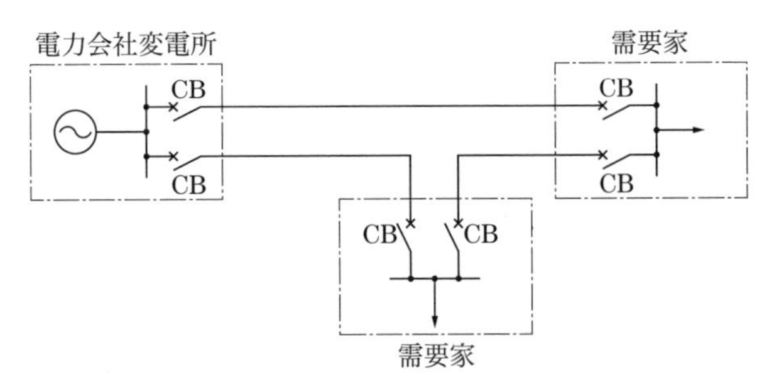

1. ループ受電方式
2. 平行2回線受電方式
3. 異系統常用・予備受電方式
4. 同系統常用・予備受電方式

No.34 図に示す3回線スポットネットワーク受電方式において，ア～ウに該当する機器の名称の組合せとして，**正しいもの**はどれか.

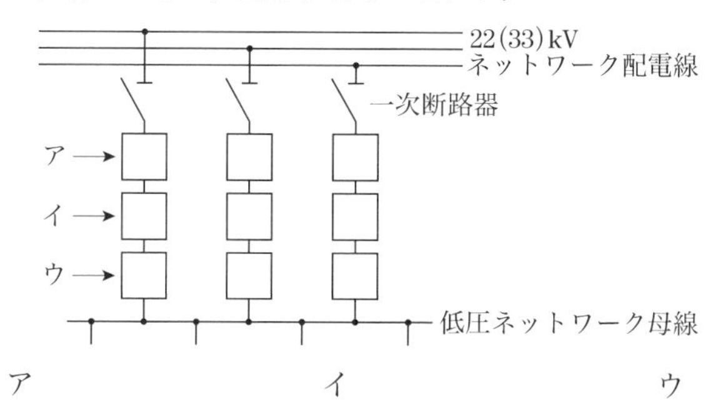

	ア	イ	ウ
1.	ネットワーク変圧器	プロテクタヒューズ	プロテクタ遮断器
2.	テイクオフ装置	ネットワーク変圧器	プロテクタヒューズ
3.	プロテクタヒューズ	ネットワーク変圧器	テイクオフ装置
4.	ネットワーク変圧器	プロテクタ遮断器	テイクオフ装置

No.35 自家用発電設備におけるガスタービンに関する記述として，**不適当なもの**はどれか.

1. 使用燃料は気体燃料に限られている.
2. ガスタービン本体を冷却するための冷却水が不要である.
3. ディーゼルエンジンに比べて多量の燃焼用空気を必要とする.
4. ディーゼルエンジンに比べて構成部品が少ない.

No.36 コージェネレーションシステム（CGS）に関する記述として，**最も不適当なもの**はどれか.

1. 熱電比とは，建物又は施設の熱需要を電力需要で除した値である.
2. ピークカット運転とは，電力負荷の多い時間帯に運転を行い，契約電力の低減を図ることができる方式である.
3. 省エネルギー率とは，発電電力量と回収した熱エネルギーの合計を投入エネルギーで除した値である.
4. 電力負荷追従運転とは，電力需要を基準に，CGSを運転する運転制御方式である.

No.37 据置鉛蓄電池に関する記述として，「日本工業規格（JIS）」上，**不適当なもの**はどれか．

1. 制御弁式鉛蓄電池は，通常の条件下では密閉状態にあるが，内圧が規定値を超えた場合，ガスの放出を行う蓄電池である．
2. ベント形蓄電池は，防まつ構造をもつ排気栓を用いて，酸霧を放出するようにした蓄電池である．
3. ペースト式鉛蓄電池は，正極，負極ともにペースト式極板を用いた蓄電池である．
4. クラッド式鉛蓄電池は，正極にクラッド式極板，負極にペースト式極板を用いた蓄電池である．

No.38 高圧受電設備に設ける変圧器の高圧側電路の1線地絡電流が10Aであるとき，変圧器のB種接地工事の接地抵抗の最大値として，「電気設備の技術基準とその解釈」上，**正しいもの**はどれか．

ただし，高圧側の電路と低圧側の電路との混触時，高圧電路には3秒で自動的に遮断する装置が施設されているものとする．

1. 15 Ω
2. 30 Ω
3. 60 Ω
4. 100 Ω

No.39 中央監視制御装置の機能に関する記述として，**最も不適当なもの**はどれか．

1. スケジュール制御は，あらかじめ設定された日時，曜日等の条件により設備機器の自動発停制御を行う．
2. 発電装置負荷制御は，停電時等の発電装置立上げに伴い，設定された優先順位に従い負荷制御を行う．
3. 電力デマンド監視は，使用電力量から一定周期で使用電力を監視し，デマンド目標値を超えるおそれがある場合に警報を発する．
4. トレンド表示は，設備系統図や平面図を表示装置上に表示して，機器の状態や警報をそのシンボルの色変化や点滅で表示を行う．

No.40 自動火災報知設備の煙感知器に関する記述として，「消防法」上，**誤っているもの**はどれか．

ただし，光電式分離型感知器を除くものとする．

1. 天井が低い居室又は狭い居室にあっては入口付近に設ける．
2. 天井付近に吸気口のある居室にあっては当該吸気口付近に設ける．
3. 壁又ははりから 0.6 m 以上離れた位置に設ける．
4. 換気口等の空気吹出し口から 1.2 m 以上離れた位置に設ける．

No.41 消防用設備とこれを有効に作動できる非常電源の容量の組合せとして，「消防法」上，**誤っているもの**はどれか．

	消防用設備	非常電源の容量
1.	非常警報設備	10 分間以上
2.	排煙設備	20 分間以上
3.	スプリンクラー設備	30 分間以上
4.	不活性ガス消火設備	1 時間以上

No.42 構内交換設備における局線応答方式に関する記述として，**最も不適当なもの**はどれか．

1. ダイヤルイン方式は，局線からの着信により直接電話機を呼出す．
2. 局線中継台方式は，局線からの着信を検出すると，あらかじめ指定された電話機に転送する．
3. 分散中継台方式は，局線からの着信が局線表示盤等に表示され，局線受付に指定された電話機により応答する．
4. ダイレクトインダイヤル方式は，代表番号をダイヤルしたのち 1 次応答を受け，引き続き内線番号をダイヤルして直接電話機を呼出す．

No.43 警報・呼出・表示・ナースコール設備に関する図記号と名称の組合せとして，「日本工業規格（JIS）」上，**誤っているもの**はどれか．

	図記号	名　称
1.		押しボタン
2.	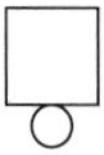	ベル
3.	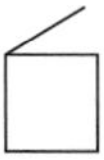	ブザー
4.	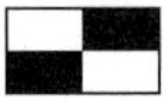	表示器

No.44 カテナリちょう架式電車線に関する用語として，**不適当なもの**はどれか．

1. 振止金具
2. 可動ブラケット
3. 交差金具
4. アンカリング

No.45 電気鉄道の直流き電方式に関する記述として，**不適当なもの**はどれか．

1. 隣接する変電所と並列にき電する方式が，標準的に用いられている．
2. 回生電力は，同じ回線の他の列車で消費する以外に利用する方法がない．
3. 交流き電方式に比べて運転電流と事故電流との判別が難しい．
4. レール漏れ電流により，周辺の埋設金属体に電食が発生する．

No.46 電気鉄道の信号保安設備に関する記述として，**不適当なもの**はどれか．

1. 転換装置は，軌道の分岐器のトングレールを駆動して開通方向を転換する装置である．
2. 運行管理装置は，列車の運行状況を集中的に監視し，一括して列車運行の管理等を行うための装置である．
3. 自動列車制御装置（ATC）は，列車又は車両の進路設定をプログラム化して自動的に制御する装置である．
4. 信号装置は，列車又は車両に対して，区間の進行や停止等の運転条件を示すための装置である．

No.47 トンネル照明に関する記述として，**最も不適当なもの**はどれか．

1. 基本照明は，トンネルを走行する運転者が，前方の障害物を安全な距離から視認するために必要な明るさを確保するための照明である．
2. 基本照明は，トンネル全長にわたり，灯具を原則として一定間隔に配置する．
3. 入口部照明は，昼間，運転者がトンネルに接近する際に生じる急激な輝度の変化と，眼の順応の遅れを緩和するための照明である．
4. 入口部照明に必要な路面輝度は，緩和部が最も高く，移行部，境界部の順に低くなる．

No.48 光ファイバケーブルに関する記述として，**最も不適当なもの**はどれか．

1. マルチモード光ファイバは，シングルモード光ファイバに比べて伝送帯域が狭い．
2. ケーブルピース間での接続では，主としてクロージャ内で融着接続が行われ，機器との接続を行う箇所では，簡易で短時間に着脱が可能なコネクタ接続が行われる．
3. テンションメンバ等への電磁誘導対策には，ノンメタリック型の光ファイバケーブルが有効である．
4. 損失測定には光ファイバに光を入射し，入射光パワーと出射光パワーの差によって損失を測定する挿入法があり，損失増加の発生位置を検出できる．

関連分野

※問題番号【No.49】～【No.56】までの8問題のうちから，5問題を選択し，解答してください．

No.49 空気調和設備に関する記述として，**不適当なもの**はどれか．

1. ファンコイルユニット・ダクト併用方式は，負荷変動の多いペリメータの負荷をファンコイルユニットで処理する．
2. 定風量単一ダクト方式は，複数の室を空調する場合に，各室間に温度や湿度のアンバランスが生じやすい．
3. 変風量単一ダクト方式は，送風温度を室ごとに変化させることにより負荷変動に対応する．
4. 空気熱源ヒートポンプパッケージ方式は，冷媒配管が長く高低差が大きいほど能力は低下する．

No.50 排水設備に関する記述として，**不適当なもの**はどれか．

1. 排水管の通気管は，管内の圧力変動を緩和させるために設ける．
2. 排水の通気管は，直接外気に開放する．
3. 雨水ますには，泥だまりを設ける．
4. 排水管の封水を確実にするためには，排水トラップを二重に設ける．

No.51 コンクリートの施工に関する記述として，**最も不適当なもの**はどれか．

1. 振動締固めは，突固めより空隙の少ない密実なコンクリートを作ることができる．
2. 打込み後のコンクリートの露出面は，急激な温度変化を受けないように風雨や直射日光から保護する．
3. 硬化初期の期間中は，セメントの水和反応のため，乾燥した状態を保つようにする．
4. 打継ぎ部は，部材のせん断応力の小さい位置に設ける．

No.52 平板測量に用いられる測量用器具の名称として，**適当なもの**はどれか．

1. セオドライト（トランシット）　　2. 標尺
3. アリダード　　4. レベル

No.53 鉄塔の基礎の種類と地盤等の状況の組合せとして，**最も不適当なもの**はどれか．

	基礎の種類	地盤等の状況
1.	逆T字型基礎	支持層の浅い良質な地盤
2.	ロックアンカー基礎	良質な岩盤が分布している地盤
3.	深礎基礎	勾配の急な山岳地や狭隘な場所
4.	マット基礎（杭なし）	支持層が深い地盤

No.54 鉄道の軌道構造に関する記述として，**不適当なもの**はどれか．

1. 道床の厚さが大きいほど車両による道床振動加速度は減少し，路盤への伝達圧力は大きくなる．
2. レール鋼は，成分の炭素量が多くなるほど固さ，耐摩耗性が増すが，伸び，溶接性が低下する．
3. 線路の曲線部では，車両の中心部が内側に，端部が外側にずれることから建築限界が拡大する．
4. 最大カントは，列車が曲線中で停車しても転倒しないように安全率を考慮したものである．

No.55 鉄筋コンクリート構造に関する記述として，**最も不適当なもの**はどれか．

1. 圧縮力に強いコンクリートと，引張力に強い鉄筋の特性を利用している．
2. コンクリートと鉄筋の付着強度は，丸鋼より異形鉄筋を用いたほうが大きい．
3. 柱のコンクリートかぶり厚さとは，主筋表面からコンクリート表面までの最短距離をいう．
4. コンクリートのまわりが悪くなるおそれがあるため，隣り合うガス圧接継手の位置をずらす．

No.56 鉄骨構造のH形鋼梁に関する記述として，**最も不適当なもの**はどれか．

1. フランジは，曲げモーメントを負担する．
2. ウェブは，せん断力を負担する．
3. ウェブの座屈防止のためラチスを設ける．
4. 高力ボルトによる梁継手の多くは，摩擦接合である．

※問題番号【No.57】，【No.58】の2問題は，全問解答してください．

No.57 計器の電気用図記号と名称の組合せとして，「日本工業規格（JIS）」上，**誤っているもの**はどれか．

	図記号	名称
1.	varh	無効電力計
2.	h	時間計
3.	n	回転計
4.	φ	位相計

No.58 請負契約に関する記述として，「公共工事標準請負契約約款」上，**定められていないもの**はどれか．

1. 受注者は，契約により生ずる権利又は義務を，発注者の承諾なしに第三者に譲渡してはならない．
2. 監督員は，設計図書で定めるところにより，受注者が作成した詳細図等の承諾の権限を有する．
3. 現場代理人，主任技術者（監理技術者）及び専門技術者は，これを兼ねることができない．
4. 発注者は，受注者が正当な理由なく，工事に着手すべき期日を過ぎても工事に着手しないときは，契約を解除することができる．

施工管理法

※問題番号【No.59】～【No.67】までの9問題のうちから，6問題を選択し，解答してください．

No.59 屋内に設置するディーゼル機関を用いた自家発電設備の施工に関する記述として，「消防法」上，**不適当なもの**はどれか．

ただし，自家発電設備はキュービクル式以外のものとする．

1. 自家発電装置と別置の操作盤の前面には，幅0.8 mの空地を確保した．
2. 自家発電装置の周囲には，幅0.6 mの空地を確保した．
3. 予熱する方式の原動機なので，原動機と燃料小出槽の間隔を2 mとした．
4. 燃料小出槽の通気管の先端は，屋外に突き出して建築物の開口部から1 m離した．

No.60 屋外に設置するキュービクル式高圧受電設備の施設に関する記述として，「高圧受電設備規程」上，**不適当なもの**はどれか．

1. キュービクルは，隣接する建築物から3 m離して設置した．
2. キュービクルへ至る保守点検用の通路の幅は，0.6 mとした．
3. キュービクル前面には，基礎に足場スペースを設けた．
4. 小学校の校庭内に設置したキュービクルの周囲には，さくを設けた．

No.61 架線工事における緊線弛度 d の測定方法に関する次の記述に該当する用語として，**適当なもの**はどれか.

「支持点 A 及び B から垂直に下した線上で，弛度 d に等しい A_0 及び B_0 を定め，A_0 及び B_0 点の見通し線上に電線の接線を観測する弛度観測法」

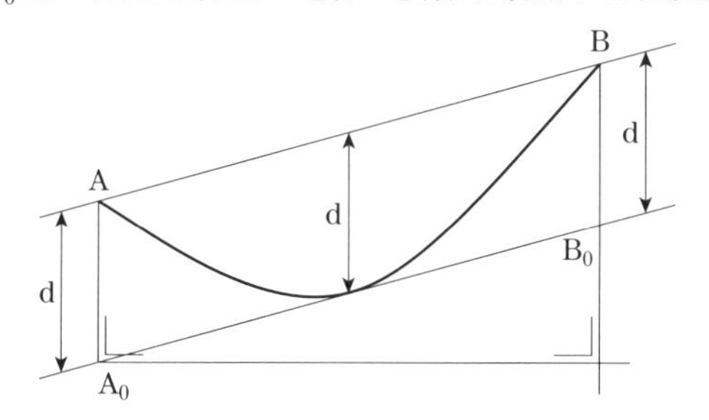

1. 等長法
2. 異長法
3. 角度法
4. 水平弛度法

No.62 構内電気設備の合成樹脂管配線（PF 管，CD 管）に関する記述として，**最も不適当なもの**はどれか.

1. コンクリートに埋設する配管は，容易に移動しないように鉄筋にバインド線で結束した.
2. 太さ 28 mm の管を曲げるときは，その内側の半径を管内径の 6 倍以上とした.
3. PF 管を露出配管するときの支持にはサドルを使用し，支持間隔を 2.0 m 以下とした.
4. CD 管はコンクリート埋設部分に使用し，PF 管は軽量鉄骨間仕切内に使用した.

No.63 低圧屋内配線の金属ダクト工事に関する記述として，「電気設備の技術基準とその解釈」上，**不適当なもの**はどれか.

1. 金属ダクトを造営材に取り付けるので，水平支持点間の距離を 3 m 以下とし，かつ，堅ろうに取り付けた.
2. 金属ダクト内でやむを得ず電線を分岐したので，接続点を容易に点検できるようにした.
3. 電線の温度上昇を低減するため，金属ダクトの終端部を開放し通気性を良くした.
4. 三相 3 線式 400 V 配電の幹線を収める金属ダクトには，C 種接地工事を施した.

No.64 小勢力回路に関する記述として，「電気設備の技術基準とその解釈」上，**不適当なもの**はどれか.

1. 小勢力回路に電気を供給する変圧器の一次側対地電圧を，300 V 以下とした.
2. 電磁開閉器の操作回路の電圧を 48 V としたので，最大使用電流を 5 A とした.
3. ケーブルを地中埋設したので，車両その他の重量物の圧力に耐えうる堅ろうな管に収めた.
4. 造営材に取り付けて施設する電線には，制御用ケーブル（CVV）を使用した.

No.65 新幹線鉄道における架空単線式の電車線に関する記述として，「鉄道に関する技術上の基準を定める省令及び同省令等の解釈基準」上，**誤っているもの**はどれか.

1. 電車線の高さは，レール面上 5 m を標準とした.
2. 本線の電車線は，公称断面積 85 mm^2 の溝付硬銅線とした.
3. 本線の電車線のレール面に対する勾配は，$\frac{3}{1\,000}$以下とした.
4. 電車線の偏いは，レール面に垂直の軌道中心面から 300 mm 以内とした.

No.66 建築物の屋内駐車場の車路管制設備に関する記述として，**最も不適当なもの**はどれか.

1. 壁掛型発券器の発券口の高さは，車路床面から 1.2 m とした.
2. 赤外線式感知器の発光器・受光器は，2 組を 1.5 m 間隔で設置した.
3. ループコイルは，鉄筋から 60 mm 離して，コンクリートに埋設した.
4. 車路上に取り付ける信号灯の高さは，車路床面から器具下端で 2.1 m とした.

No.67 需要場所に施設する高圧地中電線路の管路工事に関する記述として，**最も不適当なもの**はどれか.

1. 管路に硬質塩化ビニル電線管（VE）を使用した.
2. 軟弱地盤なので，単位区間ごとに管路導通試験器を通して配管した.
3. 防水鋳鉄管と波付硬質合成樹脂管（FEP）の接続に，ねじ切りの鋼管継手を使用した.
4. 管路材周辺は，小石や砕石を含まない土砂を締固め，すき間がないように埋戻した.

※問題番号【No.68】～【No.79】までの12問題は，全問解答してください.

No.68 着工時の施工計画を作成する際の検討事項として，**最も重要度の低いもの**はどれか.

1. 工事範囲や工事区分を確認する.
2. 現場説明書及び質問回答書を確認する.
3. 新工法や特殊な工法などを調査する.
4. 関連業者と施工上の詳細な納まりを検討する.

No.69 施工要領書を作成する際の留意事項として，**最も不適当なもの**はどれか.

1. 品質の向上を図り，安全かつ経済的な施工方法を検討する.
2. 他の現場においても共通に利用できるよう一般的事項を記入する.
3. 設計図書などに明示のない部分を具体化する.
4. 作業員に施工方針や施工技術を周知するために作成する.

No.70 建設工事に係る各種届出書等と届出者等の組合せとして，法令上，**不適当なもの**はどれか.

	届出書等	届出者等
1.	消防法に基づく「危険物貯蔵所設置許可申請書」	設置者
2.	道路交通法に基づく「道路使用許可申請書」	請負人
3.	電気事業法に基づく「保安規程届出書」	電気主任技術者
4.	電波法に基づく「高層建築物等工事計画届」	建築主

No.71 アロー形ネットワーク工程表のクリティカルパスに関する記述として，**不適当なもの**はどれか.

1. クリティカルパスは，必ずしも1本とは限らない.
2. クリティカルパス上のアクティビティのフロートは，0（ゼロ）である.
3. クリティカルパスは開始点から終了点までのすべての経路のうち，最も時間の短い経路である.
4. クリティカルパス以外の経路でも，フロートをすべて使用してしまうとクリティカルパスになる.

No.72 アロー形ネットワーク工程表を用いて工程の短縮を検討する際に留意する事項として，**最も不適当なもの**はどれか．

1. 各作業の所要日数を検討せずに，全体の作業日数を短縮してはならない．
2. 直列になっている作業を並列作業に変更してはならない．
3. 機械の増加が可能であっても増加限度を超過してはならない．
4. 品質及び安全性を考慮せずに，作業日数を短縮してはならない．

No.73 工程管理に関する記述として，**最も不適当なもの**はどれか．

1. 間接工事費は，完成が早まれば高くなる．
2. 直接工事費は，工期を短縮すれば高くなる．
3. 採算速度とは，損益分岐点の施工出来高以上の施工出来高をあげるときの施工速度をいう．
4. 経済速度とは，直接工事費と間接工事費を合わせた工事費が最小となるときの施工速度をいう．

No.74 ISO 9000の品質マネジメントシステムに関する次の記述に該当する用語として，「日本工業規格（JIS）」上，**正しいもの**はどれか．

「当初の要求事項とは異なる要求事項に適合するように，不適合となった製品又はサービスの等級を変更すること．」

1. 手直し
2. 再格付け
3. プロセス
4. 是正処置

No.75 品質管理に用いられる図表に関する次の記述に該当する名称として，**適当なもの**はどれか．

「データの範囲をいくつかの区間に分け，区間ごとのデータの数を柱状にして並べた図で，データのばらつきの状態が一目で分かる．」

1. 散布図
2. 管理図
3. パレート図
4. ヒストグラム

No.76 接地抵抗試験に関する記述として,「電気設備の技術基準とその解釈」上, **誤っているもの**はどれか.

1. 使用電圧 400 V の電動機の鉄台に施す接地工事の接地抵抗値が 10 Ωであったので,良と判断した.
2. 特別高圧計器用変成器の二次側電路に施す接地工事の接地抵抗値が 20 Ωであったので,良と判断した.
3. 単相 3 線式 100/200 V の分電盤の金属製外箱に施す接地工事の接地抵抗値が 30 Ωであったので,良と判断した.
4. 単相 200 V の照明器具の金属製外箱に施す接地工事の接地抵抗値が 40 Ωであったので,良と判断した.

No.77 建設工事に使用する架設通路に関する次の記述のうち,[ ]に当てはまる語句の組合せとして,「労働安全衛生法」上,**正しいもの**はどれか.

「架設通路の勾配は,[ア]以下とすること.ただし,階段を設けたもの又は高さが 2 m 未満で丈夫な手掛を設けたものはこの限りでない.また,勾配が[イ]を超えるものには,踏桟その他の滑止めを設けること.」

	ア	イ
1.	30 度	15 度
2.	30 度	20 度
3.	40 度	15 度
4.	40 度	20 度

No.78 高所作業車に関する記述として,「労働安全衛生法」上,**誤っているもの**はどれか.ただし,高所作業車は 6 箇月以上継続して使用しているものとする.

1. 高所作業車を用いて作業するときは,作業の指揮者を定め,その者に作業の指揮を行わせなければならない.
2. 高所作業車を用いて作業するときは,乗車席及び作業床以外の箇所に労働者を乗せてはならない.
3. 高所作業車の安全装置の異常の有無等については,3 箇月以内ごとに 1 回,定期に自主検査を行わなければならない.
4. 高所作業車の自主検査を行ったときは,その検査の結果等を記録し,3 年間保存しなければならない.

No.79 明り掘削の作業における，労働者の危険を防止するための措置に関する記述として，「労働安全衛生法」上，**誤っているもの**はどれか．

1. 掘削作業によりガス導管が露出したので，つり防護を行った．
2. 安全帯及び保護帽の使用状況について，地山の掘削作業主任者が監視した．
3. 砂からなる地山を手掘りで掘削するので，掘削面の勾配を 35 度とした．
4. 土止め支保工を設けたので，14 日ごとに点検を行い異常を認めたときは直ちに補修した．

法　規

※問題番号【No.80】～【No.92】までの 13 問題のうちから，10 問題を選択し，解答してください．

No.80 建設業の許可に関する記述として，「建設業法」上，**誤っているもの**はどれか．

1. 国や地方公共団体が発注者である建設工事を請け負う者は，特定建設業の許可を受けていなければならない．
2. 建設業の許可は，5 年ごとにその更新を受けなければ，その期間の経過によって，その効力を失う．
3. 許可を受けようとする建設業に係る建設工事に関し 10 年以上実務の経験を有する者は，その一般建設業の，営業所ごとに配置する専任の技術者になることができる．
4. 建設業者は，許可を受けた建設業に係る建設工事を請け負う場合においては，当該建設工事に附帯する他の建設業に係る建設工事を請け負うことができる．

No.81 建設工事の請負契約に関する記述として，「建設業法」上，**不適当なもの**はどれか．

1. 通常より安い価格で施工できると判断して落札した場合は，不当に低い請負代金にはあたらない．
2. 下請負人が手持ちの資材があるため，安い価格で受注する場合は不当に低い請負代金にあたらない．
3. 注文者は，自己の取引上の地位を不当に利用して，原価に満たない金額を請負代金の額とする請負契約を締結してはならない．
4. 注文者は請負人に対して，建設工事の施工につき著しく不適当な下請負人であっても，その変更を請求することができない．

No.82 主任技術者及び監理技術者に関する記述として，「建設業法」上，**定められていないもの**はどれか．

1. 1級電気工事施工管理技士の資格を有する者は，電気工事の主任技術者になることができる．
2. 工事現場における建設工事の施工に従事する者は，監理技術者がその職務として行う指導に従わなければならない．
3. 第二種電気工事士の免状交付後，電気工事に関し3年以上の実務経験を有する者は，電気工事の主任技術者になることができる．
4. 監理技術者は，工事現場における建設工事を適正に実施するため，当該建設工事の請負金額の管理及び工程管理の職務を誠実に行わなければならない．

No.83 感電死傷事故が発生したときに，自家用電気工作物を設置する者が行う事故報告に関する記述として，「電気事業法」上，**誤っているもの**はどれか．

1. 事故の発生を知った時から24時間以内に，事故の概要等を報告しなければならない．
2. 事故の発生を知った日から起算して60日以内に，報告書を提出しなければならない．
3. 報告書は，管轄する産業保安監督部長に提出しなければならない．
4. 報告書には，被害状況と防止対策を記載しなければならない．

No.84 特定電気用品に該当するものとして，「電気用品安全法」上，**誤っているもの**はどれか．

ただし，使用電圧200Vの交流の電路に使用するものとし，機械器具に組み込まれる特殊な構造のもの及び防爆型のものは除くものとする．

1. 電気温床線
2. 温度ヒューズ
3. フロートスイッチ
4. マルチハロゲン灯用安定器（定格消費電力500W）

No.85 次の記述のうち，「電気工事士法」上，**誤っているもの**はどれか．

1. 特種電気工事資格者認定証は，経済産業大臣が交付する．
2. 特殊電気工事の種類には，ネオン工事と非常用予備発電装置工事がある．
3. 第一種電気工事士は，自家用電気工作物に係るすべての電気工事の作業に従事することができる．
4. 認定電気工事従事者は，自家用電気工作物に係る電気工事のうち簡易電気工事の作業に従事することができる．

No.86 次の記述のうち，「建築基準法」上，**誤っているもの**はどれか．

1. 建築物に設ける防火戸は，建築設備ではない．
2. 共同住宅の用途に供する建築物は，特殊建築物ではない．
3. モルタルは，不燃材料である．
4. れんがは，耐水材料である．

No.87 次の記述のうち，「建築士法」上，**誤っているもの**はどれか．

1. 一級建築士は，木造建築物の設計及び工事監理を行うことができる．
2. 鉄筋コンクリート造の建築物を新築する場合，一級建築士でなければ，その設計又は工事監理を行うことができない．
3. 二級建築士になろうとする者は，都道府県知事の行う二級建築士試験に合格し，都道府県知事の免許を受けなければならない．
4. 設計図書とは，建築物の建築工事の実施のために必要な図面及び仕様書をいい，現寸図その他これに類するものは含まない．

No.88 消防用設備等に関する記述として，「消防法」上，**誤っているもの**はどれか．

1. 屋内消火栓設備及びスプリンクラー設備は，消火設備である．
2. 自動火災報知設備及び非常ベルは，警報設備である．
3. 第4類の甲種消防設備士は，電源の部分を除く，ガス漏れ火災警報設備の工事及び整備を行うことができる．
4. 第7類の乙種消防設備士は，電源の部分を除く，漏電火災警報器の工事及び整備を行うことができる．

No.89 建設業における特定元方事業者が，労働災害を防止するために講ずべき措置に関する記述として，「労働安全衛生法」上，**誤っているもの**はどれか．

1. 関係請負人が行う労働者の安全又は衛生のための教育に対する指導及び援助を行うこと．
2. 特定元方事業者及びすべての関係請負人が参加する協議組織の設置及び運営を行うこと．
3. 特定元方事業者と関係請負人との間及び関係請負人相互間における，作業間の連絡及び調整を行うこと．
4. 労働者の危険を防止するための措置に関することを管理させる関係請負人の安全管理者を選任すること．

No.90 建設業における店社安全衛生管理者の職務として,「労働安全衛生法」上, **定められていないもの**はどれか.

1. 協議組織の会議に随時参加すること.
2. 少なくとも毎月1回労働者が作業を行う場所を巡視すること.
3. 労働者の作業の種類その他作業の実施の状況を把握すること.
4. 作業場所における機械, 設備等の配置に関する計画を作成すること.

No.91 建設の事業において年少者を使用する場合の記述として,「労働基準法」上, **誤っているもの**はどれか.

1. 使用者は, 児童が満15歳に達した日以後の最初の3月31日が終了するまで使用してはならない.
2. 使用者は, 満18歳に満たない者について, その年齢を証明する戸籍証明書を事業場に備え付けなければならない.
3. 親権者又は後見人は, 未成年者の賃金を代って受け取ることができる.
4. 親権者又は後見人は, 労働契約が未成年者に不利であると認める場合においては, 将来に向ってこれを解除することができる.

No.92 分別解体等及び再資源化等を促進するため, 特定建設資材として,「建設工事に係る資材の再資源化等に関する法律」上, **定められていないもの**はどれか.

1. ガラス
2. アスファルト・コンクリート
3. 木材
4. コンクリート及び鉄から成る建設資材

2018 年度（平成 30 年度）
実地試験・問題

出題数 5　必要解答数 5

解答は記述式です。

問題 1　あなたが経験した**電気工事**について，次の問に答えなさい．

1－1　経験した電気工事のなかで，**墜落災害**又は**飛来落下災害**が発生する危険性があると予測した工事について，次の事項を記述しなさい．

⑴　工 事 名

⑵　工事場所

⑶　電気工事の概要

　㈠　請負金額（概略額）

　㈡　概　　要

⑷　工　　期

⑸　この電気工事でのあなたの立場

⑹　あなたが担当した業務の内容

1－2　**上記の電気工事の現場**において，**墜落災害**又は**飛来落下災害**が発生する危険性があると，あなたが予測した**事項とその理由**を **2 項目**あげ，これらの**労働災害**を防止するためにあなたがとった**対策**を項目ごとに **2 つ**具体的に記述しなさい．

ただし，2 項目は，墜落災害 2 項目，飛来落下災害 2 項目，墜落災害及び飛来落下災害各 1 項目のいずれでもよいものとするが，対策の内容は重複しないこと．

また，**保護帽の着用**及び**安全帯の着用のみ**の記述については配点しない．

1－3　上記（1－1）の電気工事に限らず，あなたの現場経験において，電気工事に従事する労働者に**感電災害**が発生する危険性があると，あなたが予測した**作業内容とその理由**をあげ，あなたがとった**対策**を具体的に記述しなさい．

問題 2 電気工事に関する次の語句の中から**2つ**を選び，番号と語句を記入のうえ，**適正な品質を確保するための方法**を，それぞれについて**2つ**具体的に記述しなさい．

ただし，内容は重複しないこと．

1. 資材の管理
2. 電線管の施工
3. 機器の取付け
4. 電線相互の接続

問題 3 下記の条件を伴う作業から成り立つ工事のアロー形ネットワーク工程について，次の問に答えなさい．

(1) **所要工期**は，何日か．

(2) 作業Iの**フリーフロート**は，何日か．

条　件

1. 作業A，B，Cは，同時に着手でき，最初の仕事である．
2. 作業D，Eは，Aが完了後着手できる．
3. 作業F，Gは，B，Dが完了後着手できる．
4. 作業Hは，Cが完了後着手できる．
5. 作業Iは，E，Fが完了後着手できる．
6. 作業Jは，Fが完了後着手できる．
7. 作業Kは，G，Hが完了後着手できる．
8. 作業Lは，Jが完了後着手できる．
9. 作業Mは，J，Kが完了後着手できる．
10. 作業Nは，I，L，Mが完了後着手できる．
11. 作業Nが完了した時点で，工事は終了する．
12. 各作業の所要日数は，次のとおりとする．

A＝4日，B＝8日，C＝5日，D＝5日，E＝7日，F＝6日，
G＝6日，H＝7日，I＝8日，J＝4日，K＝5日，L＝5日，
M＝6日，N＝4日

問題4 電気工事に関する次の用語の中から**4つ**を選び，番号と用語を記入のうえ，**技術的な内容**を，それぞれについて**2つ**具体的に記述しなさい．

ただし，**技術的な内容**とは，施工上の留意点，選定上の留意点，定義，動作原理，発生原理，目的，用途，方式，方法，特徴，対策などをいう．

1. 汽力発電のタービン発電機
2. スコット変圧器
3. 送電線の多導体方式
4. 送電線の分路リアクトル
5. 電力デマンド制御
6. CB形のキュービクル式高圧受電設備
7. 交流無停電電源装置（UPS）
8. LANのスイッチングハブ
9. 列車集中制御装置（CTC）
10. 電気鉄道の電食防止対策
11. 交通信号の感応制御
12. 過電流継電器（OCR）の動作試験

問題5 「建設業法」又は「電気事業法」に定められている事項に関する次の問に答えなさい．

5－1 工事現場における建設工事を適正に実施するために，**監理技術者が行わなければならない職務**として，「建設業法上」，定められている事項を**2つ**記述しなさい．

5－2 「建設業法」に定められている次の法文において，［　　］に当てはまる語句を答えなさい．

元請負人は，下請負人からその請け負った建設工事が完成した旨の通知を受けたときは，当該通知を受けた日から［①］日以内で，かつ，できる限り短い期間内に，その完成を確認するための［②］を完了しなければならない．

5－3 「電気事業法」に定められている次の法文において，［　　］に当てはまる語句を答えなさい．

主務大臣は，［①］電気工作物の工事，維持及び運用に関する保安を確保するため必要があると認めるときは，［①］電気工作物を設置する者に対し，［②］を変更すべきことを命ずることができる．

2023年度（令和5年度）
第一次検定・解答
出題数 92　必要解答数 60
No.1～No.57 が午前、No.58～No.92 が午後の出題

※【No.1】～【No.15】までの15問題のうちから，10問題を選択・解答

No.1 問題図に示された回路のコンデンサ C_1 に加わる電圧 V_1〔V〕は，直列接続であるので，

$$V_1 = V \times \frac{C_2}{C_1 + C_2}$$

$$= 5 \times \frac{40 \times 10^{-6}}{10 \times 10^{-6} + 40 \times 10^{-6}} = 4 \text{〔V〕}$$

したがって，コンデンサ C_1 に蓄えられる電荷 Q_1〔μC〕は，

$$Q_1 = C_1 \times V_1 = 10 \times 10^{-6} \times 4$$

$$= 40 \times 10^{-6}\,\mathrm{C}$$

$$= 40\,\mu\mathrm{C}$$

したがって，1が正しいものである．　**答 1**

No.2 電気力線の性質は，次のとおりである．

① 電気力線は，正の電荷から出て負の電荷で終わる．

② 正の Q〔C〕の電荷からは Q/ε 本の電気力線が出て，負の $-Q$〔C〕の電荷には Q/ε〔本〕の電気力線が入る．

③ 電気力線は互いに交わらない．

④ 電気力線は，ちょうど張られたゴムひものように，常に縮もうとするが，互いに反発する．

⑤ 電気力線の接線方向は電界の方向に等しい．

⑥ 導体に電気が流れていないとき，電気力線は導体の表面に垂直に出入りするが，導体内部には存在しない．

⑦ 電気力線の密度は電界の強さを表す．すなわち，1本/m^2 の密度は1 V/m の電界の大きさを表す．

したがって，①より，2が不適当なものである．　**答 2**

No.3 抵抗 R〔Ω〕に流れる相電流を I〔A〕とすると，三相負荷の消費電力 P〔W〕

は，次式で示される．

$$P = 3I^2R \text{〔W〕}$$

ここで，相電流 I〔A〕は，図に示される回路から負荷側の相電圧は $\sqrt{3}E$〔V〕であるので，$I = \dfrac{\sqrt{3}E}{R}$〔A〕となるので，

$$P = 3\left(\frac{\sqrt{3}E}{R}\right)^2 R$$

$$= \frac{9E^2}{R} \text{〔W〕}$$

したがって，4が正しいものである． **答 4**

No.4 誘導形計器は，直交して置かれた2組のコイルに測定電流が流れることにより，回転金属円筒に流れる渦電流とコイルのつくり出す磁束による回転力を測定するものである．二つのコイルによる回転力は逆方向となるため，そのトルクは両者の合成したものとなる．選択肢2の説明は，静電形計器の説明である．

したがって，2が不適当なものである． **答 2**

No.5 三相電動機の正逆運転制御回路のシーケンス図を第5-1図に示す．

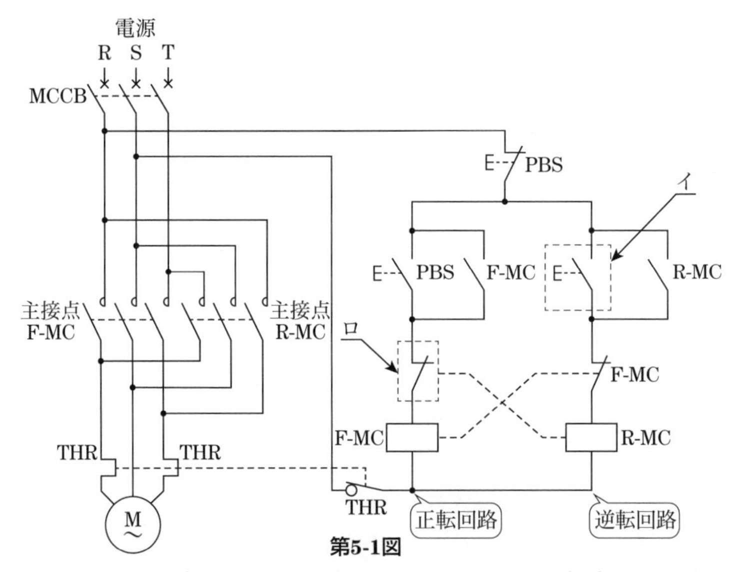

第5-1図

図から，イには押しボタンスイッチの記号，ロにはメーク接点の記号が入る．

したがって，2が適当なものである． **答 2**

(補足説明)

① 正転運転

正転用押しボタンスイッチPBSを押すと，正転用F-MCが動作し，主回路の

F-MCメーク接点が閉じて電動機は正転運転となる．PBSを離しても並列に接続されたF-MCメーク接点による自己保持回路で運転を続ける．

このとき，逆転用押しボタンスイッチPBSを押してもF-MCのブレーク接点によるインターロック回路のため逆転用R-MCは動作しない．

② 停止

正転運転から逆転運転（または逆転運転から正転運転）にするためには，停止用押しボタンスイッチPBSを押し，いったん元の停止状態に戻す．

③ 逆転運転

逆転用押しボタンスイッチPBSを押すと，逆転用R-MCが動作し，主回路のR-MCメーク接点が閉じて電動機は逆転運転となる．PBSを離しても並列に接続されたR-MCメーク接点による自己保持回路で運転を続ける．

このとき，正転用押しボタンスイッチPBSを押してもR-MCのブレーク接点によるインターロック回路のため正転用F-MCは動作しない．

なお，電動機の運転中に過負荷状態となると，THRのブレーク接点が開いて電動機は停止するようになっている．

No.6 誘導発電機は，誘導電動機（かご形などを採用できる）を同期速度以上の回転数で回転させることにより，発電機として利用するものであり，構造が簡単で安価であるが，励磁電流を系統から取るため，同期調整が不要で，励磁装置も不要であるが，系統に併入しないと発電（単独運転不可）できない．

したがって，3が最も不適当なものである． **答 3**

No.7 力率が100%，損失は無視などのただし書きから，変圧器一次側と二次側の電力は等しくなる．

$$6\,000\ \mathrm{V} \times I\,[\mathrm{A}] = 100\ \mathrm{V} \times 100\ \mathrm{A} + 100\ \mathrm{V} \times 80\ \mathrm{A} + 200\ \mathrm{V} \times 30\ \mathrm{A}$$

$$\therefore\ I = \frac{24\,000}{6\,000} = 4.0\ \mathrm{A}$$

したがって，2が正しいものである． **答 2**

No.8 JIS C 4902-1（2010）「高圧及び特別高圧進相コンデンサ並びに附属機器-第1部：コンデンサ」では，はく電極（NH）コンデンサは，「金属はくを電極としたコンデンサ．このコンデンサは，誘電体の一部が絶縁破壊するとその機能を失い，自己回復することはない」と定義されている．

したがって，1が最も不適当なものである． **答 1**

自己回復とは，「誘電体の一部が絶縁破壊した場合，破壊点に隣接する電極の微小面積が消滅することによって，瞬間的にコンデンサとしての機能を復元すること．自己回復の特性を"自己回復性"という」と定義されている．

一方，蒸着電極（SH）コンデンサは，「蒸着金属を電極として，自己回復することができるコンデンサ」と定義されている．

No.9 水力発電所は，流量が1秒間にQ〔m^3〕であって，有効落差がH〔m〕であれば，理論的には次式で表される電力Pが得られることとなり，これを理論出力という．

理論出力$P = 9.8QH$〔kW〕

ただし，実際には水車および発電機の効率（η_r，η_G）があるので，実際の発電機出力は，次式となる．

発電機出力$P = 9.8QH\eta_r\,\eta_G$〔kW〕

したがって上式から，$\eta_r\,\eta_G = \eta$として，

$$Q = \frac{P}{9.8H\eta} = \frac{147 \times 10^3}{9.8 \times 250 \times 0.8} = 75\ \mathrm{m^3/s}$$

したがって，3が適当なものである．　　**答　3**

No.10 避雷器は回路に異常電圧が襲来したとき，回路と大地間に導電路を形成し，大電流を流して異常電圧を低減し，機器を保護する．放電終了後は続流が流れるのを防ぎ，回路の絶縁を定常に戻す装置である．

近年では，ZnO（酸化亜鉛）を主成分とした酸化亜鉛形避雷器が採用され，従来の避雷器と比較して非直線性がすぐれており，異常電圧で時間遅れがなく放電を開始する性能をもつことから，直列ギャップはない．

したがって，1が最も不適当なものである．　　**答　1**

従来は直列ギャップ（異常電圧で時間遅れなく放電を開始し，動作が終われば続流を遮断する），特性要素（電流が増すにつれて抵抗が著しく低くなるSiC抵抗体）を直列に接続したものが使用されていた．

No.11 送電線に1線地絡事故が発生したときに，電磁誘導により発生する誘導電圧$\dot{V}_m$〔V〕は，第11-1図のようになる．

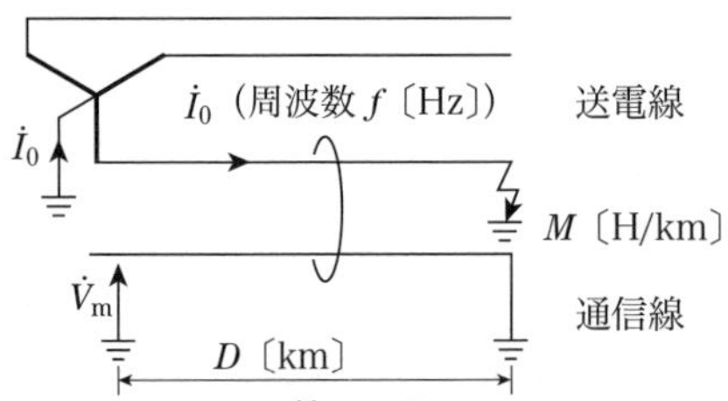

通信線への単位平行距離当たりの誘導電圧の基本式は，次式のとおりである．

$$\dot{V} = \mathrm{j}2\pi fM\dot{I}_0\ \text{〔V/km〕} \qquad (1)$$

第11-1図

したがって，(1)式より$\dot{V}_m$を求めると，

$$\dot{V}_m = \mathrm{j}2\pi fM\dot{I}_0 \times D = \mathrm{j}2\pi fMD\dot{I}_0 \quad \text{〔V〕} \qquad (2)$$

架空地線の導電率は電磁誘導電圧には直接関係ない．なお，導電率の高い架空地線とすると，フラッシオーバ，逆フラッシオーバによる地絡故障の発生率は高まるので好ましくない．

したがって，4が最も不適当なものである．　**答** 4

⑵式の $\dot{I}_0$ は地絡故障電流であり，負荷電流の不平衡も誘導電圧発生の一要因となりえる．また，送電線と通信線の平行長に比例して電圧は大きくなり，相互インダクタンス M も大きく影響する．よって，設問の1，2，3は適当である．

No.12 風の持つ運動のエネルギー E は，空気の質量を m，速度を v とすると，

$$E=\frac{1}{2}mv^2$$

空気の密度を ρ，風車の回転面積を A とすると $m=\rho Av$ となるので，風車の出力係数を C_{p} とし，風車で得られる単位時間当たりのエネルギー p を求めると，

$$p=\frac{1}{2}C_{\mathrm{p}}\rho Av^3$$

となり，風車で得られるエネルギーは受風（回転）面積に比例し，風速の3乗に比例する．つまり，風車出力は風速の3乗に比例して大きく増加するため，需要に見合った出力調整は非常に困難であり，ピーク供給力として使用されることはない．

したがって，3が最も不適当なものである．　**答** 3

No.13 相関色温度は，光源色と最も近い色に見える黒体放射の色（温度）で表したものをいい，色温度とともに光源の光色（青っぽい，赤っぽいなど）を表す尺度である．

相関色温度5 300 K未満の光源の光色は，暖色に分類される．5 300 K以上の光源の光色は，涼色に分類される．

したがって，1が不適当なものである．　**答** 1

No.14 ①　電鋳は，0.1～3 mm程度の厚いめっき皮膜を形成し，これを原型からはがして複製のための版をつくるものである．

②　電解精錬は，不純物を含む金属板を陽極とし，その金属イオンを含む溶液中で電気分解を行うと，陰極に純金属が析出することを利用し，純度の高い金属を得るものである．

③　電解研磨は，めっきと逆の作用をするもので，研磨する金属や合金を陽極として，適当な電解液中でごく短時間に電気分解を行うと陽極金属が液中に溶け込む．このとき，陽極金属の表面に凹凸があると，突出部が多く溶融されるので，滑らかで光沢のある表面が得られることを利用する．

④　電気めっきは，金属の表面にほかの金属を電着し，金属表面の装飾や，腐食防止，耐磨耗性を与えることを目的に行われ，使用する金属には，銅・ニッケル・クロム・亜鉛・すず・金・銀などがある．

したがって，2が最も適当なものである．　**答** 2

No.15 三相誘導電動機の滑り s は，回転磁界の回転（同期速度）を N_0，電動機回転子の回転数（回転子速度）を N とすれば，この差の $N_0 - N$ を N_0 で割ったものをいい，一般に % で表し，次の式で表す．

$$s = \frac{N_0 - N}{N_0} \times 100$$

したがって，1 が最も不適当なものである．　**答　1**

※【No.16】～【No.47】までの 32 問題のうちから，14 問題を選択・解答

No.16 コンバインドサイクル発電は，高温域と低温域で作動する異なるサイクルを組み合わせて，熱効率の向上を図ることを目的とした発電方式である．

ガス・蒸気複合サイクル発電では，ガスタービンの排気ガス（500 ℃程度）を利用して蒸気を発生し，蒸気タービンを駆動するものである．現在稼働中の発電所における最高総合効率は 59 % 程度と，汽力発電と比較してかなり高い値である．

その特徴としては，次のようなものがある．

① 総合効率が高く，部分負荷運転および運用性においては一軸形，定格負荷の高い点では多軸形が有利である．

② 環境保全性がよい．温排水量が少ない．建設期間が短い．

③ 起動停止の時間が短い．

④ 開放サイクルでは，大気温度の変化が出力に与える影響が大きい．

したがって，④より，4 が不適当なものである．　**答　4**

No.17 固体高分子形燃料電池は，水素イオン伝導性を持つ固体の高分子を電解質として用いる．

したがって，1 が不適当なものである　**答　1**

高分子電解質材料として，パーフルオロカーボンスルフォン酸ポリマが用いられ，燃料極と空気極は，いずれも電極触媒として白金を用いる．作動温度は約 80℃であり，電極反応は，次のとおりである．

負極：$2H_2 + 2O^{2-} \rightarrow 2H_2O + 4e^-$

正極：$O_2 + 4e^- \rightarrow 2O_2^-$

二酸化炭素の混入は問題にならないが，電極に使用されている貴金属の触媒に対し，一酸化炭素は触媒毒として作用するため，燃料からこれを完全に取り除いておく必要がある．高エネルギー密度の電池として注目されている．

No.18 変圧器の騒音の主な原因は鉄心の磁気ひずみに基づくもので，これを小さくするためには高方向性けい素鋼板の使用や鉄心の磁束密度の低減化を図る方法がある．ただし，この方法のみでは大きな効果は得られず，一般的にはさらに変圧器に防音壁を取り付ける方法が採用されている.

したがって，1が最も不適当なものである　**答　1**

防音壁の構造は，変圧器を鋼板またはコンクリートで覆い，変圧器本体と防音壁間には音圧上昇を抑制する吸収材を取り付けたものとなっている.

No.19 電力系統の事故波及防止保護リレーシステムの設置目的には，脱調保護，周波数低下防止保護，過負荷防止保護がある．母線保護はない.

したがって，2が最も不適当なものである.　**答　2**

No.20 電力系統の供給信頼度を向上させるためには，機器の定期点検には「危険率一定の原則」（停電の危険をある期間内でできるだけ一様にする方策）を採用することが望ましい.

特に定期点検中にトラブルが発生した場合，点検中の機器使用が困難な場合が多いため，点検は極力負荷の軽い時期に実施するよう計画することが望ましく，年間を通して平均化することは望ましくない.

したがって，2が最も不適当なものである.　**答　2**

No.21 ギャロッピングは，送電線に水平方向の風が当たると，送電線の着氷雪の位置により自励振動を生じ，上下振動を引き起こす現象をいう.

したがって，1が最も不適当なものである.　**答　1**

電線の断面積が大きい方が，また，単導体より多導体の方が起こりやすく，これにより径間相互短絡や断線, 金具類の機械的疲労を引き起こす．この対策としては，ギャロッピングの発生しにくいルートの選定，相間スペーサの使用，ギャロッピングダンパの使用等がある.

送電線に付着した氷雪が脱落し，その反動で電線が跳ね上がる現象は，スリートジャンプである.

No.22 ケーブルの無負荷充電電流 I_C〔A〕は，ケーブル1線当たりの静電容量を C〔F〕，対地電圧（1相分電圧）を E〔V〕，角周波数を ω〔rad/s〕とすると，次式で示される.

$$I_C = \omega CE \text{〔A〕}$$

よって, ケーブル1線当たりの静電容量 C〔μF〕$= C \times 10^{-6}$〔F〕, 線間電圧 V〔kV〕$= V \times 10^3$〔V〕を代入すると,

$$I_C = \omega C \times 10^{-6} \times \frac{V \times 10^3}{\sqrt{3}} = \frac{1}{\sqrt{3}} \omega CV \times 10^{-3} \text{〔A〕}$$

となるので，三相ケーブルの無負荷充電容量 Q_c〔kV・A〕は,

$$
\begin{aligned}
Q_c &= \sqrt{3}V〔\mathrm{kV}〕\times I_C〔\mathrm{A}〕\\
&= \sqrt{3}V \times \frac{1}{\sqrt{3}}\omega CV \times 10^{-3}\\
&= \omega CV^2 \times 10^{-3}〔\mathrm{kV \cdot A}〕
\end{aligned}
$$

したがって，3が正しいものである．　**答　3**

No.23 交流の電流は，電磁作用により導体表面に集まり，中心部ほど電流密度は小さくなる．この現象を表皮効果といい，周波数が高いほど，電線の断面積（直径）が大きいほど大きくなる．

したがって，4が不適当なものである．　**答　4**

導体表面の電流をI_0，表面から深さZの所の電流をI_Zとすると，

$$I_Z = I_0 e^{-\frac{Z}{\delta}}$$

の関係がある．上式のδを浸透の深さといい，δは導体の抵抗率ρ，透磁率μにより変化し，一般に周波数fの平方根に反比例し，次式で表される．

$$\delta = \sqrt{\frac{\rho}{\pi\mu \times f}}$$

上式から，導体の抵抗率が小さく（導電率は大きく），透磁率の大きいほど磁束が生じやすいため，表皮効果が起きやすくなる．

No.24 電線の表面から外に向かっての電位の傾きは，電線の表面において最大となり，表面から離れるに従って減少していく．その値がある電圧（コロナ臨界電圧という）以上になると，周囲の空気相の絶縁が失われてイオン化し，低い音や，薄白い光を発生する．この現象をコロナ放電という．コロナ発生防止対策には，次のようなものがある．

① 電線の太さを太くする

② 複導体，多導体の採用

③ がいしへのシールドリングの取付

④ 電線に傷を付けない

⑤ 金具の突起をなくす

⑥ 共同受信方式の採用

なお，多導体・単導体に限らず，素導体数を多くして電線表面の電位傾度を抑制することが望ましい．

したがって，1が不適当なものである．　**答　1**

No.25 高圧配電系統を保護するため，配電用変電所に施設するものには次のようなものがある．

① 線間短絡の保護のため，過電流継電器を施設する．

② 配電線路の地絡保護のため，地絡継電器（方向性地絡継電器，地絡過電圧継電の組み合わせなどの採用もある）を施設する．

③ 異相地絡の保護のため，過電流継電器，地絡継電器を施設する．

また，柱上変圧器の一次側には雷保護のため避雷器および低圧配電線路の短絡保護として高圧ヒューズ，二次側には高低圧混触による危険防止のためB種接地工事を施設する．

したがって，②より1が最も不適当なものである． **答 1**

No.26 電気設備の技術基準の解釈第220条「分散型電源の系統連系設備に係る用語の定義」では，次のように規定している．

① 自立運転とは，分散型電源が，連系している電力系統から解列された状態において，当該分散型電源設置者の構内負荷にのみ電力を供給している状態

② 線路無電圧確認装置とは，電線路の電圧の有無を確認するための装置

③ 逆潮流とは，分散型電源設置者の構内から，一般送配電事業者が運用する電力系統側へ向かう有効電力の流れ

④ 転送遮断装置とは，遮断器の遮断信号を通信回線で伝送し，別の構内に設置された遮断器を動作させる装置

したがって，4が誤っているものである． **答 4**

No.27 フリッカの抑制対策としては，次のような事項が挙げられる．

① フリッカ発生負荷を短絡容量の大きい電源系統（インピーダンス小）に接続する．

② 電源リアクタンス分を直列コンデンサで補償する．

③ 三巻線変圧器を用いて，一般負荷の電圧変動を補償する．

④ 変動負荷の電源側に飽和リアクトルを挿入し，無効電力の変動を抑制する．

⑤ 変動負荷と同期調相機を並列にし，電源側にアクトルを挿入し，無効電力を同期調相機から供給する．

⑥ 負荷側に静止型無効電力補償装置（SVC）を挿入する．

発生源の電源側にステップ式自動電圧調整器（SVR）を施設しても抑制できない．SVRは，電源側の電圧変動対策に用いられる設備である．

したがって，2が最も不適当なものである． **答 2**

No.28 室指数は，照明率を求めるための照明率表利用に必要な指数をいい，次式で表す．室指数が大きいほど照度率も大きくなる．

$$室指数=\frac{間口〔m〕\times 奥行〔m〕}{作業面から光源までの高さ〔m〕\times(間口+奥行)〔m〕}$$

したがって，3が不適当なものである． **答 3**

No.29 電気設備の技術基準の解釈第195条「フロアヒーティング等の電熱装置の施設」第1項では，次のように規定している．

第195条　発熱線を道路，横断歩道橋，駐車場又は造営物の造営材に固定して施設する場合は，次の各号によること．

一　発熱線に電気を供給する電路の対地電圧は，300V以下であること．

二～三　省略

四　発熱線は，次により施設すること．

イ　人が触れるおそれがなく，かつ，損傷を受けるおそれがないようにコンクリートその他の堅ろうで耐熱性のあるものの中に施設すること．

ロ　<u>発熱線の温度は，80℃を超えないように施設すること</u>．ただし，道路，横断歩道橋又は屋外駐車場に金属被覆を有する発熱線を施設する場合は，発熱線の温度を120℃以下とすることができる．

ハ　省略

五　省略

六　発熱線又は発熱線に直接接続する電線の被覆に使用する金属体には，使用電圧が300V以下のものにあってはD種接地工事，使用電圧が300Vを超えるものにあってはC種接地工事を施すこと．

七　発熱線に電気を供給する電路は，次によること．

イ　専用の開閉器及び過電流遮断器を各極（過電流遮断器にあっては，多線式電路の中性極を除く．）に施設すること．ただし，過電流遮断器が開閉機能を有するものである場合は，過電流遮断器のみとすることができる．

ロ　電路に地絡を生じたときに自動的に電路を遮断する装置を施設すること．

したがって，4が不適当なものである．　**答　4**

No.30 電気設備技術基準の解釈第33条「低圧電路に施設する過電流遮断器の性能等」第4項第二号では，次のように規定している．

4　過電流遮断機として低圧電路に施設する過負荷保護装置と短絡保護専用遮断機又は短絡保護用ヒューズを組み合わせた装置は，電動機のみに至る低圧電路（低圧幹線（第142条に規定するものをいう．）を除く．）で使用するものであって，次の各号に適合するもの．

二　短絡保護専用遮断器は，次に適合するものであること．

イ　過負荷保護装置が短絡電流によって焼損する前に，当該短絡電流を遮断する能力を有すること．

ロ　定格電流の1倍の電流で自動的に動作しないこと．

ハ　整定電流は，定格電流の13倍以下であること．

ニ　整定電流の1.2倍の電流を通じた場合において，0.2秒以内に自動的に動作すること．

したがって，1が不適当なものである．　**答　1**

No.31　電気設備技術基準の解釈第148条「低圧幹線の施設」第1項第二号では，次のように規定している．

第148条　低圧幹線は，次の各号によること．

二　電線の許容電流は，低圧幹線の各部分ごとに，その部分を通じて供給される電気使用機械器具の定格電流の合計値以上であること．ただし，当該低圧幹線に接続する負荷のうち，電動機又はこれに類する起動電流が大きい電気機械器具（以下この条において「電動機等」という．）の定格電流の合計が，他の電気使用機械器具の定格電流の合計より大きい場合は，他の電気使用機械器具の定格電流の合計に次の値を加えた値以上であること．

イ　電動機等の定格電流の合計が50 A以下の場合は，その定格電流の合計の1.25倍

ロ　電動機等の定格電流の合計が50 Aを超える場合は，その定格電流の合計の1.1倍

以上の規定により設問の計算を行う．

$$\text{幹線の許容電流} = 80\,A \times 1.1 + 60 = 148\,\text{A}$$

したがって，1が適当なものである．　**答　1**

No.32　進相コンデンサの端子電圧は，直列リアクトルを用いた場合，回路の電圧より上昇する．

したがって，3が不適当なものである．　**答　3**

1相分等価回路を描くと第32-1図のようになる．

回路（線間）電圧 $V = 6\,600$ V が加わった場合，コンデンサのインピーダンスを $\%\dot{Z}_C = -\mathrm{j}100\%$ とし，直列リアクトルの容量をコンデンサ容量の6％（JIS規格）として計算すると，コンデンサの端子電圧 V_C〔V〕は，

$$\begin{aligned} V_C &= \sqrt{3} \times \frac{V}{\sqrt{3}} \times \frac{\%\dot{Z}_C}{\%\dot{Z}_C + \%\dot{Z}_L} \\ &= \frac{\%\dot{Z}_C}{\%\dot{Z}_C + \%\dot{Z}_L} \times V \\ &= \frac{-\mathrm{j}100}{-\mathrm{j}100 + \mathrm{j}6.00} \times 6\,600 \fallingdotseq 7\,021\ \text{V} \end{aligned}$$

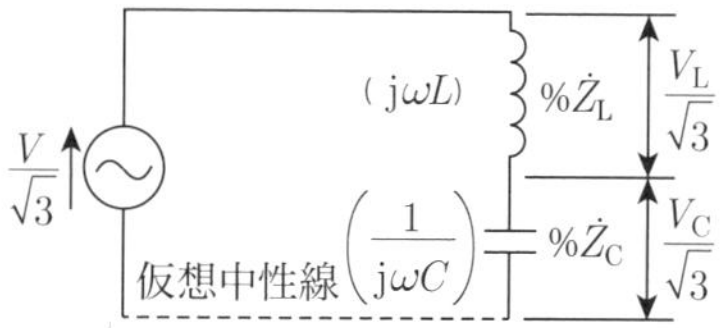

第32-1図　等価回路（1相分）

No.33　JIS C 4620「キュービクル式高圧受電設備」7.3.7「変圧器」では，次のように規定している．

7.3.7　変圧器

変圧器は，次による．

a)　変圧器 1 台の容量は，単相変圧器の場合は 500 kV·A 以下，三相変圧器の場合は 750 kV·A 以下とする．

b)　省略

c)　変圧器の一次側に開閉装置を設ける場合は，遮断器，高圧交流負荷開閉器又はこれらと同等以上の開閉性能をもつものを用いる．ただし，変圧器容量が 300 kV·A 以下の場合は，高圧カットアウトを使用することができる．

なお，三相変圧器回路に限流ヒューズ付高圧交流負荷開閉器を使用する場合は，ストライカによる引外し方式とすることが望ましい．

したがって 4 が不適当なものである．　**答 4**

No.34　スポットネットワーク受電設備は，第 34-1 図に示すように，常時 2 ～ 4 回線の 22 kV または 33 kV の特別高圧配電線より受電し，各回線の変圧器二次側を連系した方式で，配電線 1 回線が停止しても何の支障もなく受電できる方式である．

ネットワーク変圧器から電源側の系統事故を変圧器の低圧側に施設したネットワークプロテクタ（気中遮断器，プロテクタヒューズ，電力方向継電器で構成される）により検出して保護を行うため，受電用遮断器やその保護装置の省略が可能であり，設置スペースの縮小と経費の節減ができる．

図に示すようにプロテクタヒューズは，ネットワーク変圧器の二次側に設置される．

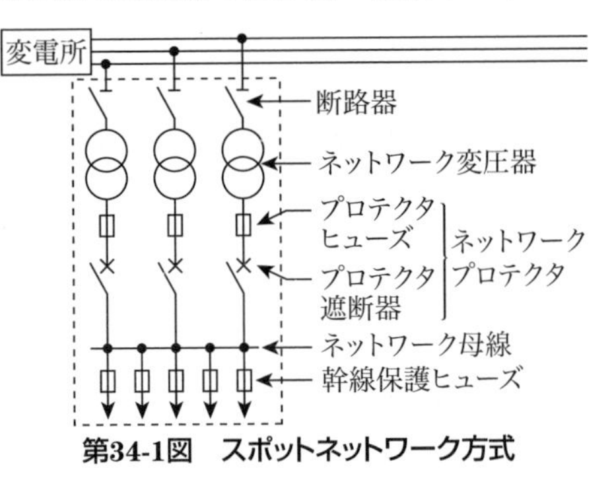

第34-1図　スポットネットワーク方式

したがって，3 が不適当なものである．　**答 3**

No.35　自家発電設備の直結ラジエータ冷却方式は，ほとんど補給水を必要としないことから地震等により補給水が断たれた場合であっても運転が可能である．

したがって，3 が最も不適当なものである．　**答 3**

No.36　JIS C 8704-2-1：2019「据置鉛蓄電池−第 2-1 部：制御弁式−試験方法」では，次のように規定している．

3.1　制御弁式鉛蓄電池（valve regulated lead acid battery）

内部圧力が規定値を超えるとガスを放出する制御弁を備えた鉛蓄電池．

つまり，通常の条件下では密閉状態にあるが，内圧が規定値を超えた場合，ガスを放出する蓄電池である．

したがって，3が不適当なものである． **答 3**

No.37 電気設備の技術基準の解釈第17条「接地工事の種類及び施設方法」第3項では，次のように規定している．

3 C種接地工事は，次の各号によること．

一 接地抵抗値は，10 Ω（低圧電路において，地絡を生じた場合に0.5秒以内に当該電路を自動的に遮断する装置を施設するときは，500 Ω）以下であること．

二 以降省略

したがって，3が不適当なものである． **答 3**

No.38 中央監視制御装置のトレンド表示は，ビルなどにおけるさまざまな加工計測データや設備の運転状況などを把握しようとする時点で，グラフなどで表示して確認することができるようにした機能である．

設備系統図や平面図を表示装置上に表示して，機器の状態や警報をそのシンボルの色変化や点滅で表示を行う機能は，状態監視機能である．

したがって，4が最も不適当なものである． **答 4**

No.39 消防法施行令第21条（自動火災報知設備に関する基準）第2項では，次のように規定している．

2 前項に規定するもののほか，自動火災報知設備の設置及び維持に関する技術上の基準は，次のとおりとする．

一 自動火災報知設備の警戒区域（火災の発生した区域を他の区域と区別して識別することができる最小単位の区域をいう．次号において同じ．）は，防火対象物の二以上の階にわたらないものとすること．ただし，総務省令で定める場合は，この限りでない．

二 一の警戒区域の面積は，600 m^{2}以下とし，その一辺の長さは，50 m以下（別表第三に定める光電式分離型感知器を設置する場合にあっては，100 m以下）とすること．ただし，当該防火対象物の主要な出入口からその内部を見通すことができる場合にあっては，その面積を1 000 m^{2}以下とすることができる．

三 自動火災報知設備の感知器は，総務省令で定めるところにより，天井又は壁の屋内に面する部分及び天井裏の部分（天井のない場合にあっては，屋根又は壁の屋内に面する部分）に，有効に火災の発生を感知することができるように設けること．ただし，主要構造部を耐火構造とした建築物にあっては，天井裏の部分に設けないことができる．

四 自動火災報知設備には，非常電源を附置すること．

したがって，3が不適当なものである． **答 3**

No.40 地下街の非常用の照明設備については，建築基準法施工令第128条の3条1項第六号において，「国土交通大臣が定めた構造方法を用いるものを設けていること.」とされているが，詳細は，「地下街の各構えの接する地下道に設ける非常用の照明設備，排煙設備及び排水設備の構造方法を定める件」において，次のように規定している.

建築基準法施行令（昭和25年政令第338号）第128条の3第1項第六号の規定に基づき，地下街の各構えの接する地下道に設ける非常用の照明設備，排煙設備及び排水設備の構造方法を次のように定める．ただし，国土交通大臣がこの基準の一部又は全部と同等以上の効力を有すると認めるものについては，当該部分の規定によらないことができる.

地下街の各構えの接する地下道に設ける非常用の照明設備，排煙設備及び排水設備の構造方法を定める件

第一　非常用の照明設備の構造方法.

一　地下道の床面において<u>10 lx 以上の照度を確保</u>しうるものとすること.

二　照明設備には，常用の電源が断たれた場合に自動的に切り替えられて接続される予備電源（自動充電装置又は時限充電装置を有する蓄電池（充電を行なうことなく30分間継続して照明設備を作動させることのできる容量を有し，かつ，開放型の蓄電池にあっては，減液警報装置を有するものに限る.），自家用発電装置その他これらに類するもの）を設けること.

三　以降省略

したがって，1が誤っているものである.　**答　1**

No.41 両指向性マイクロホンは，正面と背面に指向性が高く，対談など両方向からの収音に適する.

一方，全指向性（無指向性）マイクロホンは，周囲すべての方向からの音を集音するのに適している．特に，会議で使う集音マイクなら360度全方向から音を拾える全指向性（無指向性）マイクロホンがよい.

したがって，4が最も不適当なものである.　**答　4**

No.42 テレビ共同受信設備における分岐器において，入力→分岐間を通過する際の損失を結合損失という．挿入損失は，入力→出力間を通過する際の損失をいう.

したがって，1が不適当なものである.　**答　1**

No.43 トロリ線の温度上昇は，外気温と日射によるもの，トロリ線自体の抵抗損によるもの，パンクグラフとトロリ線との接触抵抗損によるものとがある．交流区間では電圧が高く電流が少ないのでトロリ線の温度上昇はほとんど問題とならない.

温度上昇対策としては次のようなものがある.

(1) 直流区間において，き電分岐線を増設する．

(2) トロリ線を耐熱性の銀銅トロリ線などに張替える．

(3) トロリ線の断面積を大きくする．

(4) ダブルシンプル式など集電電流容量の大きい構造のものに改良する．

(5) パンタグラフすり板にトロリ線との接触抵抗の少ないものを使用する．

トロリ線の硬点を少なくするのはトロリ線とパンタグラフの離線対策である．

したがって，3が不適当なものである． **答 3**

No.44 電気鉄道の電化方式の特徴を第 44-1 表に示す．

第 44-1 表　電化方式の特徴

	商用周波単相交流の 20 kV 方式	直流 1 500 V 方式
変電所	変電所建設費が安い． (1) 変電所間隔が長く，BT 方式で約 30 ～ 50 km（AT 方式で約 100 km）で，変電所数が少ない． (2) 変圧器だけでよいから，変電所設備が簡単．	変電所建設費が高い． (1) 変電所間隔が短く，約 10 ～ 20km で，変電所数が多い． (2) 交流 - 直流の変成器を要し，変電所設備が複雑．
き電電圧	電気車に変圧器を用い，高電圧が利用できる．	主電動機，直流変成機器の絶縁設計上制約を受け，高電圧が利用できない．
電車線路	電流が小で，所要銅量が少なく，構造も軽量．	電流が大で，所要銅量が大きく，構造も大きな荷重に耐えるものが必要．
軌道回路	商用周波交流軌道回路を利用できない．	商用周波交流軌道回路を利用できる．
絶縁離隔	電圧が高いので，絶縁離隔が大となり，一般にトンネルなどの断面が大となる．	電圧が低いので，絶縁離隔は小さくて済む．
電圧降下	直列コンデンサや自動電圧調整装置により簡単に補償できる．	き電線の増設やき電区分所または変電所の新設を要する．
保　護	運転電流が小さく，事故電流の判別が容易で，保護設備も簡単である．	運転電流が大きく，事故電流の選択遮断が困難で，複雑な保護設備が必要．
通信誘導障害	通信誘導障害が大きく，吸上変圧器や単巻変圧器，通信線のケーブル化などを要する．	通信誘導障害の程度が少なく，変電所にフィルタを設けるなどのほか，電車線路に特別の設備を要しない．
不平衡	単相負荷による三相電源不平衡を生じ，この対策が必要である．	三相電源不平衡の問題を生じない．

表より，直流き電方式は変電所の変電設備が複雑である．

したがって，1が不適当なものである． **答 1**

No.45 遠方信号機は，場内信号機に従属し，列車に対して主体の信号機が現示する信号を予告する信号を現示するもので，従属信号機に分類される．

したがって，2が不適当なものである． **答 2**

電気鉄道における常置信号機のうち主信号機は，一定の防護区域をもった信号機であり，機能により，場内信号機，出発信号機，閉そく信号機，誘導信号機，入換信号機に分けられる．

No.46 トンネルの入口部照明は入口から奥に向かって境界部，移行部，緩和部の三つの区間によって構成され，順番に路面輝度を低減できる．また，野外輝度に応じて所要の照明レベルが決定され，野外輝度が低い場合は入口部照明の路面輝度も低減することができる．

したがって，3が最も不適当なものである． **答 3**

No.47 マイクロ波通信は，約1～30 GHzの周波数で，周波数帯域の広い通信を行うことができ，指向性が強く，人工衛星を使用した衛星通信などに利用されている．

マイクロ波は，その直進的伝搬特性のため，原則的には，見通し距離内の通信に限定されるが，他の周波数帯に比べて電離層の影響を受けないので，安定で信頼度の高い伝送ができる．電離層と大地間で反射することがないため，遠距離通信では，中継局を置く必要がある．

したがって，4が最も不適当なものである． **答 4**

※【No.48】～【No.55】までの8問題のうちから，5問題を選択・解答

No.48 空気調和設備における熱負荷計算において，冷房・暖房における計算項目を第48-1表に示す．

第48-1表

熱負荷の種類			冷房負荷	暖房負荷
構造体負荷	外壁，屋根，ピロティ床	顕熱	○	○
	内壁，床・天井	顕熱	○	○
	地中壁，土間床	顕熱		○
ガラス面負荷	通過熱負荷	顕熱	○	○
	日射負荷	顕熱	○	
室内発生負荷	照明負荷	顕熱	○	△
	人体負荷	顕熱	○	△
		潜熱	○	△
	その他の内部発熱負荷	顕熱	○	△
		潜熱	○	△
すきま風負荷	窓サッシ	顕熱	○	○
		潜熱	○	○
	外気に面したドア	顕熱	○	○
		潜熱	○	○
外気負荷		全熱	○	○

表の一部　○：計算している項目　　△：必要に応じて計算する項目

表から，地下階の土壌に接している壁の通過熱負荷は冷房負荷に含めない．

したがって，4が最も不適当なものである．　**答**　4

No.49　高置タンク方式による給水設備の運転制御において，揚水ポンプの空転防止を行うようにする警報は，高置タンクからの渇水警報である．減水警報は，水位が減水位を下回ると警報するもので，タンクへ給水し水の補給を行うようにするものである．

したがって，3が最も不適当なものである．　**答**　3

No.50　粒度試験は，土試料をふるい分けして粒径別の質量を計算し土の粒度分布を求める試験で，室内試験である．結果は，土の分類，盛土材料の適否，透水性の良否，液状化の判定などに用いる．

したがって，1が最も不適当なものである．　**答**　1

土質調査において，ボーリング孔を利用して行う原位置試験（現地で直接行う試験）には，標準貫入試験，孔内載荷試験，現場透水試験などがある．

No.51　ドラグラインは，長いブームからワイヤロープで吊り下げたバケットを手前に引き寄せて土砂，砂利の掘削をする機械で，柔らかい土の掘削，作業半径が大きく広い範囲の掘削に適し，また水底の掘削も容易であることから，河川工事などで多用される．

したがって，4 が最も不適当なものである． **答 4**

No.52 ① 既製杭壁は，鋼管杭などの既製杭で土留め壁を施工するもので，例えば鋼管矢板土留め壁は，遮水性がよく，掘削底面以下の根入れ部分の連続性が保たれ剛性が比較的大きいため地盤変形が問題となる地盤に用いられる．打込み時では騒音・振動などの公害を伴う．

② 鋼矢板土留め壁（シートパイル型）は，Ⅲ形以上のシートパイルを使用することで遮水性を高め，掘削底面以下の根入れ部分の連続性が保たれるため，地下水位の高い地盤，軟弱な地盤に一般的に用いられる．打込み工法では騒音公害を伴うので，近年，削孔圧入やジェットの併用による工法が採用され，適用地盤が広範囲となってきている．傾斜や継手の離脱が生じやすく，引き抜くとき地盤沈下しやすい．

③ 親杭横矢板土留め壁は，良質な地盤における標準的工法として広く用いられている．しかし，遮水性がほとんど無く，掘削底面以下の根入れ部分の連続性が保たれないことなどのため，地下水位の高い地盤，軟弱な地盤等における使用は，地下水位低下工法による地盤改良を必要とする．しかし，長尺物の打込みは傾斜や継手の離脱が生じやすく，また矢板の引抜き時の地盤沈下も大きい．

④ ソイルセメント壁は，応力材として芯材にH鋼を使用することが多く，芯材は引抜きが困難で残置する場合が多い．遮水性がよく，断面性能も柱列式地下連続壁と同様として扱われる．原地盤の土砂をソイルセメントの材料として用いるが，この材料としての地盤種別により性能に差が生じるので注意が必要である．

したがって，2 が最も適当なものである． **答 2**

No.53 高低変位は，レールの長手方向の上下の変位をいう．JIS E 1001 : 2001「鉄道–線路用語」では，高低狂いといっている．左右レールの高さの差は水準狂いという．レールの長手方向の左右の変位を通り狂いという．

したがって，3 が不適当なものである． **答 3**

No.54 コンクリートと鉄筋の付着強度とは，鉄筋がコンクリート境界面にくっついてズレ止めのように働く力の強さをいい，丸鋼鉄筋より異形鉄筋を用いた方が大きい．

したがって，2 が最も不適当なものである． **答 2**

No.55 設問図の 3 はスチフナである．スチフナはウェブプレートの板厚が板幅に比べ薄い場合に，ウェブプレートの座屈を防ぐために設けられる．

スプライスプレートは，鉄骨の継手部における添え板のことをいう．

したがって，3 が最も不適当なものである． **答 3**

設問図の 1 はフランジプレートである．フランジプレートの大きさは，曲げモーメントによって決める．

設問図の2はウェブプレートである．ウェブプレートはせん断力によって断面形状を決める．

設問図の4は，ガセットプレートである．ガセットプレートは設問図のように鉄骨同士を接合し，強度や安定性を保つために用いられる．

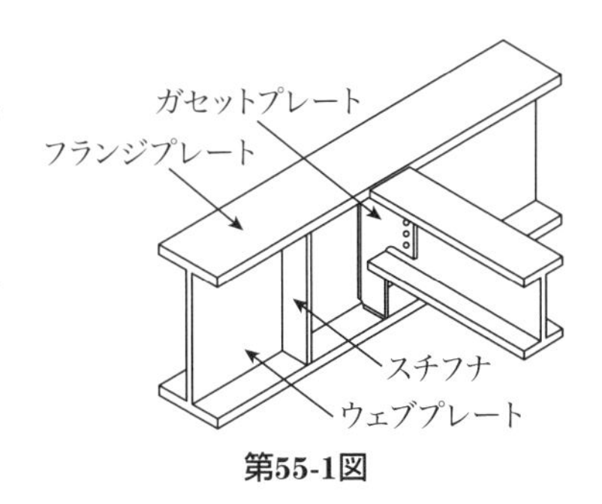

第55-1図

※【No.56】，【No.57】の2問題は，全問解答

No.56 2の図記号が中間配線盤である．

したがって，2が正しいものである．　**答 2**

1の図記号はルータ，3の図記号はデジタル回線終端装置，4の図記号は局線中継台である．

No.57 公共工事標準請負契約約款第10条（現場代理人及び主任技術者等）第2項では，次のように規定している．

2　現場代理人は，この契約の履行に関し，工事現場に常駐し，その運営，取締りを行うほか，請負代金額の変更，請負代金の請求及び受領，第12条第1項の請求の受理，同条第3項の決定及び通知並びにこの契約の解除に係る権限を除き，この契約に基づく受注者の一切の権限を行使することができる．

つまり，請負代金の変更にかかる権限を行使することはできない．

したがって，2が誤っているものである　**答 2**

※【No.58】～【No.63】までの6問題は，全問解答

No.58 労働安全衛生規則第330条（手持型電灯等のガード）では，「事業者は，移動電線に接続する手持型の電灯，仮設の配線又は移動電線に接続する架空つり下げ電灯等には，口金に接触することによる感電の危険及び電球の破損による危険を防止するため，ガードを取り付けなければならない」と規定している．

よって，仮設の配線に接続する架空つり下げ電灯を高さ2.3 mに設置した場合，高さにかかわらず電灯のガードを省略することはできない．

したがって，4が最も不適当なものである．　**答 4**

No.59 施工要領書は，工事現場ごとに設計図書や総合施工計画書に基づいて作成され，工事施工上の特記事項，配線，機器等の据付工事，接地，耐震措置，試験等の詳細な方法が記載される．

また，施工要領書には，作業のフロー，管理項目，管理水準，管理方法，監理者・管理者の確認，管理資料・記録等を記載した品質管理表が使用されている．施工要領書は施工内容が具体的になったときには，その都度工事現場に合わせて作成し，発注者の承認を得る必要がある場合がある．

したがって，2 が最も不適当なものである． **答 2**

No.60 最早開始日（ES），最遅完了日（LF），トータルフロート（TF）のネットワーク工程表を第 60-1 図に示す．

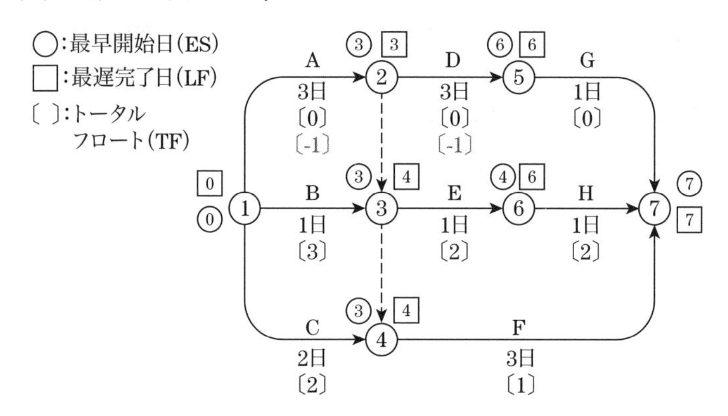

第60-1図

トータルフロートの計算は，TF ＝ LF －（ES ＋作業時間）で計算される．

クリティカルパスは，①→②→⑤→⑦で 7 日であり，6 日に 1 日短縮する場合，クリティカルパス上がトータルフロート 0 日であるから，1 日短縮することでトータルフロートが負の値となる．よって，作業 A，D，G がマイナスとなるが，現実的には G 作業 1 日を短縮することは不可能であるので，作業 A，D がトータルフロートマイナスとして短縮検討する．

したがって，4 が最も不適当なものである． **答 4**

No.61 問題図より所要工期を求める．

①→②→⑤→⑩→⑪	23 日
①→②→③→⑥→⑤→⑩→⑪	27 日
①→②→③→⑥→⑧→⑩→⑪	28 日
①→②→③→⑥→⑧→⑨→⑩→⑪	29 日
①→②→③→⑦→⑨→⑩→⑪	<u>30 日</u>
①→③→⑥→⑧→⑩→⑪	27 日
①→③→⑥→⑧→⑨→⑩→⑪	28 日
①→③→⑥→⑤→⑩→⑪	26 日

①→③→⑦→⑨→⑩→⑪　　29日

①→④→⑦→⑨→⑩→⑪　　27日

したがって，4が正しいものである．　**答　4**

No.62　品質管理は，問題発生の予防が重要であることから，問題発生後の検出に頼ることなく，工事の進捗過程で予防処置を行うことが重要である．問題発生後では処置に時間がかかるばかりか，問題の程度によっては最初から作業のやり直しとなる場合がある．

したがって，2が最も不適当なものである．　**答　2**

No.63　不良品等の発生個数や損失金額等を原因別に分類し，大きい順に並べてその大きさを棒グラフとし，さらにこれらの大きさを順次累積した折れ線グラフで表した図は，パレート図である．

したがって，5が適当なものである．　**答　5**

パレート図により次のことがわかる

① 大きな不良項目は何か

② 不良項目の順位と全体に占める割合

③ 目標不良率達成のために対象となる重点不良項目

④ 対策前のパレート図と比較して効果を確認する．

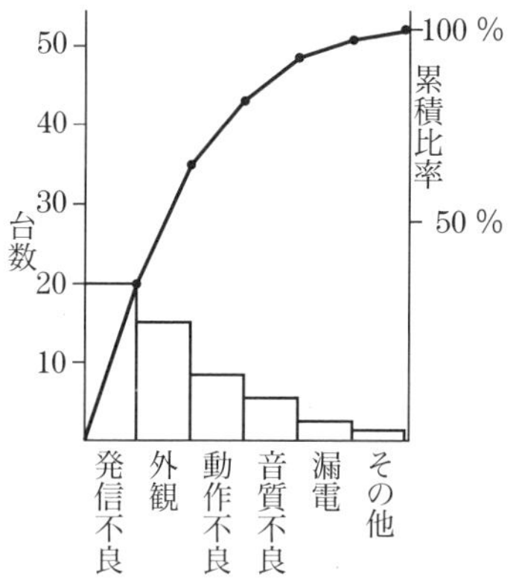

第63-1図　パレート図

※【No.64】～【No.70】までの7問題は，全問解答

No.64　着工時の施工計画を検討する際，まず現場説明書および質問回答書を確認し，現場調査などにおいて塩害などの環境条件を確認する．また，図面に記載されている新工法や特殊な工法などを調査し，発注者により指示された期間内で，経済的で最適な工法を検討することなどが重要である．

建築業者，機械設備業者など関連業者等との施工上の詳細な納まりや取合い検討は，工事着工後の現場施工時における留意事項であり，施工要領書の作成時検討事項である．

したがって，4が最も重要度の低いものである．　**答　4**

No.65　バーチャート工程表は，工程表の中では一般に最も広く使用されており，横線工程表と呼ばれている．第65-1図に示すように工程表は縦軸に工事を構成する工種を，横軸に暦日をとり，各作業の着手日と終了日の間を棒線で結ぶものである．

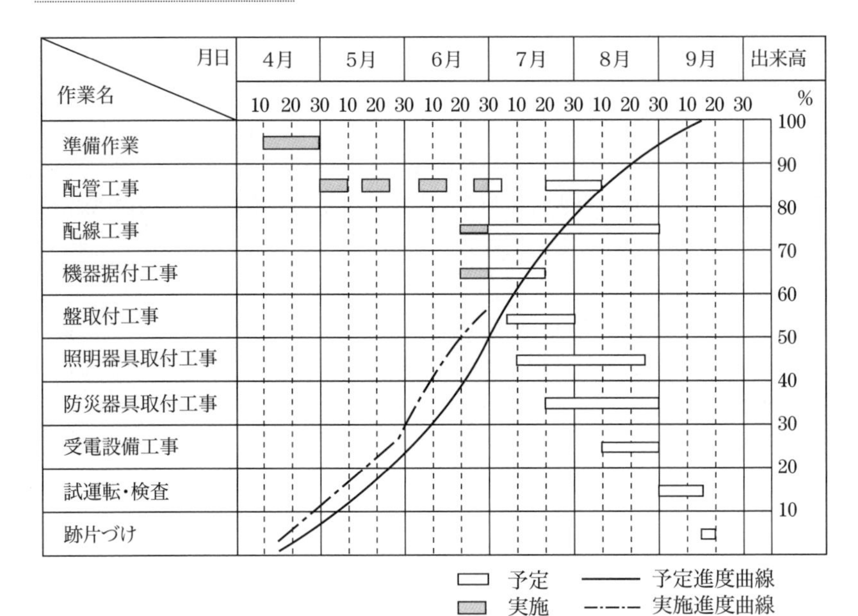

第65-1図　バーチャート工程表

その特徴は次のとおりである.

① 作成が容易である.

② 各作業の現時点における達成度がよくわかる.

③ 各作業の前後関係が不明である.

④ 工事全体の進行が不明である.

⑤ 各作業の日程および所要日数が不明である.

⑥ 各作業の進行状態や変更が他の作業に及ぼす影響を把握しにくい.

したがって，3 が最も不適当なものである.　**答　3**

No.66　進捗状況の把握には, 工期（時間）と出来高の関係を示した進捗度曲線（S チャート）を用いる. 標準的な工事の進捗は，工期の初期と終期では遅く，中間では早くなり，進捗度曲線は第 66-1 図に示すように一般に S 字に似た形となるため, S チャート（S カーブ）とも呼ばれる.

したがって，2 が最も不適当なものである.　**答　2**

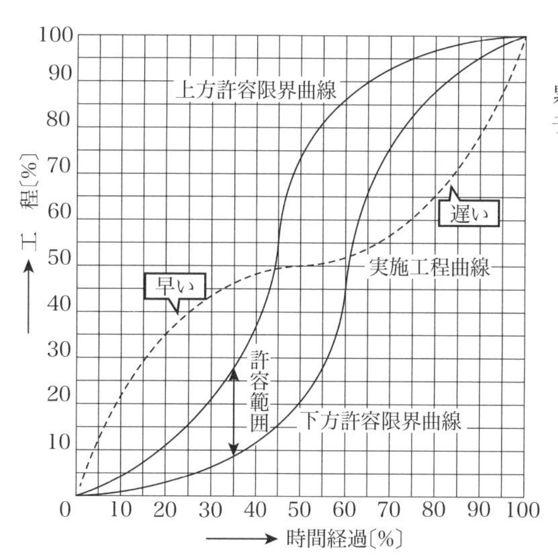

第66-1図　バナナ曲線

実施数量の累積値が計画数量の累積値の上側にある場合は，工程が予定より進んでいる状況にある．

No.67　高圧受電設備の絶縁耐力試験の試験の目的は，高圧機器，高圧電路が，規定の時間，規定の電圧に耐えられるかを判定することである．

試験には，第67-1図に示すような絶縁耐圧試験器（試験用変圧器，電圧調整器，電圧計，電流計などが組み込まれたもの）を使用する．

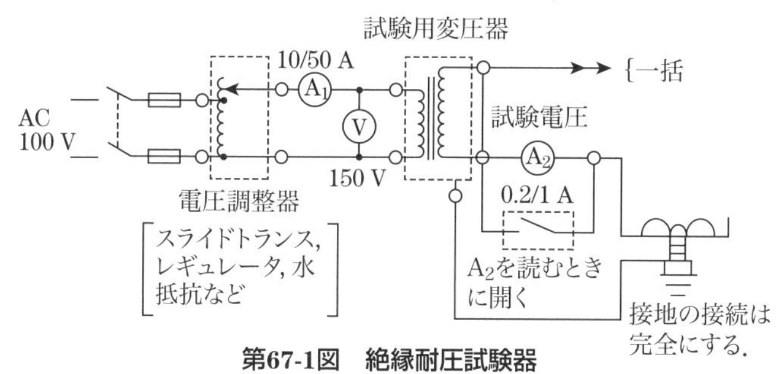

第67-1図　絶縁耐圧試験器

試験方法は，低圧回路を接地し，高圧回路と大地間に規定の電圧を規定時間（連続10分間）印加する．

試験時の留意事項を以下に示す．

①　試験実施の前に，計器用変成器類の二次側接地をしていることを確認する．

②　絶縁耐力試験の前に，必ず絶縁抵抗を測定する．また，試験終了後にも絶縁抵抗を測定し，測定値に異常がないかを確認する．

③　試験途中，検電器などで高電圧が印加されているかどうかをチェックし，1

分，5分，9分経過後などに，印加電圧，充電電流などを測定・記録し，異常がないか確認する．

④　高電圧を印加するので，安全確認を十分行う．特に試験終了後は必ず検電器で電圧が印加されていないことを確認してから，高圧回路を接地し放電を行う．

合否の判定は，規定電圧を規定時間（10分間）連続して印加し，異常がなく，絶縁抵抗値が試験の前後で変化がなければ合格である．

最大使用電圧が7 000 V以下の電路においては，規定電圧は最大使用電圧の1.5倍と規定されており，6.6 kV回路の場合，6 600 × (1.15/1.1) × 1.5 = 10 350 Vである．

したがって，1が最も不適当なものである．　**答　1**

No.68　労働安全衛生規則第536条（高所からの物体投下による危険の防止）では，次のように規定している．

第536条　事業者は，3 m以上の高所から物体を投下するときは，適当な投下設備を設け，監視人を置く等労働者の危険を防止するための措置を講じなければならない．

2　労働者は，前項の規定による措置が講じられていないときは，3 m以上の高所から物体を投下してはならない．

したがって，第1項より4が誤っているものである．　**答　4**

No.69　クレーン等に関する労働安全衛生法に定める資格等をまとめると，第69-1表のようになる（厚生労働省ホームページより）．

第69-1　1.5 tの玉掛けの業務に従事するには，特別教育ではなく技能講習が必要である．

第69-1表

作業主任者及び作業者	業務内容	資格（教育）要件	規則条文
クレーン・デリック運転者	つり上げ荷重が5 t以上のクレーン・デリックの運転	免許（クレーン・デリック運転士，クレーンのみ運転できる限定免許を設定）	安衛令20(6)(8) クレーン則22，108
	つり上げ荷重が5 t以上の床上で運転し，かつ，運転者が荷の移動とともに移動する方式	免許（クレーン・デリック運転士）又は技能講習修了者	安衛令20(6) クレーン則22
	1. つり上げ荷重が5 t未満のクレーン・デリックの運転 2. つり上げ荷重が5 t以上の跨線テルハの運転	免許（クレーン・デリック運転士） 技能講習修了者 特別教育修了者	安衛令36(15)(17) クレーン則21，107

移動式クレーン運転者	つり上げ荷重が5t以上の移動式クレーンの運転	免許（移動式クレーン運転士）	安衛令 20 (7) クレーン則 68
	つり上げ荷重が1t以上，5t未満の移動式クレーンの運転	免許（移動式クレーン運転士）又は技能講習終了者	安衛令 20 (7) クレーン則 68
	つり上げ荷重が1t未満の移動式クレーンの運転	免許（移動式クレーン運転士） 技能講習修了者 特別教育修了者	安衛則 36 (16) クレーン則 67
建設用リフト運転者	建設用リフトの運転	特別教育修了者	安衛則 36 (18) クレーン則 183
玉掛け作業者	制限荷重が1t以上の揚荷装置又はつり上げ荷重が1t以上のクレーン，移動式クレーン又はデリックの玉掛け	技能講習修了者	安衛令 20 (16) クレーン則 221
	制限荷重が1t未満の揚荷装置又はつり上げ荷重が1t未満のクレーン，移動式クレーン，又はデリックの玉掛け	特別教育修了者	安衛即 36 (19) クレーン則 222

したがって，1が誤っているものである．　**答　1**

No.70　労働安全衛生規則第373条（点検）では，次のように規定している．

第373条　事業者は，土止め支保工を設けたときは，その後7日をこえない期間ごと，中震以上の地震の後及び大雨等により地山が急激に軟弱化するおそれのある事態が生じた後に，次の事項について点検し，異常を認めたときは，直ちに，補強し，又は補修しなければならない．

一　部材の損傷，変形，腐食，変位及び脱落の有無及び状態

二　切りばりの緊圧の度合

三　部材の接続部，取付け部及び交さ部の状態

したがって，4が誤っているものである．　**答　4**

※【No.71】～【No.79】までの9問題のうちから，6問題を選択・解答

No.71　水力発電所の有水試験には，通水検査，初回転試験，発電機特性試験，自動始動停止試験，負荷遮断試験と入力遮断試験，非常停止試験などの試験が行われる．

また，水車・発電機などの主要機器および圧油・潤滑油などの補機の据付け完了後，各機器単体あるいは組み合わせて試験・調整を行う．水車に通水しないで行うものを一般に無水試験と呼んでいる．

選択肢1の水車関係機器の単体動作試験として，圧油装置の調整後，調速機によるガイドベーンの開閉の動作を確認するものは，無水試験の試験項目である．

したがって，1が最も関係のないものである．　**答　1**

No.72　高圧受電設備規程1130-4「屋外に設置するキュービクルの施設」5項では，次のように規定している．

5　キュービクルを高さ 2 m 以上の開放された場所に設置する場合は，周囲の保有距離が 3 m を超え，かつ，安全上支障がない場合を除き，高さ 1.1 m 以上のさくを設ける等の墜落防止措置を施し，保守，点検が安全にできるようにすること．

したがって，2 が最も不適当なものである．　**答　2**

No.73　延線工事におけるメッセンジャワイヤの巻き取り，繰り出し，停止および変速のために用いるのは，架線ウインチである．

したがって，4 が不適当なものである．　**答　4**

緊線ウインチは，主として緊線作業や鉄塔上での資機材の上げ下ろしに使用するもので，ワイヤロープを安全，かつ円滑に巻取り，操出し・停止および微細な調整をするためのものである．また，緊線ウインチは，概ね 20 kN 以下のけん引力のウインチであり，一般に少容量の手動式または短時間運転の動力式で，緊線作業のほか，がいし金具，工具などの吊上げに使用されている．

No.74　内線規程 3605-6（分岐回路の受口）2．［電灯受口及びコンセントの施設数］では，分岐回路に接続する電灯受口及びコンセントの施設数は，3605-9 表によること．（勧告）と規定している．

3605-9 表　分岐回路の電灯受口及びコンセントの施設数

<table>
<tr><th>分岐回路の種類</th><th>受口の種類</th><th colspan="2">電灯受口及びコンセントの施設数</th></tr>
<tr><td rowspan="4">15 A 分岐回路，
20 A 配線用遮断器分岐回路</td><td>電灯受口専用</td><td colspan="2">制限しない</td></tr>
<tr><td rowspan="2">コンセント専用</td><td>住宅及びアパート</td><td>8 個以下．ただし，定格電流が 10 A を超える冷房機器，厨房機器などの大形電気機械器具を使用するコンセントは，1 個とする．</td></tr>
<tr><td>その他</td><td>10 個以下．（ただし，美容院やクリーニング店は〔備考 2〕参照）</td></tr>
<tr><td>電灯受口とコンセント併用</td><td colspan="2">電灯受口は制限しない．コンセントはコンセント専用の欄による．</td></tr>
<tr><td rowspan="2">20 A 分岐回路
30 A 分岐回路
40 A 分岐回路
50 A 分岐回路</td><td>大型電灯受口専用</td><td colspan="2">制限しない．</td></tr>
<tr><td>コンセント専用</td><td colspan="2">2 個以下．</td></tr>
</table>

〔備考 1〕　コンセント 1 個当たりの想定負荷は 150 V･A（1 個の口数が 4 口以上になる場合は，1 口当たり 150 V･A を加算）とすること．

〔備考 2〕　美容院又はクリーニング店などにおいて業務用機械器具を使用するコンセントは，1 個を原則とし，同一室内に設置する場合に限り，2 個までとする．

〔備考 3〕　病院で使用する医用コンセントの数は，JIS T 1022（2018）「病院電気設備の安全基準」を参照のこと．

したがって，3 が不適当なものである．　**答　3**

No.75　内線規程 3115-6（管及び附属品の連結及び支持）では，次のように規定している．

1.　合成樹脂管相互及び合成樹脂管とその附属品との連結及び支持は，堅ろうに，

かつ造営材その他に確実に支持すること．(解釈 177)

2. 合成樹脂管をサドルなどで支持する場合は，その支持点間の距離を 1.5 m 以下とし，かつ，その支持点は，管端，管とボックスとの接続点及び管相互の接続点のそれぞれの近くの箇所に設けること．(解釈 177)

〔注 1〕 近くの箇所とは，0.3 m 程度である．

〔注 2〕 合成樹脂製可とう管の場合は，その支持点間の距離を 1 m 以下とするのがよい．

したがって，2 が最も不適当なものである． **答 2**

No.76 電気設備技術基準の解釈第 156 条（低圧屋内配線の施設場所による工事の種類）では，次のように規定している．

第 156 条 低圧屋内配線は，次の各号に掲げるものを除き，156-1 表に規定する工事のいずれかにより施設すること．

一 第 172 条第 1 項の規定により施設するもの

二 第 175 条から第 178 条までに規定する場所に施設するもの

第 62-1 表 156-1 表

施設場所の区分		使用電圧の区分	工事の種類											
			がいし引き工事	合成樹脂管工事	金属管工事	金属可とう電線管工事	金属線ぴ工事	金属ダクト工事	バスダクト工事	ケーブル工事	フロアダクト工事	セルラダクト工事	ライティングダクト工事	平形保護層工事
展開した場所	乾燥した場所	300V 以下	○	○	○	○	○	○	○	○			○	
		300V 超過	○	○	○	○		○	○	○				
	湿気の多い場所又は水気のある場所	300V 以下	○	○	○	○			○	○				
		300V 超過	○	○	○	○				○				
点検できる隠ぺい場所	乾燥した場所	300V 以下	○	○	○	○	○	○	○	○		○	○	○
		300V 超過	○	○	○	○		○	○	○				
	湿気の多い場所又は水気のある場所	—	○	○	○	○				○				
点検できない隠ぺい場所	乾燥した場所	300V 以下		○	○	○				○	○	○		
		300V 超過		○	○	○				○				
	湿気の多い場所又は水気のある場所	—		○	○	○				○				

(備考) ○は使用できることを示す．

表から，使用電圧 400 V の屋外用バスダクトは，屋内配線であっても 300 V 超過の場合は湿気の多い展開した場所には施設することはできない．

したがって，3 が不適当なものである．　**答　3**

No.77　鉄道に関する技術上の基準を定める省令第 41 条（電車線路等の施設等）第 22 項では，次のように規定している．

22　架空単線式の電車線の偏いは，集電装置にパンタグラフを使用する区間においては，レール面に垂直の軌道中心面から 250 mm 以内（新幹線にあっては，300 mm 以内）とすること．

したがって，4 が誤っているものである．　**答　4**

No.78　駐車場法施行令第 8 条（車路に関する技術的基準）第 3 項では，次のように規定している．

3　建築物である路外駐車場の自動車の車路にあっては，次のいずれにも適合する構造とすること．

イ　はり下の高さは，2.3 m 以上であること．

ロ　以降省略

したがって，信号灯などを設置する場合は，灯器具下端が車路面から 2.3 m 以上となる高さに設置しなければならない．

したがって，3 が最も不適当なものである．　**答　3**

No.79　プーリングアイは，ケーブルを管路等に引入れする施工時にケーブル先端に取り付ける材料である．

傾斜地の管路に布設されたケーブルの熱伸縮による滑落を防止するために施工するのは，一般にスプリング方式のストッパが多く用いられている．ストッパと管路口の間にスプリングを入れ，ケーブルには常に上方向の拘束力が働くようにしたものである．

したがって，4 が最も不適当なものである．　**答　4**

※【No.80】～【No.92】までの 13 問題のうちから，10 問題を選択・解答

No.80　建設業法第 27 条の 18（監理技術者資格者証の交付）では，次のように規定している．

第 27 条の 18　国土交通大臣は，監理技術者資格（建設業の種類に応じ，第 15 条第二号イの規定により国土交通大臣が定める試験に合格し，若しくは同号イの規定により国土交通大臣が定める免許を受けていること，第 7 条第二号イ若しくはロに規定する実務の経験若しくは学科の修得若しくは同号ハの規定による国土交通大臣の認定があり，かつ，第 15 条第二号ロに規定する実務の経験を有していること，又は同号ハの規定により同号イ若しくはロに掲げる者と同等以上の能力を有するも

のとして国土交通大臣がした認定を受けていることをいう．以下同じ.）を有する者の申請により，その申請者に対して，監理技術者資格者証（以下「資格者証」という.）を交付する.

2　資格者証には，交付を受ける者の氏名，交付の年月日，交付を受ける者が有する監理技術者資格，建設業の種類その他の国土交通省令で定める事項を記載するものとする.

3　第1項の場合において，申請者が二以上の監理技術者資格を有する者であるときは，これらの監理技術者資格を合わせて記載した資格者証を交付するものとする.

4　資格者証の有効期間は，5年とする.

5　資格者証の有効期間は，申請により更新する.

6　第4項の規定は，更新後の資格者証の有効期間について準用する.

したがって，1が誤っているものである.　**答　1**

No.81　建設業法施行規則第13条の4（建設工事の請負契約に係る情報通信の技術を利用する方法）第2項では，次のように規定している.

第13条の4　法第19条第3項の国土交通省令で定める措置は，次に掲げるものとする.

2　前項各号に掲げる措置は，次に掲げる技術的基準に適合するものでなければならない.

一　当該契約の相手方がファイルへの記録を出力することによる書面を作成することができるものであること.

二　ファイルに記録された契約事項等について，改変が行われていないかどうかを確認することができる措置を講じていること.

三　当該契約の相手方が本人であることを確認することができる措置を講じていること.

第二号は，「建設業法施行規則第13条の2第2項に規定する技術的基準に係るガイドライン」にいうところの「原本性の確保」にあたり，ファイルを，容量の異なる複数個に分割したり，結合したりすることはできないよう対策を講じる必要がある.

したがって，4が不適当なものである.　**答　4**

No.82　建設業法施行規則第14条の6(施工体系図)では,次のように規定している.

第14条の6　施工体系図は，第一号及び第二号に掲げる事項を表示するほか，第三号及び第四号に掲げる事項を第三号の下請負人ごとに，かつ，各下請負人の施工の分担関係が明らかとなるよう系統的に表示して作成しておかなければならない.

一　作成建設業者の商号又は名称

二　作成建設業者が請け負った建設工事に関する次に掲げる事項

イ　建設工事の名称及び工期

ロ　発注者の商号，名称又は氏名

ハ　当該作成建設業者が置く主任技術者又は監理技術者の氏名

ニ　監理技術者補佐を置くときは，その者の氏名

ホ　第14条の2第1項第二号トに規定する者を置くときは，その者の氏名及びその者が管理をつかさどる建設工事の内容

三　前号の建設工事の下請負人で現にその請け負った建設工事を施工しているものに関する次に掲げる事項（下請負人が建設業者でない場合においては，イ及びロに掲げる事項に限る.）

イ　商号又は名称

ロ　代表者の氏名

ハ　一般建設業又は特定建設業の別

ニ　許可番号

四　前号の請け負った建設工事に関する次に掲げる事項（下請負人が建設業者でない場合においては，イに掲げる事項に限る.）

イ　建設工事の内容及び工期

ロ　特定専門工事（法第26条の3第2項に規定する「特定専門工事」をいう。第17条の6において同じ。）の該当の有無

ハ　下請負人が置く主任技術者の氏名

ニ　第14条の2第1項第四号へに規定する者を置くときは，その者の氏名及びその者が管理をつかさどる建設工事の内容

したがって，2が定められていないものである.　**答　2**

No.83　電気事業法第38条（電気工作物の定義）では，次のように規定している.

第38条　この法律において「一般用電気工作物」とは，次に掲げる電気工作物であって，構内（これに準ずる区域内を含む．以下同じ.）に設置するものをいう．ただし，小規模発電設備（低圧（経済産業省令で定める電圧以下の電圧をいう．第一号において同じ.）の電気に係る発電用の電気工作物であって，経済産業省令で定めるものをいう．以下同じ.）以外の発電用の電気工作物と同一の構内に設置するもの又は爆発性若しくは引火性の物が存在するため電気工作物による事故が発生するおそれが多い場所として経済産業省令で定める場所に設置するものを除く.

一　電気を使用するための電気工作物であって，低圧受電電線路（当該電気工作物を設置する場所と同一の構内において低圧の電気を他の者から受電し，又は他の者に受電させるための電線路をいう．次号ロ及び第3項第一号ロにおいて同じ.）

以外の電線路によりその構内以外の場所にある電気工作物と電気的に接続されていないもの

二　小規模発電設備であって，次のいずれにも該当するもの

イ　出力が経済産業省令で定める出力未満のものであること．

ロ　低圧受電電線路以外の電線路によりその構内以外の場所にある電気工作物と電気的に接続されていないものであること．

三　前二号に掲げるものに準ずるものとして経済産業省令で定めるもの

2　この法律において「事業用電気工作物」とは，一般用電気工作物以外の電気工作物をいう．

3　この法律において「小規模事業用電気工作物」とは，事業用電気工作物のうち，次に掲げる電気工作物であって，構内に設置するものをいう．ただし，第1項ただし書に規定するものを除く．

一　小規模発電設備であって，次のいずれにも該当するもの

イ　出力が第1項第二号イの経済産業省令で定める出力以上のものであること．

ロ　低圧受電電線路以外の電線路によりその構内以外の場所にある電気工作物と電気的に接続されていないものであること．

二　前号に掲げるものに準ずるものとして経済産業省令で定めるもの

4　この法律において「自家用電気工作物」とは，次に掲げる事業の用に供する電気工作物及び一般用電気工作物以外の電気工作物をいう．

一　一般送配電事業

二　送電事業

三　配電事業

四　特定送配電事業

五　発電事業であって，その事業の用に供する発電等用電気工作物が主務省令で定める要件に該当するもの

したがって，3が誤っているものである．　**答　3**

No.84　電気用品安全法では，特定電気用品116品目を定めている．

具体的には，電気用品安全法施行令第1条の2（特定電気用品）で，法第2条第2項の特定電気用品は，別表第一の上欄に掲げるとおりとするとしており，次の用品（抜粋）が掲げられている．

一　電線（定格電圧が100 V以上600 V以下のものに限る．）であって，次に掲げるもの

(2)　ケーブル（導体の公称断面積が22 mm^{2}以下，線心が7本以下及び外装がゴム（合成ゴムを含む．）又は合成樹脂のものに限る．）

二　ヒューズであって，次に掲げるもの（定格電圧が100 V以上300 V以下のものであって，交流の電路に使用するものに限る.）

六　電熱器具であって，次に掲げるもの（定格電圧が100 V以上300 V以下及び定格消費電力が10 kW以下のものであって，交流の電路に使用するものに限る.）

⑷　電気温水器

十　定格電圧が30 V以上300 V以下の携帯発電機

選択肢1の定格電圧600 V，38 mm^2 のCVTケーブルは，別表第二に示される特定電気用品以外の電気用品である.

したがって，1が該当しないものである.　**答　1**

No.85　電気工事士法第3条（電気工事士等）第1項，第3項では，次のように規定している.

第3条　第一種電気工事士免状の交付を受けている者（以下「第一種電気工事士」という.）でなければ，自家用電気工作物に係る電気工事（第3項に規定する電気工事を除く．第4項において同じ.）の作業（自家用電気工作物の保安上支障がないと認められる作業であって，経済産業省令で定めるものを除く.）に従事してはならない.

3　自家用電気工作物に係る電気工事のうち経済産業省令で定める特殊なもの（以下「特殊電気工事」という.）については，当該特殊電気工事に係る特種電気工事資格者認定証の交付を受けている者（以下「特種電気工事資格者」という.）でなければ，その作業（自家用電気工作物の保安上支障がないと認められる作業であって，経済産業省令で定めるものを除く.）に従事してはならない.

つまり，第一種電気工事士の資格をもっていても，自家用電気工作物に係る特殊電気工事（ネオン工事，非常用予備発電装置工事）の作業に従事することはできない.

したがって，1が誤っているものである.　**答　1**

No.86　建築基準法第8条（維持保全）第1項では，次のように規定している.

第8条　建築物の所有者，管理者又は占有者は，その建築物の敷地，構造及び建築設備を常時適法な状態に維持するように努めなければならない.

したがって，4が誤っているものである.　**答　4**

No.87　建築士法第20条（業務に必要な表示行為）第3項では，次のように規定している.

3　建築士は，工事監理を終了したときは，直ちに，国土交通省令で定めるところにより，その結果を文書で建築主に報告しなければならない.

したがって，3が誤っているものである.　**答　3**

No.88　少量危険物とは，消防法で定められた危険物の指定数量に満たない量（指定数量の5分の1以上，指定数量未満）の危険物のことで，例えば東京都の火災予防条例第31条（指定数量未満の危険物の貯蔵及び取扱いの遵守事項）第1項には次のように記されている．

第33条　指定数量の5分の1以上指定数量未満の危険物（以下「少量危険物」という．）を貯蔵し……

したがって，2が誤っているものである．　**答　2**

No.89　労働安全衛生法第30条（特定元方事業者等の講ずべき措置）では，次のように規定している．

第30条　特定元方事業者は，その労働者及び関係請負人の労働者の作業が同一の場所において行われることによって生ずる労働災害を防止するため，次の事項に関する必要な措置を講じなければならない．

一　協議組織の設置及び運営を行うこと．

二　作業間の連絡及び調整を行うこと．

三　作業場所を巡視すること．

四　関係請負人が行う労働者の安全又は衛生のための教育に対する指導及び援助を行うこと．

五　仕事を行う場所が仕事ごとに異なることを常態とする業種で，厚生労働省令で定めるものに属する事業を行う特定元方事業者にあっては，仕事の工程に関する計画及び作業場所における機械，設備等の配置に関する計画を作成するとともに，当該機械，設備等を使用する作業に関し関係請負人がこの法律又はこれに基づく命令の規定に基づき講ずべき措置についての指導を行うこと．

六　前各号に掲げるもののほか，当該労働災害を防止するため必要な事項

さらに，労働安全衛生規則において，次のように規定されている．

第635条　特定元方事業者（法第15条第1項の特定元方事業者をいう．以下同じ．）は，法第30条第1項第一号の協議組織の設置及び運営については，次に定めるところによらなければならない．

一　特定元方事業者及びすべての関係請負人が参加する協議組織を設置すること．

(以下略)

第636条　特定元方事業者は，法第30条第1項第二号の作業間の連絡及び調整については，随時，特定元方事業者と関係請負人との間及び関係請負人相互間における連絡及び調整を行なわなければならない．

第638条　特定元方事業者は，法第30条第1項第四号の教育に対する指導及び援助については，当該教育を行なう場所の提供，当該教育に使用する資料の提供等の措置を講じなければならない．

以上から，選択肢3の規定は定められていない．

したがって，3が誤っているものである．　**答 3**

No.90 労働安全衛生法施行令第4条（衛生管理者を選任すべき事業場）では，次のように規定している．

第4条　法第12条第1項の政令で定める規模の事業場は，常時50人以上の労働者を使用する事業場とする．

労働安全衛生法施行令第5条（産業医を選任すべき事業場）では，次のように規定している．

第5条　法第13条第1項の政令で定める規模の事業場は，常時50人以上の労働者を使用する事業場とする．

労働安全衛生法施行令第8条（安全委員会を設けるべき事業場）では，次のように規定している．

第8条　法第17条第1項の政令で定める業種及び規模の事業場は，次の各号に掲げる業種の区分に応じ，常時当該各号に掲げる数以上の労働者を使用する事業場とする．

一　林業，鉱業，建設業，製造業のうち木材･木製品製造業，化学工業，鉄鋼業，金属製品製造業及び輸送用機械器具製造業，運送業のうち道路貨物運送業及び港湾運送業，自動車整備業，機械修理業並びに清掃業　50人

二　第2条第一号及び第二号に掲げる業種（前号に掲げる業種を除く.）100人

労働安全衛生法施行令第9条（衛生委員会を設けるべき事業場）では，次のように規定している．

第9条　法第18条第1項の政令で定める規模の事業場は，常時50人以上の労働者を使用する事業場とする．

選択肢2の安全衛生推進者は，常時10人以上50人未満の労働者を使用する事業場での選任を求められるもので（労働安全衛生法第12条の2），50人以上の労働者を使用する建設業の事業場では選任の必要がない．

したがって，2が定められていないものである．　**答 2**

No.91 労働基準法施行規則第5条では，次のように規定している．

第5条　使用者が法第15条第1項前段の規定により労働者に対して明示しなければならない労働条件は，次に掲げるものとする．ただし，第一号の二に掲げる事項については期間の定めのある労働契約であって当該労働契約の期間の満了後に当該労働契約を更新する場合があるものの締結の場合に限り，第四号の二から第十一号までに掲げる事項については使用者がこれらに関する定めをしない場合においては，この限りでない．

一　労働契約の期間に関する事項

一の二　期間の定めのある労働契約を更新する場合の基準に関する事項

一の三　就業の場所及び従事すべき業務に関する事項

二　始業及び終業の時刻，所定労働時間を超える労働の有無，休憩時間，休日，休暇並びに労働者を二組以上に分けて就業させる場合における就業時転換に関する事項

三　賃金（退職手当及び第五号に規定する賃金を除く．以下この号において同じ．）の決定，計算及び支払の方法，賃金の締切り及び支払の時期並びに昇給に関する事項

四　退職に関する事項（解雇の事由を含む．）

※以降の条文は書面交付による明示しなくともよいとしている．

四の二　退職手当の定めが適用される労働者の範囲，退職手当の決定，計算及び支払の方法並びに退職手当の支払の時期に関する事項

五　臨時に支払われる賃金（退職手当を除く．），賞与及び第八条各号に掲げる賃金並びに最低賃金額に関する事項

六　労働者に負担させるべき食費，作業用品その他に関する事項

七　安全及び衛生に関する事項

八　職業訓練に関する事項

九　災害補償及び業務外の傷病扶助に関する事項

十　表彰及び制裁に関する事項

十一　休職に関する事項

したがって，1が定められていないものである．　**答　1**

No.92　建設工事に係る資材の再資源化等に関する法律施行令第1条（特定建設資材）では，次のように規定している．

第1条　建設工事に係る資材の再資源化等に関する法律（以下「法」という．）第2条第5項のコンクリート，木材その他建設資材のうち政令で定めるものは，次に掲げる建設資材とする．

一　コンクリート

二　コンクリート及び鉄から成る建設資材

三　木材

四　アスファルト・コンクリート

したがって，2が誤っているものである．　**答　2**

2023 年度（令和 5 年度）
第二次検定・解答
出題数 5　必要解答数 5
問題 1～3 は記述式，問題 4～5 は五肢択一式です．

問題 1（解答例）

1－1　経験した電気工事

⑴　工 事 名　◯◯工場新築 2 号棟 66 kV 変電設備増設工事

⑵　工事場所　□□県◯◯市◯◯町 1 丁目 5 番地

⑶　電気工事の概要

㈠　請負金額（概略額）　2 億 5 千万円

㈡　概　　要

66 / 6.6 kV 変圧器増設（変圧器容量 10 000 kV・A × 2 台）

1，2 号サブ変電所連系ケーブル 6.6 kV CVT 150 mm^2 550 m 他

⑷　工　　期　令和◯◯年◯月～令和△△年△月

⑸　上記工事でのあなたの立場　元請業者の現場技術者

⑹　あなたが担当した業務の内容　現場技術者として現場代理人を補佐するとともに，施工計画書および安全計画書を基に現場の電気工事全体の施工管理を実施．

1－2　予測した墜落災害

⑴　（予測事項）作業床および作業床開口部からの作業者の墜落災害

（その理由）ケーブルラックおよびケーブル配線が床面から 12 m の位置であり，作業床もそれに合わせた高所での作業であるため．

（とった防止対策）

①　作業着手前，要求性能墜落制止用器具および作業床開口部の防網の事前点検・報告の徹底，要求性能墜落制止用器具の正しい使用方法講習と定期的な指導を実施．

②　ケーブルラック設置およびケーブル引入れ配線作業に関連した作業要領書を協力班と共に意見交換して作成，TBM で作業者全員に手順等再周知してから作業着手を指示した．

⑵ （予測事項）特高ケーブル電力ピット開口部からの作業者の墜落災害
（その理由）特高ケーブル電力ピット用マンホールが7 mの深さとなっておりケーブル引入れ作業などにおいて墜落災害が懸念されたため．
（とった防止対策）
① ケーブル引入マンホール部のマンホールガード，安全ブロックの確実な設置と点検を実施するとともに，安全ブロックの正しい使用方法について指導した．
② マンホール入孔口およびマンホール内部は，300 lx 以上の照明を設けるとともに，入孔前の酸素濃度21 %，硫化水素濃度0 ppm確認後の作業着手を徹底した．

1－3　感電災害を予測した作業内容と理由，対策

（作業内容）　変圧器母線切替
（その理由）　連絡母線ならびにケーブル切替時に，誤認による感電災害が予測された．
（対策）
① 客先の電気主任技術者とともに安全区画の確認と停止範囲の確認を行い，作業者全員に周知した．特に，各種ロック状態，操作禁止箇所は，現場で指差確認した．
② 母線および連絡ケーブル切替手順を手順書にて作業者全員に周知するとともに，切替当日は代理人とともに項目ごとに確認し作業を進めた．

問題2　※以下の各項目の中から二つを解答すればよい．

1．資材の管理

① 電気用品安全法，電気設備技術基準，JIS，JAS，JEC規格等で規定されている事項の確認．
② 特殊製品については製作図，指定仕様，色見本などで確認．
③ 設計図書に示されたメーカリストなどの確認．
④ 搬入材料の数量・寸法確認と外観検査および不具合品（破損や変質など）の確認．

2．合成樹脂製可とう電線管（PF管）の施工

① 電線管内で接続点がないかどうか確認．
② 1本の管に収納する電線の太さと本数が適正であるか確認．
③ 電気用品安全法の適用を受けた材料であるか確認．
④ コンクリート・モルタルなどとなじみが悪く密着性が良くないので，密着並行配管となっていないかどうか確認．

⑤　1 区間の配管に 3 箇所を超える直角に近い屈曲がないか，管のつぶれがないか確認.

⑥　管とボックスの接続が適正に実施されているか確認.

⑦　寒冷地における配管材料に寒冷地仕様のものが使用されているか確認.

3．重量機器の取付け

①　設計図書に示された場所への取付け確認（墨入れ確認，寸法など）.

②　電気設備技術基準（特に解釈規定に抵触していないか），JIS，JAS，JEC 規格等で規定されている事項の確認.

③　防水，浸水，漏水，基礎工事（アンカボルトの強度）などが適正に実施されているか確認.

④　変圧器など，機器自体の振動・騒音などにより，周囲に影響を与えていないかなどの確認.

⑤　耐震施工が必要な場合の耐震設計と現場との照合確認.

4．電線相互の接続

①　接続部で電気抵抗を増加させない．リングスリーブと圧着マークの確認，差込型コネクタの差込と絶縁体の状態確認，S 形スリーブのねじり回数の確認.

②　ねじり接続など，ろう付けが確実に行われているかの確認.

③　絶縁電線の絶縁体部に電工ナイフなどの傷がないか等確認.

④　絶縁処理が確実に実施されているか確認. 絶縁キャップの使用方法, 絶縁テープ処理の確認.

⑤　高圧電線などは特に接続部の絶縁処理が十分であるか確認.

問題 3

1．水車のキャビテーション

①　水車のランナの表面に近い場所で，流速が過大になったり水圧が低くなったりして，その表面が浸食される現象をいう.

②　キャビテーション防止のため，吸出し管の高さを高すぎないよう，6 〜 7 m 程度とする.

③　キャビテーション防止のため，水車の比速度を大きくとらないこと.

④　キャビテーション防止のため，水車のランナの表面を平滑に仕上げる.

2．汽力発電の熱効率向上対策

①　高温高圧蒸気を採用する.

②　過熱蒸気（乾燥蒸気）を採用する.

③　復水器の真空度を向上（高真空が良い）させる.

④　再熱サイクルを採用する.

⑤　再生サイクルを採用する.

⑥　近年は，再熱・再生サイクルの採用が多い.

3. 架空電線路と比較した地中電線路の特徴

①　雷，風水害などの自然災害，他物接触などによる事故が少ないので，供給信頼度が高い.

②　都市美観を損なうことがない.

③　露出充電部分が少ないので，保安上の危険が少ない.

④　通信線に対する誘導障害がほとんどない.

⑤　建設費が著しく高い

⑥　故障箇所の発見が困難で，復旧に相当な時間を要する.

⑦　同じ太さの導体では架空電線路に比べ送電容量が小さい.

4. 電力系統の直流送電

①　異なった周波数（60 Hz ⇔ 50 Hz）の系統間連系ができ，電力融通が双方で可能となる.

②　交流送電方式と組み合わせると，交流系統の短絡容量の軽減に役立つ.

③　安定度の問題がないので長距離送電に適し，電力潮流制御が迅速かつ容易である.

④　変換設備が高価であり，高調波や高周波障害対策が必要である.

⑤　電圧の変換設備は交流と比較すると膨大となり，電力系統構成の自由度が低い.

⑥　直流大電流の遮断が容易ではないため，高性能な遮断器が必要である.

5. 電力デマンド制御

①　自家用電気設備は，電力会社との間で契約最大需要電力が取り決められている．この契約電力を超過しないように負荷調整を行うのが電力デマンド監視制御である.

②　電力デマンド監視制御は，受電電力量（パルス入力）を一定周期（例えば1分間）ごとに監視し，デマンドの予測監視を行う．これにより，基本料金の上昇を抑え，かつ，省エネルギーを推進することができる.

6. サージ防護デバイス（SPD）

①　雷害対策として用いられるもので，過渡的な過電圧を制限し，サージ電流を分流することを目的とするデバイスのこと．このデバイスは，1個以上の非線形素子を内蔵している.

②　JISでは，雷保護対策には，接地抵抗の値より等電位ボンディング方式が有効な方法とし，この場合，充電用電線は必ずサージ防護装置（SPD）を通して雷保

護システムへボンディングすることが望ましいと規定している．

③　放電ギャップの特性である大容量の放電処理能力と，酸化亜鉛素子の特性である低い制限電圧を兼ね備えた複合型SPDも近年は開発されている．

7．遮断器の保護協調

①　高圧・特別高圧受電の需要家における主遮断装置（過電流・地絡）は，電気事業者の配電用変電所の過電流保護装置との動作協調を図る必要がある．現場では，需要家の遮断時間を配電用変電所の遮断時間より早く設定（0.3秒程度）する必要がある．

②　①の主遮断装置の動作時限整定に当たっては，電気事業者の配電用変電所の過電流・地絡保護装置との動作協調を図るため電気事業者と協議すること．

③　高圧・特別高圧受電の需要家における主遮断装置は，受電用変圧器二次側の過電流遮断器（配線用遮断器，ヒューズ）との動作協調を図る必要がある．現場では，MCCBなどの遮断時間を主遮断装置の遮断時間より早い時間整定とする．

④　需要家では，主遮断装置として主にCBを用いて，OCR，DGR等との組み合わせによって過負荷，短絡，地絡等の保護を行えるようにしている．

8．新4K 8K衛星放送用構内共同受信設備

①　新4K·8K衛星放送に対応したBS・CS用アンテナの設置が必要である．

②　アンテナとテレビをつなぐアンテナケーブルも4K·8K放送に対応したケーブルの設置が必要である．

③　ブースター，分配器，混合器などの機器も，新4K·8K衛星放送に対応する物の設置が必要である．4K·8K放送では，従来のデジタル放送よりも高い周波数である3 224 MHzまで使用するため，この周波数まで受信保証する機器が必要である．

④　機器を選ぶ際には，BS·CSによる4K·8K放送用の受信機器のうち，業界団体が一定以上の性能を満たしたアンテナや機器に付与している「SHマーク」のある機器が良い．

9．電気鉄道の電食防止対策

①　電気鉄道側の電食防止対策としては，レールからの漏れ電流を減少させることであり，これはレールの電気抵抗を低減させることとなる．

②　一般にレールの継目にはレールボンドを設け，補助帰線や負き電線を設ける．また，き電区間の短縮も効果が高いがコストも高い．

③　レールの漏れ抵抗を増加すると漏れ電流を減少することができるので，不良枕木の交換，絶縁パットの使用，線路配水施設の完備などを行う．

10. 電気鉄道の閉そく装置

① 列車を安全に運転するために一定の間隔を設けて，1列車に一定の区域を占有させ他の列車を運転させない区間を閉そく区間といい，この閉そく区間を設定する装置をいう．

② 常用閉そく方式として，普通使用されている閉そく方式には，次のような種類がある．

a. 単線区間

(1) 自動閉そく式 (2) 連動閉そく式 (3) 連査閉そく式 (4) 通票閉そく式（タブレット閉そく式） (5) 票券閉そく式 (6) 通票式（スタフ閉そく式）

b. 複線区間

自動閉そく式

このほか，常用閉そく装置故障時などに使用される代用閉そく方式として，指導式，伝令法，通信式などがある

③ 単線区間における自動閉そく式は，基本的には後述する複線区間のそれと変わりないが，同一線路上に上下2方向の信号機が設置され，多少複雑となる．

④ 単線自動閉そく式は両端の駅に方向てこを設け，これを両駅従事員が打合せのうえ協同して取扱うことにより，駅間に列車がいなければ1方向に属する1群の信号機はすべて進行を現示し，反対方向に対しては，この1駅間か閉そく区間となり，各信号機はすべて停止現示となる．以後の動作は複線区間とまったく同様で，同方向に列車を続けて出発させることができ，列車回数を増加させることができる．

⑤ 連動閉そく式は，両端駅間（1閉そく区間）の線路に連続して軌道回路を設け，これと両端駅の出発信号機および閉そくてことを連動させたものである．この方式は，自動閉そく式の発達により，採用されなくなった．

11. 交通信号の半感応制御

① 半感応制御とは，交差点の従道路交通量のみを車両感知器によって計測して，従道路の交通量に応じて従道路の青信号を伸縮する方式である．

② 従道路の交通量が比較的少ない交差点の信号機に適した制御である．

12. B種接地工事

① B種接地工事は，変圧器内部や電路等において高低圧系統が混触した場合に，低圧系統（低圧電路や低圧機器類，支持材等）と大地との間に高電圧が加わることによる，低圧電路の絶縁破壊や機器類の焼損を防止するための接地工事である．

② B種接地工事を施すことで，高低圧混触時に低圧系統に加わる大地間の電位上昇を抑制する効果が期待できる．

問題 4

4-1.　電線の抵抗 R〔Ω〕は，断面積を S〔m^2〕，電線の長さを l〔m〕，電線の抵抗率を ρ〔Ω・m〕とすると，次式で表される．

$$R=\rho\frac{l}{S}\ 〔\Omega〕$$

上式の電線の断面積 S〔m^2〕は，電線直径を d〔m〕とすると，$\dfrac{\pi d^2}{4}$ で計算できるので，電線の抵抗 R〔Ω〕は次式で表される．

$$R=\rho\frac{l}{\frac{\pi d^2}{4}}=\frac{4\rho l}{\pi d^2}\ 〔\Omega〕$$

上式に与えられた数値を代入して計算すると，

$$R=\frac{4\times(1.57\times10^{-8})\times(8\times10^{3})}{3.14\times(4\times10^{-3})^2}=\frac{6.28}{3.14}\times\frac{8\times10^{-5}}{4\times4\times10^{-6}}$$

$$=2\times0.5\times10=10\ \Omega$$

したがって，⑤が最も最適なものである．

電卓が使えないので，指数など数値をうまく丸め込んで計算することが大切である．

4-2.　支線の張力は，高圧線や低圧線との張力のバランスを取ればよい．したがって，図において張力のバランスを考えると次式のようになる，

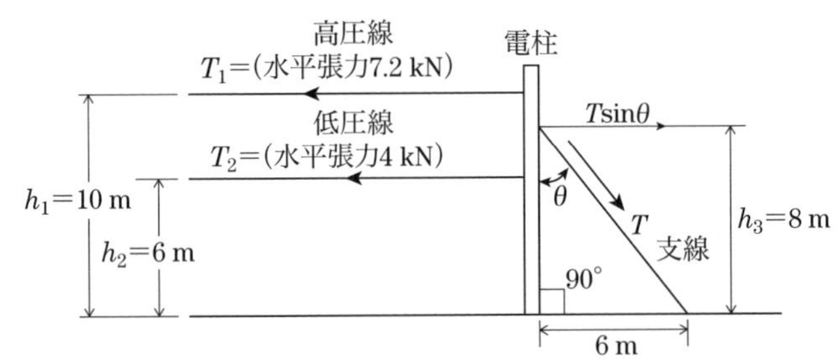

$$h_1T_1+h_2T_2=h_3T\sin\theta$$

上式に，与えられた数値を代入すると，

$$(10\times7.2+6\times4)=8\times T\times\frac{6}{\sqrt{6^2+8^2}}$$

$$96=8T\times\frac{6}{10}$$

$$\therefore\quad T=\frac{96\times10}{8\times6}=20\ \text{kN}$$

安全率1.5を考慮して,

$$T = 20 \times 1.5 = 30\ \mathrm{kN}$$

したがって,④が最も適当なものである.

問題5

5-1　ア ②　イ ③

建設業法第24条の3（下請代金の支払）第1項では，次のように規定している.

第24条の3　元請負人は，請負代金の出来形部分に対する支払又は工事完成後における支払を受けたときは，当該支払の対象となった建設工事を施工した下請負人に対して，当該元請負人が支払を受けた金額の出来形に対する割合及び当該下請負人が施工した出来形部分に相応する下請代金を，当該支払を受けた日から1月以内で，かつ，できる限り短い期間内に支払わなければならない.

5-2　ア ④　イ ①

建設業法第18条（建設工事の請負契約の原則）では，次のように規定している.

第18条　建設工事の請負契約の当事者は，各々の対等な立場における合意に基いて公正な契約を締結し，信義に従って誠実にこれを履行しなければならない.

5-3　ア ①　イ ③

電気事業法施行規則第65条（工事計画の事前届出）第1項では，次のように規定している.

第65条　法第48条第1項の主務省令で定めるものは，次のとおりとする.

一　事業用電気工作物の設置又は変更の工事であって，別表第2の上欄に掲げる工事の種類に応じてそれぞれ同表の下欄に掲げるもの（事業用電気工作物が滅失し，若しくは損壊した場合又は災害その他非常の場合において，やむを得ない一時的な工事としてするものを除く.）

別表第2（第62条，第65条関係）

〈上欄〉工事の種類			〈下欄〉事前届出を要するもの
需要設備（鉱山保安法が適用されるものを除く.）	一　設置の工事		受電電圧10 000 V以上の需要設備の設置（以下省略）

2022年度（令和4年度）
第一次検定・解答
出題数92　必要解答数60
No.1～No.57が午前、No.58～No.92が午後の出題

※【No.1】～【No.15】までの15問題のうちから，10問題を選択・解答

No.1　R〔Ω〕の抵抗にI〔A〕の電流がt〔秒〕流れたとき，抵抗で発生する熱量W〔J〕は，次式のようになる．

$$W = I^2R \times t\ \text{〔J〕}$$

ここで，抵抗に係る電圧をV〔V〕とすると，オームの法則により流れる電流Iは，

$$I = \frac{V}{R}\ \text{〔A〕}$$

であるから，前式は，

$$W = \left(\frac{V}{R}\right)^2 Rt = \frac{V^2}{R} \times t\ \text{〔J〕}$$

と表すことができる．この式に題意の数値を代入すると，1分は60秒であるから，

$$W = \frac{10^2}{2} \times 60 = 3\ 000\ \text{J}$$

したがって，4が正しいものである．　**答 4**

No.2　コイルの磁気抵抗R_m〔H^{-1}〕は，次式で表される．

$$R_\text{m} = \frac{L}{\mu S}\ \text{〔}\text{H}^{-1}\text{〕}$$

巻数N_1のコイルに電流I〔A〕を流すと，そのときの磁束ϕ_1〔Wb〕は，磁気回路のオームの法則により，

$$\phi_1 = \frac{N_1 I}{R_\text{m}} = \frac{\mu S N_1 I}{L}$$

磁束ϕ_1〔Wb〕によって，巻数N_2のコイルには誘導起電力が発生する．これを相互誘導作用といい，この作用を表す両コイル間の相互インダクタンスM〔H〕は，次式で表される．

$$M = \frac{N_2 \phi_1}{I} = \frac{\mu S N_1 N_2}{L} \text{〔H〕}$$

したがって，1が正しいものである. **答 1**

No.3 三相交流回路の1相分（仮想中性線を考える）を示すと，図のようになる.

図より，インピーダンス Z は，

$$Z = X_L - X_C \text{〔Ω〕}$$

よって，回路に流れる電流は，

$$I = \frac{V/\sqrt{3}}{Z} = \frac{V}{\sqrt{3}(X_L - X_C)}$$

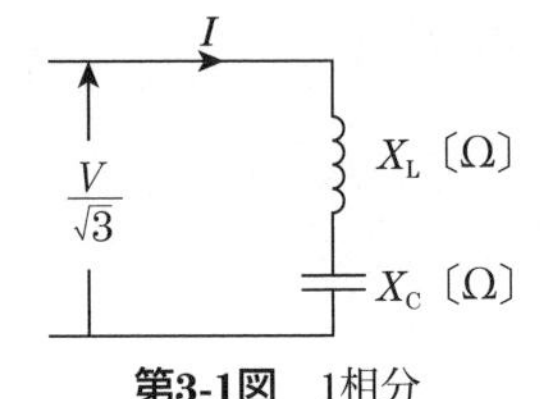

第3-1図 1相分

したがって，4が正しいものである. **答 4**

No.4 可動コイル形電流計では，可動コイルに流せる電流は，数十mA程度にすぎないので，50 mA程度以上の大きさの電流を測定するには，問題に示された図のような分流器を用いる.

図のように電流を定めると，測定可能な電流Iが1 A，電流計に流せる電流 I_1 が50 mA = 0.05 Aであり，キルヒホッフの第1法則から $I = I_1 + I_2$ であるから，

$$I_2 = 1 - 0.05 = 0.95 \text{ A}$$

となる.

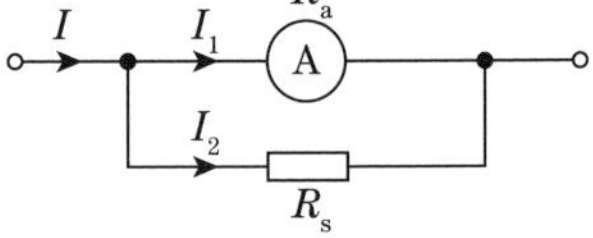

a-b間の電位降下は等しいことから，

$$I_1 R_a = I_2 R_s$$

第4-1図

上式に数値を入れて計算すると，

$$0.05 \times R_a = 0.95 \times 0.1$$

$$\therefore \quad R_a = \frac{0.95 \times 0.1}{0.05} = 1.9 \ \Omega$$

となる.

したがって，3が正しいものである.  **答 3**

(別解) 分流器の倍率 m は次式で表される.

$$m = 1 + \frac{R_a}{R_s}$$

倍率は $\frac{1.0}{0.05} = 20$ 倍であるので，数値を入れて計算すると，

$$20 = 1 + \frac{R_a}{0.1}$$

$$\therefore \quad R_a = (20 - 1) \times 0.1 = 1.9 \ \Omega$$

となる.

No.5 開ループ制御（オープンループ制御）は，現在の状態と制御システムのモデルのみを使って入力に対して計算を行う制御方式である．出力の観測を行わない（制御動作が出力とは独立して成立する制御）ため，出力値を保障する制御ではない．

フィードバック制御（閉ループ制御）は，フィードバックによって制御量を目標値と比較して，それらを一致させるよう（その差がなくなるよう）に訂正動作（操作量を生成する）を行う制御方式はフィードバック制御（閉ループ制御）である．

したがって，1が不適当なものである． **答 1**

No.6 定格電圧をV_n〔V〕，定格負荷から無負荷にしたときの端子電圧をV_0〔V〕としたときの電圧変動率ε〔%〕は，次式で表される．

$$\varepsilon = \frac{V_0 - V_n}{V_n} \times 100 \text{〔\%〕}$$

よって，

$$\varepsilon = \frac{7\ 590 - 6\ 600}{6\ 600} \times 100 = 15\ \%$$

したがって，3が正しいものである． **答 3**

No.7 変圧器が定格二次電圧および力率で定格出力を出すように負荷と一次電圧を調整し，一次電圧を変えずに二次側を無負荷にしたときの二次電圧をV_{20}とするとき，電圧変動率εは次式で表される．

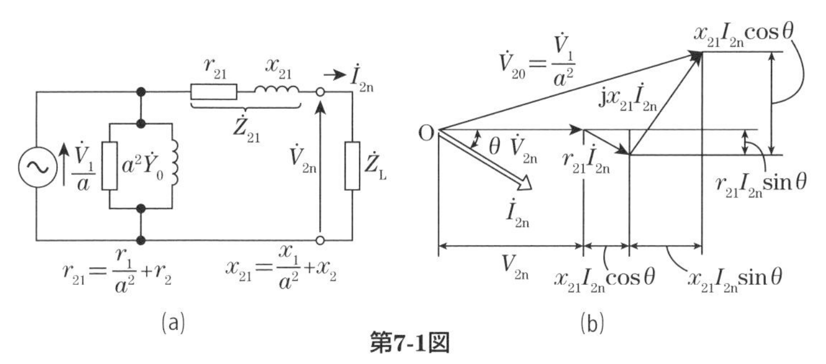

第7-1図

$$\varepsilon = \frac{V_{20} - V_{2n}}{V_{2n}} \times 100\ \% \text{（ただし，}V_{2n}\text{：定格二次電圧）}$$

第7-1図は，変圧器の一次側を二次側に換算した場合の簡易等価回路とベクトル図を示す．ベクトル図から，V_{20}〔V〕は次式のようになる．

$$V_{20} = \sqrt{(V_{2n} + r_{21}I_{2n}\cos\theta + x_{21}I_{2n}\sin\theta)^2 + (x_{21}I_{2n}\cos - r_{21}I_{2n}\sin\theta)^2}$$

r_{21}：二次側に換算した巻線の抵抗

x_{21}：二次側に換算した巻線の漏れリアクタンス

根号の中の第2項は第1項に比べて非常に小さいので，これを無視すると，次式となる．

$$V_{20} = V_{2n} + r_{21} I_{2n} \cos\theta + x_{21} I_{2n} \sin\theta$$

よって，電圧変動率は次のようになる．

$$\varepsilon = \frac{V_{20} - V_{2n}}{V_{2n}} \times 100 = \frac{r_{21} I_{2n} \cos\theta}{V_{2n}} \times 100 + \frac{x_{21} I_{2n} \sin\theta}{V_{2n}} \times 100$$
$$= p\cos\theta + q\sin\theta \text{〔\%〕}$$

ここで，

$$p = \frac{r_{21} I_{2n}}{V_{2n}} \times 100 \text{〔\%〕}$$

$$q = \frac{x_{21} I_{2n}}{V_{2n}} \times 100 \text{〔\%〕}$$

とすると，p：百分率抵抗降下，q：百分率リアクタンス降下という．

したがって，1が適当なものである．　**答　1**

No.8　電力系統に施設される同期調相機は，同期電動機を無負荷で運転して電力系統に接続し，界磁電流を調整することにより，電力系統の無効電力を調整して電圧調整行うものである．

これは図に示すV曲線で示される同期電動機の特性を利用するもので，同期調相機の界磁を過励磁にして運転すると線路から進み電流をとるコンデンサとして作用し，不足励磁にして運転すると線路から遅れ電流をとるリアクトルとして作用する．

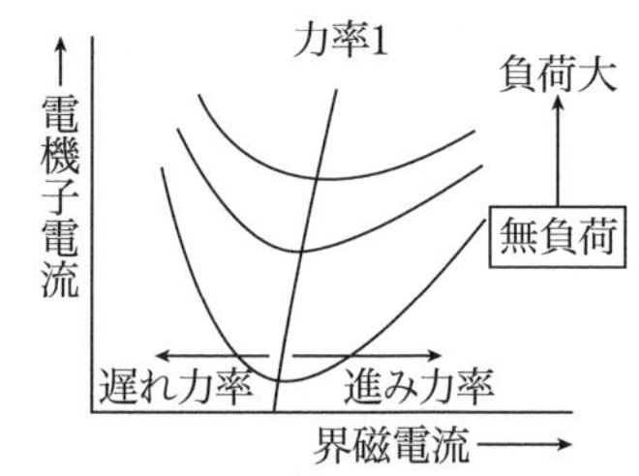

第8-1図　同機電動機のV曲線

電力系統が重負荷のときは，線路の負荷力率は遅れ方向に低下するので，同期調相機を過励磁に，電力系統が軽負荷で線路の充電電流が大きいときは，線路の負荷力率は進み方向に低下するので，同期調相機を不足励磁にして無効電力を調整することにより線路の電圧低下および上昇を抑制する．

したがって，遅相容量，進相容量とも分相できるので3が不適当なものである．

答　3

No.9　核分裂の際，飛び出す中性子のスピードをおとす役目をするのが減速材である．

ウラン235が核分裂した際，飛び出す中性子は非常に高速である．そのため，原子炉の中で核分裂を連続して起こすには，高速の中性子をウラン235の原子核が吸収しやすいスピードまで落とす必要があり，この役割をするのが減速材である．一般に，中性子減速作用が大きく中性子の吸収の少ない軽水，重水，黒鉛，ベリウム等が使われる．

炉の内部の放射線が外部に漏れるのを防ぐのは，遮へい材である．

したがって，2 が最も不適当なものである．　**答　2**

No.10　直接接地方式は，中性点を実用上抵抗が零である導体で直接接地する方式である．送電電圧が 187 kV 以上の超高圧送電線路に採用され，異常電圧（健全相の電圧上昇）の発生が他の方式に比較して最小であり，接続される機器や線路の絶縁（変圧器の段絶縁の採用など）を低減できる利点がある．しかし，1 線地絡時の地絡電流が大きくなるので通信線への誘導障害が大きくなり，故障点の損傷拡大などを防止するため高速遮断（数サイクル）する必要がある．

一方，非接地方式は，33 kV 以下の系統で短距離送電に採用される．中性点を接地せず地絡電流を最大 25 A 程度に抑制し，地絡時の故障電流が小さく誘導障害が小さいが，1 線地絡時には健全相の対地電圧は相電圧の $\sqrt{3}$ 倍に上昇する．また条件によっては間欠アーク地絡を生じ，極めて高い電圧の上昇をきたす．

したがって，2 が不適当なものである．　**答　2**

No.11　三相負荷のコンデンサ接続前の無効電力 Q は，負荷の有効電力を P とすると皮相電力（P/cos）に $\sin\theta$ を乗じて求められるので，

$$Q = \frac{P}{\cos\theta} \times \sin\theta = \frac{600}{0.8} \times \sqrt{1 - 0.8^2} = 450 \text{ kvar}$$

コンデンサを接続して力率を 100 % に改善するとあるので，遅れ無効電力分の 450 kvar をコンデンサから供給すればよい．

したがって，2 が正しいものである．　**答　2**

No.12　電力系統の安定度増加対策を以下に示す．

① 送電電圧の高電圧化．

② 系統のリアクタンスを小さくする．具体的には，送電線の並列回線の増加，複導体の採用，直列コンデンサの設置など．

③ 発電機に制動巻線を設け，（過渡）リアクタンスを小さくする．

④ 高速遮断，高速再閉路方式の採用．

⑤ 速応励磁，応答の極めて速い自動電圧調整装置，調速装置の採用．

⑥ 直流送電の採用

直列リアクトルは，力率改善用コンデンサに設置されるもので，系統電圧波形のひずみの抑制に施設する設備である．

したがって，2 が不適当なものである．　**答　2**

No.13 P点の法線照度 E_{m} は，距離の2乗に反比例するので, I/R^2〔lx〕と与えられる．また, 入射角余弦の法則により, 水平面照度 E_{h} は第13-1図に示すように，入射角を θ としたとき，法線照度 E_{n} の $\cos\theta$ 倍の値となるので，次式で示される．

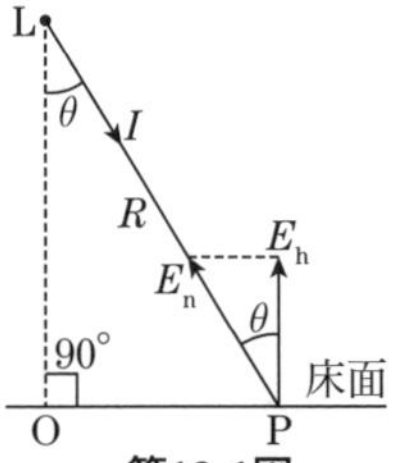

第13-1図

$$E_{\mathrm{h}} = E_{\mathrm{n}} \cos\theta = \frac{I}{R^2}\cos\theta \text{〔lx〕}$$

したがって，2が正しいものである． **答 2**

No.14 シリコン結晶系太陽電池のモジュールは，その表面温度が高くなると出力が低下する負の温度特性を有している．太陽光を受けるモジュール表面の温度は，外気温に比べて晴天時で20～40 ℃程度高めになるため，標準状態（25 ℃）での出力に比べて低下する．

したがって，3が最も不適当なものである． **答 3**

No.15 誘導加熱は，交番磁界中において，導電性の被熱物に生じる渦電流損や，磁性材料の場合に生じるヒステリシス損により被熱物を加熱するもので，IH（Induction Heating：電磁誘導加熱）調理器などに利用されている．一般には，電磁誘導によって生じる渦電流と被加熱材の抵抗とによるジュール熱を利用することが多い．

したがって，4が適当なものである． **答 4**

※【No.16】～【No.47】までの32問題のうちから，14問題を選択・解答

No.16 水車とは, 水が保有するエネルギーを機械的仕事に変える回転機械である．現在，発電に使用されている水車は衝動水車と反動水車に大別される．
衝動水車は，水の有するエネルギーをすべて速度水頭に変えた流水をランナに作用させるものである．反動水車は圧力水頭をもつ流水をランナに作用させる．衝動水

第16-1表　比速度の限界値

種　類	比速度限界値〔m･kW〕	適用落差〔m〕
ペルトン水車	$N_s \leqq \dfrac{4\,300}{H+150}+14$	150～800
フランシス水車	$N_s \leqq \dfrac{33\,000}{H+55}+40$	40～500
軸流水車	$N_s \leqq \dfrac{21\,000}{H+13}+50$	40～80
斜流水車	$N_s \leqq \dfrac{21\,000}{H+20}+40$	40～150

車にはペルトン水車があり，反動水車にはフランシス水車，斜流水車，軸流水車がある．

第16-1表に各水車の比速度の限界値と適用落差について示す．

たとえば500 mでの比速度限界値を比較すると，ペルトン水車が20.6，フランシス水車が89.5とフランシス水車のほうが比速度を大きくとれる．

したがって，4が最も不適当なものである　　**答 4**

No.17 風のもつ運動エネルギーEは，空気の質量をm，速度をvとすると，

$$E = \frac{1}{2}mv^2$$

空気の密度をρ，風車の回転面積をAとすると，単位時間当たりに風車を通過する空気の質量mは，$m = \rho Av$となるので，風車の出力係数をC_{p}とし，風車で得られる単位時間当たりのエネルギーpを求めると，

$$p = \frac{1}{2}C_{\mathrm{p}}\rho Av^3$$

となり，風車で得られるエネルギーは受風（回転）面積に比例し，風速の3乗に比例する．

したがって，4が正しいものである　　**答 4**

風力発電は，自然の風を利用して風車で発電機を駆動し，電気エネルギーを得るもので，年間を通じておおよそ6～7m/s程度以上の風況のよいところが望ましいものとされている．自然の風は風向，風速とも変動が激しく，自然の猛威にさらされることから，風車はこれに耐える強度や構造が必要である．

風のもつ運動のエネルギーの利用には限界があり，理論的には約60 %であるが，実際に得られるエネルギーは10～30 %程度である．

No.18 変電所に使われている負荷開閉器は，負荷電流の開閉に用いられるもので，定格電流までの大きさの負荷電流やループ電流の開閉能力をもつが，遮断器のように，短絡事故時の短絡電流のような定格電流をはるかに上回る大きな電流を遮断することはできない．

したがって，3が最も不適当なものである　　**答 3**

No.19 比率差動継電器は，保護区間に流入する電流と保護区間から流出する電流の差を検出してその比率により動作する継電器であり，変圧器，発電機，母線などの保護に用いられている．また，送電線保護用のPCM電流差動継電器も基本原理は同様である．

したがって，2が最も不適当なものである．　　**答 2**

比率差動継電器の原理は，常時あるいは外部の故障では二つの変流器（CT）間

を電流は環流しているだけであるが，保護区間に故障が生じると $\dot{i}_1-\dot{i}_2$ の差電流が動作コイル（差動回路）に流れて第 19-1 図に示すように継電器が動作する．

この方式は，外部故障などで通過電流が大きくなると，変流器の特性や飽和によって誤動作しやすくなるので，各線の電流を抑制コイルに流して（動作電流／抑制電流）の比が設定値より大きいと動作させる比率差動継電器が広く用いられている．

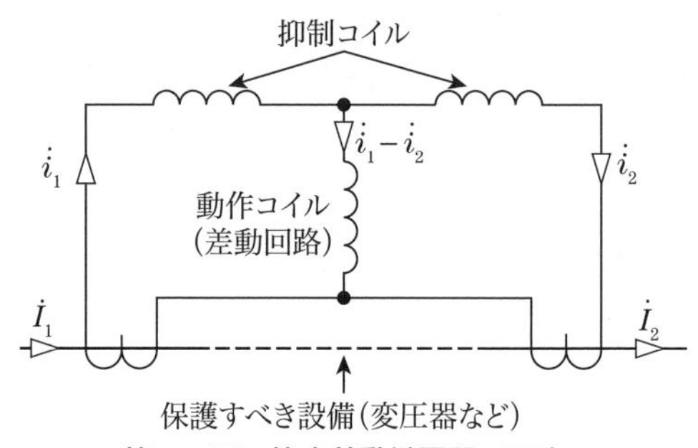

第19-1図　比率差動継電器の回路

No.20 電力系統の運用において，軽負荷時には系統電圧が上昇傾向になり，これを抑制するために分路リアクトルを系統へ投入する．特に夜間や休日における長距離送電線路やケーブル系統では，進み電流による受電端電圧の上昇（フェランチ現象）が懸念されるため，分路リアクトルを系統へ投入する．

電力用コンデンサは，重負荷時に系統電圧が低下傾向となることの抑制のために，系統に並列投入する調相設備である．

したがって，2 が最も不適当なものである．　**答　2**

No.21 支持点 A，B が同一水平線上にある電線は，その中央でたるみが生じて第 21-1 図のような曲線を描き，そのたるみ D〔m〕は，次式で表される．

$$D=\frac{WS^2}{8T}\ 〔\mathrm{m}〕$$

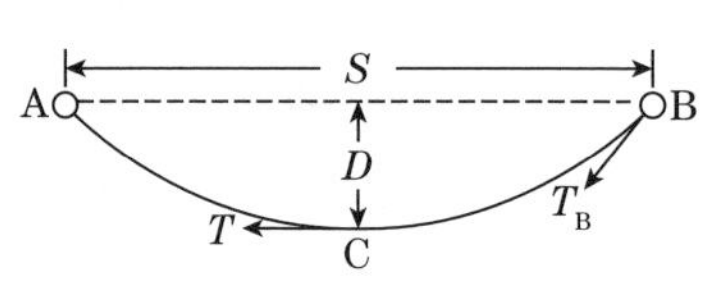

第21-1図

ただし，D：電線の最大たるみ〔m〕

W：電線単位長当たりの合成荷重〔N〕
（風圧および氷雪加重を含めたもの）

S：径間

T：最低点 C における電線の水平張力〔N〕
（支持点 B における電線の張力 T_B と近似的に等しい）

電線実長 L〔m〕は，径間が S〔m〕，たるみが D〔m〕の場合，次式で表される．

$$L=S+\frac{8D^2}{3S}$$

したがって，4が正しいものである． **答 4**

No.22 径間逆フラッシオーバを防止するためには，架空地線のたるみを電線のたるみより小さくする必要がある．大きくすると，径間中央での径間逆フラッシオーバを発生する率が増大する．

したがって，1が不適当なものである． **答 1**

No.23 フェランチ効果（現象）は，長距離送電線などで，負荷が非常に小さい場合や無負荷の場合など，線路を流れる電流が静電容量のため進み電流となり，受電端電圧が送電端電圧よりも高くなる現象をいう．無負荷の充電電流は，静電容量に比例，静電容量は距離に比例する．

したがって，この現象は，送電線路の単位長さ当たりの静電容量が大きいほど（例えば地中ケーブル線路や進み力率の負荷が多く使用されているときなど），インダクタンスが大きいほど，また，こう長が長いほど著しい．分路リアクトルの設置は有効である．

第23-1図に，通常線路とフェランチ現象時のベクトル図を示す．

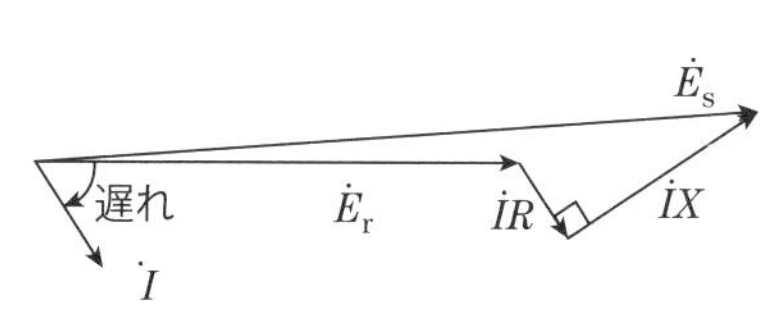

通常の線路のベクトル図

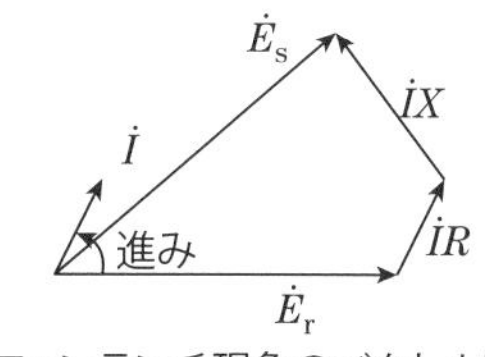

フェンランチ現象のベクトル図

E_s：送電端電圧
E_r：受電端電圧
R：送電線の抵抗
X：線路のリアクタンス
I：電流

第23-1図

したがって，3が不適当なものである． **答 3**

No.24 問題に示された図の導体相互間の静電容量 C_m を△-Y変換すると，$3C_m$ となる．よって，導体1条当たりの静電容量 C〔μF〕は，次式で表される．

$$C = C_S + 3C_m \text{〔μF〕}$$

したがって，4が正しいものである． **答 4**

No.25 架空送電線の事故は，雷などによるフラッシオーバ事故が多いため，いったん停電させてアークを消滅させれば，再び送電しても問題がない場合が多いことから，自動再閉路方式（高速度・中速度・低速度）が多く採用されている．

自動再閉路方式の種類(高速度再閉路方式:1秒程度以内)には，次の3種類がある．

① 多相再閉路方式

並行2回線の架空送電線路で同時に2回線の地絡事故が発生した場合に，両回線の健全相を利用して送電を継続し，事故が除去された後，2回線で送電を継続する方式である．

② 単相再閉路方式

送電線の事故は9割以上が1線地絡事故であり，単相のみ遮断器を開放し，アークが消滅するまでの間，2相で送電を継続するものである．

ただし，不平衡となることからごく短時間での回復が必要となる．

③　三相再閉路方式

三相同時に遮断器を開放し，アークが消滅した後，再閉路するものである．瞬時停電を伴う．

地中送電線には雷が落ちることがないので，再閉路方式は採用されない．

したがって，4が最も不適当なものである．　**答　4**

No.26　地中電線路の絶縁劣化測定法の主なものには，次のものがある．

⑴　直流漏れ電流法（直流高圧法）

ケーブルの導体とシース間に一定の直流電圧を加え，漏れ電流の大きさ，変化などを時間で整理・プロットし，絶縁状態を調べる絶縁劣化測定法である．

⑵　直流成分法

ケーブルの導体とシース間に交流電圧を加え漏れ電流の中にある直流成分を測定し，その大きさ，変化などを時間で整理・プロットし，絶縁状態を調べる絶縁劣化測定法である．活線で行われる場合が多い．

⑶　誘電正接法

シェーリングブリッジを使用し，絶縁物の誘電正接（$\tan\delta$）を測定し絶縁状態を調べる絶縁劣化測定法である．

⑷　残留電荷法

直流課電により水トリー内部に蓄積させた電荷を，交流課電により回復させる過程において流れる直流成分を劣化信号として検出する絶縁劣化測定法である．

選択肢1の静電容量法は，地中電線路の故障点評定法である．この方法は，ケーブルの静電容量が長さに比例することを利用したもので，故障点ですべての相が断線しているとき，断線していない相が残っていても補助線の設置ができない場合には，普通のマーレーループ法で測定することはできないため，このようなときには静電容量法で評定する．

したがって，1が最も不適当なものである．　**答　1**

No.27　電力用コンデンサに直列に挿入する直列リアクトルは，回路電圧波形のひずみを軽減させ，かつ，コンデンサ投入時の突入電流を抑制する．

近年，配電線の第5高調波が問題となっており，その対策として，直列リアクトルの容量を一般にはコンデンサ容量の6％（JIS規格）として施設する．理論的には4％で第5高調波と共振となるが，共振による障害を抑制するために誘導性とする必要があり6％としている．系統によっては，13％とする場合もある．

したがって，3が最も不適当なものである．　**答　3**

No.28 照明率を求めるため最初に室指数を求める．室指数は次式で求められる．

$$室指数=\frac{間口〔m〕\times奥行〔m〕}{作業面から光源までの高さ〔m〕\times(間口+奥行)〔m〕}$$

よって，上式に与えられた数値を当てはめて計算すると，

$$室指数=\frac{10\times15}{2\times(10+15)}=\frac{150}{50}=3.0$$

問題の表の固有照明率より，照明率は0.8となる．

よって，事務室の面積をA〔$\mathrm{m^2}$〕，照明器具1台の光束をF〔lm〕，照明率をU，保守率をM，照明器具の台数をNとすると，平均照度E〔lx〕は次式で表される．

$$E=\frac{FMNU}{A}$$

上式に与えられた数値を代入して計算する．

$$E=\frac{3\,000\times0.8\times25\times0.8}{10\times15}=320\ \mathrm{lx}$$

したがって，3が適当なものである．　**答　3**

No.29 電気設備の技術基準とその解釈第149条（低圧分岐回路等の施設）において，分岐回路の種類と遮断器，使用電線などの規定は，第29-1表に示すとおり定められている．

第29-1表　電灯分岐回路の種類等

種　類	遮　断　器	コンセントの定格電流	使用電線( )内はM1ケーブル
15 A分岐回路	15 A以下の過電流遮断器	15 A以下	直径1.6 mm(1 $\mathrm{mm^2}$)以上
B20 A分岐回路	20 A以下の配線用遮断器	20 A以下	直径1.6 mm(1 $\mathrm{mm^2}$)以上
20 A分岐回路	20 A以下の過電流遮断器(配線用遮断器を除く)	20 A	直径2 mm(1.5 $\mathrm{mm^2}$)以上
30 A分岐回路	30 A以下の過電流遮断器	20～30 A	直径2.6 mm(2.5 $\mathrm{mm^2}$)以上
40 A分岐回路	40 A以下の過電流遮断器	30～40 A	断面積8 $\mathrm{mm^2}$(6 $\mathrm{mm^2}$)以上
50 A分岐回路	50 A以下の過電流遮断器	40～50 A	断面積14 $\mathrm{mm^2}$(10 $\mathrm{mm^2}$)以上

したがって，3が誤っているものである．　**答　3**

No.30 内線規程3335-4（低圧進相用コンデンサを個々の負荷に取り付ける場合の施設）では，次のように規定している．

1．低圧進相用コンデンサを個々の負荷に取り付ける場合には，次の各号によること．

① コンデンサの容量は，負荷の無効分より大きくしないこと．

② コンデンサは，手元開閉器又はこれに相当するものよりも負荷側に取り付けること．

③ 本線から分岐し，コンデンサに至る電路には，開閉器などを施設しないこと．

④ 省略

したがって，3が不適当なものである． **答 3**

なお，選択肢2は3335-6，選択肢4は3335-3に定められているとおりである．

No.31 内線規程1310-1（電圧降下）では，次のように規定している．

1．低圧配線中の電圧降下は，幹線及び分岐回路において，それぞれ標準電圧の2％以下とすること．ただし，電気使用場所内の変圧器により供給される場合の幹線の電圧降下は，3％以下とすることができる．

2．供給変圧器の二次側端子（電気事業者から低圧で電気の供給を受けている場合は，引込線取付点）から最遠端の負荷に至る電線のこう長が60 mを超える場合の電圧降下は，前項にかかわらず，負荷電流により計算し1310-1表によることができる．

第31-1表　1310-1表　こう長が60 mを超える場合の電圧降下

供給変圧器の二次側端子又は引込線取付点から最遠端の負荷に至る間の電線のこう長(m)	電圧降下(%)	
	電気使用場所内に設けた変圧器から供給する場合	電気事業者から低圧で電気の供給を受けている場合
120以下	5以下	4以下
200以下	6以下	5以下
200超過	7以下	6以下

よって，選択肢4は，6％以下としなければならない．

したがって，4が不適当なものである． **答 4**

No.32 JIS C 4620 キュービクル式高圧受電設備 5.（種類）の表1「キュービクルの種類」では，次のとおり規定している．

第32-1表　表1　キュービクルの種類

主遮断装置の形式	屋内外用の別	保守形態による形状	受電設備容量〔kV・A〕
CB形	屋内用	前後面保守形	4,000以下
		前面保守形(薄形)	
	屋外用	前後面保守形	
		前面保守形(薄形)	
PF・S形	屋内用	前後面保守型	300以下
		前面保守形(薄形)	
	屋外用	前後面保守型	
		前面保守形(薄型)	

したがって，2が最も不適当なものである. **答 2**

No.33 保護継電器に最小動作値を超える電圧または電流を加えてから，その接点が閉じるまでに要する時間（動作時間）を限時または時限といい，限時特性には次の種類がある.

① 反限時特性

動作限時が電流または電圧値に反比例するもので，大電流または大電圧の場合は短時間で，小電流または小電圧の場合は長時間となるものである.

② 定限時特性

動作限時が電流または電圧値にかかわらず，常に一定のものである.

③ 反限時定限時特性

反限時特性と定限時特性を組み合わせたもので，ある電流または電圧値までは反限時で，それ以上になると，定限時となるものである.

④ 瞬限時特性

動作限時に限時作用を与えないもので，電流または電圧値が整定値を超えると瞬時に動作するものである.

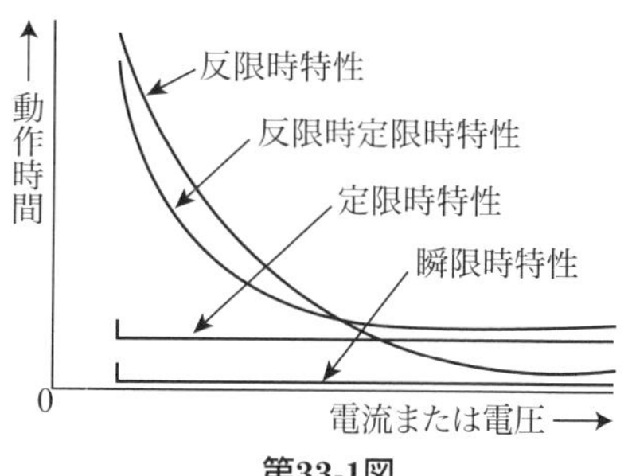

第33-1図

これらの限時特性を示すと，第33-1図のようになる.

瞬時要素は短絡保護用に適用され，限時要素は過負荷保護用に適用される.

したがって4が不適当なものである. **答 4**

No.34 ループ受電方式には，第34-1図に示すオープンループ受電方式と，第34-2図に示すクローズドループ受電方式とがある.

オープンループ受電方式は，送電系統を複数の需要家をループ状に結合した2回線受電とし，あらかじめ指定された一需要家の片側のCBを開放してある方式である．送電側の事故点によってはいったん停電するが，電力供給会社の指令によってCBを開放する需要家を変えることにより復電する.

一方，クローズドループ受電方式は，ループ状に結合したすべての需要家のCB

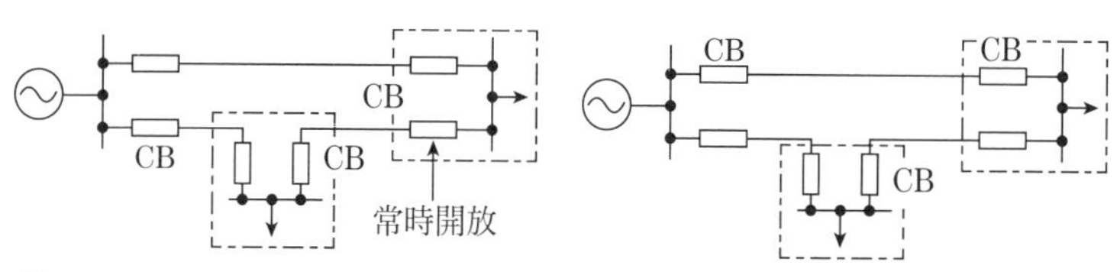

第34-1図　オープンループ受電方式　**第34-2図　クローズドループ受電方式**

を 2 回線とも常時閉状態にしてある方式で，片回線事故では停電することがないので信頼性は高いが，保護継電方式は転送遮断方式をとるなど複雑になる.

したがって，1 が最も不適当なものである. **答 1**

No.35 ディーゼル機関とガスタービン機関の比較を第 35-1 表に示す.

第35-1表　ガスタービン機関とディーゼル機関の比較

原動機 項　目	ガスタービン機関	ディーゼル機関
作動原理	連続燃焼している燃焼ガスの熱エネルギーを直接タービンにて回転運動に転換(回転運動)	断続燃焼する燃焼ガスの熱エネルギーをいったんピストンの往復運動に変換し，それをクランク軸で回転運動に変換(往復運動→回転運動)
使用燃料	灯油，軽油，A 重油，天然ガス(プロパン，B 重油，C 重油)	軽油，A 重油(B 重油，C 重油，灯油)
NO_X量等	20～150 ppm	300～1 000 ppm
振　動	回転機関のため少なく，防振装置不要.	往復動機関のため振動があるが，防振装置により減少可能.
体積・重量	構成部品点数が少なく，寸法・重量ともに小さく軽い.	部品点数が多く，重量が重い.
据　付	据付面積が小さい. 基礎がほとんど不要. 吸気・排気の処理装置が大きくなる.	据付面積が大きい(補機類を含む). 基礎が必要. 吸気・排気の処理装置が小さい.
冷却水	不要	必要

したがって，4 が不適当なものである. **答 4**

No.36 JIS B 8121「コージェネレーションシステム用語」では，次のように規定している.

コンバインドサイクル：高温の熱機関サイクルと低温の熱機関サイクルとを直列に組み合わせたサイクル．例えば，ガスタービンと蒸気タービンとを組み合わせたコンバインドサイクルがある.

したがって，3 が誤っているものである. **答 3**

No.37 電気設備の技術基準とその解釈第17条（接地工事の種類及び施設方法）の規程による各種接地工事の接地抵抗値・接地線太さおよびその具体的規制事項を第37-1表に示す.

この表によれば，遮断時間が1秒を超え2秒以下なので，300 V を 15 A で除すればよい.

$$R_B = \frac{300}{I_1} = \frac{300}{15} = 20\ \Omega$$

したがって，2が正しいものである.　　**答 2**

第37-1表　接地抵抗値と接地線の太さ

接地工事の種類	接地抵抗値R_N	接地線の太さ
A種接地工事E_A	$R_N \leqq 10\ \Omega$	2.6 mm 以上 （8 mm^2 以上）
B種接地工事E_B	$R_N \leqq \frac{150}{I_g}\ \Omega$ I_g：高圧または特別高圧側の1線地絡電流〔A〕 ○高圧または35 kV以下の特別高圧の電路と低圧電路を結合するもので，混触時低圧側の対地電圧が150 Vを超えたときに， ・1秒を超え2秒以下で高圧または特別高圧の電路を遮断する装置を設ける場合 $R_N \leqq \frac{300}{I_g}\ \Omega$ ・1秒以下で遮断する装置を設ける場合 $R_N \leqq \frac{600}{I_g}\ \Omega$	4.0 mm 以上 高圧電路または15 kV以下の中性点接地式で，地絡を生じたとき2秒以内に自動遮断する装置を有する特別高圧架空電線路の電路と低圧電路とを変圧器により結合する場合は，2.6 mm以上（8 mm^2 以上）
C種接地工事E_C	$R_N \leqq 10\ \Omega$ ○低圧側で地絡時0.5秒以内に電路を自動遮断する場合 $R_N \leqq 500\ \Omega$	1.6 mm 以上 （0.75 mm^2 以上）
D種接地工事E_D	$R_N \leqq 100\ \Omega$ ○低圧側で地絡時0.5秒以内に電路を自動遮断する場合 $R_N \leqq 500\ \Omega$	1.6 mm 以上 （0.75 mm^2 以上）

（注）　接地線の太さで（　）は移動機器用接地線を示し，原則としてキャブタイヤケーブルを使用する.

No.38 JIS C 3653「電力用ケーブルの地中埋設の施工方法」では，次のように規定している.

4.6　ケーブルの立上り部

a)　省略

b)　ケーブルの地表上部は，堅ろうで耐候性の高い不燃性又は自消性のある難燃性の防護材で覆う．この場合において，防護材の地表上の高さは2 m（造営物の屋側に立ち上げる場合は，2.5 m）以上とする．

したがって，2 が不適当なものである．　**答　2**

No.39　消防法施行規則第 23 条(自動火災報知設備の感知器等)第 4 項第七号では，次のように規定している．

七　煙感知器（光電式分離型感知器を除く．）は，次に定めるところによること．

イ　天井が低い居室又は狭い居室にあっては入口付近に設けること．

ロ　天井付近に吸気口のある居室にあっては当該吸気口付近に設けること．

ハ　感知器の下端は，取付け面の下方 0.6 m 以内の位置に設けること．

ニ　感知器は，壁又ははりから 0.6 m 以上離れた位置に設けること．

ホ　以降省略

したがって，2 が誤っているものである．　**答　2**

No.40　消防法による防災設備と適応防災電源ならびに建築基準法による防災設備と適応防災電源について第 40-1 表に示す．

第 40-1 表　消防法による防災設備と適応防災電源

防災電源 防災設備	非常用電源専用受電設備	自家発電設備	蓄電池設備	蓄電池設備と自家発電設備の併用	容量（以上）
屋内消火栓設備	△	○	○	—	30 分間
スプリンクラー設備	△	○	○	—	30 分間
水噴霧消火設備	△	○	○	—	30 分間
泡消火設備	△	○	○	—	30 分間
二酸化炭素消火設備	—	○	○	—	60 分間
ハロゲン化物消火設備	—	○	○	—	60 分間
粉末消火設備	—	○	○	—	60 分間
自動火災報知設備	△	—	○	—	10 分間
ガス漏れ火災警報設備	—	—	○	○＊	10 分間
非常警報設備	△	—	○	—	10 分間
誘導灯		—	○	—	20 分間
排煙設備	△	○	○	—	30 分間
非常コンセント設備	△	○	○	—	30 分間
無線通信補助設備	△	—	○	—	30 分間

○：適応するもの．
△：特定防火対象物以外の防火対象物または特定防火対象物で延べ面積 1 000 m^2 未満のものにのみ適応できるもの．
—：適応できないもの．

※ 1 分間以上の容量の蓄電池設イと 40 秒以内に始動する自家発電設備にに限る．

したがって，2 が誤っているものである．　**答　2**

No.41　ループコイルとは駐車場システム，カーゲートシステムなどカーゲート（遮断機）を利用したシステムには無くてはならないセンサで，駐車場システムで車両がどこにいるのかを検出しながら駐車券を発行したり，カーゲートを開けたり，閉めたり，車両の台数をカウントするなどのシステムに利用され，多くの部分が金属である車両がコイルを通過する際に生じるインダクタンスの変化を検出するセンサである.

よって，駐車場の車路に埋設する場合，金属製配管としてしまうと，センサの役目を果たすことができない.直接埋設やプラスチック製のパイプなどに収めて埋設する.

したがって，3が最も不適当なものである. **答 3**

No.42 ダイレクトインライン方式は，局線から呼び出しに対し，あらかじめ指定された内線電話機に直接着信させる方式のことをいう.

代表番号をダイヤルしたのち1次応答を受け，引き続き内線番号をダイヤルして直接電話機を呼出す方式は，ダイレクトインダイヤル方式である.

したがって，4が最も不適当なものである. **答 4**

No.43 剛体ちょう架方式は，一般的に架線張力が2t程度であり，速度性能は低速用，集電容量は中容量である. 一方，カテナリちょう架式は，形式別にはさまざまな方式があるが，シンプルカテナリ方式を例にとると，一般的架線張力が2t程度であり，速度性能は中速用，集電容量は中容量であり，ヘビーコンパウンドカテナリ方式では，一般的架線張力が5.5t程度であり，速度性能は超高速用，集電容量は大容量となる.

したがって，1が最も不適当なものである. **答 1**

No.44 ATき電方式は，通信誘導障害対策として単巻変圧器を用いるき電方式である. 選択肢3は，BTき電方式に関する説明である.

したがって，3が不適当なものである. **答 3**

ATき電方式は，第44-1図に示すように，架線（トロリ線）と平行にATき電線

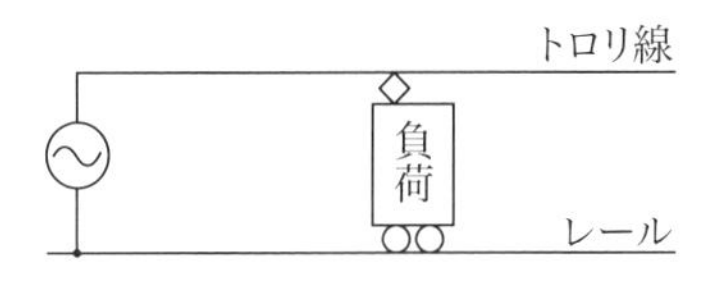

(a) 最も簡単な方式(直接き電方式)

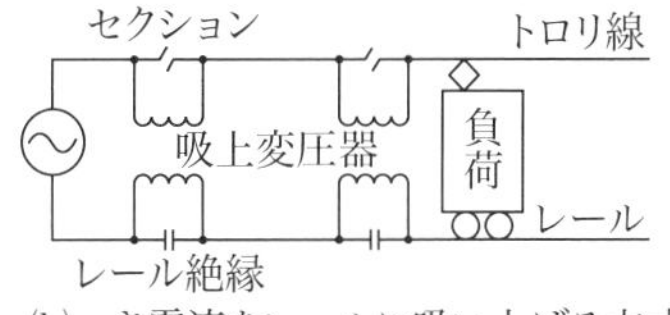

(b) き電流をレールに吸い上げる方式

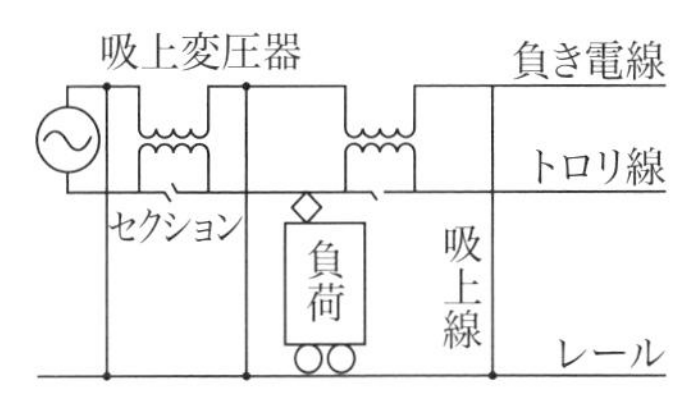

(c) 負き電線と吸上変圧器を用いる方法(BT方式)

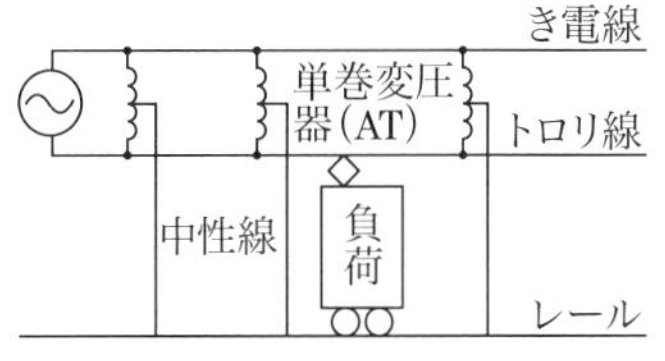

(d) 単巻変圧器を用いる方式(AT方式)

第44-1図

と呼ばれる電線が設置され，架線と AT き電線の間に数 km おきに単巻変圧器を挿入し，BT き電方式における吸上変圧器が架線に対して複数個が直列に接続されているのとは対照的に，単巻変圧器は架線と AT き電線の間に複数個が並列に接続されているのが特徴である．

No.45 出発信号機は，停車場から進出する列車に対する信号機である．停車場に進入する列車に対する信号機は，場内信号機である．

したがって，1 が不適当なものである．　**答　1**

No.46 同時式オフセット方式は，系統線路に沿って全交差点の表示が同時に青になるようなオフセット方式である．一般に信号間隔が短い所では，連続的に車が交差点で停止させられることを避けるためにこの方式を採用する．優先オフセット方式ではなく，平等オフセット方式に用いられる．

したがって，1 が不適当なものである．　**答　1**

No.47 PLC とは電力線を通信回線として使用する技術のことをいい，電力線通信，高速電力線通信と呼ばれている．

現在の企業ネットワークや家庭ネットワークは，有線 LAN ではイーサネット LAN で構築されているのが通常であり，PLC で構築することは非常に稀で，UTP ケーブルが敷設できない環境や，無線 LAN の電波が届かない特殊な環境（小規模ネットワーク）で，PLC を使用することがある．ただし，PLC による漏洩電波が無線通信や医療機器に影響を与える可能性があると指摘されていることもあり，基本的に普及していないのが現状である．

現在，メーカから「HD-PLC」対応 PLC アダプタが出ているが，これを利用して電力を供給している既存の電力線を利用してデータ通信を行い，通信専用線の敷設や無線通信が困難な場面でのネットワーク構築を可能にしている．また，従来の家庭用電力や従来の PLC に比べ，高周波帯域（2 ～ 28 MHz）を使用することで高速通信が可能となる．

通常，信号の減衰しにくい同相配線間での通信により構築される．異相での通信性能を改善するためには，例えば単相 3 線などで異なる相の系統では，分電盤内の主幹もしくは分岐ブレーカに端子台取付タイプを設置して，L1 相と L2 相をまたぐ通信性能改善などの手法が採用されることがある．

したがって，4 が最も不適当なものである．　**答　4**

※【No.48】～【No.55】までの 8 問題のうちから，5 問題を選択・解答

No.48 空気調和設備におけるファンコイルユニット・ダクト併用方式は，開口部の外部負荷（日射負荷および外壁・ガラス伝導負荷）対応として，ペリメータ部分

にファンコイルユニットを設置し，インテリア部分には，機械室の空調機から定風量または変風量ダクト方式での給気を併用した方式である．

この方式は，1台の空調機で複数の室を対象とする場合においてもファンコイルユニットにより温度制御を均一にしやすい．

したがって，3が最も不適当なものである．　**答 3**

No.49 遠心ポンプの特性曲線のうち，Aは軸動力曲線，Bは全揚程（揚程曲線），Cはポンプ効率，Dは回転速度（ヘッド：NPSH曲線：キャビテーションの発生を抑制するための曲線）を表している．

したがって，1が適当なものである．　**答 1**

No.50 設問に示された土量変化率の式と値から，

$$\text{地山の土量} = \frac{\text{ほぐした土量}}{L} = \frac{720}{1.2} = 600\ \mathrm{m^3}$$

$$\text{締固めた土量} = \text{地山の土量} \times C = 600 \times 0.9 = 540\ \mathrm{m^3}$$

したがって，1が正しいものである．　**答 1**

No.51 振動ローラは,自重のほかにドラムまたは車体に取付けた起振体（振動機）により鉄輪を振動させて，自重の1～2倍ぐらいの起振力を付加することにより締固め効果を得られるローラで，砂質土の締固めに適している．

ローラの表面に突起をつけ，突起の先端に荷重を集中（静的荷重）させて土塊や岩塊などの破砕や締固めに適している機械は、タンピングローラである．

したがって，3が不適当なものである．　**答 3**

No.52 鉄塔は，一般に4脚別々にコンクリート基礎を設置する．

基礎をつくる場所の地盤が軟弱な場合は，ボーリングにより地質調査をし，必要な場合は杭打ちをし，また4脚の不等沈下を防ぐため各脚の基礎をつないだり，4脚一体のマット基礎とする場合もある．地盤の良い場所では、逆T字型基礎が用いられ，地盤の悪い場所や支持層の深い場所には杭基礎が用いられる．

また，山岳地の急傾斜地の鉄塔の場合は，基礎上の土が少なくなるため，深さが10m以上の深い深礎基礎とする。深礎基礎は，地形勾配の急な山岳地や比較的良質な地盤の場合に適用され，鋼板（ライナプレート）などで孔壁を保護しながら内部を円形に掘削し，コンクリートピアを構築する．

したがって，2が適当なものである．　**答 2**

No.53 スラブ軌道は，道床バラストとまくら木を用いた一般的な有道床軌道の保守作業を抜本的に低減するために開発された省力化軌道で，プレキャストのコンクリート版（軌道スラブという）を用いた軌道をいう．コンクリートの現場打設により構築するものではない．したがって，4が不適当なものである．　**答 4**

No.54 コンクリートの圧縮強度は，主に骨材を結合するセメントペースト中の水〔w〕と，セメント〔c〕との質量比に影響される．この質量比を水セメント比（$w/c \times 100$ %）といい，水セメント比が小さいほど，圧縮強度は大きくなる．

水セメント比が大きいと，コンクリート強度や耐久性，水密性，乾燥による収水セメント比が大きいと，コンクリート強度や耐久性，水密性，乾燥による収縮性（収縮率が高いとひび割れが生じる）などに悪影響を及ぼすので好ましくない．

したがって，2が最も不適当なものである．　**答 2**

No.55 鉄骨構造は，構造材料として強度大，じん性大であることから，建築物の重量が軽くなる．特徴は，耐震的には強いが，耐火性に弱く，剛性が小さいので変形が大きく，座屈が生じやすい．耐火構造とするためには，コンクリートで覆う必要があり，そのかぶりも5 cm以上とする必要がある。

したがって，1が最も不適当なものである．　**答 1**

※【**No.56**】，【**No.57**】の2問題は，全問解答

No.56 PGSは，柱上ガス開閉器（Pole mounted Gas Insulated Switch）のことで，柱上に設備できるように取付けを考慮したガス開閉器である．

ガス遮断器の文字記号はGCB（Gas Circuit Breaker）で，電路の開閉を六ふっ化硫黄（SF_6）ガスなどの不活性ガス中で行う遮断器である．

したがって，3が誤っているものである．　**答 3**

No.57 建設工事標準下請契約約款第8条（下請負人の関係事項の通知）では，次のように規定している．

第8条　下請負人がこの工事の全部又は一部を第三者に委任し，又は請け負わせた場合，下請負人は，元請負人に対して，その契約（その契約に係る工事が数次の契約によって行われるときは，次のすべての契約を含む．）に関し、次の各号に掲げる事項を遅滞なく書面をもって通知する。

一　受任者又は請負者の氏名及び住所（法人であるときは、名称及び工事を担当する営業所の所在地）

二　建設業の許可番号

三　現場代理人及び主任技術者の氏名

四　雇用管理責任者の氏名

五　安全管理者の氏名

六　工事の種類及び内容

七　工期

八　受任者又は請負者が工事現場において使用する一日当たり平均作業員数

九　受任者又は請負者が工事現場において使用する作業員に対する賃金支払の方法
十　その他元請負人が工事の適正な施工を確保するため必要と認めて指示する事項
2　下請負人は，元請負人に対して，前項各号に掲げる事項について変更があったときは，遅滞なく書面をもってその旨を通知する．

したがって，4が誤っているものである　**答　4**

※【No.58】～【No.63】までの6問題は，全問解答

No.58　総合施工計画書は，工事の着手に先立ち，総合仮設を含めた工事の全般的な進め方や，主要工事の施工方法，品質目標と管理方針，重要管理事項などの大要を定めた，総合的な計画書であり，建設工事の受注者によって作成されるものである．機器承諾図の内容を基に作成するものではない．

したがって，3が最も不適当なものである．　**答　3**

No.59　道路交通法第77条（道路の使用の許可）では，次のように規定している．

第77条　次の各号のいずれかに該当する者は，それぞれ当該各号に掲げる行為について当該行為に係る場所を管轄する警察署長（以下この節において「所轄警察署長」という．）の許可（当該行為に係る場所が同一の公安委員会の管理に属する二以上の警察署長の管轄にわたるときは，そのいずれかの所轄警察署長の許可．以下この節において同じ．）を受けなければならない．

一　道路において工事若しくは作業をしようとする者又は当該工事若しくは作業の請負人
二　道路に石碑，銅像，広告板，アーチその他これらに類する工作物を設けようとする者
三　場所を移動しないで，道路に露店，屋台店その他これらに類する店を出そうとする者
四　前各号に掲げるもののほか，道路において祭礼行事をし，又はロケーションをする等一般交通に著しい影響を及ぼすような通行の形態若しくは方法により道路を使用する行為又は道路に人が集まり一般交通に著しい影響を及ぼすような行為で，公安委員会が，その土地の道路又は交通の状況により，道路における危険を防止し，その他交通の安全と円滑を図るため必要と認めて定めたものをしようとする者

よって，道路使用許可申請書は，所轄警察署長へ提出する．

したがって，1が最も不適当なものである．　**答　1**

No.60　(1)　山積み図

山積み計算は，配員計画を行う場合の基礎となるもので，ネットワークを組んで

決めた日程のとおり工事を進捗させるものとした時の計算である．計算手順は次のとおりである．

① 最早開始時刻（最遅開始時刻）を計算する．

② 各作業の開始を最早開始時刻（最遅開始時刻）に合わせた作業日を暦日目盛（タイムスケール）に実線で表示し，フロートはその後に点線で表示する．

③ 各作業の開始，完了の時点に縦線を入れ，縦線間の各作業の使用人員を集計する．

④ クリティカルパスが底辺にくるように山積み図をつくる．これは，最早開始，最遅開始のいずれの場合でも，作業の開始と完了の時刻に変化がないからである．

したがって，1が最も不適当なものである．　**答 1**

なお，山崩し計算は，各作業のフロートを利用して，作業を最早開始時刻と最遅開始時刻の間の可能な範囲で調整して，平均化を図ることである．計算手順は次のとおりである．

① 最早開始時刻と最遅開始時刻の山積み図をつくる．

② 各作業のトータルフロートを計算する．

③ クリティカルパス上の作業を底辺に置く．

④ クリティカルパス以外の作業は，二つの山積み図の範囲で作業の開始日を調整する．この場合，トータルフロートの小さい順に始め，トータルフロートが同じ場合は，作業時間が短いほうから開始する．

⑤ 工期全体にわたって④の調整を繰り返し，作業者数を平均化する．

No.61 問題図より所要工期を求める．

a. ①→②→③→⑧→⑪→⑫　28日
b. ①→②→③→⑧→⑩→⑪→⑫　31日
c. ①→②→③→⑤→⑥→⑧→⑪→⑫　31日
d. ①→②→③→⑤→⑥→⑧→⑩→⑪→⑫　34日
e. ①→②→③→⑤→⑥→⑩→⑪→⑫　34日
f. ①→②→③→⑤→⑥→⑦→⑨→⑪→⑫　40日
g. ①→②→③→⑤→⑥→⑦→⑨→⑩→⑪→⑫　39日
h. ①→②→⑤→⑥→⑩→⑪→⑫　31日
i. ①→②→⑤→⑥→⑧→⑪→⑫　28日
j. ①→②→⑤→⑥→⑧→⑩→⑪→⑫　31日
k. ①→②→⑤→⑥→⑦→⑨→⑪→⑫　37日
l. ①→②→⑤→⑥→⑦→⑨→⑩→⑪→⑫　36日

n. ①→②→④→⑦→⑨→⑪→⑫ 37日
m. ①→②→④→⑦→⑨→⑩→⑪→⑫ 36日
o. ①→②→④→⑤→⑥→⑩→⑪→⑫ 37日
p. ①→②→④→⑤→⑥→⑧→⑪→⑫ 34日
q. ①→②→④→⑤→⑥→⑧→⑩→⑪→⑫ 37日
r. ①→②→④→⑤→⑥→⑦→⑨→⑪→⑫ 43日
s. ①→②→④→⑤→⑥→⑦→⑨→⑩→⑪→⑫ 42日

クリティカルパスはrとなり，所要工期は43日となる.

したがって，5が正しいものである. **答 5**

No.62 散布図とは二つの特性の相関関係（関連性）の有無を判断しなければならない場合に用いられるもので，二つの対になったデータを縦軸と横軸にとり，両者の対応する点をグラフにプロットした図である. 散布図の例を第62-1図に示す.

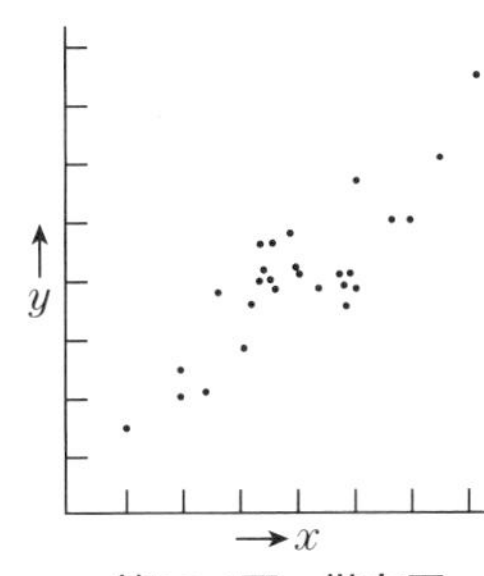

第62-1図　散布図

散布図から次のことがわかる.

① 対応する二つのデータの関連性の有無

② 対応する場合に，片方のデータをどう処理すれば良いかという対策

したがって，4が適当なものである. **答 4**

No.63 管理図は，データをプロットした点を直線で結んだ折れ線グラフの中に異常を知るための中心線や管理限界線を記入したもので，データの図式記録の一種である.

管理限界線は，品質のバラツキが小さな通常起こる不可避的な原因（偶然原因）によるものか，技術的に除去できる異常原因による大きなバラツキかを判断する基準となるものである.

【管理状態（安定状態）の判定基準の概略】

① 点（プロットしたもの）が管理限界線の外に出ていない.

② 点の並びにくせ（連，傾向，周期）がない.

・ 中心線の片側に連続して点が現れる（連という）. 連の長さ（片側に続く点の数が7点以上現れれば異常と判断する）.

・ 点が次第に上昇・下降する状態を示す（傾向という）. 連続7点以上が上昇または下降の傾向を示した場合，管理アウトと判断する.

よって，設問4は残りの40点が管理限界外にあるということなので，工程異常と判断できる.

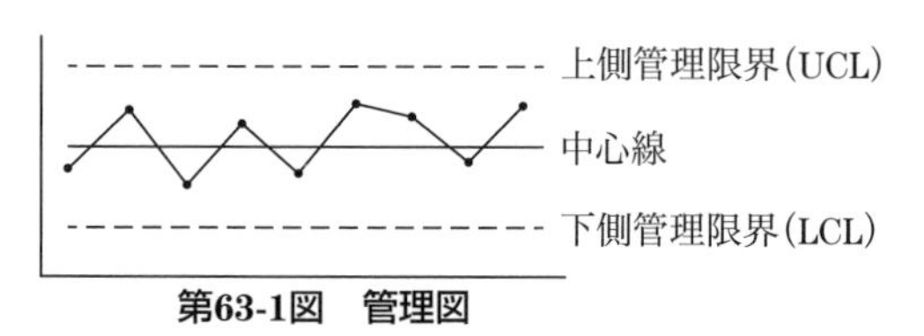

第63-1図　管理図

したがって，4 が不適当なものである．　**答　4**

※【No.64】～【No.70】までの 7 問題は，全問解答

No.64　工種別施工計画書は，設計図書や総合施工計画書に基づいて作成され，工事施工上の特記事項，配線，機器等の据付工事，接地，耐震措置，試験等の詳細な方法が記載される．

また，作業のフロー，管理項目，管理水準，管理方法，監理者・管理者の確認，管理資料・記録等を記載した品質管理表が使用されている．施工要領書は施工内容が具体的になったときには，その都度作成し，発注者の承認を得る必要がある場合がある．

したがって，1 が最も不適当なものである．　**答　1**

No.65　ガントチャート工程表は，縦軸に工事を構成する工種を，横軸に各作業の達成度を百分率でとり，計画日程と現時点における進行状態とを棒グラフで示したものである．

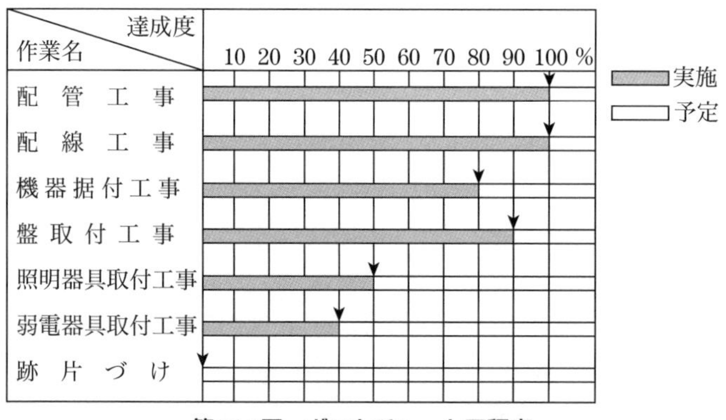

第65-1図　ガントチャート工程表

その特徴は次のとおりである．

① 作成が容易である．

② 各作業の現時点における達成度がよくわかる．

③ 各作業の前後関係が不明である．

④　工事全体の進行が不明である．

⑤　各作業の日程および所要日数が不明である．

⑥　各作業の進行状態や変更が他の作業に及ぼす影響を把握しにくい．

したがって，2が最も不適当なものである．　**答　2**

No.66　工事費と施工速度の関係を表すと，第66-1図のような図となる．

①　直接工事費

一般に，ある施工速度までは一定であるが，速度を急がせると費用が上昇する．

②　間接工事費

一般に短い工期で施工すると費用が低減する．

直接工事費と間接工事費を総合した費用曲線の最小点が最適の工程となる．この工事費が最小となる最も経済的な施工速度を経済速度という．

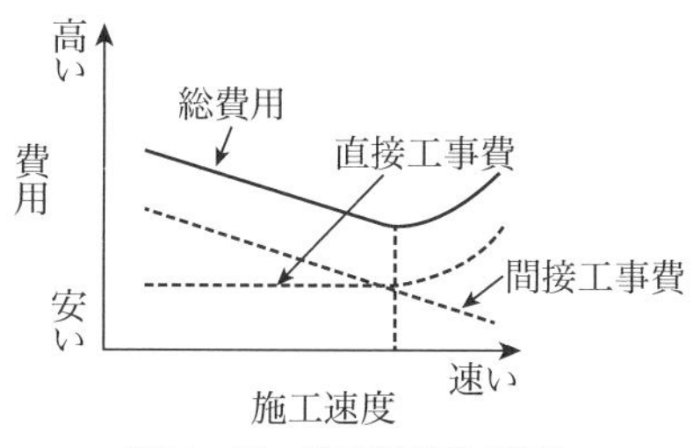

第66-1図　施工速度と費用

この図からわかるように，間接工事費は，一般に施工速度を遅くすると共通費や安全対策費，現場管理費などが嵩むことから高くなる．

したがって，4が最も不適当なものである．　**答　4**

No.67　電気設備の技術基準の解釈第37条（避雷器等の施設）第3項では，次のように規定している．

3　高圧及び特別高圧の電路に施設する避雷器には，A種接地工事を施すこと．ただし，高圧架空電線路に施設する避雷器（第1項の規定により施設するものを除く．）のA種接地工事を日本電気技術規格委員会規格 JESC E2018（2015）「高圧架空電線路に施設する避雷器の接地工事」の「2．技術的規定」により施設する場合の接地抵抗値は，第17条第1項第一号の規定によらないことができる．

A種接地工事の抵抗値は，同解釈第17条により「10 Ω 以下」と定められている．

したがって，4が誤っているものである．　**答　4**

No.68　労働安全衛生規則第351条（絶縁用保護具等の定期自主検査）では，次のように規定している．

第351条　事業者は，第348条第1項各号に掲げる絶縁用保護具等（同項第五号に掲げるものにあっては，交流で300 V を超える低圧の充電電路に対して用いられるものに限る．以下この条において同じ．）については，六月以内ごとに1回，定期に，その絶縁性能について自主検査を行わなければならない．ただし，六月を超える期間使用しない絶縁用保護具等の当該使用しない期間においては，この限りでない．

2　事業者は，前項ただし書の絶縁用保護具等については，その使用を再び開始する際に，その絶縁性能について自主検査を行なわなければならない．

3　事業者は，第1項又は第2項の自主検査の結果，当該絶縁用保護具等に異常を認めたときは，補修その他必要な措置を講じた後でなければ，これらを使用してはならない．

4　事業者は，第1項又は第2項の自主検査を行ったときは，次の事項を記録し，これを3年間保存しなければならない．

一　検査年月日

二　検査方法

三　検査箇所

四　検査の結果

五　検査を実施した者の氏名

六　検査の結果に基づいて補修等の措置を講じたときは，その内容

したがって，2が定められていないものである．　**答　2**

No.69　労働安全衛生法第61条（就業制限）では，次のように規定している．

第61条　事業者は，クレーンの運転その他の業務で，政令で定めるものについては，都道府県労働局長の当該業務に係る免許を受けた者又は都道府県労働局長の登録を受けた者が行う当該業務に係る技能講習を修了した者その他厚生労働省令で定める資格を有する者でなければ，当該業務に就かせてはならない．

上記条文により，労働安全衛生法施行令第20条（就業制限に係る業務）では，次のように規定している．

第20条　法第61条第1項の政令で定める業務は，次のとおりとする．

一〜十四　省略

十五　作業床の高さが10 m以上の高所作業車の運転（道路上を走行させる運転を除く.）の業務

したがって，選択肢3の業務は特別教育では法令違反となる．10 m未満の場合は特別教育で良い．

また，労働安全衛生規則第194条の23（定期自主検査）では，次のように規定している．

第194条の23　事業者は，高所作業車については，1年以内ごとに1回，定期に，次の事項について自主検査を行わなければならない．ただし，1年を超える期間使用しない高所作業車の当該使用しない期間においては，この限りでない．

一　圧縮圧力，弁すき間その他原動機の異常の有無

二　クラッチ，トランスミッション，プロペラシャフト，デファレンシャルその他動力伝達装置の異常の有無

三　起動輪，遊動輪，上下転輪，履帯，タイヤ，ホイールベアリングその他走行装置の異常の有無

四　かじ取り車輪の左右の回転角度，ナックル，ロッド，アームその他操縦装置の異常の有無

五　制動能力，ブレーキドラム，ブレーキシューその他制動装置の異常の有無

六　ブーム，昇降装置，屈折装置，平衡装置，作業床その他作業装置の異常の有無

七　油圧ポンプ，油圧モーター，シリンダー，安全弁その他油圧装置の異常の有無

八　電圧，電流その他電気系統の異常の有無

九　車体，操作装置，安全装置，ロック装置，警報装置，方向指示器，灯火装置及び計器の異常の有無

2　事業者は，前項ただし書の高所作業車については，その使用を再び開始する際に，同項各号に掲げる事項について自主検査を行わなければならない．

さらに，第194条の24（定期自主検査）では，次のように規定している．

第194条の24　事業者は，高所作業車については，一月以内ごとに1回，定期に，次の事項について自主検査を行わなければならない．ただし，一月を超える期間使用しない高所作業車の当該使用しない期間においては，この限りでない．

一　制動装置，クラッチ及び操作装置の異常の有無

二　作業装置及び油圧装置の異常の有無

三　安全装置の異常の有無

2　事業者は，前項ただし書の高所作業車については，その使用を再び開始する際に，同項各号に掲げる事項について自主検査を行わなければならない．

したがって，3および4が誤っているものである．　**答　3および4**

No.70　労働安全衛生規則第333条（漏電による感電の防止）では，次のように規定している．

第333条　事業者は，電動機を有する機械又は器具（以下「電動機械器具」という．）で，対地電圧が150Vをこえる移動式若しくは可搬式のもの又は水等導電性の高い液体によって湿潤している場所その他鉄板上，鉄骨上，定盤上等導電性の高い場所において使用する移動式若しくは可搬式のものについては，漏電による感電の危険を防止するため，当該電動機械器具が接続される電路に，当該電路の定格に適合し，感度が良好であり，かつ，確実に作動する感電防止用漏電しゃ断装置を接続しなければならない．

また，同規則第352条（電気機械器具等の使用前点検等）では，次のように規定している．

第352条　事業者は，次の表の左欄に掲げる電気機械器具等を使用するときは，

その日の使用を開始する前に当該電気機械器具等の種別に応じ，それぞれ同表の右欄に掲げる点検事項について点検し，異常を認めたときは，直ちに，補修し，又は取り換えなければならない（抜粋）.

電気機械器具等の種別	点検事項
第333条第1項の感電防止用漏電しゃ断装置	作動状態

したがって，4 が誤っているものである.　**答　4**

※【No.71】～【No.79】までの 9 問題のうちから，6 問題を選択・解答

No.71　汽力発電所の発電機据付け工事における付属品の組立てと据付け手順は，固定子に回転子を挿入した後，エンドカバーベアリングおよび軸密封装置，クーラ，ブッシング，油配管，水配管を取り付ける.

したがって，2 が最も不適当なものである.　**答　2**

No.72　低い接地抵抗が要求される変電所の接地網の接地抵抗の測定は，交流電圧降下法によって行われる．第 72-1 図は測定回路の一例である.

測定に際しての留意事項を以下に示す.

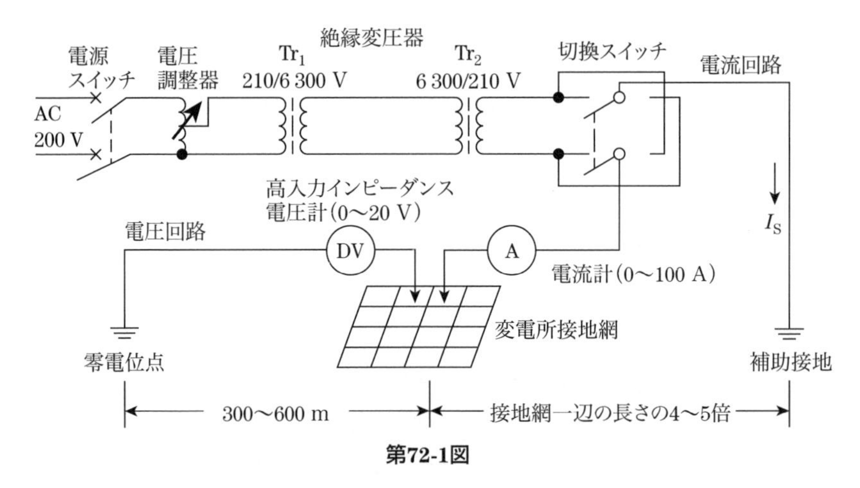

第72-1図

① 電圧回路への誘起電圧を低減するため，電流回路は電圧回路と 90°以上の交差角をとる．同様の理由から電圧回路は，ほかの送電線路ともなるべく平行にならないように考慮する.

② 電流回路の電源が 1 線または中性点を接地している場合は，必ず絶縁変圧器によって電流を電源回路から絶縁する.

③ 電流回路の電流値は，なるべく大きくする．たとえば，20 A 以上とする.

④ 電圧補助電極の抵抗による誤差を避けるため，高インピーダンス電圧計を使

用する.

⑤ 接地抵抗値は，電圧回路および電流回路と接地網との接続点をいくつか変えて測定し，それらの平均値を求めることが特に望ましい.

⑥ 電流回路は送電線を利用しこれを一括接地する方法も考慮する．この場合，架空地線による変電所接地との連接を切り離すこと.

⑦ 測定の際，電流回路の極性を転換し，各々の電位測定値より補正を行い．電圧回路に対する誘起電圧の影響ならびに接地電流その他による大地漂遊電位の影響による誤差を除くこと.

したがって，3が最も不適当なものである. **答 3**

No.73 架空送電線の弛度測定方法には,直接弛度の接線を見通して行う測視法と,両端を支持（吊架）された電線の物理的性質を利用して測定された値から計算によって求める間接的な方法とがある．前者を「直接法」，後者を「間接法」と呼ぶ.

直接法には，等長法，異長法，角度法，水平弛度法があり，間接法には，張力計法，横振の単振動周期測定，機械的衝撃波による方法などがある.

問題に示される方法は「異長法」である．第73-1図に示すように,斜弛度(等長法)では見通せないが，A_0点，B_0点が共に鉄塔に測設でき，電線接線が直線上に見通せる場合に用いる方法である．ただし，aとbがあまり異なるようでは測定誤差が大きくなるので用いないほうがよい.

弛度dは，問題に示された近似式を用いて計算される.

したがって，1が適当なものである. **答 1**

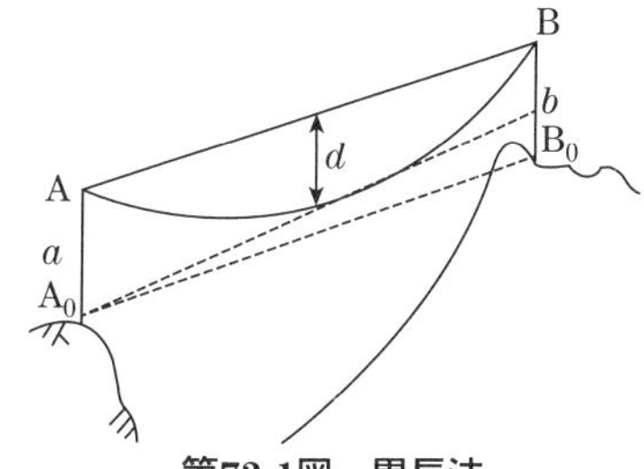

第73-1図 異長法

No.74 電気設備の技術基準とその解釈第164条（ケーブル工事）第1項第四号では，次のように規定している.

第164条 ケーブル工事による低圧屋内配線は，次項及び第3項に規定するものを除き，次の各号によること.

四 低圧屋内配線の使用電圧が300 V以下の場合は，管その他の電線を収める防護装置の金属製部分，金属製の電線接続箱及び電線の被覆に使用する金属体には，D種接地工事を施すこと．ただし，次のいずれかに該当する場合は，管その他の電線を収める防護装置の金属製部分については，この限りでない.

イ 防護装置の金属製部分の長さが4 m以下のものを乾燥した場所に施設する場合

ロ 屋内配線の使用電圧が直流300 V又は交流対地電圧150 V以下の場合において,防護装置の金属製部分の長さが8 m以下のものに簡易接触防護措置(金属製のものであって，防護措置を施す設備と電気的に接続するおそれがあるもので防護する方法を除く．）を施すとき又は乾燥した場所に施設するとき

したがって，3が不適当なものである． **答 3**

No.75 内線規程3302-1（手元開閉器）では，次のように規定している．

3302-1　手元開閉器

1　電動機，加熱装置又は電力装置には，操作しやすい位置に手元開閉器として箱開閉器，電磁開閉器，配線用遮断器，カバー付ナイフスイッチ又はこれらに相当する開閉器のうちから用途に適したものを選定して施設すること．ただし，次の各号のいずれかに該当する場合は，この限りでない．

〔注1〕手元開閉器は，電動機，加熱装置などがなるべく見えやすい箇所に設ける必要がある．

〔注2〕電磁開閉器の場合は，押ボタンが操作しやすい場所にあればよい．

〔注3〕カバー付ナイフスイッチは．電灯，加熱装置用として設計されたものであるから電動機の手元開閉器として使用するのは適当ではないが，対地電圧が150 V以下の電路から使用する400 W以下の電動機を次により施設する場合は，使用しても差しつかえない．ただし3編4章（特殊場所）に規定する場所（興行場を除く．）を除く．

(1) 家庭用又は軽作業を行う工場などでカバーが破損するおそれがない場所に施設すること．

(2) カバー付ナイフスイッチは，定格電流30 Aのものを用いること．

〔注4〕頻繁に開閉を要する場合は，電磁開閉器を使用するのが望ましい．

①　電動機を施設した機械器具又は電力装置に，手元開閉器に相当する適当な開閉器が取り付けてある場合

②　定格出力0.2 kW以下の電動機をコンセントから使用する場合又は定格入力1.5 kVA以下の加熱装置若しくは電力装置をコンセントから使用する場合

③　専用の分岐回路から供給され，フロートスイッチ，圧力スイッチ，タイムスイッチなどにより自動的に操作される場合又はこれらに類する場合で技術的に手元開閉器を必要としないとき

したがって，2が最も不適当なものである． **答 2**

No.76 高圧地絡継電装置は，検出する電流が非常に小さい（高感度）ので，接地および運用に際して次の点に注意する必要がある．

貫通形ZCTにケーブルを貫通させて使用する場合，ケーブルの接地箇所は原則として，ケーブル1本につき1ヶ所とする．この場合，負荷側シールドを一括して接地を行うか，電源側シールドを一括した接地線をZCTをくぐらせたのち，ZCT

の負荷側で接地する.

よって，選択肢２の図のように負荷側シールドを一括してZCTを通して電源側で接地すると，地絡電流が心線，シールド接地線を往復してしまうため，前述の接地方法となっていないことから，地絡電流を検出することができない.

したがって，２が不適当なものである.　**答　2**

No.77　直流電気鉄道の電食対策として，帰線の漏れ電流の低減対策を実施する. 一般にレールは変電所で負極に接続されているのでレールの電位は変電所付近では負であって，変電所から遠ざかるに従いしだいに上がる. レールは大地の上に敷設されているがレールと大地の間には電位差があり，レールを流れる電流の一部は大地に漏れ迷走電流となり，付近に埋設されている水道管，ガス管等の金属体に流入し，変電所付近で大地に流出しレールに戻る. このとき，電流が大地に流出する所がしだいに腐食されていくことを電食という.

電気鉄道側の電食防止対策としては，レールからの漏れ電流を減少させることであり，次のような対策を実施する.

① 道床の排水をよくし（不良枕木の交換，絶縁パッドの使用，線路配水施設の完備），絶縁道床，絶縁締結装置などを採用して，漏れ抵抗を大きくする.

② レールボンドの取付を完全にし，必要により補助帰線を設け，あるいはクロスボンドを増設して，帰線抵抗を減少させる.

③ 変電所数を増加し，き電区域を縮小して，漏れ電流を減少させる.

④ 架空絶縁帰線を設けて，レール内の電位の傾きを減少させ，漏れ電流を少なくする.

したがって，２が不適当なものである.　**答　2**

No.78　SPD（Surge Protective Device）とは，いわゆる避雷器のことである.

電源ケーブルや信号ケーブルなど複数の配線がある場合は，監視カメラ，監視装置本体といった被保護機器の直近に，適したSPDを取り付ける.

したがって，４が最も不適当なものである.　**答　4**

No.79　特別高圧地中送電線路の管路工事において，単心ケーブル１条を引き入れる管路には，強化プラスチック複合管（PFP），耐衝撃硬質塩化ビニル管，ガラス繊維強化プラスチック間（FRP）などの無筋管を用いて，渦電流などによる電力損失（管路が高温→ケーブルの熱劣化加速）を生じないようにしなければならない. 亜鉛めっき鋼管（GP）や鉄筋コンクリート管（HP），配管用炭素鋼鋼管（SGP）などの使用は絶対に避けなければならない.

したがって，２が不適当なものである.　**答　2**

※【No.80】～【No.92】までの 13 問題のうちから，10 問題を選択・解答

No.80 建設業法第 19 条（建設工事の請負契約の内容）では，次のように規定している．

第 19 条　建設工事の請負契約の当事者は，前条の趣旨に従って，契約の締結に際して次に掲げる事項を書面に記載し，署名又は記名押印をして相互に交付しなければならない．

一　工事内容
二　請負代金の額
三　工事着手の時期及び工事完成の時期
四　工事を施工しない日又は時間帯の定めをするときは，その内容
五　請負代金の全部又は一部の前金払又は出来形部分に対する支払の定めをするときは，その支払の時期及び方法
六　当事者の一方から設計変更又は工事着手の延期若しくは工事の全部若しくは一部の中止の申出があつた場合における工期の変更，請負代金の額の変更又は損害の負担及びそれらの額の算定方法に関する定め
七　天災その他不可抗力による工期の変更又は損害の負担及びその額の算定方法に関する定め
八　価格等（物価統制令（昭和 21 年勅令第 118 号）第 2 条に規定する価格等をいう．）の変動若しくは変更に基づく請負代金の額又は工事内容の変更
九　工事の施工により第三者が損害を受けた場合における賠償金の負担に関する定め
十　注文者が工事に使用する資材を提供し，又は建設機械その他の機械を貸与するときは，その内容及び方法に関する定め
十一　注文者が工事の全部又は一部の完成を確認するための検査の時期及び方法並びに引渡しの時期
十二　工事完成後における請負代金の支払の時期及び方法
十三　工事の目的物が種類又は品質に関して契約の内容に適合しない場合におけるその不適合を担保すべき責任又は当該責任の履行に関して講ずべき保証保険契約の締結その他の措置に関する定めをするときは，その内容
十四　各当事者の履行の遅滞その他債務の不履行の場合における遅延利息，違約金その他の損害金
十五　契約に関する紛争の解決方法
十六　その他国土交通省令で定める事項

したがって，1が定められていないものである．　　　　**答　1**

No.81　建設業法第26条（主任技術者及び監理技術者の設置等）では，次のように規定している．

第26条　建設業者は，その請け負った建設工事を施工するときは，当該建設工事に関し第7条第二号イ，ロ又はハに該当する者で当該工事現場における建設工事の施工の技術上の管理をつかさどるもの（以下「主任技術者」という．）を置かなければならない．

2　発注者から直接建設工事を請け負った特定建設業者は，当該建設工事を施工するために締結した下請契約の請負代金の額（当該下請契約が二以上あるときは，それらの請負代金の額の総額）が第3条第1項第二号の政令で定める金額以上になる場合においては，前項の規定にかかわらず，当該建設工事に関し第15条第二号イ，ロ又はハに該当する者（当該建設工事に係る建設業が指定建設業である場合にあっては，同号イに該当する者又は同号ハの規定により国土交通大臣が同号イに掲げる者と同等以上の能力を有するものと認定した者）で当該工事現場における建設工事の施工の技術上の管理をつかさどるもの（以下「監理技術者」という．）を置かなければならない．

建設業法施行令第2条（法第3条第1項第二号の金額）では，「法第3条第1項第二号の政令で定める金額は，4,000万円とする．ただし，同項の許可を受けようとする建設業が建築工事業である場合においては，6,000万円とする．」と定めている．

すなわち，

①　元請である特定建設業者が，4 000万円以上を下請負させる場合は，監理技術者を置かなければならない．

②　上記以外の建設業者は，請負金額にかかわらず主任技術者を置かなければならない．

以上より，元請A社は監理技術者を，下請のB，C，D社は主任技術者を置かなければならず，E社のように電気工事業の許可のない会社（軽微な建設工事のみを請け負うことを営業とする者）の場合は，建設業者にはあたらないので主任技術者を置く必要はない．

したがって，3が不適当なものである．　　　　**答　3**

No.82　建設業法第24条の4（検査及び引渡し）では，次のように規定している．

第24条の4　元請負人は，下請負人からその請け負った建設工事が完成した旨の通知を受けたときは，当該通知を受けた日から20日以内で，かつ，できる限り短い期間内に，その完成を確認するための検査を完了しなければならない．

2　元請負人は，前項の検査によって建設工事の完成を確認した後，下請負人が申し出たときは，直ちに，当該建設工事の目的物の引渡しを受けなければならない．ただし，下請契約において定められた工事完成の時期から20日を経過した日以前の一定の日に引渡しを受ける旨の特約がされている場合には，この限りでない．

したがって，1が不適当なものである．　**答　1**

No.83　電気事業法施行規則第65条（工事計画の事前届出）では，次のように規定している．

第65条　法第48条第1項の主務省令で定めるものは，次のとおりとする．

一　事業用電気工作物の設置又は変更の工事であって，別表第二の左欄に掲げる工事の種類に応じてそれぞれ同表の右欄に掲げるもの（事業用電気工作物が滅失し，若しくは損壊した場合又は災害その他非常の場合において，やむを得ない一時的な工事としてするものを除く.）

二　事業用電気工作物の設置又は変更の工事であって，別表第四の左欄に掲げる工事の種類に応じてそれぞれ同表の右欄に掲げるもの（別表第二の中欄若しくは右欄に掲げるもの，及び事業用電気工作物が滅失し，若しくは損壊した場合又は災害その他非常の場合において，やむを得ない一時的な工事としてするものを除く.）

第83-1表　別表第二（第62条，第65条関係）の抜粋

工事の種類		事前届出を要するもの
発電所	設置の工事	1　発電所の設置であって，次に掲げるもの (1)〜(7)　省略 (8)　出力2 000kW以上の太陽電池発電所の設置 (9)　出力500kW以上の風力発電所の設置 (10)　(1)から(5)まで及び(7)から(9)までに掲げる原動力のうち2以上のものを組み合わせた合計出力300 kW以上の発電所の設置
変電所	設置の工事	電圧17万V以上（構内以外の場所から伝送される電気を変成するために設置する変圧器その他の電気工作物の総合体であって，構内以外の場所に伝送するためのもの以外のもの（以下「受電所」という.）にあっては10万V以上）の変電所の設置
送電線路 （電線路と一体的に工事が行われる送電線引出口の遮断器（需要設備と電気的に接続するためのものを除く.）を含む.以下この項において同じ.）	設置の工事	電圧17万V以上の送電線路又は電圧17万V以上の電気鉄道用送電線路（鉄道営業法，軌道法又は鉄道事業法が適用され又は準用される送電線路であって，電気鉄道の専用敷地内に設置されるものをいう．以下同じ.）の設置

したがって，3が定められていないものである.　**答　3**

No.84　電気用品安全法第2条（定義）では，次のように規定している.

第2条　この法律において「電気用品」とは，次に掲げる物をいう.

一　一般用電気工作物（電気事業法（昭和39年法律第170号）第38条第1項に規定する一般用電気工作物をいう.）の部分となり，又はこれに接続して用いられる機械，器具又は材料であって，政令で定めるもの

二　携帯発電機であって，政令で定めるもの

三　蓄電池であって，政令で定めるもの

したがって，1が誤っているものである.　**答　1**

No.85　電気工事業の業務の適正化に関する法律第19条（主任電気工事士の設置）では，次のように規定している.

第19条　登録電気工事業者は，その一般用電気工作物に係る電気工事（以下「一般用電気工事」という.）の業務を行う営業所（以下この条において「特定営業所」という.）ごとに，当該業務に係る一般用電気工事の作業を管理させるため，第一種電気工事士又は電気工事士法による第二種電気工事士免状の交付を受けた後電気工事に関し3年以上の実務の経験を有する第二種電気工事士であって第6条第1項第一号から第四号までに該当しないものを，主任電気工事士として，置かなければならない.

2　前項の規定は，登録電気工事業者（法人である場合においては，その役員のうちいずれかの役員）が第一種電気工事士又は電気工事士法による第二種電気工事士免状の交付を受けた後電気工事に関し3年以上の実務の経験を有する第二種電気工事士であるときは，その者が自ら主としてその業務に従事する特定営業所については，適用しない.

3　登録電気工事業者は，次の各号に掲げる場合においては，当該特定営業所につき，当該各号の場合に該当することを知った日から2週間以内に，第1項の規定による主任電気工事士の選任をしなければならない.

一　主任電気工事士が第6条第1項第一号から第四号までの一に該当するに至ったとき.

二　主任電気工事士が欠けるに至ったとき（前項の特定営業所について，第1項の規定が適用されるに至った場合を含む.）.

三　営業所が特定営業所となったとき.

四　新たに特定営業所を設置したとき.

したがって，4が誤っているものである.　**答　4**

No.86　建築基準法第2条（用語の定義）三号では，建築設備について次のように

規定している．

三　建築設備　建築物に設ける電気，ガス，給水，排水，換気，暖房，冷房，消火，排煙若しくは汚物処理の設備又は煙突，昇降機若しくは避雷針をいう．

防火シャッターは，防火設備である．同条第九号二のロの耐火建築物の定義において，「その外壁の開口部で延焼のおそれのある部分に，防火戸その他の政令で定める防火設備（その構造が遮炎性能（通常の火災時における火炎を有効に遮るために防火設備に必要とされる性能をいう．第 27 条第 1 項において同じ.）に関して政令で定める技術的基準に適合するもので，国土交通大臣が定めた構造方法を用いるもの又は国土交通大臣の認定を受けたものに限る.）を有すること」とあり，防火シャッターはこれに該当する．

したがって，2 が誤っているものである．　**答　2**

No.87　建築士法第 2 条（定義）第一号では，次のように規定している．

一　この法律で「建築士」とは，一級建築士，二級建築士及び木造建築士をいう．

したがって，1 が誤っているものである．　**答　1**

No.88　消防法施行令第 7 条(消防用設備等の種類)では,次のように規定している．

第 7 条　法第 17 条第 1 項の政令で定める消防の用に供する設備は，消火設備，警報設備及び避難設備とする．

2　省略

3　第 1 項の警報設備は，火災の発生を報知する機械器具又は設備であって，次に掲げるものとする．

一～三　省略

四　警鐘，携帯用拡声器，手動式サイレンその他の非常警報器具及び次に掲げる非常警報設備

イ　非常ベル

ロ　自動式サイレン

ハ　放送設備

4　省略

5　省略

6　法第 17 条第 1 項の政令で定める消火活動上必要な施設は，排煙設備，連結散水設備，連結送水管，非常コンセント設備及び無線通信補助設備とする．

7　以降省略

したがって，4 が誤っているものである．　**答　4**

No.89　労働安全衛生法第 10 条（総括安全衛生管理者）では，次のように規定している．

第10条　事業者は，政令で定める規模の事業場ごとに，厚生労働省令で定めるところにより，総括安全衛生管理者を選任し，その者に安全管理者，衛生管理者又は第25条の2第2項の規定により技術的事項を管理する者の指揮をさせるとともに，次の業務を統括管理させなければならない．（以下略）

また，同条第15条（統括安全衛生責任者）では，次のように規定している．

第15条　事業者で，一の場所において行う事業の仕事の一部を請負人に請け負わせているもの（当該事業の仕事の一部を請け負わせる契約が二以上あるため，その者が二以上あることとなるときは，当該請負契約のうちの最も先次の請負契約における注文者とする．以下「元方事業者」という．）のうち，建設業その他政令で定める業種に属する事業（以下「特定事業」という．）を行う者（以下「特定元方事業者」という．）は，その労働者及びその請負人（元方事業者の当該事業の仕事が数次の請負契約によって行われるときは，当該請負人の請負契約の後次のすべての請負契約の当事者である請負人を含む．以下「関係請負人」という．）の労働者が当該場所において作業を行うときは，これらの労働者の作業が同一の場所において行われることによって生ずる労働災害を防止するため，統括安全衛生責任者を選任し，その者に元方安全衛生管理者の指揮をさせるとともに，第30条第1項各号の事項を統括管理させなければならない．ただし，これらの労働者の数が政令で定める数未満であるときは，この限りでない．

したがって，2が誤っているものである．　**答　2**

No.90　労働安全衛生規則第23条（委員会の会議）では，次のように規定している．

第23条　事業者は，安全委員会，衛生委員会又は安全衛生委員会（以下「委員会」という．）を毎月1回以上開催するようにしなければならない．

したがって，4が誤っているものである．　**答　4**

No.91　労働基準法第87条（請負事業に関する例外）では，次のように規定している．

第87条　厚生労働省令で定める事業が数次の請負によって行われる場合においては，災害補償については，その元請負人を使用者とみなす．

②　前項の場合，元請負人が書面による契約で下請負人に補償を引き受けさせた場合においては，その下請負人もまた使用者とする．但し，二以上の下請負人に，同一の事業について重複して補償を引き受けさせてはならない．

③　前項の場合，元請負人が補償の請求を受けた場合においては，補償を引き受けた下請負人に対して，まず催告すべきことを請求することができる．ただし，その下請負人が破産手続開始の決定を受け，又は行方が知れない場合においては，この限りでない．

したがって，1 が誤っているものである． **答 1**

No.92 騒音規制法第 14 条（特定建設作業の実施の届出）では，次のように規定している．

第 14 条　指定地域内において特定建設作業を伴う建設工事を施工しようとする者は，当該特定建設作業の開始の日の 7 日前までに，環境省令で定めるところにより，次の事項を市町村長に届け出なければならない．ただし，災害その他非常の事態の発生により特定建設作業を緊急に行う必要がある場合は，この限りでない．

一　氏名又は名称及び住所並びに法人にあっては，その代表者の氏名

二　建設工事の目的に係る施設又は工作物の種類

三　特定建設作業の場所及び実施の期間

四　騒音の防止の方法

五　その他環境省令で定める事項

2　前項ただし書の場合において，当該建設工事を施工する者は，速やかに，同項各号に掲げる事項を市町村長に届け出なければならない．

3　前二項の規定による届出には，当該特定建設作業の場所の附近の見取図その他環境省令で定める書類を添附しなければならない．

したがって，3 が誤っているものである． **答 3**

2022年度（令和4年度）
第二次検定・解答
出題数5　必要解答数5
問題1～3は記述式，問題4～5は五肢択一式です.

問題1（解答例）

1－1　経験した電気工事

⑴　工 事 名　○○地域再開発ビル建築に伴う電気設備工事

⑵　工事場所　東京都江東区○○1丁目1番地

⑶　電気工事の概要

　㈠　請負金額（概略額）　80億円

　㈡　概　　要

　RC B2，4F（延べ面積270 000 m^2）

　受電設備（6.6 kV 3ϕ 3W 2 000 kV･A × 20台，1 ϕ 1 000 kV･A × 20台）

　動力制御盤55面，電灯設備85面，低圧幹線工事，消防設備工事 他

⑷　工　　期　令和○○年○月～令和△△年△月

⑸　この電気工事でのあなたの立場　　主任技術者

⑹　あなたが担当した業務の内容　　主任技術者として，電気工事全体の施工管理を行った.

1－2　工程管理上予想した問題とその理由

⑴　（問題）建築工程変更による電気工事工程変更後の資材納入管理

　（理由）先行手配資材と工程変更に伴う資材手配の漏れ発生による工程遅延を防止するため.

　（対策）

　①　先行手配資材の再チェックと，変更に応じた工区ごとの資材数量管理表の作成と発注管理，手配漏れがないように管理表チェックを厳重に行った.

　②　主要資材の納入管理・搬入路確保，および資材管理表により，納入日には仕様確認・数量確認・傷等の有無確認，必要に応じて絶縁チェックなど，厳正管理した.

⑵ （問題）幹線ルート変更に伴う工程見直し

（理由）建築方の設計変更が一部あり，幹線ルートの変更により，夜間工事での対応が発生したため.

（対策）

① 変更工程に合わせた延線および接続作業班の確保，変更ルートの幹線こう長の再測定・見直しを行い，ケーブルメーカとの再調整，納入管理を万全に行った.

② 変更に伴いラック設置などの付帯工事の見直しと，工程見直し，延線・接続などの総合施工要領書を作成し，作業者全員に周知するとともに，工程のフォローアップを確実に実施した.

1－3 施工計画から引き渡しまでの間の品質管理上の留意事項とその理由，対策

（留意事項） 競合工事による据え付け後のキュービクル等の損傷防止

（理由） 同じ工事場所で多くの競合工事があり，作業場所の取り合いもあり，据え付け後のキュービクル等の損傷が懸念されたため.

（対策）

① 据付け後のキュービクル，制御盤等には，プラスチックコンパネ等による養生を万全に行うとともに，電線類には養生マットやシートの取り付けを徹底した.

② 競合工事終了後，機器類は目視点検による損傷等の有無確認，ケーブルはメガーチェックを行い，検査合格で引き渡しを終了した.

問題2 ※以下の各項目の中から二つを解答すればよい.

1. クレーン等による揚重作業

① 作業開始前点検の実施（ワイヤロープ・過巻防止警報・クラッチ・ブレーキ・コントローラなど）.

② クレーンなど運転免許証の確認.

③ クレーンなどの転倒防止措置の確認（軟弱地盤対策・アウトリガーの確実な張り出しと定格荷重など）.

④ 玉掛け作業では，有資格者の確認（吊り上げ荷重 1 t 以上）.

⑤ 作業範囲内への労働者の立入り禁止措置の確認.

2. 高圧活線近接作業

① 充電電路に絶縁用防具を装着してから作業に当たらせること.

② 絶縁用防具の装着時は，作業者に教育を行うとともに絶縁用保護具を着用させる.

③ 絶縁用防具の装着時は，活線作業用器具もしくは活線作業用装置を使用させる.

3．酸素欠乏危険場所での作業

① 酸素濃度測定ならびに硫化水素濃度の測定を実施する．マンホールの場合，上・中・下の3点を測定する．酸素濃度18％未満，硫化水素濃度100万分の10を超える状態が危険である．

② 換気等危害防止措置の確認．作業前および作業中の換気を実施する．

③ 作業員の入場時および退場時の氏名および人員の確認．

④ 表示事項の確認（危険表示，作業主任者，測定時間・濃度等）．

⑤ 特別教育を受けた作業員を配置しているかの確認．

⑥ 緊急時・避難用具等の配備は万全か（空気呼吸器，安全帯，はしごなど）

4．掘削作業

① 土留め支保工を設け，防護網を張り，労働者の立入りを禁止する．とくに，地山の状態により根入れ長を長くするなどの措置を講じること．

② 掘削および運搬機械等が，労働者の作業箇所に後進して接近するときは，誘導者を配置し，労働者と接触しないよう機械を誘導すること．

③ 掘削土砂は，土留め支保工から2m以上離れた場所に仮置きする．

④ 運搬機械，掘削機械および積込機械の運行の経路ならびにこれらの機械の土石の積卸し場所への出入の方法を定めて，関係労働者に周知すること．

問題3

1．汽力発電のタービン発電機

① 風損を少なくする関係上，その磁極は横軸円筒形の構造であり，回転界磁形が採用されている．

② タービン発電機は回転数が高く（1 500 ～ 1 800 min^{-1}，3 000 ～ 3 600 min^{-1}），磁極も2極または4極が採用される．

③ 冷却方式は，水素冷却方式が巻線コイルの保護と風損の低減などから採用されるが，空気が混入すると爆発の恐れがあるので，濃度管理（90％以上）に注意が必要である．

2．油入変圧器の冷却方式

① 油入自冷式は，巻線および鉄心で発生した損失熱を油の自然対流で外箱および放熱器に伝え，放射および空気の対流によって大気中に放散させる最も一般に行われている冷却方式である．

② 油入自冷式は，自冷式のため，保守および運転が容易である．しかし，大容量になると放熱器の所要数が多くなり，油量，価格および床面積が増大する．

③ 油入風冷式は、油入自冷式の放熱器に冷却扇で風を吹き付け，放熱効果を増加させたものである．

④　油入風冷式は，放熱器の冷却効果が自冷式より増加するので，同一損失に対する所要冷却面積は自冷式より少なくてすむ．

⑤　送油自冷式は，変圧器本体とは別に放熱器を設け，本体と放熱器間をパイプで連結し，油を強制循環させることにより，内部発生熱を放熱器から大気中に放散させる冷却方式である．

⑥　送油自冷式は，放熱器が自冷であるから，冷却効果はあまり期待できない．したがって，変圧器本体が屋内に設置され，放熱器のみ屋外に別置するなどの場合に使用される．

⑦　送油風冷式は，変圧器本体の周囲に送油風冷式ユニットクーラなどを取り付け，内部発生熱をユニットクーラから大気中に放散させる冷却方式である．

⑧　送油風冷式は，冷却効果が大きいこと，水冷式のような保守の手間がかからないことなどの特徴がある．

⑨　送油水冷式は，変圧器本体の周囲に送油水冷式ユニットクーラを取り付け，内部発生熱をユニットクーラ内の循環水によって冷却する方式である．

⑩　送油水冷式は，屋外に冷却塔を設けた循環水方式では，冷却水配管を使用することができる．このため，地下変電所の大容量変圧器のように，各階の床面積が限られている場所に使用される．

3．光ファイバ複合架空地線（OPGW）

①　架空送電線路に用いられる架空地線と通信線の機能を併せもった電線である．

②　光ファイバをアルミ管で保護し，その上にアルミ覆鋼線等をより合わせた構造を持つ内蔵型（固定型と非固定型とがある）のものがある．

③　光ファイバに堅牢な被覆を施し，既設架空地線から線状に巻付けられる構造を持つものがある．

4．架空送電線の振動現象

①　微風振動　穏やかな一様の風が送電線に「直角」に当たると，電線の背後に渦を生じ，電線に上下の圧力が加わり，この圧力の交番周波数が電線の固有振動数と一致すると，共振を起こし振動が発生する現象．

②　コロナ振動　コロナの発生により，送電線に上向きの力が働き振動を起こし，電線，がいし等に障害を引き起こす現象．

③　ギャロッピング　送電線に水平方向の風が当たると，送電線の着氷雪の位置により自励振動を生じ，上下振動を引き起こす現象．

④　サブスパン振動　複導体，多導体特有のもので，1 相内のスペーサ間で付着した氷雪に風が当たると，ギャロッピングと同様に自励振動を起こす現象．

⑤　スリートジャンプ　送電線に付着した氷雪が脱落するときに電線が跳ね上がる現象で，これにより，相間短絡を引き起こす．難着雪リング，難着雪電線等を設け，発生を防止する．

5．交流無停電電源装置（UPS）

①　大規模なコンピュータシステムのように瞬時の停電も許されない良質の電源を要求される場合に用いられる場合が多く，定電圧定周波電源装置（CVCF）に蓄電池を付加し，無瞬断で安定して給電できる無停電の電源装置である．

②　静止形のものが広く普及しており，整流器，インバータ，蓄電池により構成される．

③　交流入力電源を整流器で直流に順変換し，この直流電力をインバータで交流電力に逆変換して，定電圧・定周波の信頼性の高い正弦波電力を無停電で供給するものである．

④　UPS は，電源供給の信頼性を高める上で，単体設置だけではなく，並列冗長 UPS システム，バイパス付き UPS システム，バイパスおよび保守用バイパス付き UPS システム，複数母線システムなどシステムとして設置するとよい．

⑤　メンテナンスモニタや遠隔オンラインモニタなどのモニタリングシステムと組合せることで，より高い信頼性を実現することが可能である．

6．電線の許容電流

①　電線に電流を流すと電線の抵抗によるジュール熱が発生し，電線の温度は周囲の温度より上昇する．電線の温度がある限度以上に上昇すると電線の諸性能が低下する．その限度となる温度の限界を最高許容温度といい，そのときの電流がその電線の「許容電流」である．

②　許容電流は，周囲温度，電線，絶縁物，外被の材質，構造，配線方法などによって異なる．

③　許容電流には，常時許容・瞬時許容（数秒）・短時間許容（2～8時間）の許容電流がある．

7．スコット変圧器

①　スコット変圧器は，スコット結線の巻数を有し，単相変圧器を2台使う代わりに単独で三相から位相の 90°異なった二相に変換を行う変圧器のことをいう．

②　構内における自家発電設備の三相回路から電灯のような単相負荷を取り出すときや，新幹線などの単相交流を取り出すときに，電源側に不平衡が生じないように使用される．

（参考）　スコット結線とは，2台の巻数比の等しい単相変圧器を用意し，1台（主座巻線）は一次巻線の中点からタップを出し，他の1台（T 座巻線）は一次巻線の

86.6％の所からタップを出して結線したものをいう．

8．共同住宅用自動火災報知設備

① 共同住宅用自動火災報知設備は，住戸や共用部にて火災が起きた際に管理室などに設置されている火災受信機にて一括監視する設備である．

② 感知器は住戸内の全ての部屋と4 m^{2}以上の物入れに設置することが必要である．

③ 住戸内の感知器は外から試験することができる．通常，外部試験機という機械を使用して外から感知器試験を実施する．

④ 火災発信機は設置義務がないので不要である．

⑤ 共同住宅用自動火災報知設備とするには，主要構造部が耐火構造であること，共用部分の壁および天井の仕上げは，準不燃材料とすること，住戸部は原則として，開口部のない耐火構造の床または壁で区画することなどの条件を満たしている建物が適用される．

⑥ 住戸内は共同住宅用火災受信機（室内のインターホンが受信機の機能を持っている）と戸外表示機（外のドアホン）と火災感知器で構成されている．

9．列車集中制御装置（CTC）

① CTC装置は制御所に1組の中央装置および各駅の駅装置の間を結ぶ制御用と表示用の2対の通信回線で構成されている．

② 各駅装置は順番に表示回線を通して中央装置へ各駅の情報を送り，中央装置は必要なときに制御回線を通して必要な駅に制御情報を送っている．

③ 機能の一つとして，制御所から送られてきた制御指令により，実際に信号機や転てつ器を制御したり，制御所に送るべき情報を検出する．

④ もう一つの機能として，駅からは送られてきた列車位置，列車番号，信号機の現示，転てつ器の方向等を指令員に表示するとともに，指令員が遠隔制御したい信号機や転てつ器の制御指令を機械に与える．

⑤ 他の機能として，制御所の表示盤，制御盤と各駅の継電連動装置，列車番号装置の間で制御情報や表示情報を，迅速，正確，かつ能率よく伝送することなどがあげられる．

10．カテナリちょう架方式

① カテナリちょう架方式は，ちょう架線を用い，これからドロッパやハンガイヤーによって，トロリ線をちょう架する方式である．

② 架空式電車線路の大部分はカテナリちょう架方式であり，構造機能からシンプル方式，ダブルトロリー方式，ダブルシンプル方式，ダブルメッセンジャ方式，変形Y形シンプル方式，コンパウンド方式，合成素子付カテナリちょう架方式，垂

ちょう方式，斜ちょう方式などがある

③　シンプルカテナリ方式（単カテナリ方式）は，ちょう架線からハンガイヤーによりトロリ線をつり下げた構造のもので，カテナリちょう架方式では最も簡単な構造である．現在，幹線鉄道・郊外鉄道などに広く採用されている．

集電電流容量としては中程度のもので，速度も最高 100 km/h 程度の中速用である．

④　ダブルトロリー方式は，トロリ線2本を1本のちょう架線から，ハンガイヤーによってつり下げた構造で，集電電流容量を大きくしたものであるが，あまり用いられていない．

⑤　ダブルシンプルカテナリ方式（二重単カテナリ方式）は，シンプルカテナリ方式2組を，一定間隔を取って併行架設したものである．シンプルカテナリ方式に比べて，建設費は高いが，集電電流容量が大となり，速度性能もよく，高速運転に適する．このため，幹線鉄道の高速運転区間や，輸送単位が大きく運転時隔の短い大都市高速鉄道部）重負荷区間に用いられる．

11．交通信号機の感応制御

①　道路に沿って連続するいくつかの信号機を関連づけることなく，各信号機を独立して制御させる方法を地点制御といい，大きく定周期方式と感応制御方式がある．

②　感応制御方式は半感応制御と全感応制御に分けられる．

③　半感応制御は，従道路側の交通に必要最小限の青時間を与えて，その他の時間は主道路側を青信号とする方式のもので，このため従道路側に車両感知器が設置される．この場合，主道路側には最小の青時間を保証するようになっており，これを初期青時間という．

④　全感応制御は，主道路側にも車両感知機を設置して，半感応制御の場合の従道路青時間の制御と同様のことを適用する方式である．したがって，この場合には主道路の初期青時間についても，従道路側の初期青時間の概念が適用される．

⑤　全感応制御は，各時点の交通需要に適した信号制御ができる点で優れているが，コストが高いという欠点があるため，変形交差点等で3現示以上を要する場合や，交通需要が不定形あるいは変動が激しい交差点に適している．

12．接地抵抗値の低減方法

①　接地極の深層埋設　連結式接地棒を連結しながら接地極の全長を長くして，大地との接触面積を大きくすること．

②　接地極の並列接続　接地極を複数埋設して相互接続し，大地との接触面積を大きくすること．この場合，接地極ごとの間隔は2m 以上とすること．

②　接地抵抗低減剤の使用　導電性物質を接地極土壌周辺に注入し、土壌の抵抗率低減を図る．

問題 4

4-1.　図に示された単相 2 線式の配電線路の電圧降下の計算式は次のように示される．

$$v = 2I\ (R\cos\theta + X\sin\theta)\ \text{〔V〕}$$

ここで，R：電線 1 線あたりの抵抗〔Ω〕，X：電線 1 線あたりのリアクタンス〔Ω〕

$\cos\theta$：力率

問題から，負荷は抵抗負荷であるので，力率 $\cos\theta = 1.0$ である．また，線路リアクタンスは無視するとあるので，上式は，次のようになる．

$$v = 2IR\ \text{〔V〕}$$

線路 A-B 間の電圧降下 V_{ab}〔V〕および線路 B-C 間の電圧降下 V_{bc}〔V〕は，A-B 間の電流は 10 ＋ 10 ＋ 10 ＝ 30 A，B-C 間の電流は 10 ＋ 10 ＝ 20 A であるから，

$$V_{ab} = 2IR = 2 \times 30 \times 0.1 = 6.0\ \text{V}$$

$$V_{bc} = 2IR = 2 \times 20 \times 0.1 = 4.0\ \text{V}$$

よって，C 点の線間電圧 V_c〔V〕は，

$$V_c = 210 - 6 - 4 = 200\ \text{V}$$

したがって，②が正しいものである．

4-2.　電源から変圧器一次側端子までの % インピーダンスを Z_1，変圧器の % インピーダンスを Z_2，変圧器二次側端子から想定短絡点までの電路の % インピーダンスを Z_3，とすると，電源から想定短絡点までの合成 % インピーダンス Z_0 は，

$$Z_0 = Z_1 + Z_2 + Z_3 = 0.1 + 4.7 + 0.2 = 5.0\ \%$$

となる．

次に，基準容量が P ＝ 1 000 kV·A であるので，その基準電流 I_n〔A〕は，変圧器二次側端子電圧 V_{2n} が 200 V であるので，

$$I_n = \frac{P}{\sqrt{3}V_{2n}} = \frac{1\,000 \times 10^3}{\sqrt{3} \times 200} \fallingdotseq 2\,887\ \text{A}$$

したがって，想定短絡点における三相短絡電流 I_S〔kA〕は，次式で計算される．

$$I_S = \frac{I_n}{\%Z_0} \times 100 = \frac{2\,887}{5} \times 100 = 57\,740 \fallingdotseq 58\ \text{kA}$$

したがって，③が正しいものである．

問題 5

5－1　ア　③　イ　②

建設業法施行令第 1 条の 2（法第 3 条第 1 項ただし書の軽微な建設工事）では，次のように規定している。

第 1 条の 2　法第 3 条第 1 項ただし書の政令で定める軽微な建設工事は，工事 1

件の請負代金の額が500万円（当該建設工事が建築一式工事である場合にあっては，1 500万円）に満たない工事又は建築一式工事のうち延べ面積が150 m^{2}に満たない木造住宅を建設する工事とする．

5－2　ア　④　イ　①

建設業法第24条（請負契約とみなす場合）では，次のように規定している．

第24条　委託その他いかなる名義をもってするかを問わず，報酬を得て建設工事の完成を目的として締結する契約は，建設工事の請負契約とみなして，この法律の規定を適用する．

5－3　ア　①　イ　②

電気事業法第47条（工事計画）第1項では，次のように規定している．

第47条　事業用電気工作物の設置又は変更の工事であって，公共の安全の確保上特に重要なものとして主務省令で定めるものをしようとする者は，その工事の計画について主務大臣の認可を受けなければならない．ただし，事業用電気工作物が滅失し，若しくは損壊した場合又は災害その他非常の場合において，やむを得ない一時的な工事としてするときは，この限りでない．

2021 年度（令和 3 年度）
第一次検定・解答
出題数 92　必要解答数 60
No.1〜No.57 が午前、No.58〜No.92 が午後の出題

※【No.1】〜【No.15】までの 15 問題のうちから，10 問題を選択・解答

No.1 電荷間のクーロンの法則では，二つの電荷間に働く力の大きさは，それぞれの電荷の強さの積に比例し，電荷間の距離の 2 乗に反比例する．これを式で表すと次のようになる．

$$F=\frac{Q_1Q_2}{4\pi\varepsilon_0 r^2}\ \text{〔N〕}$$

ここに，ε_0：真空中の誘電率〔F/m〕，Q_1，Q_2：電荷の大きさ〔C〕，r：電荷間の距離〔m〕である．

右向きの力を正として，上式に問題に与えられた記号を代入して計算すると，$-4Q$ と Q の間では負の方向に，$2Q$ と Q の間では正の方向に力が働くので次のようになる．

$$F=-\frac{4Q\times Q}{4\pi\varepsilon_0 (2r)^2}+\frac{2Q\times Q}{4\pi\varepsilon_0 r^2}=-\frac{Q^2}{4\pi\varepsilon_0 r^2}+\frac{2Q^2}{4\pi\varepsilon_0 r^2}$$

$$=\frac{Q^2}{4\pi\varepsilon_0 r^2}\ \text{〔N〕}$$

したがって，1 が正しいものである．　**答　1**

No.2 コイルに電流 I〔A〕を流したと仮定すると，インダクタンス L との間には，次式が成立する．

$$L=\frac{N\phi}{I}=\frac{N}{I}\times\frac{NI}{R_{\mathrm{m}}}=\frac{N^2}{\dfrac{l}{\mu A}}=\frac{\mu AN^2}{l}$$

ここで，ϕ：磁束，R_{m}：磁気抵抗である．

したがって，1 が正しいものである．　**答　1**

No.3 問題に示されたブリッジ回路の検流計を流れる電流が零となる場合，ブリッジが平衡していることを意味する．したがって，相対する辺のインピーダンスの積が等しいというブリッジの平衡条件から次式が成立する．

$$40 \times (R+\mathrm{j}\omega L) = 80 \times (20+\mathrm{j}10\omega)$$

$$40R+\mathrm{j}40\omega L = 1\,600+\mathrm{j}800\omega$$

上式において，実数部および虚数部同士が等しければブリッジは平衡するので，

$$40R = 1\,600 \quad (1)$$

$$\mathrm{j}40\omega L = \mathrm{j}800\omega \quad (2)$$

したがって，(1)および(2)式から，

$$R = \frac{1600}{40} = 40\ \Omega$$

$$L = \frac{\mathrm{j}800\omega}{\mathrm{j}40\omega} = 20\ \mathrm{mH}$$

したがって，3 が正しいものである．　**答 3**

No.4 三相電力の測定を単相電力計を 2 個用いて測定する方法を 2 電力計法といい，第 4-1 図において有効電力 P_3〔W〕は，次式で表わされる．

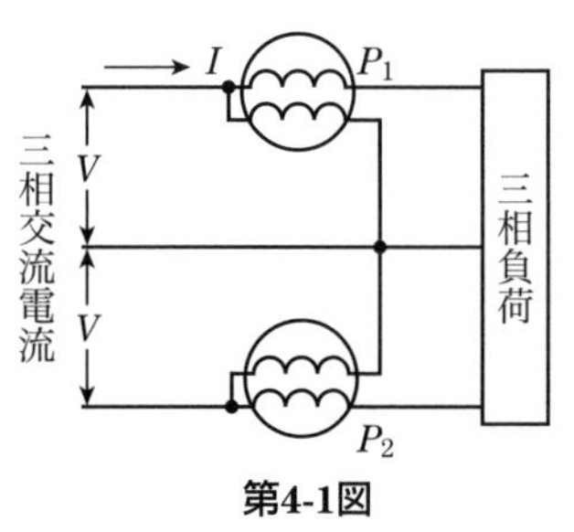

第4-1図

$$P_1 = VI\cos(30^\circ - \theta)\,[\mathrm{W}]$$

$$P_2 = VI\cos(30^\circ + \theta)\,[\mathrm{W}]$$

$$P_3 = P_1 + P_2\,[\mathrm{W}]$$

$$= \sqrt{3}VI\cos\theta\,[\mathrm{W}]$$

また，力率 cos θ は $\frac{P:\text{有効電力}}{S:\text{皮相電力}}$ で表されるので，上式より，

$$\cos\theta = \frac{P_1 + P_2}{\sqrt{3}VI}$$

したがって，4 が正しいものである．　**答 4**

No.5 問題に示されたブロック線図の合成伝達関数は，第5-1図に示す記号を用いると，次のように求められる．

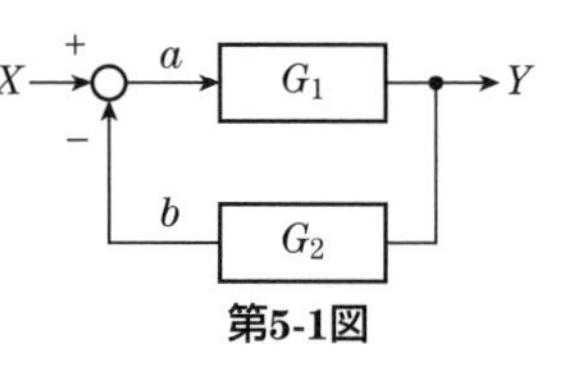

第5-1図

$$Y = aG_1$$

$$b = YG_2$$

$a = X - b$ より，

$$X = a + b = \frac{Y}{G_1} + YG_2 = \frac{Y(1 + G_1G_2)}{G_1}$$

$$= \frac{1 + G_1G_2}{G_1}Y$$

$$\therefore \quad G = \frac{Y}{X} = \frac{G_1}{1 + G_1 G_2}$$

したがって，3が正しいものである． **答 3**

No.6 ブラシレス方式は，主機の回転子に直結された回転電機子形交流発電機などの出力を，同一回転軸上に取り付けた整流器で直流に変換し，スリップリングおよびブラシを介さずに直接界磁電流を供給する方式である．

したがって，3が適当なものである． **答 3**

No.7 変圧器に電源を投入すると非常に大きな励磁電流が流れることがあり，その波高値は定格負荷電流の10倍以上となることがある．この電流を励磁突入電流という．

励磁突入電流には，多くの高調波電流が含まれ，特に第2高調波の含有率が最も多い．

したがって，1が不適当なものである． **答 1**

同じ変圧器でも，残留磁束と電圧印加位相によって励磁突入電流の大きさは異なり，残留磁束と同極性の電圧が位相0°で印加された場合に最大となる．また，残留磁束なしで電圧がピークで印加された場合および残留磁束と逆極性で電圧が印加された場合は，励磁突入電流が流れない．

励磁突入電流の継続時間は，回路の抵抗とインダクタンスで決まり，小容量では10サイクル程度，大容量では5～10秒となる．

No.8 電力系統に施設されるリアクトルは，交流回路の分路に並列に接続されることから分路リアクトルといわれ，長距離送電線やケーブル系統などの進相電流を補償（系統の進み力率を改善：進み電流の抑制）するために設けられるもので，特に夜間の軽負荷時などにおいての進相電流によるフェランチ現象の抑制にも貢献している．容量は，200MV·A程度のものまで製作されている．

したがって，2が不適当なものである． **答 2**

No.9 問題図に示されたランキンサイクルにおいて，A→Bの変化は給水ポンプ入口からボイラ入口までの水の断熱圧縮変化を示す．B→Cの変化はボイラ入口からタービン入口に至る受熱による水から蒸気への相変化（等圧変化）を示す．C→Dの変化はタービン入口からタービン出口に至る蒸気の断熱膨張変化を示す．D→Aの変化は復水器入口から給水ポンプ入口までの蒸気の等圧変化を示す．

したがって，3が適当なものである． **答 3**

No.10 標準二重母線は，重要な変電所で一般的に採用されている方式で，機器の点検，系統運用が至って便利となるが，いかにも変電所が二つあるような形となる．環状母線と比較すると，所要面積は広く必要となるが，系統運用上の自由度があり，制御および保護回路も多少簡易となる．

したがって，2が最も不適当なものである． **答 2**

No.11 電力系統の短絡容量軽減対策には，次のような事項がある．

① 高インピーダンスの発電機・変圧器を使用する．

② 直流連系により交流系統相互間を分割する．

③ 変電所等に限流リアクトルを設置する．

④ 直列機器の機械的，熱的強度を強化する．

⑤ 上位電圧系統の採用により，下位系統の分割を行う．

電力用コンデンサを設置することは，電力系統の電圧安定度向上対策の一手法である．

したがって，4が不適当なものである． **答 4**

No.12 直流送電方式の特徴を以下に示す．

(a) 直流送電の長所

① 交流の無効電力が直流にはないので，送電損失が発生せず，電線の許容電流限度まで送電でき，安定度問題がない．大電力・長距離送電に適する．

② 線路電圧が同一実効値の交流電圧最大値の $\frac{1}{\sqrt{2}}$ のため，直流の絶縁は架空・地中電線路ともに交流に比べて低く，線路の建設費が安価，鉄塔などが小形にできる．

③ 非同期連系ができるので，周波数の違う系統間の連系が可能である

④ 直流による系統連系は，短絡容量が増大せず，交流系統の遮断容量が小さくてすむ．

⑤ 電力潮流の制御が容易で，かつ，迅速である．

⑥ 大地帰路送電が可能な場合，経済的である．

(b) 直流送電の短所

① 交直変換装置が必要で，高価である．

② 変換容量の60％程度の無効電力を必要とし，調相設備（電力用コンデンサ，同期調相機）設置が必要である．

③ 高電圧・大電流の遮断が困難であり，高性能の直流遮断器が必要で，系統構成の自由度も低い．

④ 高調波・高周波障害防止施設が必要である．

⑤ 大地帰路方式による電食防止対策が必要である．

したがって，4が最も不適当なものである． **答 4**

No.13 LED光源はpn接合の半導体であり，順方向に電流を流すと発光する．白色光を得るには，青色LEDとその光が当たると黄色に発光する蛍光体を使用する

方法がある．

また，白色 LED は，ハロゲン電球に比べて平均演色評価数が低く，エポキシ樹脂でモールドされた LED は，電球形蛍光ランプに比べて振動や衝撃に強いなどの特徴がある．光束は，点灯時間の経過とともに徐々に減少するが，減少の程度が蛍光灯などと比較すると少ないので，40 000 時間程度の長寿命である．

したがって，2 が最も不適当なものである．　**答 2**

No.14 鉛蓄電池の内部抵抗は，残存容量に依存するところが大きく，満タン充電のときの抵抗値を 1.0 とすると，残存容量 40 % となると 1.2 倍の値，残存容量 20 % となると 1.5 倍の値，すべて放電した状態では 2.0 倍以上の値となる．

したがって，2 が不適当なものである．　**答 2**

No.15 Y-Δ始動方式は，始動時に一次巻線を Y 接続とし，各相の固定子巻線に定格電圧の $\frac{1}{\sqrt{3}}$ を印加し，始動完了後Δ接続として全電圧を印加する始動法で，Δ結線で全電圧始動した場合に比べ，始動電流，始動トルクともに $\frac{1}{3}$ に低下する．

したがって，2 が不適当なものである．　**答 2**

※【No.16】～【No.47】までの 32 問題のうちから，14 問題を選択・解答

No.16 過熱器は，ボイラの蒸発管で発生した飽和蒸気を，タービンで使用する蒸気温度まで過熱する装置で，伝熱方式により，接触形，放射形および接触放射形の 3 種類がある．

再熱器は，タービンの熱効率向上と，タービン翼の浸食を軽減させる目的で，タービンの高圧部または中圧部の排気を再び加熱して，タービンの中圧部または低圧部へ送る．構造は過熱器とほとんど同じであるが，圧力が低い．

どちらも熱効率向上のためにボイラに施設される設備である．

したがって，1 が不適当なものである　**答 1**

No.17 風力発電システムのナセルとは，ロータハブ，増速機，発電機，ブレーキ，油圧装置，YAW（ヨー）架台，YAW 軸受，ナセルカバー，センサ信号を集める中継箱などから構成されている．

YAW（ヨー）制御装置は，風車ロータ回転面を風向きに追従させる運転制御装置である．

風況に応じてブレードの設置角度（ピッチ角）を制御する装置は，ピッチ制御装置である．

したがって，4 が最も不適当なものである　**答 4**

No.18 変電所の変圧器のインピーダンスを小さくした場合，変圧器の電圧変動率が小さくなり，変圧器の全損失が減少し，系統の安定度が向上するなどの利点があるが，系統の短絡容量が増大し，遮断容量が増大して遮断器取り換えなどの問題が発生することがある．

したがって，4 が不適当なものである　　**答 4**

No.19 パイロットリレー方式は，第 19-1 図に示すように保護区間の両端の電流情報を比較判断して，内部故障ならば両端子同時に高速度で確実に選択遮断する方式である．

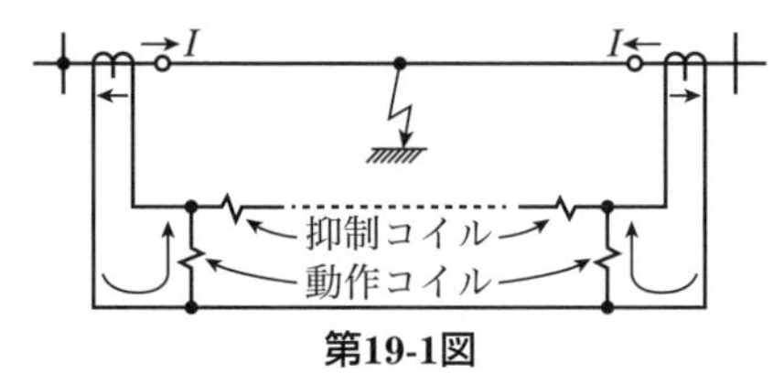

第19-1図

したがって，4 が最も不適当なものである．　　**答 4**

No.20 揚水式発電所は，発電所の上部および下部に池を設け，深夜その他の軽負荷時の供給余剰電力を利用して下部池の水を上部池に貯水し，ピーク負荷時その他の必要に応じてこ上部池の水を利用し発電する方式である．河川流量の制約をほとんど受けることがなく，一般水力発電と比較すると地点選定の点では比較的自由であり，経済性が向上する高落差，大容量化が容易である．

したがって，2 が最も不適当なものである．　　**答 2**

No.21 スリートジャンプは，送電線に付着した氷雪の脱落持に，電線が跳ね上がる現象をいい，対策として，送電線路にオフセットを設けたり，単位重量の大きい電線を使用する．

したがって，3 が不適当なものである．　　**答 3**

No.22 架空地線を施設する場合，その効果を大きくするため，次の事項を考慮する必要がある．

① 架空地線と各相導体の結合率をできるだけ大きくし，かつ突起部分をなくして，接地間隔は少なくとも 200 ～ 300 m 以下とし，遮へい角は極力小さくすることがよく，45°程度以下とする．

② 架空地線の接地抵抗は，30 Ω以下を目標とする．

したがって，2 が不適当なものである．　　**答 2**

No.23 架空送電線路には鋼心アルミより線（ACSR）が多く使用されている．ACSR は，電線の中心に鋼線を配置し，その周囲を硬アルミ線でより合わせたもので，硬銅より線と比較すると次のような特徴がある．

① 硬アルミ線を硬銅線と比較すると，導電率は約60 %であるが，比重が約30 %なので，同じ抵抗値を得るのに半径は太くなるが，重量は軽くなる．なお，半径が太くなることで，垂直投影面積が大きくなることから，風・雪の影響は大きくなる．

② 送電電圧が高い場合には，半径が大きいと表面の電位傾度（電界）が小さくなり，コロナ放電が生じにくい利点がある．

③ 機械的強度は中心部の鋼線でもたせているため大きく，しかも軽量であるため，長径間用に適する．

④ 銅線より軟らかく，傷が付きやすいので取り扱いに注意が必要である．

したがって，1が最も不適当なものである． **答 1**

No.24 電力ケーブルの常時許容電流を大きくするためにはケーブルに通電したときに生ずる電力損失（導体損，誘電損，シース損など）を少なくする必要がある．

① 導体抵抗を小さくすること．

直接の対策は銅導体を基本とすると，大サイズ化を図ればよいが，大導体となると表皮効果などのために単に大サイズ化を図っても効果が薄いことから，分割導体，素線絶縁（酸化第二銅被膜の素線絶縁）を採用する．

② 渦電流損の減少

電力ケーブルでは，事故時の事故電流を流すために絶縁体の外側に金属テープや金属シースが施されているので，導体に電流を流すことにより金属テープや金属シースに渦電流や循環電流が流れ損失を生ずる．

③ 誘電損失の低減

電力ケーブルは，導体を中心としてその外側を絶縁物で被覆したものであり，この絶縁物（誘電体）に交流電圧を印加すると誘電損失を生じ，許容電流を低下させるので，静電容量と誘電正接（$\tan\delta$）を小さくし，誘電損失を小さくする．つまり，比誘電率の小さい絶縁材料を使用する．

$\tan\delta$面などでは，紙絶縁ケーブルよりも架橋ポリエチレンケーブルが優れている．

したがって，4が不適当なものである． **答 4**

No.25 電気設備の技術基準の解釈第229条（高圧連系時の系統連系用保護装置）では，次のように規定している．

第299条 高圧の電力系統に分散型電源を連系する場合は，次の各号により，異常時に分散型電源を自動的に解列するための装置を施設すること．

一 次に掲げる異常を保護リレー等により検出し，分散型電源を自動的に解列すること．

イ 分散型電源の異常又は故障

ロ 連系している電力系統の短絡事故又は地絡事故

ハ　分散型電源の単独運転

以下省略

したがって，3 が定められていないものである．　**答　3**

No.26　パルスレーダ法は，一定時間おきにパルスを送り出し，このパルスが事故点で反射して帰ってくる性質を利用して，パルスが故障点までの間を往復する時間を測定し，事故点距離を出す方法である．

パルスがケーブル中を伝搬する速度を v〔m/μs〕，パルスを送り出してから反射して帰ってくるまでの時間を t〔μs〕とすると，t は故障点までの往復時間であるから，故障点までの距離 x〔m〕は次式で求められる．

$$x = \frac{vt}{2} \text{〔m〕}$$

なお，ケーブル内の伝搬速度は約 160 m/μs である．

したがって，2 が正しいものである．　**答　2**

No.27　長距離配電線などで，休日・夜間など負荷が非常に小さい場合，静電容量および需要家のコンデンサが投入状態となっていることもあり，配電線路の電流は進み電流となり，配電線の末端では変電所の送り電圧よりも高くなる，いわゆるフェランチ現象が起こる．

この現象が著しい場合には，電力用コンデンサの切り離しを実施することが有効であり，需要家への自動力率調整装置の施設により，電力用コンデンサの投入抑制を行うことが有効である．コンデンサの施設は逆効果である．

したがって，4 が最も不適当なものである．　**答　4**

No.28　机上面の平均照度を E〔lx〕事務室の面積を A［m^2］，照明器具 1 台の光束を F〔lm〕，照明率を U，保守率を M とすると，照明器具の台数 N は，次式で表される．

$$N = \frac{EA}{FUM} \text{〔台〕}$$

上式に与えられた数値を代入して計算する．

$$N = \frac{750 \times (18 \times 12)}{7\,500 \times 0.9 \times 0.8} = 30 \text{ 台}$$

したがって，4 が正しいものである．　**答　4**

No.29　内線規定 3605-6「分岐回路の受口」では，次のように規定している．

1.　分岐回路に接続する受口は，分岐回路の種類に応じ，第 29-1 表（内線規定では 3606-8 表）により施設すること．

同表の備考 1 には次のように示されている．

〔備考1〕 20 A分岐回路（ヒューズに限る）および30 A分岐回路では15 A以下のプラグが接続できる20 Aコンセント（15 A・20 A兼用コンセント）は，使用しないこと．

したがって，3が不適当なものである．　**答　3**

No.30 電気設備技術基準の解釈第153条（電動機の過負荷保護装置の施設）では，次のように規定している．

第53条　屋内に施設する電動機には，電動機が焼損するおそれがある過電流を生じた場合に自動的にこれを阻止し，又はこれを警報する装置を設けること．ただし，次の各号のいずれかに該当する場合はこの限りでない．

一　電動機を運転中，常時，取扱者が監視できる位置に施設する場合

二　電動機の構造上又は負荷の性質上，その電動機の巻線に当該電動機を焼損する過電流を生じるおそれがない場合

三　電動機が単相のものであって，その電源側電路に施設する過電流遮断器の定格電流が15 A（配線用遮断器にあっては，20 A）以下の場合

四　電動機の出力が0.2 kW以下の場合

したがって，4が誤っているものである．　**答　4**

No.31 電気設備技術基準の解釈第36条（地絡遮断装置の施設）では，次のように規定している．

第36条　金属製外箱を有する使用電圧が60 Vを超える低圧の機械器具に接続する電路には，電路に地絡を生じたとき に自動的に電路を遮断する装置を施設すること．ただし，次の各号のいずれかに該当する場合はこの限りでない．

一　機械器具に簡易接触防護措置（金属製のものであって，防護措置を施す機械器具と電気的に接続するおそれがあるもので防護する方法を除く．）を施す場合

二　機械器具を次のいずれかの場所に施設する場合

イ　発電所又は変電所，開閉所若しくはこれらに準ずる場所

ロ　乾燥した場所

ハ　機械器具の対地電圧が150 V以下の場合においては，水気のある場所以外の場所

三　機械器具が，次のいずれかに該当するものである場合

イ　電気用品安全法の適用を受ける2重絶縁構造のもの

ロ　ゴム，合成樹脂その他の絶縁物で被覆したもの

ハ　誘導電動機の2次側電路に接続されるもの

ニ　第13条第二号に掲げるもの

四　機械器具に施されたC種接地工事又はD種接地工事の接地抵抗値が3 Ω以

下の場合
(以下略)

よって，1，3，4 の場合は省略できるが，2 の水気のある場所に施設する単相 100 V のコンセントに電気を供給する電路は，省略できない．

したがって，2 が誤っているものである．　**答 2**

No.32 PF･S 形受電設備は，小規模設備に対しての単純化・経済性を考慮した保護方式であるので，変圧器 2 次側の過電流遮断器との動作協調を考慮して，限流ヒューズは一般的に短絡保護用として使用される．

通常，高圧交流負荷開閉器と限流ヒューズを組み合わせて（PF 付 LBS）使用される．

したがって，2 が最も不適当なものである．　**答 2**

No.33 三相 3 線式の高圧受電設備回路における設備不平衡率は，内線規程 1305-1 により次のように計算される．

$$設備不平衡率 = \frac{各線間に接続される単相負荷総設備容量の最大最小の差}{総負荷設備容量の\dfrac{1}{3}} \times 100 〔\%〕$$

$$= \frac{150-100}{(200+100+150+150)\times\dfrac{1}{3}} \times 100 = 25.0\ \%$$

したがって 1 が正しいものである．　**答 1**

No.34 OCGR は，地絡過電流リレーである．地絡過電圧リレーは，OVGR である．

したがって，4 が不適当なものである．　**答 4**

No.35 ディーゼル機関とガスタービン機関の比較を第 35-1 表に示す．

第35-1表　ガスタービン機関とディーゼル機関の比較

原動機 / 項目	ガスタービン機関	ディーゼル機関
作動原理	連続燃焼している燃焼ガスの熱エネルギーを直接タービンにて回転運動に転換(回転運動)	断続燃焼する燃焼ガスの熱エネルギーをいったんピストンの往復運動に変換し,それをクランク軸で回転運動に変換(往復運動→回転運動)
使用燃料	灯油, 軽油, A重油, 天然ガス(プロパン, B重油, C重油)	軽油, A重油(B重油, C重油, 灯油)
NOX量等	20～150 ppm	300～1000 ppm
振　動	回転機関のため少なく, 防振装置不要	往復動機関のため振動があるが, 防振装置により減少可能
体積・重量	構成部品点数が少なく, 寸法・重量ともに小さく軽い	部品点数が多く, 重量が重い
据　付	据付面積が小さい 基礎がほとんど不要 吸気・排気の処理装置が大きくなる	据付面積が大きい(補機類を含む) 基礎が必要 吸気・排気の処理装置が小さい
冷却水	不要	必要

したがって，2が不適当なものである.　**答 2**

No.36 JIS C 4411-3「無停電電源装置（UPS）」3.1.25 保守バイパス［maintenance bypass (path)］では，次のように規定している.

「保守期間中，負荷電力の連続性を維持するために設ける電力経路.」

システムの UPS ユニットまたは UPS ユニットのグループを追加することによって，負荷電力の連続性を向上させたシステムを，3.1.30 で，冗長 UPS（redundant system）と規定している.

したがって，3が不適当なものである.　**答 3**

No.37 電気設備技術基準の解釈第 17 条（接地工事の種類及び施設方法）第 1 項では，次のように規定している.

第 17 条　A 種接地工事は，次の各号によること.

一　接地抵抗値は，10 Ω以下であること.

二　接地線は，次に適合するものであること.

イ　故障の際に流れる電流を安全に通じることができるものであること.

ロ　ハに規定する場合を除き，引張強さ 1.04 kN 以上の容易に腐食し難い金属線又は直径 2.6 mm 以上の軟銅線であること.

（以降省略）

したがって，3が不適当なものである.　**答 3**

No.38 ビルの中央監視制御設備における信号線は，電源による静電誘導を防止するためシールドケーブルを使用し，片端を接地すること．両端を接地すると，遮へい効果が著しく減少したり，誘導電流が流れて逆にノイズなどを増長させ，制御システムに障害が出る．

また，信号線は，電源による電磁誘導を防止するためツイストペアケーブルを使用し，鉄製パイプで保護するなどの施工をすることが望ましい．

したがって，1 が最も不適当なものである．　**答　1**

No.39　消防法施行令第 26 条（誘導灯及び誘導標識に関する基準）第 2 項第三号では，「客席誘導灯は，客席に，総務省令で定めるところにより計った客席の照度が 0.2 ルクス以上となるように設けること」と規定している．

したがって，3 が誤っているものである．　**答　3**

なお，消防法施行規則第 28 条（客席誘導灯の照度の測定方法）では，「令 26 条第 2 項第三号の客席誘導灯の客席における照度は，客席内の通路の床面における水平面について計るものとする」と規定している．

No.40　消防法施行令第 29 条の 2（非常コンセント設備に関する基準）第 1 項第一号では，次のように規定している．

第29条の2　非常コンセント設備は,次に掲げる防火対象物に設置するものとする．

一　別表第一に掲げる建築物で，地階を除く階数が 11 以上のもの

(以下略)

消防法施行規則第 31 条の 2（非常コンセント設備に関する基準の細目）第 1 項第一号，第七号では，次のように規定している．

第 31 条の 2　非常コンセント設備の設置及び維持に関する技術上の基準の細目は，次のとおりとする．

一　非常コンセントは，床面又は階段の踏面からの高さが 1 メートル以上 1.5 メートル以下の位置に設けること．

六　非常コンセントに電気を供給する電源からの回路は，各階において，二以上となるように設けること．ただし，階ごとの非常コンセントの数が 1 個のときは，1 回路とすることができる．

七　前号の回路に設ける非常コンセントの数は，10 以下とすること．

(以下略)

したがって，2 が定められていないものである．　**答　2**

No.41　テレビ端子 A までの損失の計算は，次式で表される．

$$L_0 = L_{u1} + B_{u2} + L_{u2} + l_1 \times L_1$$

l_1：増幅器出口からテレビ端子 A までの同軸ケーブルの長さ［m］

L_1：同軸ケーブルの損失［dB/m］

L_{u1}：2 分岐器の挿入損失 [dB]]
B_{u2}：4 分配器の分配損失 [dB]
L_{u2}：テレビ端子の挿入損失 [dB]

$$L_0 = 5.0 + 10.0 + 1.0 + 10.0 \times 0.5 = 21.0\ \text{dB}$$

したがって，2 が正しいものである．　**答　2**

No.42　JIS C 0303「構内電気設備配線用図記号」では，DSU は，デジタル回線終端装置の図記号である．中間配線盤は，IDF である

したがって，3 が誤っているものである．　**答　3**

No.43　セクションオーバとは，セクションの両側を集電装置で短絡することをいい，列車長以上のデッドセクション（無電圧区間）においては発生することがない．

したがって，4 が不適当なものである．　**答　4**

No.44　静止形無効電力補償装置（SVC）は，交流電気鉄道のき電回路に用いられる設備で，供給する無効電力を負荷の変化に応じて自動的に加減して電圧降下の軽減対策に用いる設備である．直流電気鉄道のき電回路に用いる設備ではない．

したがって，4 が不適当なものである．　**答　4**

No.45　鉄道に関する技術基準を定める省令の解釈基準第Ⅶ章 運転保安設備Ⅶ－5 第 58 条（自動運転をするための装置）関係では，次のように規定している．

1　自動運転をするための装置（以下「自動列車運転装置」という．）は，自動列車制御 装置を設けた鉄道に設けること．

2　自動列車運転装置は，次の基準に適合するものであること．

(1)　車両の乗降扉等が閉扉し，乗降する旅客の安全が確認された後でなければ列車を発車させることができないものであること．

(2)　自動列車制御装置の制御情報が指示する運転速度以下に目標速度を設定し，円滑に列車の速度を制御するものであること．

(3)　列車の停止位置に円滑に列車を停止させるものであること．

(4)　ブレーキ装置の操作が行われた場合には，自動運転状態が解除されるものであること．

したがって，1 が誤っているものである．　**答　1**

No.46　平均路面輝度とは，運転者の視点から見た路面の平均輝度をいう．

したがって，1 が不適当なものである．　**答　1**

平均路面輝度が十分に保たれていても，輝度分布が一様でないと明るい部分と暗い部分が生じ，暗い部分では障害物等が視認し難くなる．同じ照明条件においても，路面輝度は舗装の種類およびその乾湿の程度によって変化するので，照明設計時においては，乾燥した路面を対象としている．

No.47 光ファイバケーブルにおけるシングルモードファイバは，マルチモードファイバに比べて，光は極小径のコアを通ることから，屈折や反射による分散が比較的小さく，伝送損失が小さく，長距離伝送でも信号が傷つく心配がなく，伝送帯域も広帯域である.

したがって，4 が不適当なものである. **答 4**

※【No.48】～【No.55】までの 8 問題のうちから，5 問題を選択・解答

No.48 空気調和設備における省エネルギー対策としては，空調予冷・予熱運転時には，外気の導入量を減少させることが必要である.

したがって，1 が最も不適当なものである. **答 1**

No.49 排水の通気管は，衛生上直接外気に有効に開放する必要がある. 開口部からの下水臭などが室内に侵入しないように，また空気の流出入が妨げられないようにしなければならない.

したがって，2 が最も不適当なものである. **答 2**

なお，排水槽および汚水槽の通気管は，槽内で発生する下水ガスを排気し，かつ排水管から流入してくる空気を排除し，また，排水ポンプ運転時に空気を流入させることを目的として，直接外気に開放した単独通気管を設ける.

No.50 コンクリートの硬化初期の期間中に急激な乾燥を生じたり，十分な水分が与えられないと，セメントの水和反応に必要な水分が不足し，コンクリート強度の発現に支障を与える. 硬化初期の期間中はシート類で覆い，冬期は保温して凍結に注意し，夏期は散水をして水分の蒸発を防止するなど，十分な湿潤状態を保たなければならない.

したがって，3 が最も不適当なものである. **答 3**

No.51 水準測量における器械高とは，基準となる点（一般には後視の水準点：標高）からのレベルの視準線までの高さをいう.

したがって，1 が不適当なものである. **答 1**

No.52 掘削工事の各現象は次のとおりである.

① リラクゼーション現象

両端を固定した PC 鋼材に引張応力を加えて一定の長さを保つと，時間の経過とともにその応力が減少する現象をいう.

② ボイリング現象

矢板内部と外部との水位の差がある値以上になると，矢板の先端から締切内部に水がまわり込んで，底面の土砂を押し上げ，土砂とともに水が湧き出る現象をいう.

③ クリープ現象

コンクリート構造物で弾性限度以上の応力を加えると，応力が一定の状態に保たれていても，ひずみが時間の経過とともに増加する現象をいう．高温下の鋼材等にもこの現象は見られることがあるが，特に死荷重の大きいコンクリートの場合には考慮することが大切である．

④　ヒービング現象

軟弱な地盤を掘削する場合，掘削背面の土の重量が掘削底面以下の地盤の支持力よりも大きくなると掘削背面の土砂が滑り出し，掘削底面が浮き上がる現象をいう．

この土砂のまわり込みにより矢板の倒壊，周辺の陥没等を生じ危険であるので，十分な矢板の根入れ長が必要となる．

⑤　パイピング現象

土中の水圧に高低差がある場合，水圧によって軽く小さい土砂が押し流され，そこに水道ができて噴き出す現象をいう．

ちなみに，スカラップとは，溶接技術の分野で用いられる溶接用語で，突合せ継手（母材がほぼ同じ面内の溶接継手）とこれに交差する方向のすみ肉継手（ほぼ直交する二つの面を溶接する三角形状の断面をもつ溶接継手）がある場合，一方の母材に扇形の切欠き（切り抜き）を設けることである．

したがって，2が適当なものである．　**答　2**

No.53　JIS E 1001（鉄道−線路用語）では，カントは「曲線部における，外側レールと内側レールとの高低差」と規定されている．

「曲線部において軌間を拡大する量」は，スラックという．

したがって，3が不適当なものである．　**答　3**

No.54　鉄骨構造の各部の名称を第54-1図に示す．

ウェブプレートはせん断力によって断面形状を決める．あまり薄くするとウェブプレートに座屈を生じる恐れがあり，施工・運搬中の損傷，さびの影響を考慮して理論上必要な厚さより少し厚めにし，最少6 mmとする．

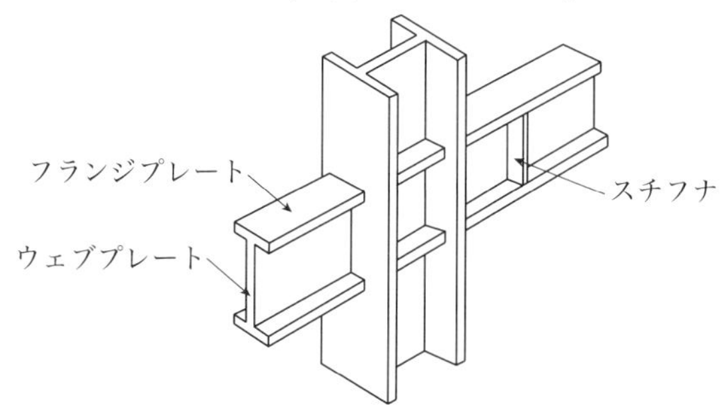

第54-1図

ブリーディングとは，コンクリートを型枠内に打ち込んだ後，骨材やセメントの固体粒子の沈下に伴い，水や遊離石灰などが上昇し，コンクリート表面に浮き出してくる現象をいう．ウェブとは関係ない．

したがって，1 が最も不適当なものである．　**答 1**

No.55 鉄筋コンクリート構造の建築物の梁貫通を行う場合は，梁の強度を低下させないよう以下のような注意が必要である．

① 梁の上下方向の位置は，曲げモーメントによる圧縮部分に入れない．

② 貫通孔の径は，梁の高さ（梁せい）の 1/3 以下とする．

③ 貫通孔の上下方向の中心位置は，梁の高さの中心付近とし，特に梁中央部下端については，梁下端より梁の高さの 1/3 の範囲に設けてはならない．

④ 複数個の貫通孔が並ぶときは，その中心間隔はその径の平均値の 3 倍以上とする．

⑤ 貫通孔の横方向の位置（貫通孔の外端）は，柱面から梁の高さの 1.5 倍以上離すこと．

したがって，3 が最も不適当なものである．　**答 3**

※【No.56】，【No.57】の 2 問題は，全問解答

No.56 問題に示された 1. の図記号は，回路試験器である．

炎感知器の図記号は，(∧) である．

したがって，1 が誤っているものである．　**答 1**

No.57 公共工事標準請負契約約款第 10 条（現場代理人及び主任技術者等）第 2 項では，次のように規定している．

2 現場代理人は，この契約の履行に関し，工事現場に常駐し，その運営，取締りを行うほか，請負代金額の変更，請負代金の請求及び受領，第 12 条第 1 項の請求の受理，同条第 3 項の決定及び通知並びにこの契約の解除に係る権限を除き，この契約に基づく受注者の一切の権限を行使することができる．

したがって，2 が誤っているものである．　**答 2**

※【No.58】～【No.63】までの 6 問題は，全問解答

No.58 施工計画の作成に際して，次の事項に留意する必要がある．

① 過去の経験や実績を重視し，さらに，経験のない工法や最新技術など，あらゆる施工方法について検討する．

② 発注者により指示された期間内で，経済的で最適な工法を検討する．

③ 現場担当者のみに頼ることなく，会社内および協力会社の組織を活用して検討する．

④ 一つの計画のみでなく，いくつかの案を作り長所短所を比較検討する．

したがって，1が最も不適切なものである． **答 1**

No.59 電気設備の技術基準の解釈第180条（臨時配線の施設）第4項では，次のように規定している．

4 使用電圧が300V以下の屋内配線であって，その設置の工事が完了した日から1年以内に限り使用するものを，次の各号によりコンクリートに直接埋設して施設する場合は，第164条第2項の規定によらないことができる．

一 電線は，ケーブルであること．

二 配線は，低圧分岐回路にのみ施設するものであること．

三 電路の電源側には，電路に地絡を生じたときに自動的に電路を遮断する装置，開閉器及び過電流遮断器を各極（過電流遮断器にあっては，多線式電路の中性極を除く．）に施設すること．ただし，過電流遮断器が開閉機能を有するものである場合は，開閉器を省略することができる．

したがって，1が最も不適当なものである． **答 1**

No.60 問題の図に示されたバーチャート工程表は，6月末の時点において，全体の実施出来高が約60％に達しており，かつ，予定出来高に対して実施出来高が少し上回っており，順調に工事が進んでいる状態である．

この状態であれば，7月からの盤類取付工事は予定通り進め，他の作業より短い期間で進められる．なお，盤類取付工事終了後に受電設備工事も予定通り進めればよい．

したがって，3が最も不適当なものである． **答 3**

No.61 問題図より所要工期を求める．

①→②→⑥→⑩→⑪	21日
①→②→④→⑤→⑥→⑩→⑪	27日
①→②→④→⑤→⑧→⑩→⑪	28日
①→②→④→⑤→⑦→⑨→⑩→⑪	30日
①→②→④→⑦→⑨→⑩→⑪	29日
①→④→⑤→⑧→⑩→⑪	23日
①→④→⑤→⑦→⑨→⑩→⑪	27日
①→④→⑦→⑨→⑩→⑪	26日
①→③→⑦→⑨→⑩→⑪	27日

したがって，5が正しいものである． **答 5**

No.62 品質計画は，設計図書で要求された品質を満たすために，請負者等が，工事において使用予定の材料，仕上げの程度，性能，精度等の目標，品質管理および体制について具体化することをいい，品質管理は，品質計画における目標を施工段階で実現するために行う工事管理の項目，方法等をいい，品質計画の一部をなすもので，管理項目，方法等により各々の目標で管理するものである．
品質計画におけるすべての目標において同レベルで行うものではない．

したがって，1 が最も不適当なものである． **答 1**

No.63 問題に示された図は，ヒストグラムであり，標準偏差が小さいということは，平均値から離れているものが少ない状態である．平均値から遠く離れているものが多くある状態は，標準偏差が大きい．

ヒストグラムは問題図のようにデータを適当な幅に分け，その中の度数を縦軸にとった柱状図であり，データの分布状態がわかりやすく，一般に規格の上限と下限の線を入れて良・不良のバラツキ具合を調べやすくしたものである．

したがって，5 が不適当なものである． **答 5**

※【No.64】～【No.70】までの 7 問題は，全問解答

No.64 工種別施工計画書は，設計図書や総合施工計画書に基づいて作成され，工事施工上の特記事項，配線，機器等の据付工事，接地，耐震措置，試験等の詳細な方法が記載される．

また，作業のフロー，管理項目，管理水準，管理方法，監理者・管理者の確認，管理資料・記録等を記載した品質管理表が使用されている．

したがって，3 が最も不適当なものである． **答 3**

No.65 工事総原価と施工出来高の関係を示した図を利益図表という．

工事の経営が常に採算のとれる状態にあるためには，損益分岐点の施工出来高以上の施工出来高をあげなければならないので，このような施工出来高をあげるときの施工速度を「採算速度」と呼ぶ．

したがって，損益分岐点において工事は最低採算速度の状態にあり，常にこれ以上の採算速度を保持できるよう工程を計画し管理することが大切である．

したがって，3 が適当なものである． **答 3**

No.66 進ちょく状況の把握には，工期（時間）と出来高の関係を示した進捗度曲線（S チャート）を用いる．標準的な工事の進捗は，工期の初期と終期では遅く，中間では早くなり，進捗度曲線は第 66-1 図に示すように一般に S 字に似た形となるため，S カーブとも呼ばれる．

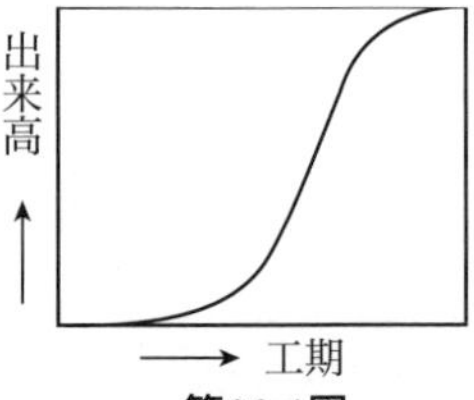

出来高 ↑
→ 工期

第66-1図

したがって，1 が最も不適当なものである． **答 1**

No.67 JIS C 1609-1（照度計）では，次のように規定している.

4.2　各階級の照度計の主な用途

各階級の主な用途は，次のとおりとする.

a）　一般形精密級照度計　精密測光，光学実験などの研究室レベルで要求される高精度の照度測定に用いる.

b）　一般形 AA 級照度計　基準・規定の適合性評価などにおける，照度値の信頼性が要求される照明の場での照度測定に用いる.

c）　一般形 A 級照度計　実用的な照度値が要求される照度測定に用いる.

したがって，2 が誤っているものである.　　**答　2**

No.68 労働安全衛生法第 14 条（作業主任者）では，次のように規定している.

第 14 条　事業者は，高圧室内作業その他の労働災害を防止するための管理を必要とする作業で，政令で定めるものについては，都道府県労働局長の免許を受けた者又は都道府県労働局長の登録を受けた者が行う技能講習を修了した者のうちから，厚生労働省令で定めるところにより，当該作業の区分に応じて，作業主任者を選任し，その者に当該作業に従事する労働者の指揮その他の厚生労働省令で定める事項を行わせなければならない.

労働安全衛生規則第 16 条（作業主任者の選任）では，次のように規定している.

第 16 条　法第 14 条の規定による作業主任者の選任は，別表第一の左欄に掲げる作業の区分に応じて，同表の中欄に掲げる資格を有する者のうちから行なうものとし，その作業主任者の名称は，同表の右欄に掲げるとおりとする.

第68-1表 別表第一（第16条，第17条関係）

作業の区分	資格を有する者	名称
令第6条第二十一号の作業のうち，次の項に掲げる作業以外の作業	酸素欠乏危険作業主任者技能講習又は酸素欠乏・硫化水素危険作業主任者技能講習を修了した者	酸素欠乏危険作業主任者

よって，酸素欠乏危険作業主任者の選任は，酸素欠乏危険作業主任者技能講習または酸素欠乏・硫化水素危険作業主任者<u>技能講習を修了</u>した者でなければならない.

したがって，4 が誤っているものである.　　**答　4**

No.69 労働安全衛生規則第 542 条（屋内に設ける通路）では，次のように規定している.

第 542 条　事業者は，屋内に設ける通路については，次に定めるところによらなければならない.

一　用途に応じた幅を有すること.

二　通路面は，つまずき，すべり，踏抜等の危険のない状態に保持すること.

三　通路面から高さ 1.8 m 以内に障害物を置かないこと．

したがって，3 が誤っているものである．　**答　3**

No.70　労働安全衛生規則第 524 条（スレート等の屋根上の危険の防止）では，次のように規定している．

第 524 条　事業者は，スレート，木毛板等の材料でふかれた屋根の上で作業を行なう場合において，踏み抜きにより労働者に危険を及ぼすおそれのあるときは，幅が 30 cm 以上の歩み板を設け，防網を張る等踏み抜きによる労働者の危険を防止するための措置を講じなければならない．

したがって，3 が誤っているものである．　**答　3**

※【No.71】～【No.79】までの 9 問題のうちから，6 問題を選択・解答

No.71　危険物の規制に関する規則第 20 条（通気管）第 2 項第一号に，第 4 類の危険物（灯油，軽油．重油は第 4 類に該当．）の屋内貯蔵タンクのうち圧力タンク以外のタンクに設ける通気管の位置および構造について定めており，「先端は，屋外にあって地上 4 m 以上の高さとし，かつ，建築物の窓，出入口等の開口部から 1 m 以上離すものとするほか，引火点が 40 度未満の危険物のタンクに設ける通気管にあっては敷地境界線から 1.5 m 以上離すこと．ただし，高引火点危険物のみを 100 度未満の温度で貯蔵し，又は取り扱うタンクに設ける通気管にあっては，先端をタンク専用室内とすることができる．」と規定している．

したがって，4 が不適当なものである．　**答　4**

No.72　高圧受電設備規程 1150-1「電線」では，次のように規定している．

1. 高圧の電路に使用する電線の種類は，絶縁電線，ケーブル又は高圧機器内配線用電線とする．ただし，高圧母線には，銅帯，銅棒，銅パイプなどの裸導体も使用することができる．
2. 高圧母線から分岐して変圧器及びコンデンサに引き下げる絶縁電線には，高圧機器内配線用電線又は高圧引下用絶縁電線を使用すること．
3. 高圧受電設備に使用する高圧電線の太さは，主遮断装置の種類と短絡電流により選定し，かつ，負荷容量を考慮のうえ決定すること．

　高圧機器内配線用電線については，第 72-1 表から選定し，かつ，負荷容量を考慮のうえ決定する．なお，高圧母線から分岐して，変圧器，計器用変圧器，避雷器，高圧進相コンデンサなどの機器に至る高圧機器内配線用電線にあっては，14 mm^2 以上の太さの電線を使用することができる．

第72-1表　高圧母線の短絡電流からみた電線の最少太さ

短絡電流(kA)	CB(mm^2)(5サイクル遮断)		CB(mm^2)(3サイクル遮断)		PF(mm^2)(限流形　遮断時間0.01秒)	
	50 Hz	60 Hz	50 Hz	60 Hz	50 Hz	50 Hz
12.5	38	38	38	38	14	14
(8.0)	(22)	(22)	(22)	(22)	(14)	(14)

〔備考1〕CBの場合は，CBの遮断時間にリレータイム0.05秒を加えて計算した．

〔備考2〕電線は，高圧機器内配線用電線（KIP）で計算した．

〔備考3〕電線の最小太さは．CB及びPFの負荷側（二次側）を示す．

〔備考4〕表中（　）のものは参考に示した．

よって，遮断器（CB）の場合は，38 mm^2 以上の太さが必要である．

したがって，2が誤っているものである．　**答　2**

No.73　(1)　ワイヤロープ延線と仮上げ

①　ワイヤロープ延線は，手延線またはヘリコプター延線を標準とする．

②　ヘリコプター延線の延線ドラムは吊下げ式として，ブレーキ装置およびドラム切離し装置を有するものとする．

③　ワイヤロープの引かえは段階的に行い，ナイロンロープから直接14 mm以上の太ワイヤに引かえてはならない．

④　ワイヤロープの仮上げは，重角度箇所，横過箇所等に監視員を配置し，脱線，からみ等のないように行う．

(2)　延線

①　ワイヤロープと電線・地線との接続には，延線クランプを用い，捻回防止のためカウンタウェイトを付け，延線用ロープのよりは，電線のより方向と同方向のものを使用すること．

②　延線速度は架線ウインチと延線車の性能以内とする．

③　延線中の事故防止のため．保線員を防護足場，引上げ角や水平角の大きい鉄塔などに配置し，監視を行う．

④　電線，地線の仮接続は延線クランプで行い，延線車通過後に直線スリーブによる圧縮本接続にかえる．

⑤　直線スリーブにはジョイントプロテクターを取付けて保護し，金車通過時には延線速度をゆるめて衝撃を小さくする．

⑥　ジョイントプロテクターの許容限界を超す条件での延線では，仮接続状態で延線し，延線終了後本接続する．この場合の仮接続は圧縮式延線クランプを用いるものとする．

したがって，1 が不適当なものである．　**答　1**

No.74　内線規程 3125 節「金属線ぴ配線」，3125-3（施設場所の制限）では，次のように規定している．

3125-3　金属線ぴ配線は，屋内の外傷を受けるおそれがない乾燥した次の各号の場所に限り，施設することができる．

（以下略）

また，同規程において「雨線内とは，屋外及び屋側において，…通常の降雨状態において雨のかからない部分をいう」と規定している．

したがって，雨線内は屋内に該当せず，3 が不適当なものである．　**答　3**

No.75　JIS C 3653（電力用ケーブルの地中埋設の施工方法）では，次のように規定している．

4.3　地中箱　地中箱は次による．

b)　地中箱の大きさは，次による．

1)　ケーブルの引入れ，引抜き，接続，分岐などの工事，点検その他の保守作業が容易にできる大きさとする．

2)　ケーブルをその許容曲げ半径以上で曲げることができる大きさとする．ケーブルの許容曲げ半径は，その屈曲部の内側半径とし，値を表 3 に示す．

第3表　ケーブルの許容曲げ半径

ケーブルの種類	単心	多心
低　圧	$8D$	$6D$
高　圧	$10D$	$8D$

（備考）D はケーブルの仕上がり外径を示す．

なお，トリプレックスケーブルなどの単心より形ケーブルは，多心として扱う．この場合，ケーブルの仕上がり外径は各々のケーブル外接円の直径とする．

したがって，4 が最も不適当なものである．　**答　4**

No.76　消防法施行規則第 12 条（屋内消火栓設備に関する基準の細目）第 1 項第四号では，次のように規定している．

第 12 条　屋内消火栓設備（令第 11 条第 3 項第二号イ又はロに掲げる技術上の基準に従い設置するものを除く．以下この項において同じ．）の設置及び維持に関する技術上の基準の細目は，次のとおりとする．

四　屋内消火栓設備の非常電源は，非常電源専用受電設備，自家発電設備，蓄電池設備又は燃料電池設備（法第 17 条の 2 の 5 第 2 項第四号に規定する特定防火対象物（以下「特定防火対象物」という．）で，延べ面積が 1 000 m^2 以上のもの（第 13 条第 1 項第二号に規定する小規模特定用途複合防火対象物を除く．）

にあっては，自家発電設備，蓄電池設備又は燃料電池設備）によるものとし，次のイからホまでに定めるところによること．

イ　非常電源専用受電設備は，次の(イ)から(ト)までに定めるところによること．

(イ)　点検に便利で，かつ，火災等の災害による被害を受けるおそれが少ない箇所に設けること．

(ロ)　他の電気回路の開閉器又は遮断器によって遮断されないこと．

（以降省略）

これを受け，各自治体では「屋内消火栓設備の非常電源回路等には，地絡により電路を遮断する回路を設けないこと」と規定している．

したがって，4が不適当なものである．　**答　4**

No.77　鉄道に関する技術上の基準を定める省令の解釈基準VI-1第22項では，次のように規定している．

22　架空単線式の電車線の偏いは，集電装置にパンタグラフを使用する区間においては，レール面に垂直の軌道中心面から250 mm以内（新幹線にあっては，300 mm以内）とすること．

したがって，4が不適当なものである．　**答　4**

No.78　光ファイバケーブル配線の中継系でマンホール内や洞道内における接続は，接続損失が少なく，長期信頼性にも優れている融着接続工法を採用し，クロージャに収容している．圧着接続は行わない．また，切分けや測定時における光ファイバコードの接続には，接続損失が融着接続工法よりやや大きい着脱可能なコネクタ工法を採用している．

したがって，2が最も不適当なものである．　**答　2**

No.79　JIS C 3653（電力用ケーブルの地中埋設の施工方法）4.管路式電線路e）では，「軟弱地盤などに施設する場合は，その地盤の履歴及び状況を十分に把握した上で，管路に損傷を与えない方策を講じる．」と規定している．

このことから，軟弱地盤の管路に，硬質塩化ビニル電線管（VE）を使用することはない．VE管を軟弱地盤で使用すると，管路の不同沈下などによりケーブルに損傷を与えたり，マンホール部の接続部に大きな張力がかかることがあるので，使用しないこと．

軟弱地盤では，鉄筋コンクリート管や鋼管を用いるのがよい．

したがって，2が最も不適当なものである．　**答　2**

※【No.80】～【No.92】までの 13 問題のうちから，10 問題を選択・解答

No.80 建設業法第 3 条（建設業の許可）では，次のように規定している．

第 3 条　建設業を営もうとする者は，次に掲げる区分により，この章で定めるところにより，二以上の都道府県の区域内に営業所（本店又は支店若しくは政令で定めるこれに準ずるものをいう．以下同じ．）を設けて営業をしようとする場合にあっては国土交通大臣の，一の都道府県の区域内にのみ営業所を設けて営業をしようとする場合にあっては当該営業所の所在地を管轄する都道府県知事の許可を受けなければならない．ただし，政令で定める軽微な建設工事のみを請け負うことを営業とする者は，この限りでない．

一　建設業を営もうとする者であって，次号に掲げる者以外のもの

二　建設業を営もうとする者であって，その営業にあたって，その者が発注者から直接請け負う 1 件の建設工事につき，その工事の全部又は一部を，下請代金の額（その工事に係る下請契約が二以上あるときは，下請代金の額の総額）が政令で定める金額以上となる下請契約を締結して施工しようとするもの

2　前項の許可は，別表第一の上欄に掲げる建設工事の種類ごとに，それぞれ同表の下欄に掲げる建設業に分けて与えるものとする．

3　第 1 項の許可は，5 年ごとにその更新を受けなければ，その期間の経過によって，その効力を失う．

（以降省略）

したがって，1 が誤っているものである．　**答　1**

No.81 建設業法第 19 条の 2（現場代理人の選任等に関する通知）では，次のように規定している．

第 19 条 2　請負人は，請負契約の履行に関し工事現場に現場代理人を置く場合においては，当該現場代理人の権限に関する事項及び当該現場代理人の行為についての注文者の請負人に対する意見の申出の方法（第 3 項において「現場代理人に関する事項」という．）を，書面により注文者に通知しなければならない．

2　注文者は，請負契約の履行に関し工事現場に監督員を置く場合においては，当該監督員の権限に関する事項及び当該監督員の行為についての請負人の注文者に対する意見の申出の方法（第 4 項において「監督員に関する事項」という．）を，書面により請負人に通知しなければならない．

（以下略）

したがって，3 が誤っているものである．　**答　3**

No.82 建設業法第 24 条の 8（施工体制台帳及び施工体系図の作成等）では，次

のように規定している.

第24条の8　特定建設業者は，発注者から直接建設工事を請け負った場合において，当該建設工事を施工するために締結した下請契約の請負代金の額（当該下請契約が二以上あるときは，それらの請負代金の額の総額）が政令で定める金額以上になるときは，建設工事の適正な施工を確保するため，国土交通省令で定めるところにより，当該建設工事について，下請負人の商号又は名称，当該下請負人に係る建設工事の内容及び工期その他の国土交通省令で定める事項を記載した施工体制台帳を作成し，工事現場ごとに備え置かなければならない.

2　前項の建設工事の下請負人は，その請け負った建設工事を他の建設業を営む者に請け負わせたときは，国土交通省令で定めるところにより，同項の特定建設業者に対して，当該他の建設業を営む者の商号又は名称，当該者の請け負った建設工事の内容及び工期その他の国土交通省令で定める事項を通知しなければならない.

3　第1項の特定建設業者は，同項の発注者から請求があったときは，同項の規定により備え置かれた施工体制台帳を，その発注者の閲覧に供しなければならない.

4　第1項の特定建設業者は，国土交通省令で定めるところにより，当該建設工事における各下請負人の施工の分担関係を表示した施工体系図を作成し，これを当該工事現場の見やすい場所に掲げなければならない.

したがって，3が誤っているものである.　**答　3**

No.83　電気事業法第42条（保安規程）では，次のように規定している.

第42条　事業用電気工作物を設置する者は，事業用電気工作物の工事，維持及び運用に関する保安を確保するため，主務省令で定めるところにより，保安を一体的に確保することが必要な事業用電気工作物の組織ごとに保安規程を定め，当該組織における事業用電気工作物の使用（第51条第1項の自主検査又は第52条第1項の事業者検査を伴うものにあっては，その工事）の開始前に，主務大臣に届け出なければならない.

2　事業用電気工作物を設置する者は，保安規程を変更したときは，遅滞なく，変更した事項を主務大臣に届け出なければならない.

3　主務大臣は，事業用電気工作物の工事，維持及び運用に関する保安を確保するため必要があると認めるときは，事業用電気工作物を設置する者に対し，保安規程を変更すべきことを命ずることができる.

4　事業用電気工作物を設置する者及びその従業者は，保安規程を守らなければならない.

自家用電気工作物とは，一般送配電事業，送電事業，配電事業，特定送配電事業等を除いた事業用電気工作物および一般用電気工作物以外の電気工作物のことであるから，法第 42 条が適用される.

したがって，1 が誤っているものである.　**答　1**

No.84　電気用品安全法では，特定電気用品 116 品目を定めている.

具体的には，電気用品安全法施行令第 1 条の 2（特定電気用品）で，「法第 2 条第 2 項の特定電気用品は，別表第一の左欄に掲げるとおりとする.」としており，次の用品（抜粋）が掲げられている.

⑵　開閉器であって，次に掲げるもの（定格電流が 100 A 以下（電動機用のものにあっては，その適用電動機の定格容量が 12 kW 以下）のものに限り，機械器具に組み込まれる特殊な構造のものを除く.）

6　漏電遮断器

五　小形単相変圧器及び放電灯用安定器であって，次に掲げるもの（定格一次電圧（放電灯用安定器であって変圧式以外のものにあっては，定格電圧）が 100 V 以上 300 V 以下及び定格周波数（二重定格のものにあっては，その一方の定格周波数．以下同じ.）が 50 Hz 又は 60 Hz のものであつて，交流の電路に使用するものに限る.）

⑵　放電灯用安定器であって，次に掲げるもの（その適用放電管の定格消費電力の合計が 500 W 以下のものに限る.）

1　蛍光灯用安定器（電灯器具以外の機械器具に組み込まれる特殊な構造のものを除く.）

三　配線器具であって，次に掲げるもの（定格電圧が 100 V 以上 300 V 以下（蛍光灯用ソケットにあっては，100 V 以上 1 000 V 以下）のものであって，交流の電路に使用するものに限り，防爆型のもの及び油入型のものを除く.）

十　定格電圧が 30 V 以上 300 V 以下の携帯発電機

したがって，2 が該当しないものである.　**答　2**

No.85　電気工事士法第 3 条（電気工事士等）では，次のように規定している.

第 3 条　第一種電気工事士免状の交付を受けている者（以下「第一種電気工事士」という.）でなければ，自家用電気工作物に係る電気工事（第 3 項に規定する電気工事を除く．第 4 項において同じ.）の作業（自家用電気工作物の保安上支障がないと認められる作業であって，経済産業省令で定めるものを除く.）に従事してはならない.

2　第一種電気工事士又は第二種電気工事士免状の交付を受けている者（以下「第二種電気工事士」という.）でなければ，一般用電気工作物に係る電気工事の作業（一般用電気工作物の保安上支障がないと認められる作業であって，経済産業省令で定めるものを除く．以下同じ.）に従事してはならない.

3　自家用電気工作物に係る電気工事のうち経済産業省令で定める特殊なもの(以下「特殊電気工事」という.）については，当該特殊電気工事に係る特種電気工事資格者認定証の交付を受けている者（以下「特種電気工事資格者」という.）でなければ，その作業（自家用電気工作物の保安上支障がないと認められる作業であって，経済産業省令で定めるものを除く.）に従事してはならない.

4　自家用電気工作物に係る電気工事のうち経済産業省令で定める簡易なもの(以下「簡易電気工事」という.）については，第1項の規定にかかわらず，認定電気工事従事者認定証の交付を受けている者(以下「認定電気工事従事者」という.）は，その作業に従事することができる.

よって，認定電気工事従事者は，簡易電気工事の作業にのみ従事でき，600 V以下の特殊電気工事（非常用予備発電機工事，ネオン工事）には従事できない.

したがって，3が誤っているものである.　**答**　3

No.86　建築基準法第2条（用語の定義）十四では，大規模の修繕について次のように規定している.

十四　大規模の修繕　建築物の主要構造部の一種以上について行う過半の修繕をいう.

したがって，3が誤っているものである.　**答**　3

No.87　建築士法第4条（建築士の免許）第3項，第4項において，次のように規定されている.

3　二級建築士又は木造建築士になろうとする者は，都道府県知事の免許を受けなければならない.

4　二級建築士又は木造建築士の免許は，それぞれその免許を受けようとする都道府県知事の行う二級建築士試験又は木造建築士試験に合格した者であつて，次の各号のいずれかに該当する者でなければ，受けることができない.

(以下略)

したがって，4が誤っているものである.　**答**　4

No.88　消防法第17条の6では，消防設備士免状の種類について次のように規定している.

台7条の6　消防設備士免状の種類は，甲種消防設備士免状及び乙種消防設備士免状とする.

②　甲種消防設備士免状の交付を受けている者(以下「甲種消防設備士」という.）が行うことができる工事又は整備の種類及び乙種消防設備士免状の交付を受けている者(以下「乙種消防設備士」という.）が行うことができる整備の種類は，これらの消防設備士免状の種類に応じて総務省令で定める.

よって，乙種消防設備士が行うことができるのは整備のみである．

したがって，3 が誤っているものである．　**答　3**

No.89　労働安全衛生法第 11 条（安全管理者）では，次のように規定している．

第 11 条　事業者は，政令で定める業種及び規模の事業場ごとに，厚生労働省令で定める資格を有する者のうちから，厚生労働省令で定めるところにより，安全管理者を選任し，その者に前条第 1 項各号の業務（第 25 条の 2 第 2 項の規定により技術的事項を管理する者を選任した場合においては，同条第 1 項各号の措置に該当するものを除く.）のうち安全に係る技術的事項を管理させなければならない．

2　労働基準監督署長は，労働災害を防止するため必要があると認めるときは，事業者に対し，安全管理者の増員又は解任を命ずることができる．

したがって，4 が誤っているものである．　**答　4**

No.90　労働安全衛生法施行令第 5 条（産業医を選任すべき事業場）では，次のように規定している．

第 5 条　法第 13 条第 1 項の政令で定める規模の事業場は，常時 50 人以上の労働者を使用する事業場とする．

したがって，本問では産業医を選任しなければならない．

第 8 条　労働安全衛生法施行令第 8 条（安全委員会を設けるべき事業場）では，次のように規定している．

法第 17 条第一項の政令で定める業種及び規模の事業場は，次の各号に掲げる業種の区分に応じ，常時当該各号に掲げる数以上の労働者を使用する事業場とする．

一　林業，鉱業，建設業，製造業のうち木材･木製品製造業，化学工業，鉄鋼業，金属製品製造業及び輸送用機械器具製造業，運送業のうち道路貨物運送業及び港湾運送業，自動車整備業，機械修理業並びに清掃業　50 人

二　第 2 条第一号及び第二号に掲げる業種（前号に掲げる業種を除く.）　100 人

したがって，本問では安全委員会を設けなければならない．

労働安全衛生法施行令第 9 条（衛生委員会を設けるべき事業場）では，次のように規定している．

第 9 条　法第 18 条第 1 項の政令で定める規模の事業場は，常時 50 人以上の労働者を使用する事業場とする．

したがって，本問では衛生員会を設けなければならない．

安全衛生推進者は，規模の小さい事業場（建設業では常時 10 人以上 50 人未満）で選任しなければならない者である．

したがって，1 が定められていないものである．　**答　1**

No.91　労働基準法第 16 条（賠償予定の禁止）では，次のように規定している．

第16条　使用者は，労働契約の不履行について違約金を定め，又は損害賠償額を予定する契約をしてはならない．

したがって，4が誤っているものである．　**答 4**

No.92 大気汚染防止法第2条（定義等）第2項では，次のように規定している．

2　この法律において「ばい煙発生施設」とは，工場又は事業場に設置される施設でばい煙を発生し，及び排出するもののうち，その施設から排出されるばい煙が大気の汚染の原因となるもので政令で定めるものをいう．

また，大気汚染防止法施行令第2条（ばい煙発生施設）では，次のように規定している．

第2条　法第2条第二項の政令で定める施設は，別表第一の中欄に掲げる施設であって，その規模がそれぞれ同表の下欄に該当するものとする．

別表第一

30	ディーゼル機関	燃料の燃焼能力が重油換算1時間当たり50リットル以上であること

したがって，4が定められているものである．　**答 4**

2021 年度（令和 3 年度）
第二次検定・解答
出題数 5　必要解答数 5
解答は記述式です。

問題 1（解答例）

1－1　経験した電気工事

⑴　工 事 名　　○○工場新築に伴う電気設備工事

⑵　工事場所　　○○県○○市□□ 3 丁目 3 番地

⑶　電気工事の概要

　㋐　請負金額（概略額）　　10，000 万円

　㋑　概　　要

　　6.6 kV CVT ケーブル 3 × 60 mm^2 100 m

　　変電設備（3 ϕ 300 kV・A × 2 台，1 ϕ 200 kV・A × 1 台）新設

　　動力設備，電灯設備，低圧幹線工事 他

⑷　工　　期　　令和○○年○月～令和△△年△月

⑸　この工事でのあなたの立場　主任技術者

⑹　あなたが担当した業務内容　主任技術者として，電気工事全体の施工管理を行った.

1－2　危険性を予測した事項と理由・対策

⑴　（予測事項）高所作業車からの墜落災害の防止

　（理由）ケーブルラック工事および低圧幹線配線工事において，高所作業が多く，墜落災害が懸念されたため.

　（対策）

　①　TBM 後，高所作業車の制動装置，操作装置などの正常動作確認の実施と報告,安全帯および胴綱の事前点検と報告後に作業着手を徹底した.

　②　現場では，高所作業車のジャッキと設置地盤の支持力確認，輪止めの確認，水平確認などの報告後の作業着手を徹底し，作業台上では身を乗り出しての作業を禁止した.

⑵ （予測事項）構内足場床からの飛来落下災害の防止

（理由）2 m 以上の仮設足場上や移動可能なビデ足場上での高所作業が多くあったため.

（対策）

① 足場への資器材の上げ下ろしには，吊り袋，振れ止めロープの使用を徹底し，吊り荷の直下に入らないよう，専任監視の配備を徹底した.

② 仮設足場などの開口部や隙間には落下防止ネットの施設を指示し，点検を毎日実施させるとともに，工具類には落下防止用のロープの取り付けを指示し，毎日の報告を徹底した.

1 - 3 程管理上の問題とその理由，対策

（問題） 建築，空調設備など，競合工事との工程調整

（理由） 同じ工事場所で多くの競合工事があり，作業場所の取り合いにより，作業効率が低下することが懸念されたため.

（対策）

① 変電設備付近での競合工事においては，競合工事業者と作業の場所，時間，搬入ルート，仮資材置き場など調整を行い，総合工程表を作成・周知した.

② 作業の進行に伴い，週間工程会議において進捗状況を確認し，資材手配や資材納入管理を徹底し，各エリア作業のチェックとフォローを実施し，効率よく作業を進めた.

問題 2 ※以下の各項目の中から二つを解答すればよい.

1. 資材の管理

① 電気用品安全法，電気設備技術基準，JIS，JAS，JEC 規格等で規定されている事項の確認.

② 特殊製品については製作図，指定仕様，色見本などで確認.

③ 設計図書に示されたメーカリストなどの確認.

④ 搬入材料の数量・寸法確認と外観検査および不具合品（破損や変質など）の確認.

2. 金属管の施工

① 設計図，仕様書，施工図により施工されているか確認.

② 管の曲げは適当であるか，管付属品の使用と管との接続は適切に実施されているか，管と管との接続および固定は仕様どおり適切に実施されているか確認.

③ 管の養生，清掃は行われているか確認.

④ 接地工事は適切に実施されているか確認.

⑤ 管および付属品に錆止めはなされているか，管の外径をスラブ厚の 1/3 以

内にとどめるなど，建物に対する配慮がなされているか確認.

3．重量機機の取付け

① 設計図書に示された場所への取付け確認（墨入れ確認，寸法など）.

② 電気設備技術基準（特に解釈規定に抵触していないか），JIS，JAS，JEC 規格等で規定されている事項の確認.

③ 防水，浸水，漏水，基礎工事（アンカボルトの強度）などが適正に実施されているか確認.

④ 変圧器など，機器自体の振動・騒音などにより，周囲に影響を与えていないかなどの確認.

⑤ 耐震施工が必要な場合の耐震設計と現場との照合確認.

4．電線の盤への接続

① 施工図に基づく動力回路や制御回路配線が成され，誤配線がないかどうか確認.

② 盤端子の接続部は必要なトルクでの締め付け確認を行い，マーキングを施したか確認.

③ 締付けすぎによるボルトの欠損などがないかどうか確認.

④ 盤への配管端口と端子台の位置が，電線の端末処理位置・曲げなどに無理がないかどうか適正に施工できているか確認.

⑥ 端子に錆などが発生していないか，あった場合サンドペーパーなどで適正に処理されているか確認.

⑦ 盤の状態によっては適切な養生が成されているか確認.

問題 3

1．コンバインドサイクル発電

① 2 種の異なった作動流体（例えばガスと蒸気）によりサイクルを結合し，一つの発電プラントで熱効率の向上を図った発電方式をいう.

② この発電方式の主流をなすものは熱回収方式であり，ガスタービンの排気ガスの持っている熱エネルギー（500 ～ 600 ℃程度）を，排熱回収ボイラにて蒸気に熱交換して蒸気タービンを駆動するものである.

③ わが国のコンバインドサイクルは，高温域の熱機関であるガスタービンを用いたブレイトンサイクルとガスタービンの排気ガスを熱源とするランキンサイクルを組み合わせた熱機関で，汽力発電サイクルに比べて作動温度領域が広いことから熱効率が高く，ガスタービンの発達に伴って実用化されてきた.

④ コンバインドサイクルでは，まず空気圧縮機で空気を圧縮し，燃焼機で圧縮空気と燃料の混合体を燃焼し，ガスタービンで膨張させ駆動力を発生させる．さらにガスタービンの排気ガスを排熱回収ボイラに送り，そこで発生した蒸気を蒸気

タービンで膨張させて駆動力を発生させる.

⑤ 現在，ガスタービン入口温度が約1 300 ℃のコンバインドサイクル機および入口ガス温度が約1 500 ℃のコンバインドサイクル機が営業運転を行っており，コンバインドサイクルの熱効率は汽力発電に比べて格段に高く，1 300 ℃級で49 %，1 500 ℃級では約52 %程度に達している.

⑥ 理想的なコンバインドサイクル発電の熱効率η_Cは，次式で示される.

$$\eta_C = \eta_{GT} + (1 - \eta_{GT})\,\eta_{ST}$$

ただし，η_{GT}：ガスタービンの熱効率

η_{ST}：蒸気タービンの熱効率

2．ガス絶縁開閉装置（GIS）

① 優れた消弧能力，絶縁強度を有するSF_6（六ふっ化硫黄）ガスを消弧媒質として利用する開閉装置である.

② ガス絶縁開閉装置は遮断性能に優れ，およそ3.6～550 kVのものが製作され，高電圧遮断器の主流を成している．SF_6ガスを1.5 MPa程度に圧縮機で圧縮して吹き付ける二重圧力方式と，ピストンとシリンダで遮断時に高圧ガスにして吹き付ける単圧式（パッファ形）がある.

③ 高電圧では，空気遮断器に比較して遮断点数が少なく，空気遮断器の1/2～1/3程度ですむため小形となる.

④ タンク形は耐震性に優れ，また，ブッシング変流器を使用できるので，遮断点数の少ないことと併せて据え付け面積が小さい.

⑤ 遮断性能が良く，接触子の摩耗が少ない.

⑥ 開閉時の騒音が少ない.

3．送電線の多導体方式

① 送電線の1相に2本またはそれ以上の電線を30～50 cm間隔に並列に架設する方式を多導体（1相が2本の場合は複導体という）という.

② 単導体と比較して，インダクタンスは20～30 %減少，静電容量は20～30 %増加し，送電容量が20 %くらい上昇する.

③ 単導体と比較して，電線の電位傾度が低減できるので，コロナ臨界電圧が15～20 %位上昇する.

④ 単導体と比較して，表皮効果が少ないので電流容量を多くとれ，送電容量が増加する.

⑤ 単導体と比較して，インダクタンスが小さくなるので，安定度が向上する.

⑥ スペーサ取付等，構造が複雑になるため風圧・氷雪の荷重が増し，鉄塔が大きくなり，建設費も高くなる.

4．送配電系統の分路リアクトル

①　調相機に代わって多く用いられ，長距離送電線や地中送電線の増大に伴う充電電流の進相無効電流による系統電圧の上昇を抑制するために用いられる．

②　遅相無効電力を系統から吸収する手段として使用されるもので，単独あるいは電力用コンデンサとともに使用される調相設備である．

③　変圧器と似た構造となっており，構造が簡単で価格が比較的安い．

5．スポットネットワーク受電方式

①　一般に，22 kV ～ 33 kV の特高受電設備で用いられる方式で，電力会社の変電所から 2 ～ 4 回線を引き出し，これに需要家は T 分岐でネットワーク変圧器を接続し，二次側全バンクを単一母線に接続して並列運転する方式である．

②　需要家のネットワーク変圧器は，1 バンク脱落しても残った変圧器で全負荷をまかなえるよう，ある時間の過負荷が可能（一般に 8 時間程度）な設計としてある．

③　配電線の二重同時故障が発生しても負荷制限を行えば全停電することはなく，極めて供給信頼度の高い方式である．

6．電力デマンド制御

①　自家用電気設備は，電力会社との間で契約最大需要電力が取り決められている．この契約電力を超過しないように負荷調整を行うのが電力デマンド監視制御である．

②　電力デマンド監視制御は，受電電力量（パルス入力）を一定周期（例えば 1 分間）ごとに監視し，デマンドの予測監視を行う．これにより，基本料金の上昇を抑え，かつ，省エネルギーを推進することができる．

7．等電位ボンディング

①　等電位接地とは，電位差による電気的障害を防止するために設ける接地のことであり，建築物の空間における金属導体間をボンディングすることにより同レベルの電位にする．

②　IEC で規定されている接地方式で，電気機器，配線器具はもちろんのこと，電力系統以外の建屋鉄骨，ガス管等の金属管，空調のダクト等あらゆる金属体を接地線で接続し，電気的に等電位にしておく方式である．

③　電位差を発生させない目的から避雷設備や通信・情報設備の接地も共用する．鉄骨，鉄筋の建築構造体を積極的に接地極として活用するので，構造体接地方式とも言われる．

④　この等電位ボンディングを施した空間内では電位差が生じないため，人が漏電している電気機器や金属管に触れたとしても感電のおそれがなく，医療用の接地としても従来から採用されている．

8. LANのルータ

① LANのルータは，複数の異なるネットワーク間で必要なデータ転送を行う装置のことをいう．

② 実際にはネットワーク上を流れるパケットをネットワーク層で経路制御する機能を持つなど，つまり，ネットワークの道先案内人的な役割を果たすものである．

③ 公衆網を含めて相違の大きいネットワーク同士の接続に適している．

④ 高度なセキュリティー機能，フィルタリング機能，ダイナミック・ルーティング機能などを提供することができる．

9. 電気鉄道の電食防止対策

① 電気鉄道側の電食防止対策としては，レールからの漏れ電流を減少させることであり，これはレールの電気抵抗を低減させることとなる．

② 一般にレールの継目にはレールボンドを設け，補助帰線や負き電線を設ける．また，き電区間の短縮も効果が高いがコストも高い．

③ レールの漏れ抵抗を増加すると漏れ電流を減少することができるので，不良枕木の交換，絶縁パッドの使用，線路配水施設の完備などを行う．

10. 電車線の区分装置

① 事故時や保守作業のため，電車線路を局部的に停電させる目的で，変電所やき電区分所の前，駅の上下渡り線，大駅構内の側線，電車庫線などに設けられ，開閉設備によってこれらを電気的に区分できるようにした絶縁装置を区分装置または単にセクションとよぶ．

② 交流電化区間では，単なる系統区分のみでなく，位相を区分するための異相区分用，交直流接続箇所ではこれを区分するための交直区分用の区分装置がある．

③ 系統区分用の区分装置には，構造機能によって種々のものがあり，エアセクションとセクションインシュレータに大別される．

④ セクションインシュレータは絶縁強化木，がいし，FRP（ガラス繊維強化プラスチック）などを絶縁材に用いたものである．

⑤ 区分装置は使用する目的によって，吸上変圧器セクション，異相セクション，交直セクションなどと呼ばれる場合もある．

11. 交通信号機の定周期式制御

① あらかじめ設定されたサイクル長，スプリットのプログラムにより，信号表示が繰り返される信号機制御方式をいう．

② この方式は，予測できない交通変動や交通パターンの変化に対応できない欠点がある．

12．過電流継電器（OCR）の動作試験

① 過電流継電器は，過負荷あるいは短絡による異常電流を検出して遮断器をトリップさせ，故障部分を速やかに開放する役目を担っている．

② 誘導円板形と静止形があり，試験は次のような試験を実施し，その性能確認をするとともに，誤差範囲を設定して良否の判定を行うものである．

- 最小動作電流試験では，誤差はタップ値の± 10 % 以内を良とする．
- 動作時間特性試験は，個々に計算して誤差範囲を設定している．
- 瞬時要素試験は，誤差範囲は整定値の± 15 % 以内を良としている．

問題 4

4-1．1ϕ2 W とあるので，図に示された配電線路は単相 2 線式の線路である．よって，その電圧降下の計算式は次のように示される．

$$v=2I(R\cos\theta+x\sin\theta)〔V〕$$

ここで，R:電線 1 線当たりの抵抗〔Ω〕，x:電線 1 線当たりのリアクタンス〔Ω〕，$\cos\theta$：力率

問題から，負荷は抵抗負荷であるので，力率 $\cos\theta=1.0$ である．また，線路リアクタンスは無視するとあるので，上式は，次のようになる．

$$v=2IR〔V〕$$

線路 A-B 間の電圧降下 V_{ab}〔V〕および線路 B-C 間の電圧降下 V_{bc}〔V〕は，

$$V_{ab}=2IR=2\times30\times0.1=6.0\ V$$

$$V_{bc}=2IR=2\times20\times0.2=8.0\ V$$

よって，C 点の線間電圧 V_c〔V〕は，

$$V_c=210-6-8=196\ V$$

したがって，②が正しい．

4-2．支線の許容引張強度 T_N〔kN〕，安全率 f，支線の張力 T〔kN〕とすると，

$$T=\frac{T_N}{f}=\frac{22}{2}=11\ kN$$

よって，電線の水平張力の最大値 P_m は，

$$P_m=T\sin\theta=11\times\sin30^\circ=11\times\frac{1}{2}=5.5\ kN$$

したがって，②が正しい．

問題 5

5－1　ア ④　イ ②

建設業法第24条の3（下請代金の支払）第3項では，次のように規定している．

3　元請負人は，前払金の支払を受けたときは，下請負人に対して，資材の購入，労働者の募集その他建設工事の着手に必要な費用を前払金として支払うよう適切な配慮をしなければならない．

5－2　ア ④　イ ⑤

建設業法第23条（下請負人の変更請求）第1項では，次のように規定している．

第23条　注文者は，請負人に対して，建設工事の施工につき著しく不適当と認められる下請負人があるときは，その変更を請求することができる．ただし，あらかじめ注文者の書面による承諾を得て選定した下請負人については，この限りでない．

5－3　ア ①　イ ④

電気事業法施行規則第56条（免状の種類による監督の範囲）では，次のように規定している．

第56条　法第44条第5項の経済産業省令で定める事業用電気工作物の工事，維持及び運用の範囲は，次の表の左欄に掲げる主任技術者免状の種類に応じて，それぞれ同表の右欄に掲げるとおりとする．

主任技術者免状の種類	保安の監督をすることができる範囲
一　第一種電気主任技術者免状	事業用電気工作物の工事，維持及び運用
二　第二種電気主任技術者免状	電圧17万V未満の事業用電気工作物の工事，維持及び運用
三　第三種電気主任技術者免状	電圧5万V未満の事業用電気工作物（出力5 000 kW以上の発電所を除く．）の工事，維持及び運用

2020 年度（令和 2 年度）
学科試験・解答
出題数 92　必要解答数 60
No.1〜No.56 が午前、No.57〜No.92 が午後の出題

※【**No.1**】〜【**No.15**】までの **15** 問題のうちから，**10** 問題を選択・解答

No.1　図に示された回路のコンデンサ C_1 に加わる電圧 V_1〔V〕は，直列接続であるので，

$$V_1 = V \times \frac{C_2}{C_1 + C_2}$$
$$= 5 \times \frac{40 \times 10^{-6}}{40 \times 10^{-6} + 60 \times 10^{-6}} = 3\ \mathrm{V}$$

したがって，コンデンサ C_1 に蓄えられる電荷 Q_1〔μC〕は，

$$Q_1 = C_1 \times V_1 = 40 \times 10^{-6} \times 3$$
$$= 120 \times 10^{-6}\ \mathrm{C}$$
$$= 120\ \mu\mathrm{C}$$

したがって，2が正しいものである．　**答　2**

No.2　設問の図のように磁性体にヒステリシス現象を生じさせると，そこに熱が発生し，電気エネルギーの損失となり，この損失は第2-1のループに囲まれた面積に比例する．これをヒステリシス損という．

したがって，3が誤っているものである．

B_m を最大磁束密度，fを周波数，P_h をヒステリシス損とすると，

$$P_h \propto f{B_m}^{2.0}$$

の関係がある．

B　0　H

第2-1図

答　3

No.3　問題に示される回路のインピーダンス Z〔Ω〕は．

$$Z = \sqrt{R^2 + (X_L - X_C)^2}$$
$$= \sqrt{3^2 + (5-1)^2} = 5\ \Omega$$

次にこの回路に流れる電流 I〔A〕は，

$$I = \frac{E}{Z} = \frac{100}{5} = 20\ \mathrm{A}$$

したがって，この回路の有効電力 P〔W〕は，

$$P = I^2 \cdot R = 20^2 \times 3$$
$$= 1\,200\ \mathrm{W}$$

したがって，2が正しいものである．　**答 2**

No.4　この問題は，倍率器に関する問題である．倍率器の倍率 m は，直列抵抗器の抵抗値を R_m とすると次式で示される．

$$m = 1 + \frac{R_\mathrm{m}}{R_\mathrm{v}}$$

よって，R_m1 は，設問図から倍率が5倍であるので，

$$5 = 1 + \frac{R_\mathrm{m1}}{R_\mathrm{v}} = 1 + \frac{R_\mathrm{m1}}{1\,000}$$
$$\therefore R_\mathrm{m1} = (5-1) \times 1\,000 = 4\,000\ \Omega$$

次に，R_m2 は R_m1 と直列となっており，設問図から倍率が10倍であるので，

$$10 = 1 + \frac{R_\mathrm{m1} + R_\mathrm{m2}}{R_\mathrm{v}} = 1 + \frac{4\,000 + R_\mathrm{m2}}{1\,000}$$
$$\therefore R_\mathrm{m2} = (10-1) \times 1\,000 - 4\,000 = 5\,000\ \Omega$$

したがって，3が適当なものである．　**答 3**

No.5　Lが点灯するのは，メーク接点 X_3 が閉じ，なおかつブレーク接点 X_4 が閉じている場合である．その他の場合は，消灯となる．

①　X_3 が閉じる条件

スイッチCがONとなって，リレー X_3 が通電する．

②　X_4 が閉じたままの状態となる条件

スイッチAがOFF，スイッチBがONとなって，リレー X_4 に通電がなく無電圧の状態．

以上から，Lが点灯するのは，スイッチAがOFF，スイッチBがON，スイッチCがONの場合だけである．それ以外の条件では，Lは消灯する．

したがって，4が誤っているものである．　**答 4**

ちなみに，選択肢ごとの動作について確認すると以下のようになる．

(1)　スイッチAを“ON”するとリレー X_1 に電圧が印加され，X_1 のメーク接点が閉じるため，スイッチBのON，OFFにかかわらずリレー X_4 に電圧が印加され，X_4 のブレーク接点が開くので，ランプLは消灯状態となる．

(2) スイッチAを“OFF”にするとリレーX_1は無電圧となり，X_1のメーク接点は開いたままである．スイッチBを“ON”するとリレーX_2に電圧が印加され，X_2のブレーク接点が開くので，リレーX_4は無電圧となり，X_4のブレーク接点は閉じたままである．スイッチCを“ON”とするとリレーX_3に電圧が印加され，X_3のメーク接点が閉じて，ランプLは点灯する．

(3) スイッチAを“ON”するとリレーX_1に電圧が印加され，X_1のメーク接点が閉じ，スイッチBのON，OFFにかかわらずリレーX_4に電圧が印加され，X_4のブレーク接点が開くので，ランプLは消灯状態となる．

(4) スイッチAを“OFF”にするとリレーX_1は無電圧で，X_1のメーク接点は開いたままである．スイッチBを“ON”するとリレーX_2に電圧が印加され，X_2のブレーク接点は開くので，リレーX_4は無電圧となり，X_4のブレーク接点は閉じたままである．次に，スイッチCを“OFF”にするとリレーX_3は無電圧となり，X_3のメーク接点は開いたままであるので，ランプLは消灯状態となる．

No.6 同期発電機の並行運転において，起電力の大きさが異なると，無効横流が流れ，起電力が等しくなるように作用する．また，起電力の位相が異なると，有効横流が流れ，同期化するように作用する．

同期発電機の並行運転時，発電機の負荷の分担は，発電機の調速機の調整により，変更することができる．例えば，負荷の変動に対して，常に両機の容量に比例して負荷を分担させるためには，調速機を整定し，両機の速度特性曲線を一致させることが必要となる．

発電機の励磁電流の調整により変更できるのは，無効電力（力率）であり，負荷分担を変えることはできない．

なお，発電機の負荷の急変は，周波数の変動や乱調を生じることがある．

したがって，3が誤っているものである． **答 3**

No.7 変圧器の無負荷損（鉄損）は，負荷の変化にかかわらず一定である．つまり，変圧器に電圧が印加され充電された時点から一定の損失を生ずる．一方，銅損はI^2Rの式に示されるように電流の2乗に比例して変化する．つまり，変圧器にかかる負荷の大きさの2乗に比例して変化するので，変圧器が1/2負荷運転から全負荷運転になると流れる電流が2倍になるので，$2^2 = 4$になる．

したがって，2が適当なものである． **答 2**

No.8 SF_6ガスは次のような特徴を持ち，広く利用されている．

① 無色，無臭，無害なうえに化学的に安定である．

② 使用温度が広い．

③ アークやコロナ放電に対し安定である．

④　電流遮断性能に優れている．

⑤　0.2 MPa 以上の圧力にすると，絶縁油とほぼ等しい絶縁耐力を持ち，絶縁特性に優れている．

⑥　地球温暖化係数は，CO_2（二酸化炭素）と比較すると，およそ 20 000 倍以上となるため，排出世規制対象のガスとなっていることから，適切な回収が必要である．

用途としては，ガス遮断器，ガス絶縁開閉装置（GIS），ガス絶縁母線（GIB）などがあり，高電圧・大電流の遮断に適し，機器の小形化に貢献している．

したがって，⑥より 4 が不適当なものである．　**答　4**

No.9　揚水時に必要な動力 P_M〔kW〕は，次式で示される．

$$P_M = \frac{9.8QH_P}{\eta_P \eta_m} \text{〔kW〕}$$

ここで，Q〔m^3/s〕$= \dfrac{V}{3\,600}$ は，1 秒間における揚水量である．

よって，上式に与えられた数値を入れて必要な動力 P_M〔kW〕を求めると，

$$P_M = \frac{9.8 \times \dfrac{3.6 \times 10^6}{3\,600} \times 240}{0.8 \times 0.98} = 3 \times 10^6 \text{ kW}$$

したがって，揚水時に必要な電力量 W_M〔MW·h〕は，

$$W_M = P_M\text{〔kW〕} \times 1\text{h} \times 10^{-3}\text{ MW·h} = 3 \times 10^6 \times 1 \times 10^{-3} = 3000\text{ MW·h}$$

したがって，3 が正しいものである．　**答　3**

No.10　変電所の母線保護に用いられる保護継電方式として，電流差動継電方式，電圧差動継電方式，位相比較継電方式および方向比較継電方式などが用いられる．温度継電方式は，変圧器の過負荷などによる温度上昇を検出するものである．

したがって，3 が不適当なものである．　**答　3**

No.11　多導体方式は，送電線の 1 相に 2 本またはそれ以上の電線を 30 ～ 50 cm 間隔に並列に架設する方式で（1 相が 2 本の場合は複導体という），単導体に比較して次の点で有利である．

①　インダクタンスは 20 ～ 30 %減少，静電容量は 20 ～ 30 %増加し，送電容量が 20 %くらい上昇する．

②　電線の電位傾度が低減できるので，コロナ臨界電圧が 15 ～ 20 %くらい上昇する．

③　表皮効果が少ないので電流容量を多くとれ，送電容量が増加する．

④　インダクタンスが小さくなるので，安定度が向上する．

欠点としては，スペーサ取付など，構造が複雑になるため風圧・氷雪の荷重が増し，鉄塔が大きくなり，建設費も高くなることである．

したがって，①より1が不適当なものである．　**答　1**

No.12　キルヒホッフの第1法則により，B − C間の電流は$I-30$ A，C − A間の電流は$I-100$ Aとなる．

次に，キルヒホッフの第2法則により，時計と反対回りでA→B→C→Aの電圧降下式を立てると，2線式であるから抵抗値は往復で2倍となるので，電圧降下は2倍となり，

$$2\ (I\times 0.1)+2\ \{(I-30)\ \times 0.2\}+2\ \{(I-100)\ \times 0.1\}=0$$

$$0.2I+0.4I-12+0.2I-20=0$$

$$\therefore\ I=\frac{32}{0.8}=40\ \text{A}$$

したがって，2が正しいものである．　**答　2**

No.13　光度とは，ある方向の光の強さをいい，点光源からある方向の単位立体角当たりに放射される光束の量をいう．光度I〔cd：カンデラ〕は，光束をF〔lm：ルーメン〕，立体角をω〔sr：ステラジアン〕とすると，次式で表される．

$$I=\frac{F}{\omega}$$

ある面上の最小照度の平均照度に対する比は，照度均斉度という．照度均斉度は，照度計算において重要視される指標のひとつで，壁側1 mを除いた場所の最低照度と最高照度の比率を示したものである．1に近いほど均斉度が高いといえる．

したがって，1が不適当なものである．　**答　1**

No.14　水溶液中でイオンとなる物質を電解質といい，このイオンを含んだ水溶液を電解液という．この電解質の水溶液に直流電流を流すと，各電極で化学反応が起こる．この反応は，カソード（負極）では電源から供給されるe^-を受け取り還元反応が起き，アノード（正極）ではe^-を放出する酸化反応が起こる．これを電気分解という．

したがって，2が不適当なものである．　**答　2**

硫酸銅水溶液を電気分解すると陰極に銅が析出する．また，電気分解により析出する物質の析出量は，通電した電気量に比例する．

一方，陽イオンと陰イオンがくっついて中性であったものが，何らかのきっかけ（水に溶かしたり，高温に熱せられたり）で陽イオンと陰イオンが離ればなれとなり電気的性質が表に現れることは電離という．

No.15 三相誘導電動機の速度制御における極数切換による制御は，次式のように同期速度が極数に反比例して変化することを利用した制御方法である．

三相誘導電動機の同期速度 N_S〔min^{-1}〕は，極数を p，電源の周波数を f〔Hz〕とすると，次式で表される．

$$N_S = \frac{120f}{p} \text{〔min}^{-1}\text{〕}$$

固定子巻線をＹ－△に変えて行うのは，三相誘導電動機のＹ－△始動方式である．

したがって，1 が不適当なものである．　**答　1**

※【No.16】～【No.48】までの 33 問題のうちから，15 問題を選択・解答

No.16 火力発電において，高圧タービンで断熱膨張した蒸気をボイラに送り，過熱して蒸気の湿り度を少なくし再び低圧タービンに送り膨張させ，熱効率を向上させる熱サイクルは，再熱サイクルである．

したがって，2 が適当なものである　**答　2**

No.17 フランシス水車は，代表的な反動水車である．水は（渦巻）ケーシングからステーベーンを通り，ガイドベーンの開口面積を変化させ流量の調整を行い，ランナに流入する．半径方向に流入した水はランナに回転方向の圧力を与えつつ軸方向に向きを変えて流出する．ランナの出口から放水面までの接続管として吸出し管が設置される．

最高効率は定格出力においては高いが，効率特性は負荷の変化および落差の変化に対して敏感であるため，軽負荷時には効率がかなり低下する．

したがって，2 が最も不適当なものである　**答　2**

No.18 変電所に用いられるガス絶縁開閉装置（GIS）の特徴は，気中絶縁を利用したものに比べて，小形化が可能，充電部が外気の影響を受けないことから，長い年月にわたり高信頼性が確保でき，充電部が露出していないことから，感電のおそれがなく安全性に優れている．

しかし，内部事故の場合，機器が密閉されているため故障箇所を特定しにくく，各機器が複合化・一体化されており，さらに，そのガス処理に時間がかかるなど，復旧までの時間は長くなる．

したがって，3 が最も不適当なものである　**答　3**

No.19 保護リレーシステムは，その動作責務から高い信頼度が要求される．このため，フェールセーフ（直列二重化），二系列化など多重化によるシステム信頼度の向上などの諸対策が実施されており，さらに自動監視の適用により，稼働信頼度の向上，保守業務の省力化が図られている．

また，事故除去のための遮断区間を必要最小限にとどめ，余分な区間の停止を避ける，隣り合った保護区間は保護範囲が必ず重なるようにして，事故を検出するシステムとしている．

したがって，3が最も不適当なものである．　**答　3**

No.20　電力系統を運用する上から，供給設備の計画外停止（事故トラブルの発生など），渇水，需要の変動などの予測し得ない異常事態の発生があっても，安定した電力供給を行うのを目的として，あらかじめ需要想定以上の供給力を保有する必要があり，これを予備力という．

したがって，電力系統の供給信頼度の向上対策は，信頼度の高い機器を採用することが必要であり，容量によって信頼度の高い，低いはない．また，大容量機器を少数設置することは好ましくなく，事故時のバックアップを考慮すると，コスト面を考えて極力多く設置することが向上対策につながる．

したがって，1が最も不適当なものである．　**答　1**

No.21　支持点A，Bが同一水平線上にある電線は，その中央でたるみが生じて次図のような曲線を描き，そのたるみD〔m〕と電線の水平張力は，次式で表される．

$$D = \frac{WS^2}{8T} \text{〔m〕}$$

ただし，D：電線の最大たるみ〔m〕

W：電線単位長当たりの合成荷重〔N〕(風圧および氷雪加重を含めたもの)

S：径間〔m〕

T：最低点Cにおける電線の水平張力〔N〕

（支持点Bにおける電線の張力T_Bと近似的に等しい）

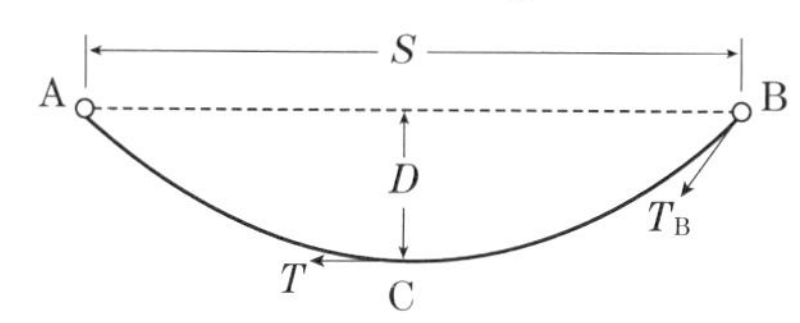

電線実長がL〔m〕は，径間がS〔m〕，たるみがD〔m〕の場合，次式で表される

$$L = S + \frac{8D^2}{3S} \text{〔m〕}$$

したがって，4が正しいものである．　**答　4**

No.22　架空送電線路において，がいし表面が塩分などで汚損された部分に小雨などにより湿気が加わると，がいし表面の絶縁が低下するため，交流に対するフラッシオーバ電圧が低下する．塩害地域などでは，耐塩がいしなどを採用する．

したがって，2が不適当なものである．　**答　2**

No.23 フェランチ効果（現象）は，長距離送電線などで，負荷が非常に小さい場合や無負荷の場合など，線路を流れる電流が静電容量のため進み電流となり，受電端電圧が送電端電圧よりも高くなる現象をいう．無負荷の充電電流は，静電容量に比例，静電容量は距離に比例する．

したがって，この現象は，送電線路の単位長さ当たりの静電容量が大きいほど（例えば地中ケーブル線路や進み力率の負荷が多く使用されているときなど），インダクタンスが大きいほど，また，こう長が長いほど著しい．分路リアクトルの設置は有効である．

したがって，1 が適当なものである． **答 1**

No.24 架空送電線に穏やかな一様の風が送電線に直角に当たると，電線の背後に渦を生じ，電線に上下の圧力が加わり，この周波数が電線の固有振動数と一致すると，共振を起こし振動が発生する．これを微風振動という．

送電線の径間が長く重量の軽い場合や，電線張力が大きいときに起こりやすい．この対策としては，電線の張力を小さくしたり，アーマロッドやダンパを取り付けるなどの方法がある．

したがって，4 が不適当なものである． **答 4**

No.25 電気設備の技術基準の解釈第 227 条（低圧連系時の系統連系用保護装置）第 1 項　第一号では，次のように規定している．

第 227 条　低圧の電力系統に分散型電源を連系する場合は，次の各号により，異常時に分散型電源を自動的に解列するための装置を施設すること．

一　次に掲げる異常を保護リレー等により検出し，分散型電源を自動的に解列すること．

イ　分散型電源の異常又は故障

ロ　連系している電力系統の短絡事故，地絡事故又は高低圧混触事故

ハ　分散型電源の単独運転又は逆充電

したがって，2 が定められていないものである． **答 2**

No.26 地中送電線路の故障点検出に用いられるマーレーループ法は，ホイートストンブリッジを応用した直流ブリッジで，故障点までの抵抗を測定し，その値から故障点までの距離を算出する方法である．

設問に示された図で抵抗辺が 0 ～ 1 000 で目盛られている場合，ケーブルの長さを L〔m〕，故障時に接続されたブリッジ端子までの滑り線の読みを a，故障点までの長さを x〔m〕とすると，ブリッジの平衡条件から，故障点までの長さを次式で求めることができる．

$$x\,(1000 - a) = a\,(2L - x)$$

$$\therefore \quad x = \frac{2aL}{1\,000} \text{〔m〕}$$

したがって，1が正しいものである.　**答 1**

No.27 フリッカの抑制対策としては，次のような事項が挙げられる.

① フリッカ発生負荷を短絡容量の大きい電源系統（インピーダンス小）に接続する.

② 電源リアクタンス分を直列コンデンサで補償する.

③ 三巻線変圧器を用いて，一般負荷の電圧変動を補償する.

④ 変動負荷の電源側に飽和リアクトルを挿入し，無効電力の変動を抑制する.

⑤ 変動負荷と同期調相機を並列にし，電源側にリアクトルを挿入し，無効電力を同期調相機から供給する.

⑥ 負荷側に静止型無効電力補償装置（SVC）を挿入する.

したがって，①より3が不適当なものである.　**答 3**

No.28 室指数は，照明率を求めるための照明率表利用に必要な指数をいい，次式で表す．室指数が大きいほど照明率も大きくなる.

$$室指数 = \frac{間口[m] \times 奥行き[m]}{被照面から器具まで高さ[m] \times (間口+奥行)} \text{〔m〕}$$

上式から，作業面（被照面）から光源までの高さが高いほど，室指数は小さくなる.

したがって，4が最も不適当なものである.　**答 4**

No.29 電気設備の技術基準の解釈第195条（フロアヒーティング等の電熱装置の施設）第1項第七号では，次のように規定している.

七 発熱線に電気を供給する電路は，次によること.

イ 専用の開閉器及び過電流遮断器を各極（過電流遮断器にあっては，多線式電路の中性極を除く.）に施設すること．ただし，過電流遮断器が開閉機能を有するものである場合は，過電流遮断器のみとすることができる.

ロ 電路に地絡を生じたときに自動的に電路を遮断する装置を施設すること.

よって，配線用遮断器（MCCB）や漏電火災警報器を設置することはできない.

したがって，2が不適当なものである.　**答 2**

No.30 電気設備技術基準の解釈第33条（低圧電路に施設する過電流遮断器の性能等）第4項第二号～第四号では，次のように規定している.

二 短絡保護専用遮断器は，次に適合するものであること.

イ 過負荷保護装置が短絡電流によって焼損する前に，当該短絡電流を遮断する能力を有すること.

ロ 定格電流の1倍の電流で自動的に動作しないこと.

ハ　整定電流は，定格電流の 13 倍以下であること．

ニ　整定電流の 1.2 倍の電流を通じた場合において，0.2 秒以内に自動的に動作すること．

三　短絡保護専用ヒューズは，次に適合するものであること．

イ　過負荷保護装置が短絡電流によって焼損する前に，当該短絡電流を遮断する能力を有すること．

ロ　短絡保護専用ヒューズの定格電流は，過負荷保護装置の整定電流の値（その値が短絡保護専用ヒューズの標準定格に該当しない場合は，その値の直近上位の標準定格）以下であること．

ハ　定格電流の 1.3 倍の電流に耐えること．

ニ　整定電流の 10 倍の電流を通じた場合において，20 秒以内に溶断すること．

四　過負荷保護装置と短絡保護専用遮断器又は短絡保護専用ヒューズは，専用の一の箱の中に収めること．

したがって，3 が不適当なものである．　**答　3**

No.31　電気設備技術基準の解釈第 148 条（低圧幹線の施設）第 1 項第四号では，次のように規定している．

第 148 条　低圧幹線は，次の各号によること．

四　低圧幹線の電源側電路には，当該低圧幹線を保護する過電流遮断器を施設すること．ただし，次のいずれかに該当する場合は，この限りでない．

イ　低圧幹線の許容電流が，当該低圧幹線の電源側に接続する他の低圧幹線を保護する過電流遮断器の定格電流の 55 % 以上である場合

ロ　過電流遮断器に直接接続する低圧幹線又はイに掲げる低圧幹線に接続する長さ 8 m 以下の低圧幹線であって，当該低圧幹線の許容電流が，当該低圧幹線の電源側に接続する他の低圧幹線を保護する過電流遮断器の定格電流の 35% 以上である場合

ハ　過電流遮断器に直接接続する低圧幹線又はイ若しくはロに掲げる低圧幹線に接続する長さ 3 m 以下の低圧幹線であって，当該低圧幹線の負荷側に他の低圧幹線を接続しない場合

（以下省略）

過電流遮断器の定格電流の 55 % は，137.5 A である．35 % は，87.5 A である．これより，1 ～ 4 はイの条件に当てはまらないので，ロ，ハ，の条件に当てはまるかを見てゆく．

1 は，ハにより 3 m 以下でなければならないので違法の施工となる．

2 は，ロにより合法の施工である．

3および4は，ロにより8m以下でなければならないので違法の施工となる．

したがって，2が適当なものである．　**答　2**

No.32　JIS C 4620「キュービクル式高圧受電設備」7.2「外箱など」g）では，次のように規定している．

g）配線の引込口，引出口の隙間を塞ぐために取り付けるプレートは，厚さ1.6 mm以上の金属製のもの又は厚さ3 mm以上の不燃性若しくは難燃性の材料のものとする．

よって，厚さ2 mmの合成樹脂製のプレートでは，JIS規定外となる．

したがって，1が不適当なものである．　**答　1**

No.33　JIS C 4620「キュービクル式高圧受電設備」7.4.3「接地」では，次のように規定している．

7.4.3　接地

キュービクル内の接地回路の配線及び接地端子は，次による．

a）接地線及び接地母線は，低圧絶縁電線を使用する．ただし，接地母線には，銅帯を使用することができる．

e）コイルモールド形の機器のように外箱のない高圧機器で鉄心が露出している計器用変圧器，変流器などは，鉄心にA種接地工事を施す．

g）外部の接地工事に接続する接地端子は，外箱の扉を開いた状態で，漏れ電流を安全に測定できるように取り付ける．

i）外部の接地工事に接続する接地端子の構造は，次による．

1）接地種別に対応した接地端子を設ける．

2）銅又は黄銅製とし，接地線が容易かつ電気的に確実に接続でき，緩むおそれがないものとする．

3）B種接地工事の接地端子は，外箱と<u>絶縁し</u>，他の接地端子とは容易に取外しできる導体で連結できる構造とする．

したがって，i）3）により4が不適当なものである．　**答　4**

No.34　スポットネットワーク受電設備は，第34-1図に示すように，常時2～4回線の22 kVまたは33 kVの特別高圧配電線より受電し，各回線の変圧器二次側を連系した方式で，配電線1回線が停止しても何の支障もなく受電できる方式である．

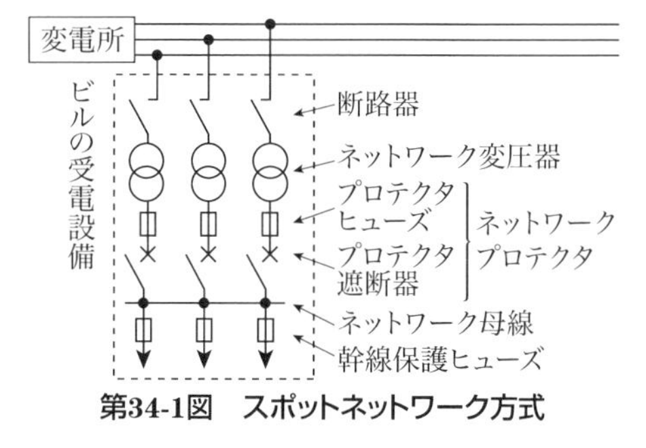

第34-1図　スポットネットワーク方式

ネットワーク変圧器から電源側の系統事故を変圧器の低圧側に施設したネットワークプロテクタ（プロテクタ遮断器，プロテクタヒューズ，電力方向継電器で構成される）により検出して保護を行うため，受電用遮断器やその保護装置の省略が可能であり，設置スペースの縮小と経費の節減ができる.

ネットワークリレーの無電圧投入特性により自動的に投入されるのは，プロテクタ遮断器である.

したがって，4が不適当なものである.　**答 4**

No.35 自家用発電設備の原動機の水槽循環冷却方式は，建物の地下などに冷却水槽を設置して冷却する方式である．冷却水を循環して冷却することから，冷却水の消費がほとんどなく，水槽への補給水が断たれた場合でも，直ちに運転を停止させる必要はない.

連続運転可能時間は，水槽の水温が許容限度に上昇するまでとなるため，特に長時間運転する場合は，大容量の水槽が必要となる.

したがって，3が最も不適当なものである.　**答 3**

No.36 JIS B 8121「コージェネレーションシステム用語」では，次のように規定している.

ピークカット運転：需要電力のピーク負荷部分に発電電力を供給する運転方式.

系統またはほかの発電機に異常が起こった場合，発電機の過負荷停止などを避けるため，発電機容量に見合った負荷以外を選択し遮断することは，負荷選択遮断という.

したがって，4が不適当なものである.　**答 4**

No.37 浮動充電は，電池の自己放電を補うとともに，常用負荷を充電器が負担し，充電器が負担しきれない一時的な大電流負荷は蓄電池が負担する方法で，据置電池に最も多く採用されている方式である.

JIS C 4402では，「整流装置の直流出力に蓄電池と負荷とを並列に接続し，常時蓄電池に一定電圧を加え充電状態を保ちながら，同時に整流装置から負荷へ電力を供給し，停電時又は負荷変動時に無遮断で蓄電池から負荷へ電力を供給する充電方式」と規定している.

したがって，1が適当である.　**答 1**

トリクル充電は，負荷から切り離された状態で自己放電量だけを常時充電（微小電流）する浮動充電方式の一種である.

均等充電は，浮動充電に使用するとき，各電池に起こる容量，電圧のばらつきを補正するため，鉛蓄電池は3か月に1回，アルカリ蓄電池は6か月に1回，定電圧（鉛蓄電池2.3～2.5 V/セル，アルカリ蓄電池1.45～1.65 V/セル）で10～24時間充電し，各電池の容量を均一化するために，行う充電方法である．

JIS C 4402では，多数個の蓄電池を一組にして長時間使用した場合に，自己放電などによって生じる個々の蓄電池間の充電状態のばらつきを，浮動充電電圧よりもやや高い電圧で充電することによってなくし，充電状態を均一にするために行う充電．と規定している．

回復充電は，放電した電池を，次回の放電に備えて，容量が回復するまで充電することである．できるだけ早く放電量を補う必要があり，浮動充電，トリクル充電では時間がかかるため，均等充電に準じた電圧で充電を行う．

No.38 電気設備技術基準の解釈第29条（機械器具の金属製外箱等の接地）第1項において，電路に施設する機械器具の金属性外箱等には接地工事を施すことと規定されているが，第2項では，次のように規定している．

2 機械器具が小出力発電設備である燃料電池発電設備である場合を除き，次の各号のいずれかに該当する場合は，第1項の規定によらないことができる．

一 交流の対地電圧が150V以下又は直流の使用電圧が300V以下の機械器具を，乾燥した場所に施設する場合

二 低圧用の機械器具を乾燥した木製の床その他これに類する絶縁性のものの上で取り扱うように施設する場合

三 電気用品安全法の適用を受ける2重絶縁の構造の機械器具を施設する場合

四 省略

五 水気のある場所以外の場所に施設する低圧用の機械器具に電気を供給する電路に，電気用品安全法の適用を受ける漏電遮断器（定格感度電流が15mA以下，動作時間が0.1秒以下の電流動作型のものに限る．）を施設する場合

（以降省略）

したがって，第五号により1が不適当なものである． 答 1

No.39 無効電力制御は，無効電力の変化に対応してコンデンサの台数制御を行い，常に力率を適正（100％目標）に保つ制御を行うものである．コンデンサの台数制御は，サイクリック制御および故障時飛び越し制御とするものである．

4の記述は，変圧器の運転台数制御である．

したがって，4が最も不適当なものである． 答 4

No.40 消防法施行規則第23条（自動火災報知設備の感知器等）第4項第三号では，次のように規定している．

三 差動式スポット型，定温式スポット型又は補償式スポット型その他の熱複合式スポット型の感知器は，次に定めるところによること．

イ 感知器の下端は，取付け面の下方0.3m以内の位置に設けること．

ロ　省略

したがって，3 が誤っているものである．　**答　3**

No.41　「非常用の進入口の機能を確保するために必要な構造の基準」昭和 45 年 12 月 28 日（建設省告示第 1831 号）では，次のように規定している．

(建築基準法施工令第 126 条の 7 第七号規定に基づく非常用の進入口の機能を確保するために必要な構造の基準)

建築基準法施行令(昭和 25 年政令第 338 号)第 126 条の 7 第七号の規定に基づき，非常用の進入口の機能を確保するために必要な構造の基準を次のとおり定める．

第一　非常用の進入口又はその近くに掲示する赤色灯は，次の各号に適合しなければならない．

一　常時点灯（フリッカー状態を含む．以下同じ．）している構造とし，かつ，一般の者が容易に電源を遮断することができる開閉器を設けないこと．

二　自動充電装置又は時限充電装置を有する蓄電池（充電を行なうことなく 30 分間継続して点灯させることができる容量以上のものに限る．）その他これに類するものを用い，かつ，常用の電源が断たれた場合に自動的に切り替えられて接続される予備電源を設けること．

三　赤色灯の明るさ及び取り付け位置は，非常用の進入口の前面の道又は通路その他の空地の幅員の中心から点灯していることが夜間において明らかに識別できるものとすること．

四　赤色灯の大きさは，直径 10 cm 以上の半球が内接する大きさとすること．

したがって，第二号より 4 が誤っているものである．　**答　4**

No.42　コンピュータネットワークの OSI 基本参照モデルにおいて，IP アドレスなど論理的なアドレスを扱い，経路選択などルーティング機能を提供する階層は，ネットワーク層である．

したがって，2 が最も適当なものである．　**答　2**

トランスポート層は，データ伝送の信頼性を提供する層で，送信元から送り出されたデータが，送信先に正確に届けられるように通信管理を行うもので，上位のアプリケーション層からのサービス要求に応じ，また下位のインターネット層に対してサービス要求を行うものである．

データリンク層は，ケーブルで接続されている同一ネットワーク内で，正確なデータ伝送を実現するもので，データリンクプロトコルを，プロトコルスタックの階層モデルにおける層（レイヤ）に対応させたものである．スイッチングハブは，この層の制御機能を持っている．

セッション層は，プレゼンテーション層からのサービス要求に応じ，またトランスポート層に対してサービス要求を行うものである．

No.43 ダイナミック形のマイクロホンは，電源不必要，丈夫で比較的湿度に強いが，感度が低く，コンデンサ形に比較すると，周波数特性は劣る．

コンデンサ形マイクロホンは，電源が必要で，振動や湿気に特に弱いが，感度が高く，ダイナミック形と比較すると周波数特性は優れている．

したがって，3が最も不適当なものである　**答 3**

No.44 直接ちょう架式は，ちょう架線を用いないで，スパン線ビームからハンガイヤーによってトロリ線がつり下げられた方式である．

したがって，1が誤っているものである．　**答 1**

No.45 鉄道に関する技術基準を定める省令第51条の2（電磁誘導作用による人の健康に及ぼす影響の防止）では，次のように規定している．（ただし書きは省略）

第51条の2　電車線等及び帰線並びに電気機器等設備（発電機を除く．）を変電所等以外の場所に施設する場合は，通常の使用状態において，当該設備から発生する商用周波数の磁界による電磁誘導作用により，当該設備のそれぞれの付近において，人の健康に影響を及ぼすおそれがないように施設しなければならない．

2　変電所等は，通常の使用状態において，当該変電所等から発生する商用周波数の磁界による電磁誘導作用により，当該変電所等の付近において，人の健康に影響を及ぼすおそれがないように施設しなければならない．

したがって，3が除かれているものである．　**答 3**

No.46 電気鉄道の常置信号機のうち，現示が灯列式の信号機は，中継信号機である．

中継信号機は，場内信号機，出発信号機，閉そく信号機の信号現示を中継する信号機で，これらの信号が地形などの制約で見にくい場合，その信号の手前に設置されることが多い．一般に，3灯式の灯列式信号機が用いられ，縦並びで進行，横並びで停止，斜め並びでそれ以外の現示を表している．

したがって，2が適当なものである．　**答 2**

No.47 トンネルの基本照明は，トンネルを走行する運転者が安全な距離から視認するために必要な明るさを確保するための照明であり，トンネル全長にわたり，灯具を原則として一定間隔に配置する．

平均路面輝度は，トンネル内の設計速度が速いほど高い値とし，交通量，トンネル延長が長いほど低い値とすることができる．

したがって，4が最も不適当なものである．　**答 4**

No.48 テレビジョン受信用同軸ケーブルの減衰量は，ケーブル内の銅など導体による損失，絶縁体による誘電損失によって決まる．導体損失はケーブルが太くなれば低くなり，減衰量は減少し，誘電損失は周波数が高くなれば大きくなる．つまり，伝送する周波数が高くなると減衰量は増大する．

したがって，1 が不適当なものである．　**答　1**

※【No.49】～【No.56】までの 8 問題のうちから，5 問題を選択・解答

No.49　吸収式冷温水機は，吸収力の高い液体に冷媒を吸収させることにより低圧で気化させて低温を得る冷温水機である．また，熱駆動ヒートポンプとしての利用も可能である．

この冷温水機の冷媒は，冷媒に水を，吸収液として臭化リチウムを使用している．

したがって，1 が最も不適当なものである．　**答　1**

吸収式冷温水機の基本サイクルは，次のとおりである．冷媒を低温低圧の蒸発器で蒸発させ冷水をつくり，蒸発冷媒は吸収器で吸収液に吸収させ，冷媒を吸収した吸収液は再生器で熱を加え冷媒を蒸発分離し再び吸収器に戻す．蒸発分離した冷媒は，凝縮器で冷却して液化し，再び蒸発器で使用する．

No.50　受水槽は，1975 年の建設省告示で，周囲と上下が容易に点検・管理できるもの（床置型受水槽）を設置することが決められており，点検スペースは，給排水設備技術基準において，上部面については 1 メートル以上，その他の面は 0.6 メートル以上を標準とすることが定められている．

したがって，3 が最も不適当なものである．　**答　3**

No.51　ボイリング現象は，矢板内部と外部との水位の差がある値以上になると，矢板の先端から締切内部に水がまわり込んで，底面の土砂を押し上げ，土砂とともに水が湧き出る現象をいう．

この対策としては，ウェルポイントなどにより土留め壁背面の地下水位を低下させる，土留め壁の根入れを深くする，薬液注入などにより掘削底面の止水を行うことなどが有効である．切りばりの間隔を狭くしても有効な対策とはならない．

したがって，2 が最も関係のないものである．　**答　2**

No.52　アイランド工法は，掘削箇所の外周に土留め壁を打設し，その内側にのりを残しながら内部を掘削していく．その後，掘削した中央部に構造物の基礎を構築して，その基礎部分から斜めに切りばりを設置していく．

切りばりの設置により，土留めを支持しながらのり部分の掘削を行い，構造物の残りの部分を構築する工法であり，地下構造体の打継ぎが必要となる．この工法は，中間支持柱，桟橋などが不要であり，切りばりも少量で済むなどの特徴がある．

したがって，1 が最も不適当なものである．　**答　1**

No.53　圧入方式では，操向性のあるパイロット管を先導管として，管本体を圧入しながら到達坑まで推進する．工法は，小口径推進工法である．

したがって，2 が適当なものである．　**答　2**

小口径推進工法は，一般に直径が600 mm未満の小口径の管体を油圧ジャッキで押し込む圧入工法で，比較的硬質な粘土・砂質土に向くホリゾンタル方式，礫層・玉石層に向く水平ボーリング方式，軟弱層に向く圧入方式，地下水位の高い軟弱層に向く泥水加圧方式がある．この工法は，人力でなく機械専用の掘削工法である．

No.54 鉄道に関する技術上の基準を定める省令第64条（車両限界）では，「車両は，車両限界を超えてはならない．ただし，構造上の理由により車両限界を超えなければ使用することができない装置及び排障器，クレーンその他これに類するものは，車両の安全な走行を確保することができる範囲において，車両限界を超えることができる.」と規定している．

つまり，車両限界とは，車両が構造物などに接触せずに走行できる寸法として定めた車両における限界寸法のことをいい，車両が占有する最大の空間の限界で，車両限界に積み荷の限界も含まれる．

したがって，1が最も不適当なものである． **答 1**

No.55 座屈とは，部材が圧縮力を受けるとき，急に面外にはみ出し，材料強度より遥かに小さい値で耐力低下を起こす現象で，圧縮強度に関係なく，細長い柱ほど起きやすい．

このため，座屈防止には帯筋が有効である．帯筋は，せん断力に対する補強効果を持つとともに，柱主筋の位置を固定し，圧縮力による主筋の座屈を防ぐ効果がある．主筋の本数や太さを割増ししても，座屈に対しての効果はほとんどない．

したがって，1が最も不適当なものである． **答 1**

No.56 ブレースとは，柱と柱の間へ対角線上に入れて構造を補強する部材（筋交い）のことをいう．ラーメン構造が，柱と梁を剛強に接合して，主に曲げモーメントに抵抗して地震や長期荷重に耐える構造としているのに対して，ブレース構造は，ブレースにより斜め部材で地震力を負担させ，合理的に部材断面を使うことができるようにしたものである．

ブレースは軸力に抵抗する部材であり，梁などにかかる曲げモーメントに抵抗するものではない．

したがって，4が最も不適当なものである． **答 4**

※【No.57】，【No.58】の2問題は，全問解答

No.57 よく出題される制御装置の基本器具番号と器具名称は，第57-1表のようになっている．

したがって，4が誤っているものである． **答 4**

第 57-1 表

基本器具番号	器具名称
27	交流不足電圧継電器
51	交流過電流継電器または地絡過電流継電器
52	交流遮断器または接触器
59	交流過電圧継電器
67	交流電力方向継電器または地絡方向継電器
80	直流不足電圧継電器

No.58　公共工事標準請負契約約款第 10 条（現場代理人及び主任技術者等）第 2 項では，次のように規定している．

2　現場代理人は，この契約の履行に関し，工事現場に常駐し，その運営，取締りを行うほか，請負代金額の変更，請負代金の請求及び受領，第 12 条第 1 項の請求の受理，同条第 3 項の決定及び通知並びにこの契約の解除に係る権限を除き，この契約に基づく受注者の一切の権限を行使することができる．

したがって，2 が定められていないものである．　**答　2**

※【No.59】〜【No.67】までの 9 問題のうちから，6 問題を選択・解答

No.59　水力発電所の有水試験には，通水検査，初回転試験，発電機特性試験，自動始動停止試験，負荷遮断試験と入力遮断試験，非常停止試験などの試験が行われる．また，水車・発電機などの主要機器および圧油・潤滑油などの補機の据付け完了後，各機器単体あるいは組み合わせて試験・調整を行う．

水車に通水しないで行うものを一般に無水試験と呼んでいる．選択肢 2 の水車関係機器の単体動作試験として，圧油装置の調整後，調速機によるガイドベーンの開閉の動作確認は，無水試験の試験項目である．

したがって，2 が最も関係ないものである．　**答　2**

No.60　「高圧受電設備規程」1160 節 1160-5 の 2 では，次のように規定している．

2. 大地との間の電気抵抗値が 2 Ω以下の値を保っている建物その他の金属体は，これを次の各号に掲げる接地工事の接地極に使用することができる．

①　非接地式高圧電路に施設する機械器具等に施す A 種接地工事（電技解釈第 18 条第 2 項）

②　非接地式高圧電路と低圧電路を結合する変圧器に施す B 種接地工事（電技解釈第 18 条第 2 項）

③　C 種接地工事

④　D 種接地工事

つまり，10 Ωでは法令違反の施工となる．

したがって，1が不適当なものである. **答 1**

No.61 架空送電線路の架線工事において，電線重量と延線張力により電線が金車のホイール面に押しつけられてニッキング(素線表面に傷が付く現象)を発生させる.

このニッキング現象は，アルミの最内層素線に最も多く発生することが分かっており，ニッキングの発生は，金車通過回数が多いほど，金車上での押し圧力が大きいほど大きくなる．この押し圧力は電線張力に比例し金車径に反比例する.

このため，金車の径は大きなものを採用することが抑制につながる.

したがって，1が不適当なものである. **答 1**

No.62 電気設備技術基準の解釈第156条（低圧屋内配線の施設場所による工事の種類）では，次のように規定している.

第156条　低圧屋内配線は，次の各号に掲げるものを除き，156-1表に規定する工事のいずれかにより施設すること.

第62-1表　156-1表

施設場所の区分		使用電圧の区分	工事の種類											
			がいし引き工事	合成樹脂管工事	金属管工事	金属可とう電線管工事	金属線ぴ工事	金属ダクト工事	バスダクト工事	ケーブル工事	フロアダクト工事	セルラダクト工事	ライティングダクト工事	平形保護層工事
展開した場所	乾燥した場所	300V以下	○	○	○	○	○	○	○	○			○	
		300V超過	○	○	○	○		○	○	○				
	湿気の多い場所又は水気のある場所	300V以下	○	○	○	○			○	○				
		300V超過	○	○	○	○				○				
点検できる隠ぺい場所	乾燥した場所	300V以下	○	○	○	○	○	○	○	○		○	○	○
		300V超過	○	○	○	○		○	○	○				
	湿気の多い場所又は水気のある場所	—	○	○	○	○				○				
点検できない隠ぺい場所	乾燥した場所	300V以下		○	○	○				○	○	○		
		300V超過		○	○	○				○				
	湿気の多い場所又は水気のある場所	—		○	○	○				○				

(備考)○は使用できることを示す.

一　第172条第1項の規定により施設するもの

二　第175条から第178条までに規定する場所に施設するもの

表から，バスダクト工事は，点検できない隠ぺい場所に施設することはできない．

したがって，2 が不適当なものである． **答 2**

No.63 JIS X 5150「構内情報配線システム」より，水平配線のモデルで使用する前提長として，フロア配線盤から通信アウトレットまでのケーブル長（パーマネントリンクの長さ）は，最大 90 m としている．

したがって，3 が最も不適当なものである． **答 3**

No.64 高圧地絡継電装置は，検出する電流が非常に小さいので（高感度），設置および運用に際して次の点に注意する必要がある．

貫通形 ZCT にケーブルを貫通させて使用する場合，ケーブルの接地箇所は原則として，ケーブル 1 本につき 1 箇所とする．この場合，負荷側シールドを一括しして接地を行うか，電源側シールドを一括した接地線を ZCT にくぐらせたのち，ZCT の負荷側で接地する．

よって，選択肢 3 のように接地すると，前述の接地方法となっていないことから，地絡電流を検出することができない．

したがって，3 が不適当なものである． **答 3**

No.65 鉄道に関する技術基準第 41 条（電車線路等の施設等）第 3 項では，「電車線路は，予想される最大風圧荷重，電線による張力等に耐えることができ，かつ，列車の速度及び車両の集電方法に応じ，支障なく集電することができるように施設しなければならない．」と規定している．

これにより，解釈基準VI -1（第 41 条関係）19 では，次のように規定している．

19　架空単線式の電線線のちょう架方式は，カテナリちょう架式とすること．ただし，新幹線以外の鉄道であって，次のいずれかにか該当する場合は，この限りではない．

(1)　列車が 90 km 毎時以下の速度で走行する区間において，剛体ちょう架式によりちょう架する場合．

(以降省略)

したがって，4 が不適当なものである． **答 4**

No.66 有線電気通信設備令施行規則第 10 条（架空電線と低圧又は高圧の架空強電流電線との交差又は接近）第 1 項では，次のように規定している．

第 10 条　令第 11 条の規定により，架空電線が低圧又は高圧の架空強電流電線と交差し，又は同条に規定する距離以内に接近する場合には，架空電線と架空強電流電線との離隔距離は，次の表の左欄に掲げる架空強電流電線の使用電圧及び種別に従い，それぞれ同表の右欄に掲げる値以上とし，かつ，架空電線は，架空強電流電線の下に設置しなければならない．

架空強電流電線の使用電圧及び種別		離隔距離
低圧	高圧強電流絶縁電線，特別高圧強電流絶縁電線又は強電流ケーブル	30 cm（強電流電線の設置者の承諾を得たときは 15 cm）
	強電流絶縁電線	60 cm（強電流電線の設置者の承諾を得たときは 30 cm（強電流電線が引込線であり，かつ，架空電線が別に告示する条件に適合する場合であって，強電流電線の設置者の承諾を得たときは 15 cm））
高圧	強電流ケーブル	40 cm
	高圧強電流絶縁電線又は特別高圧強電流絶縁電線	80 cm

したがって，3 が最も不適当なものである．　**答　3**

No.67　プーリングアイは，ケーブルを管路などに引入れする施工時にケーブル先端に取り付ける材料である．

傾斜地の管路に布設されたケーブルの熱伸縮による滑落を防止するために施工するのは，一般にスプリング方式のストッパが多く用いられている．ストッパと管路口の間にスプリングを入れ，ケーブルには常に上方向の拘束力が働くようにしたものである．

したがって，4 が最も不適当なものである．　**答　4**

※【No.68】～【No.79】までの 12 問題は，全問解答

No.68　安全衛生計画の基本方針として，工事における安全衛生の重要性を認識し，全工期無災害を目標として，安全衛生管理組織表を作成するなどにより安全衛生管理体制を確立し，全員が協力して積極的に災害防止対策を推進する．

施工体制台帳の作成は，公共工事の場合や民間工事の下請け契約の額によって作成が義務付けられているもので，必ずしも作成しなければならないものではなく，その内容も行政により若干違いはあるものの工事内容や工期など決められた事項を記述するものである．

したがって，3 が最も不適当なものである．　**答　3**

No.69　労働安全衛生規則第 330 条（手持型電灯等のガード）では，「事業者は，移動電線に接続する手持型の電灯，仮設の配線又は移動電線に接続する架空つり下げ電灯等には，口金に接触することによる感電の危険及び電球の破損による危険を防止するため，ガードを取り付けなければならない」と規定している．

よって，仮設の配線に接続する架空つり下げ電灯を高さにかかわらずガードを省略することはできない．

したがって，1 が最も不適当なものである．　**答　1**

No.70 電気事業法施行規則第 65 条により，受電電圧 1 万 V 以上の需要設備の接地工事は「工事計画の事前届出」が必要とされているが，電気事業法第 48 条第 1 項，第 2 項では，次のように規定している．

第 48 条　事業用電気工作物の設置又は変更の工事（前条第 1 項の主務省令で定めるものを除く．）であって，主務省令で定めるものをしようとする者は，その工事の計画を主務大臣に届け出なければならない．その工事の計画の変更（主務省令で定める軽微なものを除く．）をしようとするときも，同様とする．

2　前項の規定による届出をした者は，その届出が受理された日から 30 日を経過した後でなければ，その届出に係る工事を開始してはならない．

したがって，30 日前までには届出をしなければならないので，2 が不適当なものである．　**答 2**

No.71 アロー形ネットワーク工程表において，クリティカルパスは，開始点から終了点までのすべての経路のうち，最も時間の長い経路である．

したがって，4 が不適当なものである．　**答 4**

クリティカルパスは，必ずしも 1 経路とは限らない．複雑な工程となると 2 経路以上となることもある．また，クリティカルパス上のアクティビティのフロートは，0 であり，クリティカルパス上では，各イベントの最早開始時刻と最遅完了時刻は等しくなる．

No.72 事務所ビル新築工事の総合工程表の作成において，受電時期は，空調設備の試運転調整期間なども見込んで記入する，諸官庁への書類の作成を計画的に進めるため，提出予定時期を記入する，主要機器の最終承諾時期は，搬入据付時期から製作期間を見込んで記入するなどの事項に留意する．さらに，厳守しなければならないキーとなるイベントの日程を押さえ，計画どおり進行するようマイルストーンを設定して記入することも大切である．

仕上げ工事など各種工事が輻輳する工程は，実施行程を進めていく段階で，月間・週間行程表の作成時に関連業者と詳細に調整した上で記入する．総合行程表作成時には必要ない．

したがって，1 が最も不適当なものである．　**答 1**

No.73 アロー形ネットワーク工程表を用いて工程の短縮を検討する際，各作業の順序の入れ替えによる工程短縮の効果について十分に検討する．また，工程の組直しなどによって直列になっている作業を並列作業に変更が可能であれば，変更して工程短縮を図る．

したがって，2 が最も不適当なものである．　**答 2**

No.74 ヒストグラムはデータを適当な幅に分け，その中の度数を縦軸にとった柱状図であり，データの分布状態が分かりやすく，一般に規格の上限と下限の線を入れて良・不良のバラツキ具合を調べやすくしたものである．

したがって，3が適当なものである． **答 3**

ヒストグラムでは，次のことが分かる．

① 規格や標準値から外れている度合い

② データの片寄りなど全体的な分布

③ モード（最多値）やレンジ（範囲）およびメジアン（中央値）から観察される大体の平均やバラツキ

④ 片寄った形状から推理される工程の異常や天候等の外的要因

⑤ 作為的データ（異常に低い度数の隣の異常に高い度数のデータ）

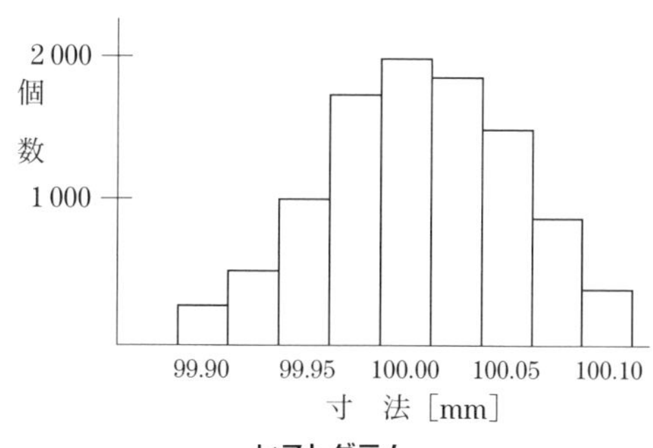

ヒストグラム

No.75 ISO 9000の品質マネジメントシステムに関し，JIS Q 9000ファミリー規格では，用語について次のように規定している．

再格付けは，当初の要求事項とは異なる要求事項に適合するように，不適合となった製品又はサービスの等級を変更すること．

手直しは，要求事項に適合させるため，不適合となった製品又はサービスに対してとる処置．

是正処置は，検出された不適合またはその他の検出された望ましくない原因の状況を除去するための処置．

リリースは，プロセスの次の段階又は次のプロセスに進めることを認めること．

したがって，1が正しいものである． **答 1**

No.76 電気設備の技術基準の解釈第28条（計器用変成器の2次側電路の接地）では，次のように規定している．

第28条 高圧計器用変成器の2次側電路には，D種接地工事を施すこと．

2 特別高圧計器用変成器の2次側電路には，A種接地工事を施すこと．

同解釈第17条（接地工事の種類及び施設方法）では，次のように規定している．

第17条A種接地工事は，次の各号によること.

一　接地抵抗値は，10Ω以下であること.

（以下省略）

したがって，2が誤っているものである.　**答　2**

No.77 労働安全衛生法施行令第6条（作業主任者を選任すべき作業）では，次のように規定している.

第6条　法第14条の政令で定める作業は，次のとおりとする.

二　アセチレン溶接装置又はガス集合溶接装置を用いて行なう金属の溶接，溶断又は加熱の作業

九　掘削面の高さが2m以上となる地山の掘削（ずい道及びたて坑以外の坑の掘削を除く.）の作業（第11号に掲げる作業を除く.）

十五　つり足場（ゴンドラのつり足場を除く. 以下同じ.），張出し足場又は高さが5m以上の構造の足場の組立て，解体又は変更の作業

二十三　石綿若しくは石綿をその重量の0.1％を超えて含有する製剤その他の物（以下「石綿等」という.）を取り扱う作業（試験研究のため取り扱う作業を除く.）又は石綿等を試験研究のため製造する作業若しくは第16条第1項第四号イからハまでに掲げる石綿で同号の厚生労働省令で定めるもの若しくはこれらの石綿をその重量の0.1％を超えて含有する製剤その他の物（以下「石綿分析用試料等」という.）を製造する作業

したがって，3が定められていないものである.　**答　3**

No.78 労働安全衛生法 第60条では，次のように規定している.

第60条　事業者は，その事業場の業種が政令で定めるものに該当するときは，新たに職務につくこととなった職長その他の作業中の労働者を直接指導又は監督する者（作業主任者を除く.）に対し，次の事項について，労働省令で定めるところにより，安全又は衛生のための教育を行なわなければならない.

一　作業方法の決定及び労働者の配置に関すること.

二　労働者に対する指導又は監督の方法に関すること.

三　前二号に掲げるもののほか，労働災害を防止するため必要な事項で，労働省令で定めるもの.

労働安全衛生規則 第40条（職長等の教育）第1項では，次のように規定している.

法第60条第三号の厚生労働省令で定める事項は，次のとおりとする.

一　法第28条の2第1項の又は第57条の3第1項及び第2項の危険性又は有害性等の調査及びその結果に基づき講ずる措置に関すること.

二　異常時等における措置に関すること.

三　その他現場監督者として行うべき労働災害防止活動に関すること.

したがって，1が定められていないものである.　**答　1**

No.79　労働安全衛生規則第342条（高圧活線近接作業）では，次のように規定している.

第342条　事業者は，電路又はその支持物の敷設，点検，修理，塗装等の電気工事の作業を行なう場合において，当該作業に従事する労働者が高圧の充電電路に接触し，又は当該充電電路に対して頭上距離が30 cm以内又は躯側距離若しくは足下距離が60 cm以内に接近することにより感電の危険が生ずるおそれのあるときは，当該充電電路に絶縁用防具を装着しなければならない．ただし，当該作業に従事する労働者に絶縁用保護具を着用させて作業を行なう場合において，当該絶縁用保護具を着用する身体の部分以外の部分が当該充電電路に接触し，又は接近することにより感電の危険が生ずるおそれのないときは，この限りでない.

2　労働者は，前項の作業において，絶縁用防具の装着又は絶縁用保護具の着用を事業者から命じられたときは，これを装着し，又は着用しなければならない.

作業指揮者を置いたとしても，当該充電電路には絶縁用防具を装着しなければならない.

したがって，4が誤っているものである.　**答　4**

※【No.80】～【No.92】までの13問題のうちから，10問題を選択・解答

No.80　建設業法第19条（建設工事の請負契約の内容）では，次のように規定している.

第19条　建設工事の請負契約の当事者は，前条の趣旨に従って，契約の締結に際して次に掲げる事項を書面に記載し，署名又は記名押印をして相互に交付しなければならない.

一　工事内容

<u>二　請負代金の額</u>

三　工事着手の時期及び工事完成の時期

四　工事を施工しない日又は時間帯の定めをするときは，その内容

五　請負代金の全部又は一部の前金払又は出来形部分に対する支払の定めをするときは，その支払の時期及び方法

六　当事者の一方から設計変更又は工事着手の延期若しくは工事の全部若しくは一部の中止の申出があった場合における工期の変更，請負代金の額の変更又は損害の負担及びそれらの額の算定方法に関する定め

<u>七　天災その他不可抗力による工期の変更又は損害の負担及びその額の算定方法</u>

に関する定め

八　価格等（物価統制令（昭和21年勅令第118号）第2条に規定する価格等をいう.）の変動若しくは変更に基づく請負代金の額又は工事内容の変更

九　工事の施工により第三者が損害を受けた場合における賠償金の負担に関する定め

十　注文者が工事に使用する資材を提供し，又は建設機械その他の機械を貸与するときは，その内容及び方法に関する定め

十一　注文者が工事の全部又は一部の完成を確認するための検査の時期及び方法並びに引渡しの時期

十二　工事完成後における請負代金の支払の時期及び方法

十三　工事の目的物が種類又は品質に関して契約の内容に適合しない場合におけるその不適合を担保すべき責任又は当該責任の履行に関して講ずべき保証保険契約の締結その他の措置に関する定めをするときは，その内容

十四　各当事者の履行の遅滞その他債務の不履行の場合における遅延利息，違約金その他の損害金

十五　契約に関する紛争の解決方法

十六　その他国土交通省令で定める事項

したがって，1が定められていないものである.　**答　1**

No.81　建設業法第24条の4（検査及び引渡し）第1項では，次のように規定している.

第24条の4　元請負人は，下請負人からその請け負った建設工事が完成した旨の通知を受けたときは，当該通知を受けた日から20日以内で，かつ，できる限り短い期間内に，その完成を確認するための検査を完了しなければならない.

したがって，2が誤っているものである.　**答　2**

No.82　建設業法施行規則第14条の6（施工体系図）では，次のように規定している.

第14条の6　施工体系図は，第一号及び第二号に掲げる事項を表示するほか，第三号及び第四号に掲げる事項を第三号の下請負人ごとに，かつ，各下請負人の施工の分担関係が明らかとなるよう系統的に表示して作成しておかなければならない.

一　作成建設業者の商号又は名称

二　作成建設業者が請け負った建設工事に関する次に掲げる事項

　イ　建設工事の名称及び工期

　ロ　発注者の商号，名称又は氏名

　ハ　当該作成建設業者が置く主任技術者又は監理技術者の氏名

ニ　監理技術者補佐を置くときは，その者の氏名

ホ　第 14 条の 2 第 1 項第四号トに規定する物を置くときは，その者の氏名及びその者が監理を司る建設工事の内容

三　前号の建設工事の下請負人で現にその請け負った建設工事を施工しているものに関する次に掲げる事項（下請負人が建設業者でない場合においては，イ及びロに掲げる事項に限る.）

イ　商号又は名称

ロ　代表者の氏名

ハ　一般建設業又は特定建設業の別

ニ　許可番号

四　前号の請け負った建設工事に関する次に掲げる事項（下請負人が建設業者でない場合においては，イに掲げる事項に限る.）

イ　建設工事の内容及び工期

ロ　特定専門工事（法第 26 条の 3 第 2 項に規定する「特定専門工事」をいう. 第 17 条の 6 において同じ.）の該当の有無

ハ　下請負人が置く主任技術者の氏名

ニ　第 14 条の 2 第 1 項第四号へに規定する者を置くときは，その者の氏名及びその者が監理を司る建設工事の内容

したがって，3 が定められていないものである.　**答　3**

No.83　電気事業法第 38 条第 2 項において，「小出力発電設備とは，経済産業省令で定める電圧以下の電気の発電用の電気工作物であって，経済産業省令で定めるものをいうものとする.」とされており，これを受け電気事業法施行規則第 48 条（一般用電気工作物の範囲）第 3 項，第 4 項では，次のように規定している.

3　法第 38 条第 2 項の経済産業省令で定める電圧は，600 V とする.

4　法第 38 条第 2 項の経済産業省令で定める発電用の電気工作物は，次のとおりとする. ただし，次の各号に定める設備であって，同一の構内に設置する次の各号に定める他の設備と電気的に接続され，それらの設備の出力の合計が 50 kW 以上となるものを除く.

一　太陽電池発電設備であって出力 50 kW 未満のもの

二　風力発電設備であって出力 20 kW 未満のもの

三　次のいずれかに該当する水力発電設備であって，出力 20 kW 未満のもの

イ　最大使用水量が 1 m^3/s 未満のもの（ダムを伴うものを除く）

ロ　特定の施設内に接地されるものであって別に告示するもの

四　内燃力を原動力とする火力発電設備であって出力 10 kW 未満のもの

（以下省略）

したがって，3 が誤っているものである． **答 3**

No.84 電気用品安全法第 2 条（定義）第 1 項では，次のように規定している．

第 2 条　この法律において「電気用品」とは，次に掲げる物をいう．

一　一般用電気工作物（電気事業法（昭和 39 年法律第 170 号）第 38 条第 1 項に規定する一般用電気工作物をいう．）の部分となり，又はこれに接続して用いられる機械，器具又は材料であって，政令で定めるもの

二　携帯発電機であって，政令で定めるもの

三　蓄電池であって，政令で定めるもの

したがって，1 が誤っているものである． **答 1**

No.85 電気工事業の業務の適正化に関する法律第 26 条（帳簿の備付け等）において，「電気工事業者は，その営業所ごとに帳簿を備え，保存しなければならない．」と規定されており，電気工事業の業務の適正化に関する法律施行規則第 13 条（帳簿）では，次のように規定している．

第 13 条　法第 26 条の規定により，電気工事業者は，その営業所ごとに帳簿を備え，電気工事ごとに次に掲げる事項を記載しなければならない．

一　注文者の氏名または名称および住所

二　電気工事の種類および施工場所

三　施工年月日

四　主任電気工事士等および作業者の氏名

五　配線図

六　検査結果

2　前項の帳簿は，記載の日から 5 年間保存しなければならない．

したがって，4 が定められていないものである． **答 4**

No.86 建築基準法施行令第 2 条（面積，高さ等の算定方法）第 1 項第三号では，床面積について次のように規定している．

三　床面積　建築物の各階又はその一部で壁その他の区画の中心線で囲まれた部分の水平投影面積による．

したがって，4 が誤っているものである． **答 4**

No.87 建築士法第 20 条（業務に必要な表示行為）第 3 項では，次のように規定している．

3　建築士は，工事監理を終了したときは，直ちに，国土交通省令で定めるところにより，その結果を文書で建築主に報告しなければならない．

したがって，4 が誤っているものである． **答 4**

No.88 消防法施行令第7条（消防用設備等の種類）第1項，第4項では，次のように規定している．

第7条　法第17条第1項の政令で定める消防の用に供する設備は，消火設備，警報設備及び避難設備とする．

4　第1項の避難設備は，火災が発生した場合において避難するために用いる機械器具又は設備であって，次に掲げるものとする．

一　すべり台，避難はしご，救助袋，緩降機，避難橋その他の避難器具

二　誘導灯及び誘導標識

したがって，昇降機は避難設備に含まれていないため3が誤っているものである．**答**　3

No.89 労働安全衛生法第30条（特定元方事業者等の講ずべき措置）第1項では，次のように規定している．

第30条　特定元方事業者は，その労働者及び関係請負人の労働者の作業が同一の場所において行われることによって生ずる労働災害を防止するため，次の事項に関する必要な措置を講じなければならない．

一　協議組織の設置及び運営を行うこと．

二　作業間の連絡及び調整を行うこと．

三　作業場所を巡視すること．

四　関係請負人が行う労働者の安全又は衛生のための教育に対する指導及び援助を行うこと．

五　仕事を行う場所が仕事ごとに異なることを常態とする業種で，厚生労働省令で定めるものに属する事業を行う特定元方事業者にあっては，仕事の工程に関する計画及び作業場所における機械，設備等の配置に関する計画を作成するとともに，当該機械，設備等を使用する作業に関し関係請負人がこの法律又はこれに基づく命令の規定に基づき講ずべき措置についての指導を行うこと．

六　前各号に掲げるもののほか，当該労働災害を防止するため必要な事項

以上から，選択肢2の規定は定められていない．

したがって，2が誤っているものである．**答**　2

No.90 労働安全衛生規則第18条の8（店社安全衛生管理者の職務）では，次のように規定している．

第18条の8　法第15条の3第1項及び第2項の厚生労働省令で定める事項は，次のとおりとする．

一　少なくとも毎月1回法第15条の3第1項又は第2項の労働者が作業を行う場所を巡視すること．

二　法第15条の3第1項又は第2項の労働者の作業の種類その他作業の実施の

状況を把握すること.

三　法第30条第1項第一号の協議組織の会議に随時参加すること.

四　法第30条第1項第五号の計画に関し同号の措置が講ぜられていることについて確認すること.

したがって，4が定められていないものである.　**答　4**

No.91　労働基準法第59条では，次のように規定している.

第59条　未成年者は，独立して賃金を請求することができる. 親権者又は後見人は，未成年者の賃金を代って受け取ってはならない.

したがって，3が誤っているものである.　**答　3**

No.92　廃棄物の処理及び清掃に関する法律第2条（定義）第4項第一号では，次のように規定している.

4　この法律において「産業廃棄物」とは，次に掲げる廃棄物をいう.

一　事業活動に伴って生じた廃棄物のうち，燃え殻，汚泥，廃油，廃酸，廃アルカリ，廃プラスチック類その他政令で定める廃棄物

また，廃棄物の処理及び清掃に関する法律施行令第2条（産業廃棄物）では，次のように規定している.

第2条　法第2条第4項第一号の政令で定める廃棄物は，次のとおりとする.

一　紙くず（建設業に係るもの（工作物の新築，改築又は除去に伴って生じたものに限る.），パルプ，紙又は紙加工品の製造業，新聞業（新聞巻取紙を使用して印刷発行を行うものに限る.），出版業（印刷出版を行うものに限る.），製本業及び印刷物加工業に係るもの並びにポリ塩化ビフェニルが塗布され，又は染み込んだものに限る.）

したがって，工作物の新築に伴って生じた紙くずは「産業廃棄物」であるから3が誤っているものである.　**答　3**

2020年度（令和2年度）
実地試験・解答
出題数5　必要解答数5
解答は記述式です。

問題1（解答例）

1－1　経験した電気工事

⑴　工 事 名　○○ビル新築に伴う電気設備工事

⑵　工事場所　○○県○○市□□1丁目10番地

⑶　電気工事の概要

　㋐　請負金額（概略額）　○○○,○○○,○○○円

　㋑　概　　要

　　6.6 kV CVTケーブル $3 \times 60\ \mathrm{mm}^2$ 30 m

　　変電設備（$3\ \phi$ 200 kV・A × 1台，$1\ \phi$ 100 kV・A × 1台），新設

　　動力設備，電灯設備，低圧幹線工事

⑷　工　　期　令和○○年○月～令和△△年△月

⑸　この工事でのあなたの立場　現場代理人

⑹　あなたが担当した業務内容　現場代理人として，電気工事全体の施工管理を行った．

1－2　予測した墜落災害と理由・対策

⑴　（予測事項）屋上からの墜落災害の防止

　（理由）資機材の屋上への荷揚げ時，身を乗り出しての作業により，墜落災害が懸念されたため．

　（対策）

　①　クレーンのアウトリガー張り出しと設置地盤の支持力確認，ブームの角度と安全吊り荷重，ワイヤの点検，吊り上げ時は合図者を指名し，無線での合図を徹底した．

　②　屋上端部から1mの位置に親綱を張り，確実に安全帯フックの使用を指導するとともに，専任監視員を配置して身を乗り出しての作業等を排除するよう徹底した．

⑵ （予測事項）構内足場床からの墜落災害の防止

（理由）高さ2m以上（シャフト部は15mの開口部）の仮設足場上や移動可能なビデ足場上での高所作業が多くあったため.

（対策）

① 作業着手前，安全帯の事前点検とその報告の徹底と，定期研修にて正しい安全帯の使用方法について指導した.

② 仮設足場は作業主任者にがたつき，変形などの点検を毎日実施させるとともに，開口部の防網の設置を指示し，自らも異常がないか確認した.

1-3 感電災害につながると予測した作業とその理由・対策

（予測した作業） ガス遮断器据付時における吊り上げ作業

（理由） 変電所内の据付場所が充電部に接近しており，かつ，吊り荷の重心が片寄っており，吊り荷が必要以上に振れると充電部に接触する恐れがあったため.

（処置・対策）

① 電力側と充電部確認図により作業区画化を明確にし，紅白テープで区画後，作業者全員に周知するとともに充電部専任監視員による注意喚起を徹底した.

② 吊り荷には振れ止め用介錯ロープを2本取り付け，吊り荷を遮断器据付位置まで誘導するなど，作業手順を作業者全員に理解させてから作業着手とした.

問題2 ※以下の各項目の中から二つを解答すればよい.

1. 資材の管理

① 電気用品安全法，電気設備技術基準，JIS，JAS，JEC規格等で規定されている事項の確認.

② 特殊製品については製作図，指定仕様，色見本などで確認.

③ 設計図書に示されたメーカリストなどの確認.

④ 搬入材料の数量・寸法確認と外観検査および不具合品（破損や変質など）の確認.

2. 合成樹脂管（PF管）の施工

① 電線管内で接続点がないかどうか確認.

② 1本の管に収納する電線の太さと本数が適正であるか確認.

③ 電気用品安全法の適用を受けた材料であるか確認

④ コンクリート・モルタルなどとなじみが悪く密着性が良くないので，密着並行配管となっていないかどうか確認.

⑤ 1区間の配管に3箇所を超える直角に近い屈曲がないか，管のつぶれがないか確認.

⑥　管とボックスの接続が適正に実施されているか確認.

⑦　寒冷地における配管材料に寒冷地仕様のものが使用されているか確認.

3．機器の取付け

①　設計図書に示された場所への取付け確認（壁からの位置，寸法など）.

②　電気設備技術基準（特に解釈規程に抵触していないか），JIS，JAS，JEC規格等で規定されている事項の確認.

③　防水，浸水，漏水，基礎工事などが適正に実施されているか確認.

④　変圧器など，機器自体の振動・騒音などにより，周囲に影響を与えていないかなどの確認.

4．電線相互の接続

①　接続部で電気抵抗を増加させない．リングスリーブと圧着マークの確認，差込型コネクタの差込と絶縁体の状態確認，S形スリーブのねじり回数の確認.

②　ねじり接続など，ろう付けが確実に行われているかの確認.

③　絶縁電線の絶縁体部に電工ナイフなどの傷がないか等確認.

④　絶縁処理が確実に実施されているか確認.絶縁キャップの使用方法,絶縁テープ処理の確認.

⑤　高圧電線などは特に接続部の絶縁処理が十分であるか確認.

問題3

⑴　所要工期…**33日**

条件よりネットワーク工程表を描くと第3-1図のようになる.

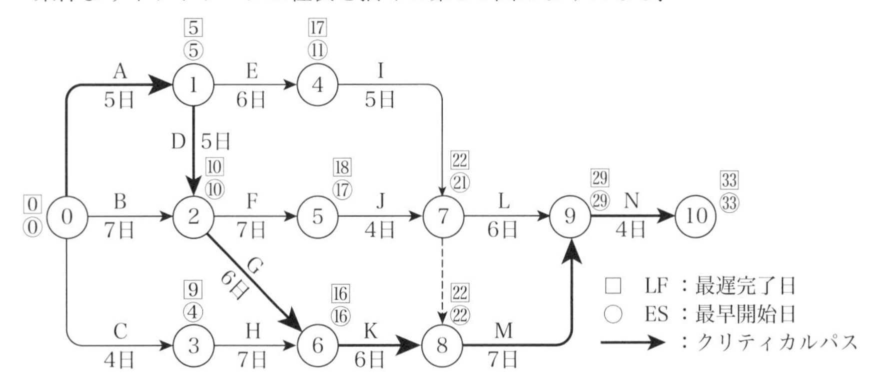

第3-1図

各ルートの所要工期を求めると，以下のようになる．

⓪→①→④→⑦→⑨→⑩	26 日
⓪→①→④→⑦→⑧→⑨→⑩	27 日
⓪→①→②→⑤→⑦→⑨→⑩	31 日
⓪→①→②→⑤→⑦→⑧→⑨→⑩	32 日
⓪→①→②→⑥→⑧→⑨→⑩	33 日
⓪→②→⑤→⑦→⑨→⑩	28 日
⓪→②→⑤→⑦→⑧→⑨→⑩	29 日
⓪→②→⑥→⑧→⑨→⑩	30 日
⓪→③→⑥→⑧→⑨→⑩	28 日

したがって，問題のネットワーク工程表のクリティカルパスは⓪→①→②→⑥→⑧→⑨→⑩であり，所要工期は 33 日となる．

⑵ 作業 L のフリーフロート 2 日

フリーフロート FF は，イベント⑨の最早開始日（ES ＝ 29 日）からその作業の所要日数（L ＝ 6 日）とイベント⑦の最早開始日（ES ＝ 21 日）を差し引いたものとなる．

ネットワーク工程表から最早開始日（ES）と最遅完了日（LF）の表を作成すると，第 3-1 表のようになり，最早開始日（ES）と最遅完了日（LF）は，ネットワーク工程表に示したようになる．したがって，作業 L のフリーフロート（FF）は，

$$FF = 29 - (6 + 21) = 2 \text{ 日}$$

図で表すと第 3-2 図のようになる．

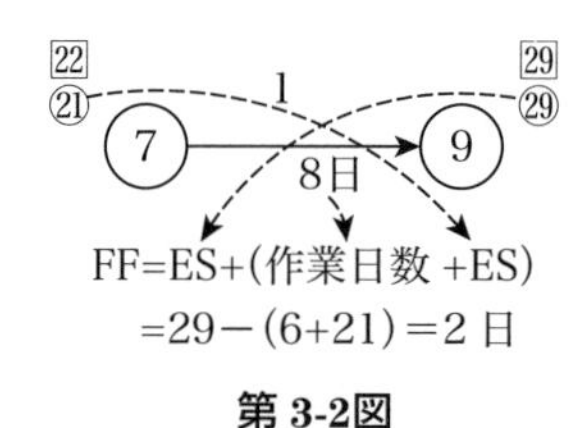

第 3-2図

第3-1表

イベント番号	最早開始時刻（ES）		最遅完了時刻（LF）	
	計　算	時刻	計　算	時刻
⓪		0	5−5＝0 10−7 ＝ 3 9−4 ＝ 5　} 最小 0	0
①	0＋5＝5	5	17−6＝11 10−5＝5　} 5 < 11	5
②	5＋5＝10 0＋7＝7　} 10 > 7	10	18−7＝11 16−6＝10　} 10 < 11	10
③	0＋4＝4	4	16−7＝9	9
④	5＋6＝11	11	22−5＝17	17
⑤	10＋7＝17	17	22−4＝18	18
⑥	10＋6＝16 4＋7＝11　} 16 > 11	16	22−6＝16	16
⑦	11＋5＝16 17＋4＝21　} 21 > 16	21	22−0＝22 29−6＝23　} 22 < 23	22
⑧	21＋0＝21 16＋6＝22　} 22 > 21	22	29−7＝22	22
⑨	21＋6＝27 22＋7＝29　} 29 > 27	29	33−4＝29	29
⑩	29＋4＝33	33		33

問題4　次の各項目に揚げてる事項から二つを解答すればよい．

1．水車のキャビテーション

①　水車のランナの表面に近い場所で，流速が過大になったり水圧が低くなったりして，その表面が浸食される現象をいう．

②　キャビテーション防止のため，吸出し管の高さは，高すぎないよう 6 ～ 7 m 程度とする．

③　キャビテーション防止のため，水車の比速度を大きくとらないこと．

④　キャビテーション防止のため，水車のランナの表面を平滑に仕上げる．

2．モールド変圧器

①　エポキシ樹脂で巻線部および充電部をモールド化した変圧器で，油を使用しないため，防災面や設置スペース面で有利である．

②　防災面で優れていることから，地下変電所などの屋内変電所に使用されることが多い．

③　特徴は小型軽量，堅ろう，湿気やじんあいによる 絶縁低下がない，保守点検が容易なことなどである．

3．送電系統の中性点接地方式

① 送電線がアーク地絡を起こしたときに生じる異常電圧の発生を防止する．

② 送電線路の大地に対する電位上昇を少なくする．

③ 地絡事故が発生したら，保護継電器が確実に動作するようにする．

④ 接地方式により通信線への電磁誘導障害，電力系統の安定度，故障点の損傷，遮断器の動作などに重要な関係がある．

⑤ 直接接地方式は 1 線地絡電流が大きく通信線に対する電磁誘導障害が大きいが，非接地方式は 1 線地絡電流が小さく通信線に対する電磁誘導障害が小さい．

⑥ 直接接地方式は健全相の電位上昇が小さいが，非接地方式は大きくなる．

4．架空電線路と比較した地中電線路の特徴

① 雷，風水害などの自然災害，他物接触などによる事故が少ないので，供給信頼度が高い．

② 都市美観を損なうことがない．

③ 露出充電部分が少ないので，保安上の危険が少ない．

④ 通信線に対する誘導障害がほとんどない

⑤ 主保護装置は，受電用変圧器二次側の配線用遮断器との動作協調を図る．

⑥ 故障箇所の発見が困難で，復旧に相当な時間を要する．

⑦ 同じ太さの導体では架空電線路に比べ送電容量が小さい。

5．パーセントインピーダンス（%*Z*）

① S_{BASE} を線路の基準容量(皮相電力．単純に電圧と電流を掛け合わせたもの)，Z を線路のインピーダンス（短絡インピーダンス）とすると，パーセントインピーダンス（%Z）は，この S_{BASE} に対し何 % に相当するかを示す量である．

$$\%Z = \frac{Z}{Z_{\mathrm{BASE}}} \times 100 \text{〔\%〕}$$

② パーセントインピーダンス（%Z）が与えられた際の三相短絡電流 $I_{3\mathrm{S}}$ は，線路の基準電流（線路の基準容量を線路の定格電圧で除した値）を I_{BASE} とすると，次式で表される．

$$I_{3\mathrm{S}} = \frac{100}{\%Z} I_{\mathrm{BASE}} \text{〔A〕}$$

6．電動機のインバータ制御

① 誘導電動機の速度制御は，極数，滑り（一次電圧，二次抵抗，二次励磁）周波数を変えることによって行えることから，インバータ制御は，インバータにより電圧，周波数を変化させて速度を連続的に制御する方式である．

② インバータ制御は，広い速度制御範囲を得られ効率もよい．使用にあたって

は，始動，瞬時停電後の再始動，騒音，高調波発生などの検討が必要である．

7．サージ防護デバイス（SPD）

① 雷害対策として用いられるもので，過渡的な過電圧を制限し，サージ電流を分流することを目的とするデバイスのこと．このデバイスは，1個以上の非線形素子を内蔵している．

② JISでは，雷保護対策には接地抵抗の値より，等電位ボンディング方式が有効とされ，この場合，充電用電線は必ずサージ防護装置（SPD）を通して雷保護システムへボンディングすることが望ましいと規定している．

③ 放電ギャップの特性である大容量の放電処理能力と，酸化亜鉛素子の特性である低い制限電圧を兼ね備えた複合型SPDも近年は開発されている．

8．LANのスイッチングハブ

① ネットワークにおいて中継を行う機器（ハブ）の一種であり，ブリッジと同等の機能がある．

② 従来のリピータハブは，受信したデータ全てを接続された機器に同じように送信してしまうため，機器は自分と関係ないデータも受信してしまうが，データの送り先を解析し，機器に関係あるデータだけを送信することが可能である．

③ 通常のハブでは，上りと下りを合わせて10または100 Mbpsの帯域の通信路が割り当てられるが，全二重通信が採用でき，上りと下りそれぞれに10または100 Mbpsが確保される．

④ 全二重にすることで，理論的には倍の性能になるが，通常全二重通信を行うためには，スイッチングハブの対応だけでは不十分で，ツイストペアケーブルをカテゴリー5規格のものにしておく必要があり，さらに，ネットワークカードも全二重対応のものにしておく必要がある．

9．電気鉄道の閉そく装置

① 列車を安全に運転するために一定の間隔を設けて，1列車に一定の区域を占有させ他の列車を運転させない区間を閉そく区間といい，この閉そく区間を設定する装置をいう．

② 常用閉そく方式として，普通使用されている閉そく方式には，次のような種類がある．

a．単線区間

(1) 自動閉そく式 (2) 連動閉そく式 (3) 連査閉そく式 (4) 通票閉そく式（タブレット閉そく式） (5) 票券閉そく式 (6) 通票式（スタフ閉そく式）

b．複線区間

自動閉そく式

このほか，常用閉そく装置故障時などに使用される代用閉そく方式として，指導式，伝令法，通信式などがある．

③　単線区間における自動閉そく式は，基本的には複線区間のそれと変わりないが，同一線路上に上下 2 方向の信号機が設置され，多少複雑となる．

④　単線自動閉そく式は両端の駅に方向てこを設け，これを両駅従事員が打合せのうえ協同して取扱うことにより，駅間に列車がいなければ 1 方向に属する 1 群の信号機はすべて進行を現示し，反対方向に対しては，この 1 駅間が閉そく区間となり，各信号機はすべて停止現示となる．以後の動作は複線区間とまったく同様で，同方向に列車を続けて出発させることができ，列車回数を増加させることができる．

⑤　連動閉そく式は，両端駅間（1 閉そく区間）の線路に連続して軌道回路を設け，これと両端駅の出発信号機および閉そくてことを連動させたものである．この方式は，自動閉そく式の発達により，採用されなくなった．

10．電気鉄道のインピーダンスボンド

①　電気鉄道では，一般に走行レールを帰線路に利用しており，軌道回路もレールを利用するので，レールには信号電流と帰線電流が流れる．このため軌道回路の境界点にインピーダンスボンドを設け，帰線電流は通ずるが信号電流はその隣接軌道回路に流入しないようにするものである．

②　インピーダンスボンドは，内鉄形の成層鉄心に一次巻線と二次巻線を巻き，二次巻線の両端は，それぞれレールに接続され，その中性点を隣接区間の二次巻線の中性点に接続する回路となっている．

③　帰線電流は二次巻線の半分ずつを反対方向に流れ，生ずる磁束は互いに打ち消されるが，信号電流は二次巻線を一貫して流れ，インピーダンス降下を生ずる．

④　左右レールの帰線電流が不均衡となって信号電流に対するリアクタンスが変化したり，鉄心が飽和してインピーダンスが急激に低下し，短絡状態となるのを防ぐため，鉄心には間隙が設けられる．

11．交通信号の半感応制御

①　感応制御のうち，半感応制御とは交差点の従道路交通量のみを車両感知器によって計測して，従道路の交通量に応じて従道路の青信号を伸縮する方式である．

②　従道路の交通量が比較的少ない交差点の信号機に適した制御である．

（参考）　感応制御とは，交通需要の変動に即応したきめ細かな制御を行うために，車両感知器，押しボタン等に入力された交通需要の変動に対応して，サイクルやスプリットを自動的に調整する方式で，定周期式で時間的な交通需要に対応するのに対し，サイクル的に対応できるものである．

12．絶縁耐力試験

① 高圧機器，高圧電路が，規定の時間，規定の電圧に耐えられるかを判定する試験である．最大使用電圧が 7 000 V 以下の電路においては，規定電圧は最大使用電圧の 1.5 倍と規定されており，6.6 kV 回路の場合，$6\,600 \times (1.15/1.1) \times 1.5 = 10\,350$ V である．

② 絶縁耐圧試験器（耐圧試験用変圧器，電圧調整器，電圧計，電流計などが組み込まれたもの）を使用し，低圧回路を接地し，高圧回路と大地間に規定の電圧を，規定時間（連続 10 分間）印加する．

③ 絶縁耐力試験の前に，必ず絶縁抵抗を測定する．また，試験終了後にも絶縁抵抗を測定し，測定値に異常がないかを確認する．

④ 試験途中，検電器などで，高電圧が印加されているかどうかをチェックし，1 分，5 分，9 分経過後などに，印加電圧，充電電流などを測定・記録し，異常がないか確認する．

⑤ 規定電圧を規定時間（10 分間）連続して印加し，異常がなく，絶縁抵抗値が試験の前後で変化がなければ合格である．

問題 5

5－1

法第 26 条の 3（主任技術者及び監理技術者の職務等）からの出題である．

第 26 条の 3 では，主任技術者及び監理技術者は，工事現場における建設工事を適正に実施するため，次のように規定している．

① 当該建設工事の施工計画の作成，工程管理，品質管理その他の技術上の管理

② （及び）当該建設工事の施工に従事する者の技術上の指導監督の職務を誠実に行わなければならない．

したがって，上記①，②を記載すればよい．

5－2　① 20　② 検査

建設業法第 24 条の 4（検査及び引渡し）では，次のように規定している．

元請負人は，下請負人からその請け負った建設工事が完成した旨の通知を受けたときは，当該通知を受けた日から 20 日以内で，かつ，できる限り短い期間内に，その完成を確認するための検査を完了しなければならない．

5－3　① 事業用　② 保安規定

法第 42 条（保安規程）第 3 項では，次のように規定している．

主務大臣は，事業用電気工作物の工事，維持及び運用に関する保安を確保するため必要があると認めるときは，事業用電気工作物を設置する者に対し，保安規程を変更すべきことを命ずることができる．

2019 年度（令和元年度）
学科試験・解答
出題数 92　必要解答数 60
No.1～No.56 が午前、No.57～No.92 が午後の出題

※【**No.1**】～【**No.15**】までの **15** 問題のうちから，**10** 問題を選択・解答

No.1 熱量 W〔J〕は，電流 I〔A〕，抵抗 R〔Ω〕，電流を流した時間を t〔s〕とすると，次式で表される．

$$W = I^2Rt \text{〔W·s〕} \rightarrow \text{〔J〕}$$

ここで，抵抗に流れた電流は，

$$I = \frac{V}{R} = \frac{100}{10} = 10\ \mathrm{A}$$

よって，

$$t = \frac{W}{I^2R} = \frac{3\times10^5}{10^2\times10} = 300\ \mathrm{s} = 5\ \mathrm{min}$$

したがって，1 が正しいものである．　**答　1**

No.2 コイルの電流変化幅を $\triangle i$，変化時間を $\triangle t$ とし，相互インダクタンスを M〔H〕とすると，二次コイルに誘導される起電力 e_2〔V〕は次式で表される．

$$e_2 = M\frac{\triangle i}{\triangle t} \text{〔V〕}$$

上式に題意の数値を代入すると，

$$M = e_2\frac{\triangle t}{\triangle i} = 3\times\frac{0.1\times10^{-3}}{0.5} = 0.6\times10^{-3}\ \mathrm{H} = 0.6\ \mathrm{mH}$$

したがって，3 が正しいものである．　**答　3**

No.3 抵抗に流れる相電流を I〔A〕，抵抗 R〔Ω〕とすると，消費電力 P〔W〕は，次式で示される．

$$P = 3I^2R \text{〔W〕}$$

ここで，相電流 I〔A〕は，問題の回路から $I = \dfrac{200\sqrt{3}}{R}$〔A〕となるので，上式に与えられた数値を代入すると，

$$2000 = 3\left(\frac{200\sqrt{3}}{R}\right)^2 R$$

$$\therefore \quad R = \frac{3 \times 200^2 \times 3}{2000} = 180\ \Omega$$

したがって，3 が正しいものである．　**答　3**

No.4　電流力計形計器は，一組の固定コイルのつくる磁界中で可動コイルを回転させることで指示する．計器の指示は実効値を示し，交直流の差が極めて小さいので，直流で目盛定めしたものを使用できる．現在，主として携帯用精密級電力計として交直両用に広く使用され，交直比較計器としてのその特長が活かされている．

したがって，1 が不適当なものである．　**答　1**

No.5　問題図に示される回路の A，B の直列回路①と A，C の直列回路②は，両接点が閉じていないと出力されない AND 回路で，さらにその直列回路が並列となっていることから OR 回路となっている．

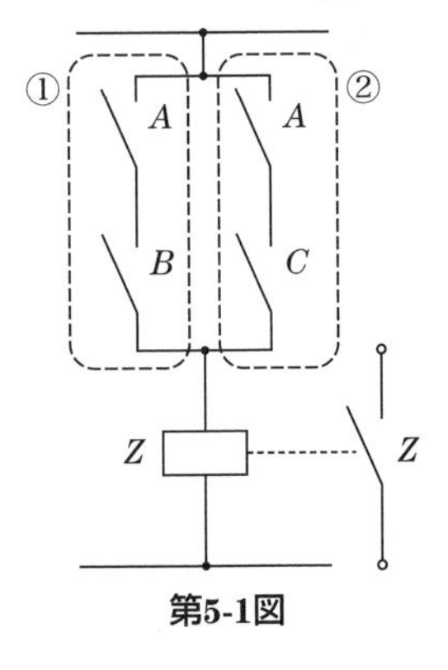

第5-1図

よって，論理式は次のようになる．

$$Z = A \cdot B + A \cdot X = A \cdot (B + X)$$

したがって，4 が正しいものである．　**答　4**

No.6　同期発電機のベクトル図より，第 6-1 図に示すように負荷電流の位相 φ_1 が φ_2 と遅れると，出力電圧 $\dot{V}_1$ は $\dot{V}_2$ となり，誘導起電力 $\dot{E}$ より小さくなる．

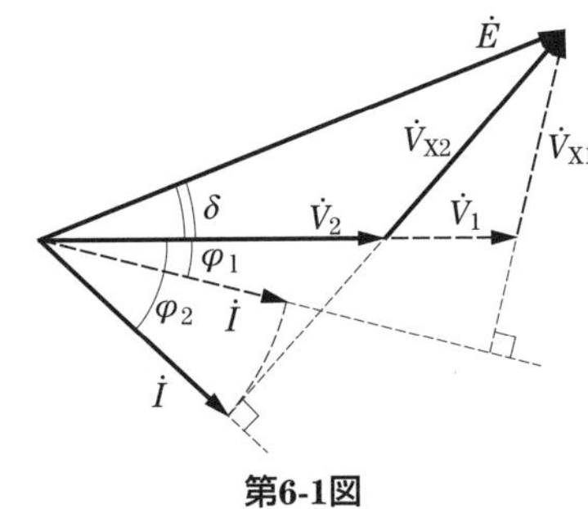

第6-1図

したがって，3 が最も不適当なものである．　**答　3**

No.7　変圧器の無負荷損（鉄損）は，負荷の変化にかかわらず一定である．つまり，変圧器に電圧が印加され充電された時点から一定の負荷を生ずる．

一方，銅損は I^2R の式に示されるように電流の 2 乗に比例して変化する．つまり，変圧器にかかる負荷の大きさの 2 乗に比例して変化する．

また，変圧器の効率 η は，負荷率を α，定格出力を P_0，鉄損を P_i，全負荷銅損をP_cとすると，次式で表される．

$$\eta = \frac{\alpha P_0}{\alpha P_0 + P_i + \alpha^2 P_c}$$

上式から，鉄損と銅損の値が等しくなったときが最高効率となるので，グラフは第 7-1 図のように示される．

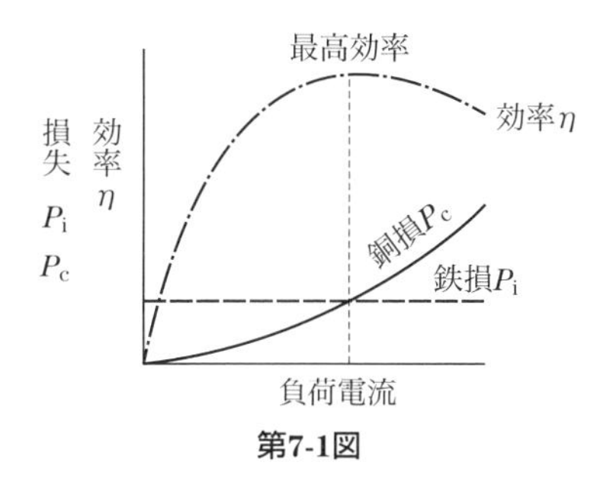

第7-1図

したがって，4 が適当なものである．　**答　4**

No.8　JIS C 4902-1 において，蒸着電極コンデンサは，「蒸着金属を電極として，自己回復することができるコンデンサ」と定義されている．

したがって，2 が誤っているものである．　**答　2**

なお，自己回復とは，「誘電体の一部が絶縁破壊した場合，破壊点に隣接する電極の微小面積が消滅することによって，瞬間的にコンデンサの機能を復元すること」と定義されている．

No.9　水力発電における水車の調速機は，次のような役割を担っている．

①　回転速度の変化を検出して，自動的にガイドベーン開度を調整して水の流入量を調整する．

②　発電機が系統と並列運転するまでは，自動同期装置などの信号により調速制御を行う．

③　発電機が系統と並列運転に入ったあとは，発電機の出力（負荷分担など）や周波数変化の調整を行う．

④　発電機と系統との並列運転が解けた場合には，発電機の回転速度が上昇して発電機が電圧上昇するため，これを防止する．

したがって，2 が不適当なものである．　**答　2**

No.10　直接接地方式は，中性点を実用上抵抗が零である導体で直接接地する方式である．送電電圧が 187 kV 以上の超高圧送電線路に採用され，異常電圧（健全相の電圧上昇）の発生が他の方式に比較して最小であり，接続される機器や線路の絶縁を低減（変圧器の段絶縁の採用など）できる利点がある．しかし，地絡電流が大きくなるので通信線への誘導障害，故障点の損傷拡大などを防止するため高速遮断（数サイクルで遮断）する必要がある．

一方，非接地方式は，33 kV以下の系統で短距離送電に採用される．中性点を接地せず地絡電流を最大25 A程度に抑制し，地絡時の故障電流が小さく誘導障害が小さいが，1線地絡時には健全相の対地電圧は相電圧の$\sqrt{3}$倍に上昇する．また条件によっては間欠アーク地絡を生じ，極めて高い電圧の上昇をきたす．

したがって，3が不適当なものである．　**答　3**

No.11　電力系統の安定度増加対策を以下に示す．

①　送電電圧の高電圧化．

②　系統のリアクタンスを小さくする．具体的には，送電線の並列回線の増加，複導体の採用，直列コンデンサの設置など．

③　発電機に制動巻線を設け，（過渡）リアクタンスを小さくする．

④　高速遮断，高速再閉路方式の採用．

⑤　速応励磁，応答の極めて速い自動電圧調整装置，調速装置の採用．

⑥　直流送電の採用

直列リアクトルは，力率改善用コンデンサに直列に設置され，高調波による電圧ひずみの改善，コンデンサの開閉により発生する異常電圧の発生を抑えるものである．

したがって，2が不適当なものである．　**答　2**

No.12　キルヒホッフの第2法則により，点A，B

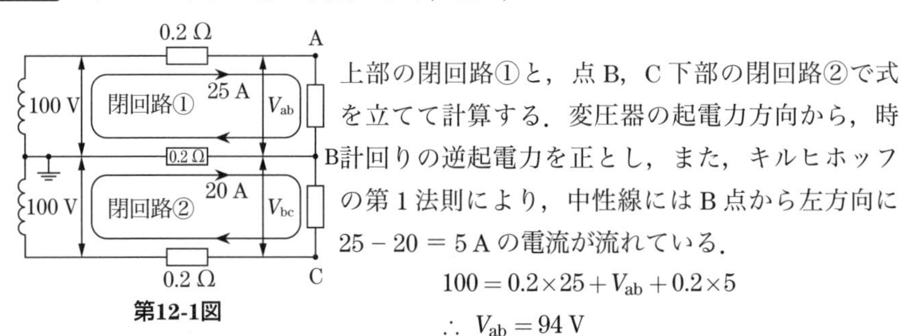

第12-1図

上部の閉回路①と，点B，C下部の閉回路②で式を立てて計算する．変圧器の起電力方向から，時計回りの逆起電力を正とし，また，キルヒホッフの第1法則により，中性線にはB点から左方向に$25-20=5$ Aの電流が流れている．

$$100=0.2\times25+V_{ab}+0.2\times5$$

$$\therefore\ V_{ab}=94\ \mathrm{V}$$

$$100=-0.2\times5+V_{bc}+0.2\times20$$

$$\therefore\ V_{bc}=97\ \mathrm{V}$$

したがって，1が正しいものである．　**答　1**

No.13　照度均斉度とは，照度計算において重要視される指標のひとつで，壁側1 mを除いた場所の最低照度と最高照度の比率を示したものである．また，ある面における平均照度に対する最小照度の比ということもある．

照度分布の均斉程度を示すことで明るさのムラがないかを数値によって評価でき，例えば，明るい部分と暗い部分が発生した空間は均斉度が低い空間として評価される．

したがって，3が不適当なものである．　**答　3**

No.14　鉛蓄電池の内部抵抗は，残存容量に依存するところが大きく，満充電のときの抵抗値を1.0とすると，残存容量40％となると1.2倍の値，残存容量20％となると1.5倍の値，すべて放電した状態では2.0倍以上の値と，残存容量の減少に伴い増加する．

したがって，2が不適当なものである．　**答　2**

No.15　三相誘導電動機の同期速度N_S〔min^{-1}〕は，極数をp，電源の周波数をf〔Hz〕とすると，次式で表される．

$$N_S = \frac{120f}{p} \text{〔min}^{-1}\text{〕}$$

したがって，2が不適当なものである．　**答　2**

※【No.16】～【No.48】までの33問題のうちから，15問題を選択・解答

No.16　コンバインドサイクル発電は，高温域と低温域で作動する異なるサイクルを組み合わせて，熱効率の向上を図ることを目的とした発電方式である．

ガス・蒸気複合サイクル発電では，ガスタービンの排気ガス（500℃程度）を利用して蒸気を発生し，蒸気タービンを駆動するものである．現在稼働中の最高総合効率は59％程度と，汽力発電と比較してかなり高い値である．

その特徴としては，次のようなものがある．

①　総合効率が高く，部分負荷運転および運用性においては一軸形，定格負荷の高い点では多軸形が有利である．

②　環境保全性が良い．温排水量が少ない．建設期間が短い．

③　<u>起動・停止の時間が短い</u>．

④　開放サイクルでは，大気温度の変化が出力に与える影響が大きい．

したがって，3が不適当なものである．　**答　3**

No.17　燃料電池はアルカリ形，リン酸形，溶融炭酸塩形，固体電解質形，固体高分子形の5種類に分類され，産業用として最も実用化されているのがりん酸形燃料電池である．

りん酸形の作動温度は200℃程度，アルカリ形の作動温度は200℃程度，溶融炭酸塩形の作動温度は600℃を超え，固体電解質形の作動温度は1 000℃にもなる．

一方，固体高分子形は 80 ℃程度の低温で運転される．近年，電解質に高性能なイオン交換膜が開発され，高出力度運転の柔軟性に富み，システムとしても簡単で，起動が早く，排熱を給湯にも利用できることから，自家用電源，自動車用電源として開発が進められている．

したがって，3 が不適当なものである． **答 3**

No.18 変電所に用いられる油入風冷式変圧器は，絶縁油は対流作用により循環し，冷却器の表面を冷却ファンによって強制冷却して，通過する絶縁油を冷却するシステムとなっている．

絶縁油をポンプで循環させているのは，送油風冷式の変圧器である．

したがって，4 が最も不適当なものである． **答 4**

No.19 送電線の事故は，雷などによるフラッシオーバ事故が多いため，いったん停電させてアークを消滅させれば再び送電しても問題がない場合が多いことから，自動再閉路方式（高速度・中速度・低速度）が多く採用されている．

自動再閉路方式（高速度再閉路方式：1 秒程度以内）の種類には，次の 3 種類がある．

① 多相再閉路方式

並行 2 回線の架空送電線路で同時に 2 回線の地絡事故が発生した場合に，両回線の健全相を利用して送電を継続し，事故が除去された後，2 回線で送電を継続する方式である．

② 単相再閉路方式

事故相のみ遮断器を解放し，アークが消滅するまで 2 相で送電を継続する方式．不平衡となることからごく短時間での回復が必要となる．

③ 三相再閉路方式

三相同時に遮断器を開放し，アークが消滅したのち再閉路する方式．瞬時停電を伴う．

したがって，③より，3 が最も不適当なものである． **答 3**

No.20 電力系統の運用において，軽負荷時には系統電圧が上昇傾向になり，これを抑制するために分路リアクトルを系統へ投入する．特に夜間や休日における長距離送電線路やケーブル系統では，進み電流による受電端電圧の上昇（フェランチ現象）が懸念されるため，分路リアクトルを系統へ投入する．電力用コンデンサを投入すると，系統電圧の上昇がさらに拡大する．

したがって，1 が最も不適当なものである． **答 1**

No.21 架空地線を施設する場合，その効果を大きくするため，次の事項を考慮する必要がある．

① 架空地線と各相導体の結合率をできるだけ大きくし，かつ突起部分をなくして，接地間隔は少なくとも200～300 m以下とし，遮へい角は極力小さくすることがよく，45°程度以下とする．

② 架空地線の接地抵抗は，30 Ω以下を目標とする．

したがって，2が不適当なものである． **答 2**

No.22 スリートジャンプは，送電線に付着した氷雪の脱落持に，電線が跳ね上がる現象．対策として，送電線路にオフセットを設けたり，単位重量の大きい電線を使用する．

したがって，3が不適当なものである． **答 3**

No.23 交流の電流は，電磁作用により導体表面に集まり，中心部ほど電流が流れにくくなる．この現象を表皮効果といい，周波数が高いほど，電線の断面積（直径）が大きいほど大きくなる．

このことは，導体表面の電流をI_0，表面から深さzの所の電流をI_zとすると，

$$I_z = I_0 \mathrm{e}^{-\frac{z}{\delta}}$$

の関係があることから分かる．上式のδを浸透の深さといい，δは導体の抵抗率ρ，透磁率μにより変化し，一般に周波数fの平方根に反比例し，次式で表される．

$$\delta = \sqrt{\frac{\rho}{\pi \mu f}}$$

上式からも分かるように，導体の抵抗率が小さく（導電率が大きく），透磁率の大きいほど浸透の深さは小さくなるため，表皮効果が起きやすい．

したがって，2が不適当なものである． **答 2**

No.24 架空送電線による誘導障害は，送電線の磁界に起因するものであり，送電線の地絡電流などによって通信線に電磁誘導電圧が誘起され生じる．

その防止対策には，次のようなものがある．

① 通信線との離隔距離をできるだけ大きくする．

② 通信線に遮へいケーブルを使用する．

③ 通信線に避雷器を取り付ける．

④ 電力線と通信線間に，導電率の大きな遮へい線を設ける．

⑤ 送電線故障時に，故障線を迅速に遮断する．

⑥ 中性点の接地抵抗を大きくして，地絡電流を適当な値に抑制する．

⑦ 中性点の接地箇所を適当に選ぶ．

⑧ ねん架や逆相配列を行う．

⑨ 架空地線に導電率の良い鋼心イ号アルミ線などを使用するとともに条数を増

加する．

したがって，⑥より，2 が最も不適当なものである． **答 2**

No.25 送電鉄塔の最上部には架空地線が施設されており，架空地線に直撃雷があると，鉄塔を伝わって雷電流は大地に流れるが，鉄塔の塔脚接地抵抗が大きいと，鉄塔の電位が上昇してがいし装置に施設されたアークホーン間でフラッシオーバが発生（逆フラッシオーバという）し，架空電線に大きなサージが発生する．したがって，逆フラッシオーバの防止には，塔脚接抵抗の低減（25 Ω以下が望ましい）が重要である．

相間スペーサを施設する目的は，雪害（ギャロッピングなど）対策である．

したがって，2 が不適当なものである． **答 2**

No.26 電気設備技術基準の解釈第 220 条（分散型電源の系統連系設備に係る用語の定義）では，次のように規定している．

第 220 条　この解釈において用いる分散型電源の系統連系設備に係る用語であって，次の各号に掲げるものの定義は，当該各号による．

一　発電設備等　発電設備又は電力貯蔵装置であって，常用電源の停電時又は電圧低下発生時にのみ使用する<u>非常用予備電源以外のもの</u>

二　分散型電源　電気事業法第 38 条第 4 項第四号に掲げる事業を営む者（※一般電気事業者及び卸電気事業者）以外の者が設置する<u>発電設備等</u>であって，一般送配電事業者が運用する電力系統に連系するもの

よって，非常用予備電源は発電設備等に該当せず，発電設備等とする分散型電源には含まれない．

したがって，1 が誤っているものである． **答 1**

No.27 架空送電線の塩害対策を以下に示す．

① がいしの連結数を増やす．

② 耐塩がいし，深溝がいし，長幹がいし，ポリマがいしの使用．

③ シリコンコンパウンドなどのはっ水性物質をがいし類に塗布する．

④ がいし洗浄装置によってがいしを洗浄する．

長幹がいしを V 吊りとして用いるのは，電線の支持点における横振れを軽減して用地補償面積を縮小させるためである．また，絶縁間隔保持の目的もある．

したがって，3 が最も不適当なものである． **答 3**

No.28 被照面の面積を A〔$\mathrm{m^2}$〕，被照面の平均照度を E〔lx〕，照明器具 1 台の光束を F〔lm〕，照明率を U，保守率を M，照明器具の必要台数を N とすると，被照面の平均照度 E は，被照面に入射する全光束を被照面の面積 A で除した値になるので，

$$E=\frac{FNUM}{A}\,[\mathrm{lx}]$$

と表される．上式より，照明器具の必要台数Nは次式で表される．

$$N=\frac{EA}{FUM}\,〔台〕$$

上式に与えられた数値を代入して計算する．机を事務室のどこに置いても所定の照度を得られるよう，机の面積＝事務所の床面積とする．

$$N=\frac{750\times(15\times12)}{7\,500\times0.9\times0.8}=25\,台$$

したがって，4が正しいものである． **答 4**

No.29 電気設備技術基準の解釈第149条（低圧分岐回路等の施設）第2項における，分岐回路を保護する過電流遮断器の種類と電線の太さ，コンセントの規定をまとめると，第29-1表に示すとおりである．

第29-1表　分岐回路を保護する過電流遮断器の種類とコンセント・電線の太さ

分岐回路を保護する過電流遮断器の種類	コンセント	銅線の太さ（ ）内はMIケーブル
定格電流が15A以下のもの	定格電流が15A以下のもの	直径1.6mm（断面積1mm²）以上
定格電流が15Aを超え20A以下の配線用遮断器	定格電流が20A以下のもの	
定格電流が15Aを超え20A以下のもの（配線用遮断器を除く）	定格電流が20A以下のもの（定格電流が20A未満の差込みプラグが接続できるものを除く）	直径2mm（断面積1.5mm²）以上
定格電流が20Aを超え30A以下のもの	定格電流が20A以上30A以下のもの（定格電流が20A未満の差込みプラグが接続できるものを除く）	直径2.6mm（断面積2.5mm²）以上
定格電流が30Aを超え40A以下のもの	定格電流が30A以上40A以下のもの	断面積8mm²（断面積6mm²）以上
定格電流が40Aを超え50A以下のもの	定格電流が40A以上50A以下のもの	断面積14mm²（断面積10mm²）以上

定格電流が50Aの配線用遮断器の場合，ビニル絶縁電線の断面積は14mm²以上でなければならない．

したがって，4が誤っているものである． **答 4**

No.30 電気設備技術基準の解釈第36条（地絡遮断装置の施設）では，次のように規定している．

第36条　金属製外箱を有する使用電圧が60Vを超える低圧の機械器具に接続する電路には，電路に地絡を生じたときに自動的に電路を遮断する装置を施設すること．ただし，次の各号のいずれかに該当する場合はこの限りでない．

一　省略

二　機械器具を次のいずれかの場所に施設する場合

イ　発電所又は変電所，開閉所若しくはこれらに準ずる場所

ロ　乾燥した場所

ハ　機械器具の対地電圧が150 V以下の場合においては，水気のある場所以外の場所

三　機械器具が，次のいずれかに該当するものである場合

イ　電気用品安全法の適用を受ける2重絶縁構造のもの

ロ　ゴム，合成樹脂その他の絶縁物で被覆したもの

ハ　誘導電動機の2次側電路に接続されるもの

ニ　第13条第二号に掲げるもの

四　機械器具に施されたC種接地工事又はD種接地工事の接地抵抗値が3 Ω以下の場合

よって，選択肢1．2．3．の場合は省略できるが，4．の接地抵抗値が10 ΩのC種接地工事が施された三相400 Vの電動機に電気を供給する電路は，省略できない．

したがって，4が適当なものである．　**答　4**

No.31　短絡電流I_s〔A〕は，変圧器のインピーダンスをZ_T〔Ω〕，変圧器二次側の定格電圧をV_{2n}〔V〕とすると，次式で表される．

$$I_s = \frac{V_{2n}}{Z_T} \text{〔A〕}$$

上式から，低圧幹線の電源側の変圧器のインピーダンスが小さいほど短絡電流は大きくなる．

したがって，1が不適当なものである．　**答　1**

No.32　電気機器の絶縁の種類については，JIS C 4003にて規定されており，下表に種別とその許容最高温度を示す．耐熱クラスは，最高連続使用温度の数値に等しい．

第32-1表　耐熱クラスの呼び方

耐熱クラス	90	105	120	130	155	180	200	220
指定文字	Y	A	E	B	F	H	N	R

したがって，1が不適当なものである．　**答　1**

No.33　JIS C 4620「キュービクル式高圧受電設備」7.3.7「変圧器」では，次のように規定している．

7.3.7　変圧器

変圧器は，次による.

変圧器 1 台の容量は，単相変圧器の場合は 500 kV･A 以下とする，三相変圧器の場合は 750 kV･A 以下とする.

c)　変圧器の一次側に開閉装置を設ける場合は，遮断器，高圧交流負荷開閉器又はこれらと同等以上の開閉性能をもつものを用いる．ただし，変圧器容量が 300 kV･A 以下の場合は，高圧カットアウトを使用することができる.

なお，三相変圧器回路に限流ヒューズ付高圧交流負荷開閉器を使用する場合は，ストライカによる引外し方式とすることが望ましい.

したがって，3 が不適当なものである.　**答 3**

No.34　OVGR は，地絡過電圧リレーである．地絡過電流保護に使用されるリレーは，OCGR である

したがって，4 が不適当なものである.　**答 4**

No.35　ディーゼル機関とガスタービン機関の比較を第 35-1 表に示す.

第 35-1 表　ガスタービンとディーゼル機関の比較

項目＼原動機	ガスタービン機関	ディーゼル機関
作動原理	連続燃焼している燃焼ガスの熱エネルギーを直接タービンにて回転運動に転換（回転運動）	断続燃焼する燃焼ガスの熱エネルギーをいったんピストンの往復運動に変換し，それをクランク軸で回転運動に変換（往復運動→回転運動）
使用燃料	灯油，軽油，A 重油，天然ガス（プロパン，B 重油，C 重油）	軽油，A 重油（B 重油，C 重油，灯油）
NO_X 量等	20 〜 150 ppm	300 〜 1 000 ppm
振　動	回転機関のため少なく，防振装置不要.	往復動機関のため振動があるが，防振装置により減少可能.
体積・重量	構成部品点数少なく，寸法重量ともに小さく軽い.	部品点数が多く，重量が重い.
据　付	据付面積が小さい. 基礎がほとんど不要. 吸気・排気の処理装置が大きくなる.	据付面積が大きい（補機類を含む). 基礎が必要. 吸気・排気の処理装置が小さい.
冷却水	不要	必要

したがって，4 が不適当なものである.　**答 4**

No.36　JIS C 4411-3「無停電電源装置（UPS）」では，次のように規定している.

3.1.25　保守バイパス［maintenance bypass（path)］

保守期間中，負荷電力の連続性を維持するために設ける電力経路.

システムの UPS ユニットまたは UPS ユニットのグループを追加することによっ

て，負荷電力の連続性を向上させたシステムは，3.1.30 で，冗長 UPS（redundant system）と定義している．

したがって，3 が不適当なものである．　　答　3

No.37 JIS Z 9290:2014「雷保護：一般原則」では，保護レベルに対する保護対策の確率等を第 37-1 表のように定めている．

第 37-1 表　保護レベル，保護確率等

保護レベル	保護対策の確率		電流波高値〔kA〕	最小電流波高値〔kA〕	回転球体半径〔m〕
	最大値より小さい範囲	最小値より大きい範囲			
I	0.99	0.99	200	3	20
II	0.98	0.97	150	5	30
III	0.95	0.91	100	10	45
IV	0.95	0.84	100	16	60

すなわち，保護レベル I のほうが，保護レベルIVに比べて被保護物を保護する確率が高い．

したがって，3 が不適当なものである．　　答　3

上表は，例え最高の保護レベル I を採用しても保護効率は 99 % で，この範囲を超えたパラメータに関してはリスクが存在することを示している．

なお，JIS A 4201：2003「建築物等の雷保護」によれば，保護レベルは，雷保護システムが雷の影響から被保護物を保護する確率を表している，と定義されている．

No.38 電気設備技術基準の解釈第 18 条（工作物の金属体を利用した接地工事）第 2 項では，次のように規定している．

2　大地との間の電気抵抗値が2 Ω以下の値を保っている建物の鉄骨その他の金属体は，これを次の各号に掲げる接地工事の接地極に使用することができる．

一　非接地式高圧電路に施設する機械器具等に施す A 種接地工事

二　非接地式高圧電路と低圧電路を結合する変圧器に施す B 種接地工事

したがって，大地との間の抵抗値が 10 Ωである建物の鉄骨その他の金属体は，A 種接地工事の接地極として使用できるとした，2 が不適当なものである．　　答　2

No.39 シーケンス制御は，あらかじめ定められた順序または手続きに従って，制御の各段階を順次進めていく制御である．

選択肢 4 で述べられている制御は，プログラム制御である（JIS Z 8116）．

したがって，4 が最も不適当なものである．　　答　4

No.40 消防法施行規則第 28 条の 3（誘導灯及び誘導標識に関する基準の細目）第 2 項では，次のように規定している．

2　避難口誘導灯及び通路誘導灯の有効範囲は，当該誘導灯までの歩行距離が次の各号に定める距離のうちいずれかの距離以下となる範囲とする．（ただし書き省略）

一　次の表（第40-1表）の左欄に掲げる区分に応じ，同表の右欄に掲げる距離

第40-1表（抜粋）

区　　分		距離（メートル）
通路誘導灯	A級	20
	B級	15
	C級	10

したがって，1が誤っているものである．　**答**　1

No.41　消防法施行令第29条の2（非常コンセント設備に関する基準）第1項第二号では，次のように規定している．

第29条の2　非常コンセント設備は，次に掲げる防火対象物に設置するものとする．

二　別表第一（十六の二）項に掲げる防火対象物（※地下街）で，延べ面積が1000 m^{2}以上のもの

したがって，2が定められていないものである．　**答**　2

No.42　テレビ端子Aまでの損失の計算は，次式で表される．

$$L_0 = L_{u1} + B_{u1} + L_{u2} + l_1 \times L_1$$

l_1：増幅器出口からテレビ端子Aまでの同軸ケーブルの長さ〔m〕

L_1：同軸ケーブルの損失〔dB/m〕，

L_{u1}：2分岐器の挿入損失〔dB〕

B_{u1}：4分岐器の分配損失〔dB〕

L_{u2}：テレビ端子の挿入損失〔dB〕

$$L_0 = 6.0 + 11.0 + 2.0 + 20.0 \times 0.3 = 25.0 \text{ dB}$$

したがって，1が正しいものである．　**答**　1

No.43　光ファイバケーブルは，コア（中心部）と呼ばれる高屈折部分と，外側のクラッドと呼ばれる低屈折部分からなり，コアをクラッドが同心円状に包んだ構造となっている．

したがって，1が不適当なものである．　**答**　1

No.44　JIS E 2001「電車線路用語」では，次のように定義している．

・架高　支持点で測定された（主）ちょう架線とトロリ線との間の垂直距離．

トロリ線のレール面に対する垂直な高さは，（トロリ線の）高さという．

したがって，4 が不適当なものである.　**答 4**

No.45 直流電気鉄道では，電気車の回生電力を有効利用している.

一般に電力回生車により，ブレーキの際に制動エネルギーを電気エネルギーに変換して，そのエネルギーを同じ路線上近くで加速している列車に供給する.

回生エネルギーは，回生車近くの車両で利用されれば効率的であるが，この回生エネルギーが利用されないときは回生失効となり，空気ブレーキに切り替わるようになっている．また，近年では電力貯蔵装置を設置して余剰エネルギーを貯めて有効利用することも進められている.

回生失効対策として，省エネルギー面から変電所にサイリスタインバータを設置して高圧配電負荷で回生エネルギーを使用する方法がある．また，単に回生失効対策として，サイリスタチョッパ装置を設置し，回生エネルギーを熱で消費させる方法がある.

このほか，変圧器のタップを変更して送り出し電圧を低くしたり，電圧を制御するサイリスタ整流器を採用したり，回生エネルギーによる回生車と力行車の重なりを増し，回生エネルギーの有効利用を目的に上下一括き電方式を採用したりしている.

12 パルス整流器は，交流電力を直流電力に変換して力行車に供給する設備である.

したがって，3 が不適当なものである.　**答 3**

No.46 JIS E 3013「鉄道信号保安用語」では，次のように規定している.

1. 自動列車制御装置

列車の速度を自動的に制限速度以下に制御する装置．ATC ともいう.

2. 自動列車運転装置

列車の速度制御，停止などの運転操作を自動的に制御する装置．ATO ともいう.

3. 自動列車停止装置

列車が停止信号に接近すると，列車を自動的に停止させる装置．ATS ともいう.

4. 自動進路制御装置

列車または車両の進路設定をプログラム化して自動的に制御する装置.

したがって，2 が適当なものである.　**答 2**

No.47 高欄照明方式は，ポール照明が採用できない場所において，橋梁の高欄や道路の側壁に灯具を取り付け道路を照明する方式で，誘導性が得やすく，景観に優れ，維持管理が容易である．ただし，取付位置，光源，照明器具の選定に制限があり，ポール照明方式に比べて取付高さが低いので，グレアやちらつきに注意が必要である．

したがって，3が最も不適当なものである．　**答 3**

No.48 交互オフセットは，系統路線に沿って一つおきに青を表示するようにしたオフセット方式である．この方式は，交差点間隔が設計速度×周期長の半分で，ほぼ同間隔になっている場合に有効で，各方向に対して理想的な制御ができる．

したがって，2が不適当なものである．　**答 2**

※【No.49】～【No.56】までの8問題のうちから，5問題を選択・解答

No.49 外気冷房制御とは，室内と外気の相対温度の差を基準に外気ダンパの開度を制御する方式である．外気取り入れ制御の方法には，送風機の運転停止・ダンパ調整・運転台数制御・インバータによる送風機の回転数制御などの方法がある．

したがって，2が最も不適当なものである．　**答 2**

No.50 都市ガス（LNG）または液化石油ガス（LPG）を使用する建築物等のガス設備において，ガス燃焼器からガス漏れ検知器までの最大水平距離は，LNGのほうが大きい．これは，LNGはLPGより比重が小さく，ガス漏れ時はガスの広がりが速いからである．

したがって，3が不適当なものである．　**答 3**

No.51 土量変化率は，次式で示される．

$$\text{ほぐし率 L} = \frac{\text{ほぐし土量}}{\text{地山土量}}$$

$$\text{締固め率 C} = \frac{\text{締固め土量}}{\text{地山土量}}$$

上式から，

$$\text{ほぐし土量} = 200 \times 1.25 = 250\ \text{m}^3$$

$$\text{締固め土量} = 200 \times 0.9 = 180\ \text{m}^3$$

したがって，2が正しいものである．　**答 2**

No.52 水準測量における器械高とは，基準となる点（一般には後視の水準点：標高）からのレベルの視準線までの高さをいう．

したがって，1が不適当なものである．　**答 1**

No.53 問題で述べられている壁の名称は，ソイルセメント壁である．

したがって，1が最も適当なものである．

ソイルセメント工法は，原位置土を主材料とし，H形鋼などを芯材としてソイルセメントによる連続壁を形成する工法である．

セメント，ベントナイト，水の混合液体であるセメントスラリーが原位置土と混ざることにより，土を柔らかくして機械による削孔混練を行うことから，地中掘削により生じる孔壁の緩みや崩壊を防ぐ安定液となって周辺地盤の変位を抑え，掘削による周辺地盤への影響は極めて少ない．

また，ソイルセメント壁は，土圧や水圧の外力に抵抗することができ，高い止水性を有した止水壁となる．　**答　1**

No.54　スラブ軌道は，鉄道高架橋のコンクリート路盤上に軌道スラブと呼ばれるプレストレストコンクリート製の板を設置し，その上にレールを敷く構造となっている．

工場制作されたプレストレストコンクリート製であるため，繰り返して作用する電車荷重に対して強く，天候等の自然環境の影響も受けにくいので，通常の枕木に比べて寿命が長くなる．

したがって，4が最も不適当なものである．　**答　4**

No.55　鉄筋コンクリート構造の建築物における，柱のせん断補強筋は帯筋，梁のせん断補強筋はあばら筋という．

したがって，1が最も不適当なものである．　**答　1**

No.56　鉄骨構造における鋼材は強度が大きいことから，鉄筋コンクリート構造と比べて，部材断面を小さくでき，構造体は軽くなる．

したがって，4が最も不適当なものである．　**答　4**

鋼材は熱に弱く，火災により柱や梁がある温度以上になると構造材料としての強度を失い，低温になると粘りを失いもろくなり，破壊しやすくなる性質を有する．

※【No.57】，【No.58】の2問題は，全問解答

No.57　ZCTは，零相変流器のことで，線路電流中に含む零相電流を変成する機能を持つ変流器．

零相計器用変圧器の文字記号は，ZVTで，零相電圧を変成し検出する機器である．

したがって，2が誤っているものである．　**答　2**

No.58　公共工事標準請負契約約款第49条（受注者の解除権）では，次のように規定している．

第49条　受注者は，次の各号のいずれかに該当するときは，この契約を解除することができる．

一　第19条の規定により設計図書を変更したため請負代金額が3分の2以上減少したとき．

二　第20条の規定による工事の施工の中止期間が工期の10分の○（工期の10分の○が○月を超えるときは，○月）を超えたとき．ただし，中止が工事の一部のみの場合は，その一部を除いた他の部分の工事が完了した後○月を経過し

ても，なおその中止が解除されないとき．

三　発注者がこの契約に違反し，その違反によってこの契約の履行が不可能となったとき．

2　受注者は，前項の規定によりこの契約を解除した場合において，損害があるときは，その損害の賠償を発注者に請求することができる．

したがって，「請負代金額が3分の1以上減少したときは，契約を解除することができる．」とした4が誤っているものである．　**答　4**

※【No.59】～【No.67】までの9問題のうちから，6問題を選択・解答

No.59　調速機（ガバナ）の調整は，負荷遮断試験により行う．

したがって，2が不適当なものである．　**答　2**

負荷遮断試験は，調速機が所定の負荷時に確実に動作すること，負荷遮断時にはいかなる傾向となるか，保安装置としての機能が十分発揮されるかなどを確認するための試験で，一般に1/4，2/4，3/4，4/4の各負荷で通常低負荷から順次行う．

負荷遮断したときに達する速度は非常調速装置が作動する速度（定格速度の11％未満）でなければならない．つまり，非常調速機を動作させることなく回転数が定格速度に整定するように調整する．

負荷遮断後，回転数が整定するまでの間，回転数，油圧，サーボモータ，インタセプト弁などが円滑に作動していることを確認する．また，試験時は記録の検討の資料とするために回転数，発電機電圧，周波数，励磁機電圧，電流，油圧，インタセプト弁リフトなどをオシロ計測する．

普通，遮断前の負荷は商用系統に並列して実施するので，大容量機の試験のときは，負荷遮断後，系統に悪影響を及ぼすことがないよう注意する必要がある．

また，負荷遮断断試験に先だって非常調速機の試験を行っておく．

No.60　低い接地抵抗が要求される変電所の接地網の接地抵抗の測定は，交流電圧降下法によって行われる．

したがって，2が最も不適当なものである．　**答　2**

第60-1図は測定回路の一例である．

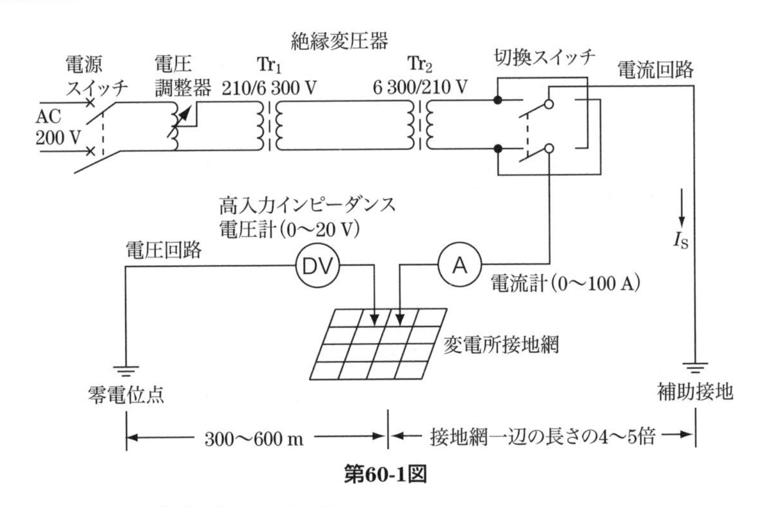

第60-1図

測定に際しての留意事項を以下に示す．

① 電圧回路への誘起電圧を低減するため，電流回路は電圧回路と 90°以上の交差角をとる．同様の理由から電圧回路は，ほかの送電線路ともなるべく平行にならないように考慮する．

② 電流回路の電源が 1 線または中性点を接地している場合は，必ず絶縁変圧器によって電流を電源回路から絶縁する．

③ 電流回路の電流値は，なるべく大きくする．例えば，20 A 以上とする．

④ 電圧補助電極の抵抗による誤差を避けるため高インピーダンス電圧計を使用する．

⑤ 接地抵抗値は，電圧回路および電流回路と接地網との接続点をいくつか変えて測定し，それらの平均値を求めることが特に望ましい．

⑥ 電流回路は送電線を利用しこれを一括接地する方法も考慮する．この場合，架空地線による変電所接地との連接を切り離すこと．

⑦ 測定の際，電流回路の極性を転換し，各々の電位測定値より補正を行い，電圧回路に対する誘起電圧の影響ならびに接地電流その他による大地漂遊電位の影響による誤差を除くこと．

No.61 架空送電線路の架線工事において，立金車は，径間途中の電線の引通し箇所で用いられ，通常，電線が浮き上がるおそれのない場所で使用される．電線の引上げ箇所の鉄塔で電線が浮き上がるおそれのある場所に使用される金車は，垂直 2 輪金車である．

したがって，1 が不適当なものである． **答 1**

No.62 電気設備の技術基準の解釈第 160 条（金属可とう電線管工事）第 3 項第

六号では，次のように規定している．

3　金属可とう電線管工事に使用する電線管及びボックスその他の附属品は，次の各号により施設すること．

六　低圧屋内配線の使用電圧が300 V以下の場合は，電線管には，D種接地工事を施すこと．ただし，管の長さが4 m以下のものを施設する場合は，この限りでない．

したがって，管の長さが8 mあるにもかかわらず接地工事を省略した，1が不適当なものである．

答　1

No.63　内線規程3165-2「ケーブルの支持」第3項（ケーブル支持点間の距離）では，次のように規定している．

3．ケーブル（導体の直径が3.2 mm以下のものに限る．）を露出場所で造営材に沿って施設する場合の支持点間の距離は，3615-1表によること．

3165-1表　ケーブルの支持点間の距離

施　設　の　区　分	支持点間の距離(m)
造営材の側面又は下面において水平方向に施設するもの	1以下
接触防護措置を施してないもの	1以下
その他の場所	2以下
ケーブル相互並びにケーブルとボックス及び器具との接続箇所	接続箇所から，0.3以下

したがって，4が誤っているものである．

答　4

No.64　消防法施行規則第24条（自動火災報知設備に関する基準の細目）第2項ロでは，次のように規定している．

2　受信機は，次に定めるところにより設けること．

ロ　受信機の操作スイッチは，床面からの高さが0.8 m（いすに座って操作するものにあっては0.6 m）以上1.5 m以下の箇所に設けること．

したがって，3が誤っているものである．

答　3

No.65　直流式電気鉄道の電食対策として，帰線の漏れ電流の低減対策を実施する．

一般にレールは変電所で負極に接続されているので，レールの電位は変電所付近では負であって，変電所から遠ざかるに従いしだいに上がる．レールは大地の上に敷設されているがレールと大地の間には電位差があり，レールを流れる電流の一部は大地に漏れ迷走電流となり，付近に埋設されている水道管，ガス管等の金属体に流入し，変電所付近で大地に流出しレールに戻る．このとき，電流が大地に流出する所がしだいに腐食されていくことを電食という．

電気鉄道側の電食防止対策として，レールからの漏れ電流を減少させるため，次のような対策を実施する．

① 道床の排水（不良枕木の交換，絶縁パットの使用，線路配水施設の完備）を良くし，絶縁道床，絶縁締結装置などを採用して，漏れ抵抗を大きくする．

② レールボンドの取付けを完全にし，必要により補助帰線を設け，あるいはクロスボンドを増設して，帰線抵抗を減少させる．

③ 変電所数を増加し，き電区域を縮小して，漏れ電流を減少させる．

④ 架空絶縁帰線を設けて，レール内の電位の傾きを減少させ，漏れ電流を少なくする．

したがって，3 が不適当なものである．　**答 3**

No.66 監視カメラ設備の雷保護は，映像信号用の同軸ケーブルと電源供給用の電源ケーブルが雷サージの侵入経路になることから，屋外監視カメラおよび監視装置本体それぞれに SPD を設置して共通接地する．カメラ側にも SPD を設置しなければ，カメラにサージが侵入してしまう．

また，屋内のハードディスクレコーダ側にも雷サージが侵入する恐れがあるため，レコーダの映像入力ポートと電源付近にも SPD を設置する．

したがって，2 が最も不適当なものである．　**答 2**

No.67 現場打マンホールにおいては，レーザ鉛直器はマンホール壁の垂直を正確に測定するために用いられる．根切りの深さを測定するときには鉛直を出すために間接的に用いられることがあるが，レーザ鉛直器では直接測定できない．深さ測定には，掘削上部面に水糸を張り，レベル，箱尺を用いたりメジャーなどが用いられる．

したがって，1 が最も不適当なものである．　**答 1**

※【No.68】～【No.79】までの 12 問題は，全問解答

No.68 仮設計画立案において，計画に支障を来すことのないよう，事前に現地の状況を確認しておく．確認項目としては，以下のようなものがある．

a．周囲の状況

① 周囲の環境と騒音の許容限度

② 公害の予測とその対策の計画

③ 電力，電話の引き込み，近隣建物，敷地境界

b．施工条件

① 現場事務所，作業場，資材置場等の用地

② 交通規制，揚重の諸条件

③ 作業騒音等の周囲への影響，作業時間帯の規制の有無

④ 交通の便，工事車両の進入・退出，周辺の交通状況

⑤ 緊急施設の有無

したがって，1の「周辺における既存建築物の外観の状況」が最も重要度が低いものである． **答 1**

No.69 消防法第17条の14では，次のように規定している．

第17条の14　甲種消防設備士は，第17条の5の規定に基づく政令で定める工事をしようとするときは，その工事に着手しようとする日の10日前までに，総務省令で定めるところにより，工事整備対象設備等の種類，工事の場所その他必要な事項を消防長又は消防署長に届け出なければならない．

政令で定める工事は，消防法施行令第36条の2（消防設備上でなければ行ってはならない工事又は整備）に規定され，第1項第九の二号には次のように掲げられている．

第36条の2　法第17条の5の政令で定める消防用設備等又は特殊消防用設備等の設置に係る工事は，次に掲げる消防用設備等（…中略…）の設置に係る工事とする．

九の二　ガス漏れ火災警報設備

したがって，4が定められているものである． **答 4**

No.70 「建設産業における生産システム合理化指針」第5（4）（適正な評価に基づく受注者の選定）では，次のように規定している．

⑷　注文者は，受注者の選定に当たっては，その建設工事の施工に関し建設業法の規定を満たす者であることはもとより，

ア　施工能力

イ　経営管理能力

ウ　雇用管理および労働安全衛生管理の状況

エ　労働福祉の状況

オ　関係企業との取引の状況

等を的確に評価し，優良な者を選定するものとする．

したがって，2が最も重要度が低いものである． **答 2**

No.71 ガントチャート工程表は，第71-1表に示すように縦軸に工事を構成する工種を，横軸に各作業の達成度を百分率でとり，計画日程と現時点における進行状態とを棒グラフで示したものである．

第71-1表　ガントチャート工程表

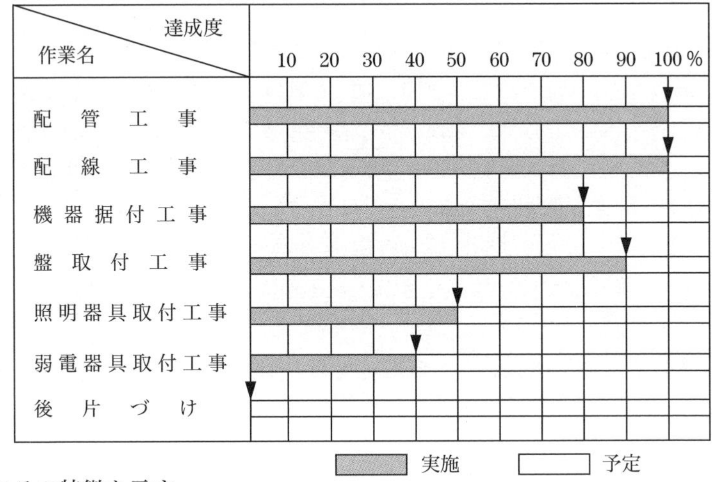

以下にその特徴を示す．

①　作成が容易である．

②　各作業の現時点における達成度がよく分かる．

③　各作業の前後関係が不明である．

④　工事全体の進行が不明で，全体工程に与える作業が分からない．

⑤　各作業の日程および所要日数が不明である．

⑥　各作業の進行状態や変更が他の作業に及ぼす影響を把握しにくい．

したがって，3が最も不適当なものである．　**答　3**

No.72　ネットワーク表示に使われている矢線は一般にアクティビティと呼ばれ，作業活動，見積り，材料入手など時間を必要とする諸活動を示す．アクティビティの基本要点は次のとおりである．

①　作業に必要な時間の大きさは一般に矢線の下に書く．この時間をデュレイションといい，暦日と組み合わせた場合を除き矢線の長さとは無関係である．

②　矢線は作業が進行する方向に表す．

③　作業の内容は矢線の上に表示する．

したがって，1が不適当なものである．　**答　1**

No.73　工事総原価と施工出来高の関係を示した利益図表を第73-1図に示す．

工事の経営が常に採算のとれる状態にあるためには，図における損益分岐点の施工出来高 x_p 以上の施工出来高をあげなければならないので，このような施工出来高をあげるときの施工速度を「採算速度」と呼ぶ．

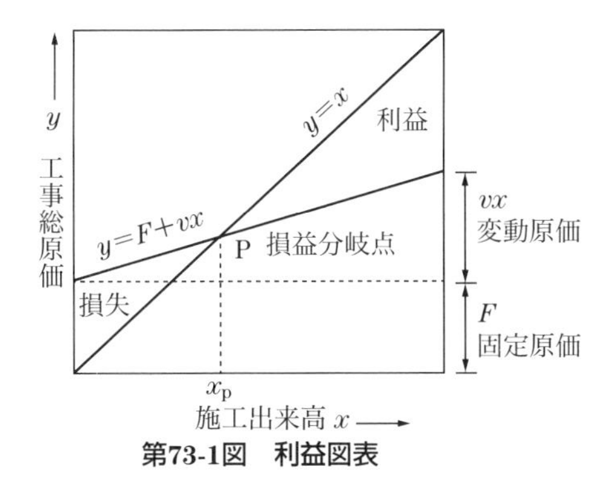

第73-1図　利益図表

したがって，損益分岐点において工事は最低採算速度の状態にあり，常にこれ以上の採算速度を保持できるよう工程を計画し管理することが大切である．

したがって，4が適当なものである．　**答　4**

No.74　現場代理人は，工場立会検査の際，必ず立会う必要はなく，検査員を指名して立ち会わせることができる．

したがって，1が最も不適当なものである．　**答　1**

一般に，現場代理人が指名した検査員は，「検査記録」の検査項目について検査結果の合否判定を行い，それを記録する．検査記録の検査項目の検査結果がすべて「合格」の場合には，当該項目欄に「指摘事項なし」，「不合格」の場合には，当該項目欄に指摘事項（不適合）のその具体的内容および場所などを記載する．

検査記録の該当項目欄すべてについて記載し，検査日付および検査員のサインまたは捺印をして記録を保管する．

No.75　設問の記述は，パレート図に関するものである．

したがって，1が適当なものである．　**答　1**

パレート図は，第75-1図に示すように，不良品，欠点，故障などの発生個数（または損失金額）を現象や原因別に分類し，大きい順に並べてその大きさを棒グラフとし，さらにこれらの大きさを順次累積した折れ線グラフで表した図をいう．パレート図により次のことが分かる．

① 大きな不良項目は何か

② 不良項目の順位と全体に占める割合

③ 目標不良率達成のために対象となる重点不良項目

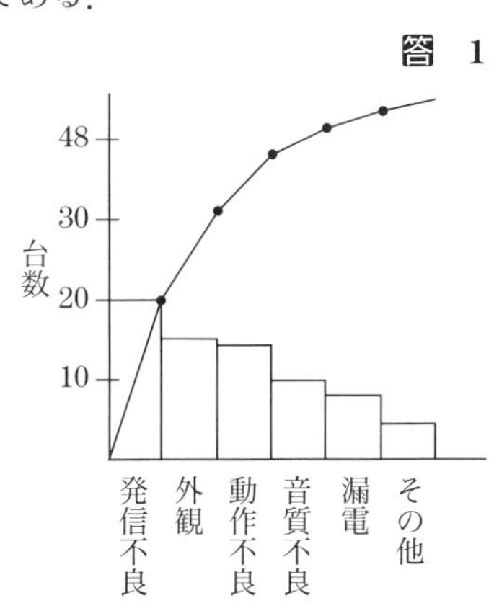

第75-1図　パレート図

④　対策前のパレート図を比較して効果を確認する

No.76 高圧受電設備の絶縁耐力試験の試験の目的は，高圧機器，高圧電路が，規定の時間，規定の電圧に耐えられるかを判定することである.

試験には，第 76-1 図に示すような絶縁耐圧試験器（耐圧試験用変圧器，電圧調整器，電圧計，電流計などが組み込まれたもの）を使用する.

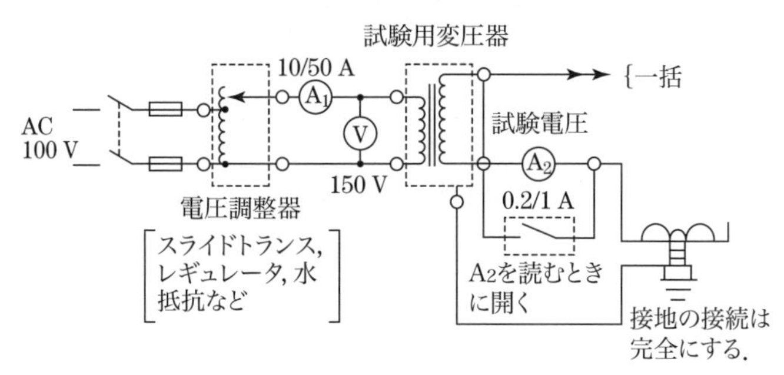

第76-1図　絶縁耐圧試験器

試験方法は，低圧回路を接地し，高圧回路と大地間に規定の電圧を，規定時間（連続 10 分間）印加する.

試験時の留意事項を以下に示す.

①　試験実施の前に，計器用変成器類の二次側を接地をしていることを確認する.

②　絶縁耐力試験の前に，必ず絶縁抵抗を測定する．また，試験終了後にも絶縁抵抗を測定し，測定値に異常がないかを確認する.

③　試験途中，検電器などで高電圧が印加されているかどうかをチェックし，1 分，5 分，9 分経過後などに，印加電圧，充電電流などを測定・記録し，異常がないか確認する.

④　高電圧を印加するので，安全確認を十分行う．特に試験終了後は必ず検電器で電圧が印加されていないことを確認してから，高圧回路を接地し放電を行う.

合否の判定は，規定電圧を規定時間（10 分間）連続して印加し，異常がなく，絶縁抵抗値が試験の前後で変化がなければ合格である.

最大使用電圧が 7 000 V 以下の電路においては，規定電圧は最大使用電圧の 1.5 倍と規定されており，6.6 kV 回路の場合，$6\,600 \times (1.15 / 1.1) \times 1.5 = 10\,350$ V である.

したがって，2 が最も不適当なものである.　**答　2**

No.77 荷を吊って移動させるというクレーン操作をするためには，労働安全衛生法ならびにクレーン等安全規則では，クレーンの性能により第 77-1 表のように免許等について規定している.

第77-1表

	クレーンの性能（吊り上げ荷重）		
	～1t未満	1t以上5t未満	5t
移動式クレーン運転免許	○	○	○
小型移動式クレーン運転技能講習修了	○	○	×
移動式クレーンの運転の業務特別教育修了	○	×	×
玉掛け作業技能講習修了	○		

したがって，2が正しいものである.　**答 2**

No.78 酸素欠乏危険作業主任者は，労働安全衛生規則第16条（作業者の選任）で規定されている選任が必要な作業における作業主任者であるが，その選任方法については，労働安全衛生法第14条（作業主任者）において，次のように規定している.

第14条　事業者は，高圧室内作業その他の労働災害を防止するための管理を必要とする作業で，政令で定めるものについては，都道府県労働局長の免許を受けた者又は都道府県労働局長の登録を受けた者が行う技能講習を修了した者のうちから，厚生労働省令で定めるところにより，当該作業の区分に応じて，作業主任者を選任し，その者に当該作業に従事する労働者の指揮その他の厚生労働省令で定める事項を行わせなければならない.

したがって，酸素欠乏危険作業主任者は，酸素欠乏危険作業主任者技能講習または酸素欠乏・硫化水素危険作業主任者技能講習を修了した者のうちから選任しなければならず，4が誤っているものである.　**答 4**

No.79 労働安全衛生規則第536条（高所からの物体投下による危険の防止）では，次のように規定している.

第536条　事業者は，3m以上の高所から物体を投下するときは，適当な投下設備を設け，監視人を置く等労働者の危険を防止するための措置を講じなければならない.

2　労働者は，前項の規定による措置が講じられていないときは，3m以上の高所から物体を投下してはならない.

したがって，1が誤っているものである.　**答 1**

※【No.80】～【No.92】までの13問題のうちから，10問題を選択・解答

No.80 建設業法第3条（建設業の許可）第1項では，次のように定めている.

第3条　建設業を営もうとする者は，次に掲げる区分により，この省令で定めるところにより，二以上の都道府県の区域内に営業所（本店又は支店若しくは政令で定めるこれに準ずるものをいう．以下同じ.）を設けて営業をしようとする場合にあっては国土交通大臣の，一の都道府県の区域内にのみ営業所を設けて営業をしようとする場合にあっては当該営業所の所在地を管轄する都道府県知事の許可を受けなければならない．ただし，政令で定める軽微な建設工事のみを請負うことを営業する者は，この限りでない．

一　建設業を営もうとする者であって次号に掲げる者以外の者

二　建設業を営もうとする者であって，その営業にあたって，その者が発注者から直接請け負う1件の建設工事につき，その工事の全部または一部を，下請代金の額（その工事に係る下請契約が二以上あるときは，下請代金の額の総額）が政令で定める金額以上となる下請契約を締結して施工しようとするもの．

したがって，3が誤っているものである．　**答　3**

No.81　建設業法第22条（一括下請負の禁止）第1項では，次のように規定している．

第22条　建設業者は，その請け負った建設工事を，いかなる方法をもってするかを問わず，一括して他人に請け負わせてはならない．

したがって，2が誤っているものである．　**答　2**

なお，同条第3項において，「建設工事が多数の者が利用する施設又は工作物に関する重要な建設工事で政令で定めるもの以外の建設工事である場合において，当該建設工事の元請負人があらかじめ発注者の書面による承諾を得たときは，これらの規定（第1項・第2項）は，適用しない.」とあるが，本問では該当しない．

No.82　建設業法第26条（主任技術者及び監理技術者の設置等）では，次のように規定している．

第26条　建設業者は，その請け負った建設工事を施工するときは，当該建設工事に関し第7条第二号イ，ロ又はハに該当する者で当該工事現場における建設工事の施工の技術上の管理をつかさどるもの（以下「主任技術者」という.）を置かなければならない．

2　発注者から直接建設工事を請け負った特定建設業者は，当該建設工事を施工するために締結した下請契約の請負代金の額（当該下請契約が二以上あるときは，それらの請負代金の額の総額）が第3条第1項第二号の政令で定める金額以上になる場合においては，前項の規定にかかわらず，当該建設工事に関し第15条第二号イ，ロ又はハに該当する者（当該建設工事に係る建設業が指定建設業である場合にあっては，同号イに該当する者又は同号ハの規定により国土交通大臣が同号イに掲げる者と同等以上の能力を有するものと認定した者）で当該工事現場における建設工事の施工の技術上の管理をつかさどるもの（以下「監理技術者」という.）を置かなければならない.

建設業法施行令第2条（法第3条第1項第二号の金額）では，法第3条第1項第二号の政令で定める金額は，4 000万円としている．ただし，同項の許可を受けようとする建設業が建築工事業である場合においては，6 000万円としている.

つまり，下請契約の請負代金の額が4 000万円未満の場合は，主任技術者でよい．4 000万円以上の場合は，監理技術者を置く必要がある.

したがって，2が誤っているものである.　**答 2**

No.83 電気事業法第42条（保安規程）第1項では，次のように規定している.

第42条　事業用電気工作物を設置する者は，事業用電気工作物の工事，維持及び運用に関する保安を確保するため，主務省令で定めるところにより，保安を一体的に確保することが必要な事業用電気工作物の組織ごとに保安規程を定め，当該組織における事業用電気工作物の使用（第51条第1項の自主検査又は第52条第1項の事業者検査を伴うものにあっては，その工事）の開始前に，主務大臣に届け出なければならない.

したがって，4が誤っているものである.　**答 4**

No.84 電気用品安全法では，特定電気用品116品目を定めている.

具体的には，電気用品安全法施行令第1条の2（特定電気用品）で，法第2条第2項の特定電気用品は，附則別表第一の上欄に掲げるとおりとするとしており，次の用品（抜粋）が掲げられている.

一　電線（定格電圧が100 V以上600 V以下のものに限る.）であって，次に掲げるもの

(2)　ケーブル（導体の公称断面積が22 mm^{2}以下，線心が7本以下及び外装がゴム（合成ゴムを含む.）又は合成樹脂のものに限る.）……選択肢3に該当

三　配線器具であって，次に掲げるもの（定格電圧が100 V以上300 V以下（蛍光灯用ソケットにあっては，100 V以上1 000 V以下）のものであって，交流の電路に使用するものに限り，防爆型のもの及び油入型のものを除く.）

(2)　開閉器であって，次に掲げるもの（定格電流が100 A以下（電動機用のものにあっては，その適用電動機の定格容量が12 kW以下）のものに限り，機械器具に組み込まれる特殊な構造のものを除く.）

5　配線用遮断器……選択肢2に該当

六　電熱器具であって，次に掲げるもの（定格電圧が100 V以上300 V以下及び定格消費電力が10 kW以下のものであって，交流の電路に使用するものに

限る.）

⑷　電気温水器……選択肢4に該当

選択肢1.の定格電流20 Aのリモートコントロールリレーは，特定電気用品以外の電気用品である.

したがって，1が誤っているものである.　**答　1**

No.85　電気工事士法第3条（電気工事士等）第1項，第3項では，次のように規定している.

第3条　第一種電気工事士免状の交付を受けている者（以下「第一種電気工事士」という.）でなければ，自家用電気工作物に係る電気工事（第3項に規定する電気工事を除く．第4項において同じ.）の作業（自家用電気工作物の保安上支障がないと認められる作業であって，経済産業省令で定めるものを除く.）に従事してはならない.

3　自家用電気工作物に係る電気工事のうち経済産業省令で定める特殊なもの（以下「特殊電気工事」という.）については，当該特殊電気工事に係る特種電気工事資格者認定証の交付を受けている者（以下「特種電気工事資格者」という.）でなければ,その作業(自家用電気工作物の保安上支障がないと認められる作業であって，経済産業省令で定めるものを除く.）に従事してはならない.

したがって，第一種電気工事士の資格を持っていても，電気工事士法施行規則第2条の2に定める自家用電気工作物に係る特殊電気工事（ネオン工事，非常用予備発電装置工事）の作業に従事することはできないので,1が誤っているものである.

答　1

No.86　建築基準法第2条（用語の定義）十四では，大規模の修繕について次のように規定している.

十四　大規模の修繕　建築物の主要構造部の一種以上について行う過半の修繕をいう.

したがって，4が誤っているものである.　**答　4**

No.87　建築士法第2条（定義）第6項では，次のように規定している.

6　この法律で「設計図書」とは建築物の建築工事の実施のために必要な図面（現寸図その他これに類するものを除く.）及び仕様書を，「設計」とはその者の責任において設計図書を作成することをいう.

したがって，3が誤っているものである.　**答　3**

No.88　消防法施行規則第23条（自動火災報知設備の感知器）第4項第二号では，次のように規定している.

4　自動火災報知設備の感知器の設置は，次に定めるところによらなければならない．

二　取付け面の高さに応じ，次の表で定める種別の感知器を設けること．

取付け面の高さ	感知器の種別
4 m 未満	差動式スポット型，差動式分布型，補償式スポット型，定温式，イオン化式スポット型又は光電式スポット型
4 m 以上 8 m 未満	差動式スポット型，差動式分布型，補償式スポット型，定温式特種若しくは一種，イオン化式スポット型一種若しくは二種又は光電式スポット型一種若しくは二種
8 m 以上 15 m 未満	差動式分布型，イオン化式スポット型一種若しくは二種又は光電式スポット型一種若しくは二種
15 m 以上 20 m 未満	イオン化式スポット型一種又は光電式スポット型一種

したがって，4 が定められていないものである．　**答　4**

No.89　労働安全衛生法第 10 条（総括安全衛生管理者）では，次のように規定している．

第 10 条　事業者は，政令で定める規模の事業場ごとに，厚生労働省令で定めるところにより，総括安全衛生管理者を選任し，その者に安全管理者，衛生管理者又は第 25 条の 2 第 2 項の規定により技術的事項を管理する者の指揮をさせるとともに，次の業務を統括管理させなければならない．

（以下略）

したがって，3 が誤っているものである．　**答　3**

No.90　労働安全衛生法第 12 条の 2（安全衛生推進者等）において，安全管理者，衛生管理者を選任する必要のない事業場においては，安全衛生推進者を選任になければならない旨規定されているが，本問の事業場は，下記のように安全管理者，衛生管理者を選任する必要がある事業場であるから，安全衛生推進者を選任する必要はない．

したがって，1 が定められていないものである．　**答　1**

労働安全衛生法第 12 条（衛生管理者）において，政令で定める業種および規模の事業場ごとに衛生管理者を選任しなければならない旨規定されているが，その規模は，労働安全衛生違法施行令第 4 条において，「常時 50 人以上の労働者を使用する事業場」とされている．すなわち，本問の事業場では，衛生管理者を選任しなければならない．

労働安全衛生法第 17 条（安全委員会）において，政令で定める業種及び規模の事業場ごとに安全衛生委員会を設けなければならない旨規定されているが，その規模は，労働安全衛生法施行令第 8 条において，建設業の場合は常時 50 人以上の労働者を使用する事業場」とされている．すなわち，本問の事業場では，安全委員会を設けなければならない．

労働安全衛生法第 18 条（衛生委員会）において，政令で定める規模の事業場ごとに衛生委員会を設けなければならない旨規定されているが，その規模は，労働安全衛生法施行令第 9 条において，「常時 50 人以上の労働者を使用する事業場」とされている．すなわち，本問の事業場では，衛生委員会を設けなければならない．

No.91 労働基準法施行規則第 5 条では，次のように規定している．

第 5 条　使用者が法第 15 条第 1 項前段の規定により労働者に対して明示しなければならない労働条件は，次に掲げるものとする．ただし，第一号の二に掲げる事項については期間の定めのある労働契約であって当該労働契約の期間の満了後に当該労働契約を更新する場合があるものの締結の場合に限り，第四号の二から第十一号までに掲げる事項については使用者がこれらに関する定めをしない場合においては，この限りでない．

一　労働契約の期間に関する事項

一の二　期間の定めのある労働契約を更新する場合の基準に関する事項

一の三　就業の場所及び従事すべき業務に関する事項

二　始業及び終業の時刻，所定労働時間を超える労働の有無，休憩時間，休日，休暇並びに労働者を二組以上に分けて就業させる場合における就業時転換に関する事項

三　賃金（退職手当及び第五号に規定する賃金を除く．以下この号において同じ．）の決定，計算及び支払の方法，賃金の締切り及び支払の時期並びに昇給に関する事項

四　退職に関する事項（解雇の事由を含む．）

四の二　退職手当の定めが適用される労働者の範囲，退職手当の決定，計算及び支払の方法並びに退職手当の支払の時期に関する事項

五　臨時に支払われる賃金（退職手当を除く．），賞与及び第八条各号に掲げる賃金並びに最低賃金額に関する事項

六　労働者に負担させるべき食費，作業用品その他に関する事項

七　安全及び衛生に関する事項

八　職業訓練に関する事項

九　災害補償及び業務外の傷病扶助に関する事項

十　表彰及び制裁に関する事項

十一　休職に関する事項

したがって，3 が定められていないものである．　**答　3**

No.92 建設工事に係る資材の再資源化等に関する法律第18条（発注者への報告等）第1項では，次のように規定している．

第18条　対象建設工事の元請業者は，当該工事に係る特定建設資材廃棄物の再資源化等が完了したときは，主務省令で定めるところにより，その旨を当該工事の発注者に書面で報告するとともに，当該再資源化等の実施状況に関する記録を作成し，これを保存しなければならない．

したがって，2が誤っているものである．　**答　2**

2019 年度（令和元年度）
実地試験・解答
出題数 5　必要解答数 5
解答は記述式です。

問題 1（解答例）

1－1　経験した電気工事

⑴　工 事 名　○○工場改装・増築に伴う電気設備増設工事

⑵　工事場所　○○県○○市緑台 3 丁目 12 番地

⑶　電気工事の概要

　㋐　請負金額（概略額）　○○○，○○○，○○○円

　㋑　概　　要

　　6.6 kV CVT ケーブル 3 × 150 mm^2 150 m 更新

　　変電設備（3 ϕ 500 kV･A × 2 台，1 ϕ 200 kV･A × 1 台）更新

　　動力設備（220 kV･A），電灯設備，低圧幹線工事

⑷　工　　期　平成○○年○月～平成△△年△月

⑸　この工事でのあなたの立場　元請業者側の現場主任

⑹　あなたが担当した業務内容　現場主任として，工程・施工・品質管理など電気工事全体の施工管理を行った．

1－2　予想した工程管理上の問題・理由と対策

⑴　（問題）低圧配線切替作業における停電時間の厳守

　（理由）配線切替作業時間は休日ごとに 6 時間と限られている点と，負荷の設備実態が不明な箇所があったため．

　（処置・対策）

　①　事前設備調査のため，休日 4 時間停電の了解を得て，低圧回路ルート，既設設備実態を詳細把握して図面化し，それを基に切替詳細図を作成した．

　②　事前調査の結果から，停電前に可能な限り準備作業（低圧幹線・分岐回路配線と端末処理を含む付帯工事）を実施し，切替手順書に基づき切り替え作業を実施した．

⑵ （問題）変圧器据付工事時間の短縮

（理由）建築方施工の受電室変圧器据付部基礎工事に遅れが発生しため．

（処置・対策）

① 母線工事後に低圧幹線工事の計画であったが，工程の入れ替えを行うとともに，低圧幹線ケーブルラック天井部分のアンカー工事は電気方で実施して対応した．

② 建築基礎施工と同時に変圧器据付墨出しには建築方の立会のもと，据付図面の確認を十分に行い，母線工事を並行して進め，母線切替手順書を作成・作業者全員に周知して停電切替・最終検査日程に臨んだ．

1－3 施工の計画から引渡しまでの間の品質管理について

（留意事項） 天井ラック部分のケーブルの損傷対策

（理　　由） 天井部分のラック部アンカー工事を電気方で実施し，ケーブル敷設後に建築方の化粧工事があり，ケーブルの損傷が懸念された．

（処置・対策）

① ケーブルマットを低圧幹線上に敷き，建築方の作業工具などの落下物による損傷防止を図った．

② 建築方作業終了後は，ケーブルシースの傷の有無確認，500 V メガーによる絶縁測定を行い，異常がないことを確認して引き渡しとした．

問題2 ※以下の各項目の中から二つを解答すればよい．

1．クレーン等による揚重作業

① 作業開始前点検の実施（ワイヤロープ・過巻防止警報・クラッチ・ブレーキ・コントローラなど）

② クレーンなど運転免許証の確認

③ クレーンなどの転倒防止措置の確認（軟弱地盤対策・アウトリガーの確実な張り出しと定格荷重など）

④ 玉掛け作業では，有資格者の確認（吊り上げ荷重 1 t 以上）

⑤ 作業範囲内への労働者の立入り禁止措置の確認

2．高圧活線近接作業

① 充電電路に絶縁用防具を装着してから作業にあたらせること．

② 絶縁用防具の装着時は，作業者に教育を行うとともに絶縁用保護具を着用させる．

③ 絶縁用防具の装着時は，活線作業用器具もしくは活線作業用装置を使用させる．

3．酸素欠乏危険場所での作業

① 酸素濃度測定ならびに硫化水素濃度の測定を実施する．マンホールの場合，

上・中・下の３点を測定する．酸素濃度18％未満・硫化水素濃度100万分の10を超える状態が危険である．

② 換気等危害防止措置の確認．作業前および作業中の換気を実施する．

③ 作業員の入場時および退場時の氏名および人員の確認．

④ 表示事項の確認（危険表示，作業主任者，測定時間・濃度等）

⑤ 特別教育を受けた作業員を配置しているかの確認．

⑥ 緊急時・避難用具等の配備は万全か（空気呼吸器，安全帯，はしごなど）．

4．建設機械による掘削作業

① 土留め支保工を設け，防護網を張り，労働者の立入りを禁止する．特に，地山の状態により根入れ長を長くするなどの措置を講じること．

② 掘削および運搬機械等が，労働者の作業箇所に後進して接近するときは，誘導者を配置し，労働者と接触しないよう機械を誘導させること．

③ 掘削土砂は，土留め支保工から２m以上離れた場所に仮置きする．

④ 運搬機械，掘削機械および積込機械の運行の経路ならびにこれらの機械の土石の積卸し場所への出入の方法を定めて，関係労働者に周知すること．

問題３

(1) **所要工期…31日**

条件よりネットワーク工程表を描くと第3-1図のようになる．

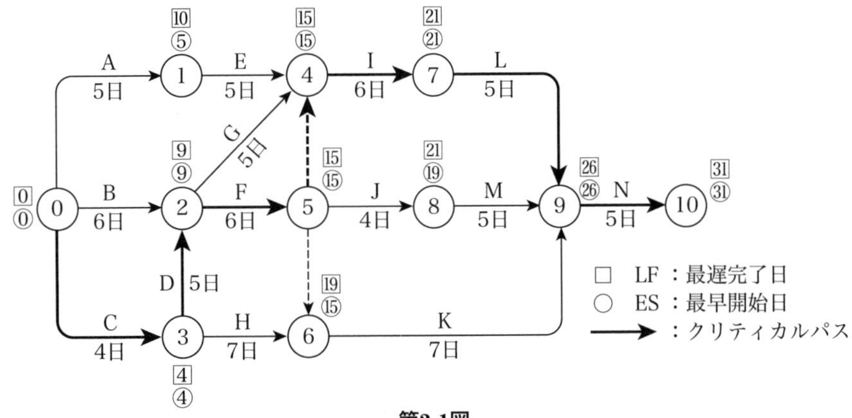

第3-1図

各ルートの所要工期を求めると，以下のようになる．

⓪→①→④→⑦→⑨→⑩ 26日

⓪→②→⑤→⑧→⑨→⑩ 26日

⓪→②→④→⑦→⑨→⑩ 27日

⓪→②→⑤→④→⑦→⑨→⑩ 28日

⓪→②→⑤→⑥→⑨→⑩　　24 日
⓪→③→⑥→⑨→⑩　　23 日
⓪→③→②→⑤→⑧→⑨→⑩　　29 日
⓪→③→②→④→⑦→⑨→⑩　　30 日
⓪→③→②→⑤→④→⑦→⑨→⑩　　31 日
⓪→③→②→⑤→⑥→⑨→⑩　　27 日

したがって，問題のネットワーク工程表のクリティカルパスは⓪→③→②→⑤→④→⑦→⑨→⑩であり，所要工期は 31 日となる.

⑵　作業 G の所要日数が 3 日増えたとき，作業 L の最早開始時刻…2 日遅れとなる

ネットワーク工程表より，当初，作業 L（⑦→⑨）はクリティカルパス上にあり，作業 L の最早開始時刻はイベント計算表のイベント番号⑦に示すとおり 21 日である.

作業 G の所要日数が 3 日増えると，⓪→③→②→④→⑦の作業工程が最長となることから，そのときの作業 L の最早開始時刻は 23 日となる.

したがって，作業 L の最早開始時刻は 23 − 21 ＝ 2 日遅れとなる.

第 3-1 表

イベント番号	最早開始時刻（ES）			最遅完了時刻（LF）		
	計　算		時刻	計　算		時刻
⓪			0	4−4＝0 9−6 ＝ 3 10−5 ＝ 5	最小 0	0
①	0＋5＝5		5	15−5＝10		0
②	4＋5＝9 0＋6＝6	9 ＞ 6	9	15−6＝9 15−5＝10	9 ＜ 10	9
③	0＋4＝4		4	19−7＝12 15−6−5＝4 15−5−5＝5	最小 4	4
④	5＋5＝10 6＋5＝11 6＋6＋0＝12 4 ＋5 ＋6 ＋0 ＝ 15 4＋5＋5＝14	最大 15	15	21−6＝15		15
⑤	6＋6＝12 4＋5＋6＝15	15 ＞ 12	15	15−0＝15 19−0＝19 21−4＝17	最小 15	15
⑥	4＋7＝11 6＋6＋0＝12 4 ＋5 ＋6 ＋0 ＝ 15	最大 15	15	26−7＝19		19

⑦	15＋6＝21	21	26−5＝21	21
⑧	15＋4＝19	19	26−5＝21	21
⑨	15＋7＝22 19＋5＝24 21＋5＝26　｝最大 26	26	31−5＝26	26
⑩	26＋5＝31	31		31

問題4　次の各項目に揚げてる事項から二つを解答すればよい．

1．コンバインドサイクル発電

①　2種の異なった作動流体によりサイクル（例えばガスと蒸気）を結合し，一つの発電プラントで熱効率の向上を図った発電方式をいう．

②　この発電方式の主流をなすものは熱回収方式であり，ガスタービンの排気ガスの持っている熱エネルギー（500 ～ 600℃程度）を排熱回収ボイラにて蒸気に熱交換し，蒸気タービンを駆動するものである．

③　わが国のコンバインドサイクルは，高温域の熱機関であるガスタービンを用いたブレイトンサイクルとガスタービンの排気ガスを熱源とするランキンサイクルを組み合わせた熱機関で，汽力発電サイクルに比べて作動温度領域が広いことから熱効率が高く，ガスタービンの発達に伴って実用化されてきた．

④　コンバインドサイクルでは，まず空気圧縮機で空気を圧縮し，燃焼機で圧縮空気と燃料の混合体を燃焼し，ガスタービンで膨張させ駆動力を発生させる．さらにガスタービンの排気ガスを排熱回収ボイラに送り，そこで発生した蒸気を蒸気タービンで膨張させて駆動力を発生させる．

⑤　現在，ガスタービン入口温度が約1300℃のコンバインドサイクル機および入口ガス温度が約1500℃のコンバインドサイクル機が営業運転を行っており，コンバインドサイクルの熱効率は汽力発電に比べて格段に高く，1300℃級で49%，1500℃級では約52%程度に達している．

⑥　理想的なコンバインドサイクル発電の熱効率 η_C は，次式で示される．

$$\eta_C = \eta_{GT} + (1 - \eta_{GT})\eta_{ST}$$

ただし，η_{GT}：ガスタービンの熱効率

η_{ST}：蒸気タービンの熱効率

2．変電所の調相設備

①　無効電力を調整することにより電圧調整を行い，電力損失も軽減する設備．

②　回転形としては同期調相機があり，静止形には電力用コンデンサや分路リアクトルがある．

③　調相設備には次のような機器がある．同期調相機，電力用コンデンサ，分路

リアクトル，静止形無効電力補償装置（SVC：Static Var Compensator）.

3. 架空電線路の雷害対策

① 架空地線（グランドワイヤ）の設置．2条以上にすると効果が向上する．

② 塔脚接地抵抗の低減(25 Ω以下とする)．埋設地線(カウンタポイズ)の設置.

③ アークホーンによるがいしの保護，アーマロッドの設置による電線の溶断防止.

④ 雷の多い地方における避雷器の設置.

⑤ 並行2回線の送電線路では，不平衡絶縁の採用.

4. 送配電系統の波及事故の要因と対策

① 波及事故は，保護継電器の協調が取れていない場合に発生するので，電源側と受電側の動作協調をとる.

② 配電線路では，引込箇所にGR付PASまたはGR付UGSを設置する.

③ 主遮断装置の動作時限制定は，一般送配電事業者の配電用変電所の過電流保護装置との動作協調を図る.

④ 主保護装置の他，後備保護装置の設置も有効.

⑤ 主保護装置は，受電用変圧器二次側の配線用遮断器との動作協調を図る.

5. 太陽光発電の系統連系

① 低圧配電線との連系の場合，保護協調のために設置すべき継電器は，過電圧(OVR)，不足電圧（UVR)，周波数上昇（OFR)，周波数低下（UFR）の4種類ある.

② ①のほかに，2種類の単独運転検出機能，自動的な電圧調整対策などが必要である.

③ 低圧配電線との連系の場合，逆潮流がない場合の受電点の力率は，適正なものとして原則85%以上とするとともに，系統側からみて進み力率（発電設備等側からみて遅れ力率）とはならないようにする.

④ 発電設備等を低圧配電系統に連系する場合においては，低圧需要家の電圧を標準電圧100 Vに対しては101 ± 6 V，標準電圧200 Vに対しては202 ± 20 V以内に維持する必要がある.

6. 遮断器の保護協調

① 需要家の主遮断器は，一般送配電事業者の配電用変電所の過電流保護装置との動作協調を図る．つまり，配電用変電所の遮断器より動作時間を速く設定する.

② 電源側と受電側の変電所の遮断器の過電流保護装置との動作協調を図る．つまり，受電側の遮断器は電源側の遮断器より動作時間を速く設定する.

③ 遮断器を保護する保護装置の整定電流は，事故電流に対して確実に動作するようインピーダンスマップから，事故点直近上位の保護装置のみが動作するように

整定する．

7．誘導加熱

① 交番磁界中における導電性物体中に生じる渦電流損，またはヒステリシス損により加熱する方式で，直接式と間接式がある．

② るつぼ形誘導炉には，使用する電源の周波数によって，低周波るつぼ形誘導炉と高周波るつぼ形誘導炉があり，どちらもるつぼ状の溶解室の中に被熱物を入れ，溶解室を囲んで巻いたコイルから出る交番磁界により加熱溶解させる電気炉である．

③ 溝形誘導炉は，変圧器と同じく閉路鉄心に一次コイルを巻き，溶湯が二次コイルになり加熱溶解するものである．

④ 加熱材表面から深さ x〔cm〕の電流 i は次式で与えられる．

$$i = i_0 \mathrm{e}^{-\frac{x}{\delta}}$$

ただし，i_0：導体表面の最大電流〔A/cm^2〕
x：導体表面からの距離〔cm〕
δ：電流の浸透の深さ〔cm〕

⑤ 電流の分布は材料の抵抗率，比透磁率，電流の周波数によって異なり，電流は導体表面から内部へ行くほど小さくなる．

⑥ 抵抗率が大きいほど電流の減衰は緩やかになり，周波数と比透磁率が大きいほど表面からの減衰は大きくなる．つまり，表面に集中しやすくなるので，鉄筋などの表面焼き入れなどに応用される．

8．自動火災報知設備の炎感知器

① 炎から放射される赤外線や紫外線の光エネルギーにより，火災を感知するものである．

② 広範囲な空間の火災感知が可能であるため，体育館やアトリウムなどの大空間建築物に適する．また，放火等に対して警戒を要する場所，早期発見が必要な場所などにも適する．

③ 一方で，紫外線を発生するハロゲンランプや殺菌灯などが使用される場所，赤外線を発生する赤外線発生機器や直射日光が感知器に当たる場所などに設置する場合，誤報に十分注意し施工する必要がある．

9．AT き電方式

① 単巻変圧器（Auto Transformer）を適当な間隔で線路に配置し，変圧器巻線の中央を中性点としてレールに接続するき電方式である．

② 巻線の一端はトロリ線に接続し，他端はき電線に接続される．

③ 変電所から単巻変圧器の間のレールには電流がほとんど流れないので電磁誘

導障害も少ない．

④　単巻変圧器間では負荷電流が流れるが，近接する通信線にはそれぞれ反対方向の電圧が誘起されるので互いに打ち消しあうことになり，電磁誘導障害は小さくなる．

10．電気鉄道の信号装置

①　鉄道において，色・形・音などの一定の符号を用いて意思を伝えるための装置で，信号，合図，および標識の総称をいう．

②　鉄道の信号機は，列車または車両に対して，一定区間内を運転するときの条件を色・形・音などで指示し，規則に基づく列車の運行を行わせるものである．

③　鉄道の信号装置には，閉そく装置，信号装置，連動装置，転てつ装置などがある．

11．トンネルの入口部照明

①　昼間時，トンネル外の道路を走行してきた自動車の運転者の目は，野外の輝度に順応してトンネルに接近してくるため，運転者にとってはトンネル内は全くの暗黒に見え，その内部はよく識別できないばかりか，トンネル進入後も周囲の輝度の急激な変化に対し目の順応の遅れを生ずる．これらの障害を軽減するために入口部に設けられた照明設備のことを入口部照明という．

②　入口部照明の路面輝度は，野外の路面輝度からトンネル内の平均路面輝度に順応させるため必要な照明で，入口照明の区間は，設計速度が速いほど長くとる．

③　トンネルの入口部照明は，曇りのときより晴天時を明るくする．

12．接地抵抗の低減方法

①　接地極の深層埋設

連結式接地棒を連結しながら接地極の全長を長くして，大地との接触面積を大きくすること．

②　接地極の並列接続

接地極を複数埋設して相互接続し，大地との接触面積を大きくすること．この場合，接地極ごとの間隔は2m以上とすること．

③　接地抵抗低減剤の使用

導電性物質を接地極土壌周辺に注入し，土壌の低効率低減を図る．

問題5

5－1　元請負人の義務

①　元請負人は，その請け負った建設工事を施工するために必要な工程の細目，作業方法その他元請負人において定めるべき事項を定めようとするときは，あらかじめ，下請負人の意見を聴かなければならない．（建設業法第24条の2）

② 元請負人は，請負代金の出来形部分に対する支払または工事完成後における支払を受けたときは，当該支払の対象となった建設工事を施工した下請負人に対して，当該元請負人が支払を受けた金額の出来形に対する割合および当該下請負人が施工した出来形部分に相応する下請代金を，当該支払を受けた日から1月以内で，かつ，できる限り短い期間内に支払わなければならない．（建設業法第24条の3第1項）

③ 元請負人は，前払金の支払を受けたときは，下請負人に対して，資材の購入，労働者の募集その他建設工事の着手に必要な費用を前払金として支払うよう適切な配慮をしなければならない．（建設業法第24条の3第2項）

④ 元請負人は，下請負人からその請け負った建設工事が完成した旨の通知を受けたときは，当該通知を受けた日から20日以内で，かつ，できる限り短い期間内に，その完成を確認するための検査を完了しなければならない．（建設業法第24条の4第1項）

⑤ 元請負人は，前項の検査によって建設工事の完成を確認した後，下請負人が申し出たときは，直ちに，当該建設工事の目的物の引渡しを受けなければならない．ただし，下請契約において定められた工事完成の時期から20日を経過した日以前の一定の日に引渡を受ける旨の特約がされている場合には，この限りでない．（建設業法第24条の4第2項）

一字一句正確に記述する必要はなく，条文のポイントを記述すればよい．

5－2　施工体制台帳に記載すべき事項

建設業法施行規則第14条の2（施工体制台帳の記載事項等）では，次のように規定している．

第14条の2　法第24条の7第1項の国土交通省令で定める事項は，次のとおりとする．

一　作成建設業者（法第24条の7第1項の規定により施工体制台帳を作成する場合における当該建設業者をいう．以下同じ．）に関する次に掲げる事項

　イ　許可を受けて営む建設業の種類

　ロ　健康保険等の加入状況

二　作成建設業者が請け負った建設工事に関する次に掲げる事項

　イ　建設工事の名称，内容及び工期

　ロ　発注者と請負契約を締結した年月日，当該発注者の商号，名称又は氏名及び住所並びに当該請負契約を締結した営業所の名称及び所在地

　ハ　発注者が監督員を置くときは，当該監督員の氏名及び法第19条の2第2項に規定する通知事項

ニ　作成建設業者が現場代理人を置くときは，当該現場代理人の氏名及び法第19条の2第1項に規定する通知事項

ホ　主任技術者又は監理技術者の氏名，その者が有する主任技術者資格（建設業の種類に応じ，法第7条第二号イ若しくはロに規定する実務の経験若しくは学科の修得又は同号ハの規定による国土交通大臣の認定があることをいう．以下同じ.）又は監理技術者資格及びその者が専任の主任技術者又は監理技術者であるか否かの別

ヘ　法第26条の2第1項又は第2項の規定により建設工事の施工の技術上の管理をつかさどる者でホの主任技術者又は監理技術者以外のものを置くときは，その者の氏名，その者が管理をつかさどる建設工事の内容及びその有する主任技術者資格

ト　出入国管理及び難民認定法別表第一の二の表の特定技能の在留資格（同表の特定技能の項の下欄第一号に係るものに限る.）を決定された者（第四号チにおいて「一号特定技能外国人」という.），同表の技能実習の在留資格を決定された者（第四号チにおいて「外国人技能実習生」という.）及び同法別表第一の五の表の特定活動の在留資格を決定された者であって，国土交通大臣が定めるもの（第四号チにおいて「外国人建設就労者」という.）の従事の状況

三　前号の建設工事の下請負人に関する次に掲げる事項

イ　商号又は名称及び住所

ロ　当該下請負人が建設業者であるときは，その者の許可番号及びその請け負った建設工事に係る許可を受けた建設業の種類

ハ　健康保険等の加入状況

四　前号の下請負人が請け負った建設工事に関する次に掲げる事項

イ　建設工事の名称，内容及び工期

ロ　当該下請負人が注文者と下請契約を締結した年月日

ハ　注文者が監督員を置くときは，当該監督員の氏名及び法第19条の2第2項に規定する通知事項

ニ　当該下請負人が現場代理人を置くときは，当該現場代理人の氏名及び法第19条の2第1項に規定する通知事項

ホ　当該下請負人が建設業者であるときは，その者が置く主任技術者の氏名，当該主任技術者が有する主任技術者資格及び当該主任技術者が専任の者であるか否かの別

ヘ　当該下請負人が法第26条の2第1項又は第2項の規定により建設工事

の施工の技術上の管理をつかさどる者でホの主任技術者以外のものを置くときは，当該者の氏名，その者が管理をつかさどる建設工事の内容及びその有する主任技術者資格

ト　当該建設工事が作成建設業者の請け負わせたものであるときは，当該建設工事について請負契約を締結した作成建設業者の営業所の名称及び所在地

チ　一号特定技能外国人，外国人技能実習生及び外国人建設就労者の従事の状況

実際の業務においては，各行政機関で定める様式に従って上記の内容について記述するようになる．

5-3　①　170000　②　50000

電気事業法施行規則第 56 条（免状の種類による監督の範囲）では，次のように規定している．

第 56 条　法第 44 条第 5 項の経済産業省令で定める事業用電気工作物の工事，維持及び運用の範囲は，次の表の左欄に掲げる主任技術者免状の種類に応じて，それぞれ同表の右欄に掲げるとおりとする．

主任技術者免状の種類	保安の監督をすることができる範囲
一　第一種電気主任技術者免状	事業用電気工作物の工事，維持及び運用
二　第二種電気主任技術者免状	電圧 170000 V 未満の事業用電気工作物の工事，維持及び運用
三　第三種電気主任技術者免状	電圧 50000 V 未満の事業用電気工作物（出力 5000 kW 以上の発電所を除く.）の工事，維持及び運用

2018年度（平成30年度）
学科試験・解答
出題数92　必要解答数60
No.1〜No.56が午前、No.57〜No.92が午後の出題

※【No.1】〜【No.15】までの15問題のうちから，10問題を選択・解答

No.1　電荷間のクーロンの法則によれば，二つの電荷間に働く力の大きさは，それぞれの電荷の強さの積に比例し，電荷間の距離の2乗に反比例する．これを式で表すと次のようになる．

$$F=\frac{Q_1Q_2}{4\pi\varepsilon_0 r^2}〔\mathrm{N}〕$$

ここに，ε_0：真空中の誘電率〔F/m〕，Q_1，Q_2：電荷の大きさ〔C〕，r：電荷間の距離〔m〕である．

上式に問題に与えられた数値を代入して $4Q$〔C〕, $-3Q$〔C〕の点電荷により Q〔C〕の点電荷に働く力を計算すると，次のようになる．

$$F=\frac{4Q\times Q}{4\pi\varepsilon_0(2r)^2}+\frac{-3Q\times Q}{4\pi\varepsilon_0 r^2}=\frac{Q^2}{4\pi\varepsilon_0 r^2}+\frac{-3Q^2}{4\pi\varepsilon_0 r^2}$$

$$=-\frac{2Q^2}{4\pi\varepsilon_0 r^2}=-\frac{Q^2}{2\pi\varepsilon_0 r^2}〔\mathrm{N}〕$$

したがって，4が正しいものである．　**答　4**

No.2　コイルに誘導される起電力は，ファラデーの電磁誘導の法則によれば，「コイルを貫く磁束の変化により生じ，その大きさは，磁束の時間に対して変化する割合と，コイルの巻数に比例する」とあり，起電力を e〔V〕，コイルの巻数を N，$\triangle t$ 秒間における磁束の変化量を $\triangle\Phi$〔Wb〕とすれば，次式が成立する．

$$e=-N\frac{\triangle\Phi}{\triangle t}〔\mathrm{V}〕$$

Φ〔Wb〕
e
N巻

（誘導起電力は，磁束の変化を妨げる方向に発生する）

第2-1図

上式より，起電力は変化時間に対する磁束の変化量となることから，加えている磁束を時間に正比例して増加させると増加率が一定となるので，起電力も一定となる．

したがって，4が不適当なものである． **答 4**

No.3 第3-1図に示すような並列接続の各抵抗器に流れる電流は，次式で表される．

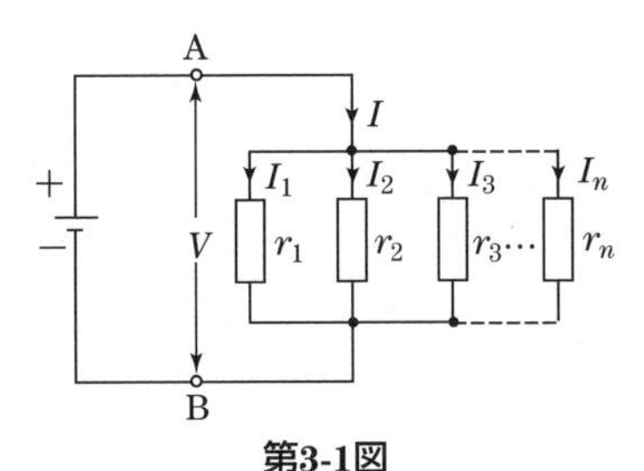

第3-1図

$$I_1=\frac{V}{r_1},\quad I_2=\frac{V}{r_2},\quad \cdots,\quad I_n=\frac{V}{r_n}$$

ここで，抵抗rの逆数をコンダクタンスgで表すと，

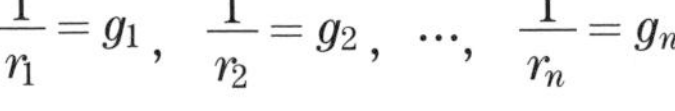

$$\frac{1}{r_1}=g_1,\quad \frac{1}{r_2}=g_2,\quad \cdots,\quad \frac{1}{r_n}=g_n$$

であるから，各抵抗器に流れる電流は，

$$I_1=\frac{V}{r_1}=g_1V,\quad I_2=\frac{V}{r_2}=g_2V,\quad \cdots,\quad I_n=\frac{V}{r_n}=g_nV$$

となり，それぞれの電流は，各コンダクタンスの値に比例する．

したがって，「各コンダクタンスの値に反比例した大きさとなる．」とした，2が不適当なものである． **答 2**

No.4 三相電力を二つの単相電力計を用いて測定する方法を2電力計法という．

平行三相回路においては，それぞれの電力計の指示値は，次のように表される．

$$P_1=VI\cos(30°-\theta)〔\mathrm{W}〕$$

$$P_2=VI\cos(30°+\theta)〔\mathrm{W}〕$$

三相回路の有効電力P_3〔W〕は，おのおのの電力計の指示値の和で表されるので，次式となる．

$$P_3=P_1+P_2=VI\cos(30°-\theta)+VI\cos(30°+\theta)$$

$$=2VI\cos30°\cos\theta=\sqrt{3}VI\cos\theta〔\mathrm{W}〕$$

上式より力率は，

$$\cos\theta=\frac{P_1+P_2}{\sqrt{3}VI}$$

したがって，4が正しいものである． **答 4**

No.5 どちらか入力が1であれば出力は0，両方の入力が0のときのみ出力が1となる論理回路は，NOR回路である．

したがって，3が適当なものである． **答 3**

NOR回路（否定論理和回路）とは，OR回路の出力を否定させた回路をいう．

第5-1図にNOR回路の図記号，論理式，真理値表およびタイムチャートを示す．

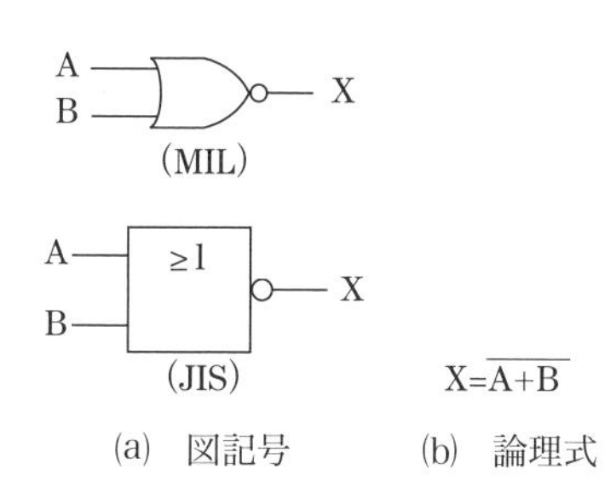

$X=\overline{A+B}$

入力 A	入力 B	出力 X
0	0	1
0	1	0
1	0	0
1	1	0

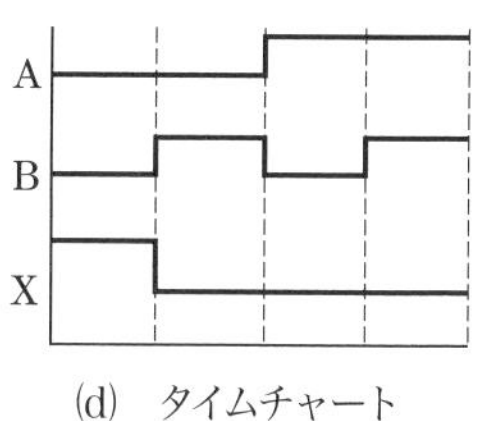

(a)　図記号　　(b)　論理式　　(c)　真理値表　　(d)　タイムチャート

第5-1図　NOR回路

No.6　誘導発電機は，誘導電動機（かご形など）を同期速度以上の回転数で回転させることにより，発電機として利用するものであるが，励磁電流を系統から取るため同期調整が必要なく励磁装置は不要であるが，系統に併入しないと発電できない．

したがって，「電力系統への接続にあたっては，同期調整が必要である．」とした3が不適当なものである．

答　3

No.7　変圧器二次側の電力を求めると，力率が1.0であるから，

$$P=100\ \text{V}\times120\ \text{A}+100\ \text{V}\times80\ \text{A}+200\ \text{V}\times20\ \text{A}=24\,000\ \text{V}\cdot\text{A}$$

損失を無視すれば，一次・二次の電力は等しいので，一次側の電圧で二次側の電力を除すれば一次電流が算出できる．

$$I=\frac{24\,000}{6000}=4.0\ \text{A}$$

したがって，2が正しいものである．

答　2

No.8　電力系統に施設されるリアクトルは，交流回路の分路に並列に接続されることから分路リアクトルといわれ，長距離送電線やケーブル系統などの<u>進相電流を補償</u>（系統の進み力率を改善）するために設けられるもので，特に夜間の軽負荷時などにおいての進相電流によるフェランチ現象の抑制にも貢献している．容量は，200 MV･A程度のものまで製作されている．

したがって，「負荷の遅れ電流を補償する．」とした，2が不適当なものである．

答　2

No.9　第9-1図に示す $T-S$ 線図において，

1→2の変化は給水ポンプ入口からボイラ入口までの水の断熱圧縮変化を示す．

2→3の変化はボイラ入口からボイラに送り込まれた水の等圧受熱を示す（飽和水となる）．

3→4の変化はボイラ入口からボイラに送り込まれた水の等温等圧受熱を示す(乾

燥蒸気となる）.

4→5の変化はボイラ入口からボイラに送り込まれた水の等圧受熱を示す（過熱器で過熱蒸気となる）.

5→6の変化はタービン入口からタービン出口に至る蒸気の断熱膨張変化を示す.

6→1の変化は復水器入口から給水ポンプ入口までの蒸気の等温等圧凝縮変化（水に戻る）を示す.

したがって，4が適当なものである.　**答 4**

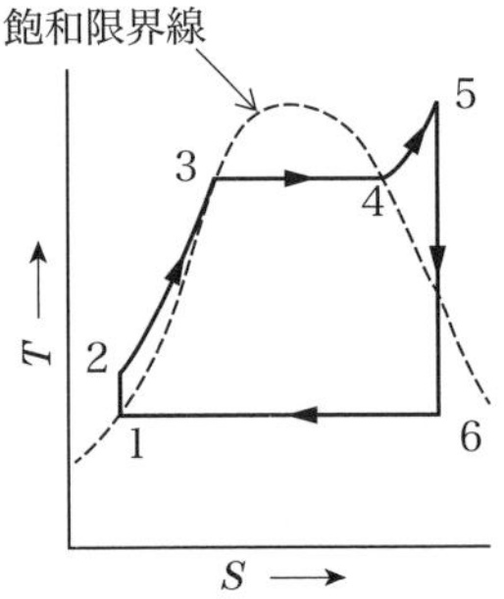

第9-1図

No.10 避雷器は回路に異常電圧が襲来したとき，回路と大地間に導電路を形成し，大電流を流して異常電圧を低減し，機器を保護する.放電終了後は続流の流れるのを防ぎ，回路の絶縁を定常にもどす装置である.

従来は直列ギャップ（異常電圧で時間遅れなく放電を開始し，動作が終われば続流を遮断する），特性要素（電流が増すにつれて抵抗が著しく低くなるSiC抵抗体）を直列に接続したものが使用されていた.

近年では，ZnO（酸化亜鉛）を主成分とした酸化亜鉛形避雷器が採用されている.従来の避雷器と比較して非直線性がすぐれており，異常電圧で時間遅れがなく放電を開始する性能を持つことから，直列ギャップはない.

したがって，「直列ギャップが必要である.」とした，1が不適当なものである.

答 1

No.11 直流送電方式の特徴を以下に示す.

(a)　直流送電の長所

①　交流にある無効電力が直流にはないので，送電損失が発生せず，電線の許容電流限度まで送電でき，安定度問題がない.大電力・長距離送電に適する.

②　線路電圧が同一実効値の交流電圧最大値のため，直流の絶縁は架空・地中電線路ともに交流に比べて低く，線路の建設費が安価，鉄塔などが小型にできる.

③　非同期連系ができるので，周波数の違う系統間の連系が可能である.

④　直流による系統連系は，短絡容量が増大せず，交流系統の遮断容量が小さくてすむ.

⑤　電力潮流の制御が容易で，かつ，迅速である.

⑥　大地帰路送電が可能な場合，経済的である.

(b)　直流送電の短所

①　交直変換装置が必要で，高価である.

②　変換容量の60%程度の無効電力を必要とし，調相設備（電力用コンデンサ，同期調相機）設置が必要である.

③　高電圧・大電流の遮断が困難なため，高性能の直流遮断器が必要で，系統構成の自由度も低い．

④　高調波・高周波障害防止施設が必要である．

⑤　大地帰路方式による電食防止対策が必要である．

したがって，「高電圧・大電流の遮断が容易に行える．」とした，1が最も不適当なものである．

答　1

No.12　変電所と配電線のパーセントインピーダンスを合成すると，

$$\%Z = \%Z_g + \%Z_l = j2 + 6 + j6 = 6 + j8$$

$$|\%Z| = \sqrt{6^2 + 8^2} = 10\,\%$$

よって，受電点の短絡容量P_Sは，基準容量をP_{stan}とすると，

$$P_S = \frac{P_{stan}}{|\%Z|} \times 100 = \frac{10}{10} \times 100 = 100\ \mathrm{MV \cdot A}$$

したがって，3が正しいものである．

答　3

No.13　光源のある方向への輝度は，その方向から見た光源の単位投影面積当たりの光度で表す．光源の投影面積をS〔m^2〕，光源をI〔cd〕とすると，輝度L〔cd/m^2〕は，次式で表される．

$$L = \frac{I}{S}\,〔\mathrm{cd/m^2}〕$$

光源からある方向に向かう光束の，単位立体角当たりの割合を示すのは，光度である．

したがって，2が不適当なものである．

答　2

No.14　単結晶シリコン太陽電池の変換効率は，現在モジュールレベルで15～20%に達している．一方，多結晶シリコン太陽電池の変換効率は，現在モジュールレベルで10～15%に達している．2030年までに単結晶シリコン太陽電池の変換効率は，モジュールで25%（セルレベルで30%）を目標としている．

したがって，4が最も不適当なものである．

答　4

No.15　極数切換制御は，同期速度が極数に反比例することを利用して制御する方式である．

一次巻線の接続変更によって極数を変える方法で，巻線に中間タップを設け，単一巻線の接続を切り換えて極数を変化させるものと，二つ以上の極数の異なる巻線を鉄心に施したものとがある．速度変化は不連続であるが，速度変動率が小さく機器の構成が簡単である．

したがって，「同期速度が極数に正比例することを利用」とした，3が最も不適当なものである．

答　3

※【No.16】～【No.48】までの33問題のうちから，15問題を選択・解答

No.16 排熱回収サイクル方式の概要を第16-1図に示す.

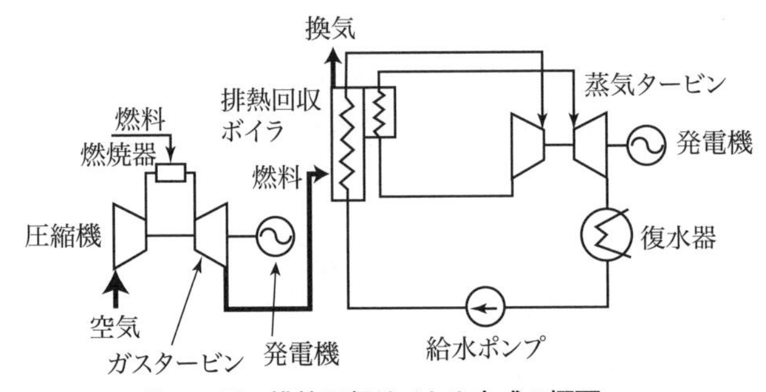

第16-1図　排熱回収サイクル方式の概要

作動流体の流れは，圧縮機→燃焼器→ガスタービン→排熱回収ボイラの順である.

したがって，2が正しいものである.　　　**答　2**

No.17 風力発電システムのナセルとは，ロータハブ，増速機，発電機，ブレーキ，油圧装置，YAW（ヨー）架台，YAW軸受，ナセルカバー，センサ信号を集める中継箱などから構成されている.

風車ロータ回転面を風向きに追従させる運転制御装置は，YAW（ヨー）制御システムである.

したがって，4が最も不適当なものである.　　　**答　4**

No.18 変電所に用いられるガス絶縁開閉装置（GIS）の特徴は，気中絶縁を利用したものに比べて，小形化が可能で設置面積を1/10程度に縮小でき，充電部が外気の影響を受けないことから，長い年月にわたり高信頼性が確保でき，充電部が露出していないことから，感電のおそれがなく安全性に優れていることである.

しかし，内部事故の場合，機器が密閉されているためそのガス処理に時間がかかるなど，復旧までの時間は長くなる.

したがって，2が最も不適当なものである.　　　**答　2**

No.19 電力系統の保護リレーシステムの自動点検機能は，装置の点検を自動で行うものであるが，設備の停止は必要ない.

したがって，2が最も不適当なものである.　　　**答　2**

アナログ入力部や出力回路などで十分なチェックができない部位については，保護リレー機能を中断し，トリップロックして自動点検を行う．点検処理としては，アナログ回路や出力回路に模擬信号を印加し，その結果を確認することで，短時間にチェックする方法がとられている．また，常時監視とともに一過性故障で不要に点検不良検出しないようにリトライ点検などを採用し，永久故障を的確に検出している．

No.20 電力系統の安定度向上対策には，次のような事項が挙げられる．

① 系統のリアクタンスを小さくする．

・並列回線数の増加

・多導体の採用

・直列コンデンサの採用

・変圧器などの機器リアクタンスの低減

② 送電電圧の高電圧化と送電線の新増設

③ 発電機に制動巻線の設置

④ 即応励磁方式の採用

⑤ 保護方式を完備させて事故時における他系統への波及拡大防止

⑥ 直流連系，直流送電の採用

したがって，「高リアクタンスの変圧器を採用する．」とした，4 が最も不適当なものである．

答 4

No.21 電線実長 L〔m〕は，径間が S〔m〕，たるみが D〔m〕の場合，次式で表される．

$$L = S + \frac{8D^2}{3S} \text{〔m〕}$$

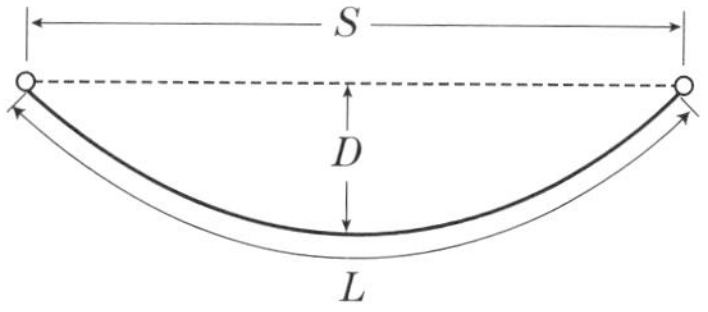

第21-1図

したがって，1 が正しいものである．

答 1

No.22 径間逆フラッシオーバを防止するためには，架空地線のたるみを電線のたるみより小さくする必要がある．大きくすると，径間中央での径間逆フラッシオーバを発生する率が増大する．

したがって，3 が不適当なものである．

答 3

No.23 架空送電線路の線路定数とは，抵抗，インダクタンス，静電容量（キャパシタンス），リーカンス（漏れコンダクタンス）の四つの定数のことである．電線の種類・太さおよびその配置によって定まるもので，電圧・電流や力率などには影響されない．

したがって，4 が最も関係のないものである．

答 4

No.24 コロナ発生抑止対策には，次のような事項が挙げられる．

① 電線の太さを太くする
② 複導体，多導体の採用
③ がいしへのシールドリングの取付け
④ 電線に傷を付けない
⑤ 金具の突起をなくす

したがって，「外径の小さい電線を用いる.」とした，2が不適当なものである.

答 2

No.25 雷による高圧配電線の過電圧保護のためには，柱上変圧器の一次側に避雷器を施設することが必要である．二次側（低圧側）に施設しても高圧配電線側の過電圧保護にはならない.

したがって，4が不適当なものである.

答 4

No.26 電気設備技術基準の解釈第229条（高圧連系時の系統連系用保護装置）第三号では，次のように規定している.

第229条　高圧の電力系統に分散型電源を連系する場合は，次の各号により，異常時に分散型電源を自動的に解列するための装置を施設すること.

三　保護リレー等は，次によること.

イ　229-1表に規定する保護リレー等を受電点その他故障の検出が可能な場所に設置すること.

第26-1表　電技解釈第229条の表（229-1表）

保護リレー等		逆変換装置を用いて連系する場合		逆変換装置を用いずに連系する場合	
検出する異常	種　類	逆潮流有りの場合	逆潮流無しの場合	逆潮流有りの場合	逆潮流無しの場合
発電電圧異常上昇	過電圧リレー	○	○	○	○
発電電圧異常低下	不足電圧リレー	○	○	○	○
系統側短絡事故	不足電圧リレー	○	○	○	○
	短絡方向リレー			○	○
系統側地絡事故	地絡過電圧リレー	○	○	○	○
単独運転	周波数上昇リレー	○		○	
	周波数低下リレー	○	○	○	○
	逆電力リレー		○		○
	転送遮断装置または単動運転検出装置	○		○	

（注意書き，備考は省略）

したがって，過電圧リレーは掲げられていないので，1が不適当なものである.

答 1

No.27 フリッカの抑制対策としては，次のような事項が挙げられる．

① 専用配電線の施設（専用の変圧器を用いる）

② 系統インピーダンスの低減

・配電用変圧器の容量を上げる

・配電線のこう長を短縮する

・配電線の導体断面積を大きくする

③ 無効電力の低減

・静止形無効電力補償装置（SVC）の設置

発生源の電源側に自動電圧調整器（SVR）を施設しても抑制できない．SVR は，電源側の電圧変動対策に用いられる設備である．

したがって，3 が不適当なものである． **答 3**

No.28 室指数は，照明率を求めるための照明率表利用に必要な指数をいい，次式で表す．室指数が大きいほど照明率も大きくなる．

$$\text{室指数}=\frac{\text{間口〔m〕}\times\text{奥行き〔m〕}}{\text{被照面から器具までの高さ〔m〕}\times(\text{間口}+\text{奥行き})\text{〔m〕}}$$

上式に与えられた数値を当てはめて計算すると，

$$\text{室指数}=\frac{10\times10}{2\times(10+10)}=\frac{100}{40}=2.5$$

したがって，2 が正しいものである． **答 2**

No.29 電気設備技術基準の解釈第 195 条（フロアヒーティング等の電熱装置の施設）第 1 項により，発熱線は道路や駐車場，コンクリート養生のための施設が認められているが，第 3 項により電熱シート（電気用品安全法の適用品）は造営物の造営材に固定して施設する場合のみ施設が認められており，駐車場等では使用できない．JIS C 3651（ヒーティング施設の施工方法）の規定も同様である．

したがって，2 が不適当なものである． **答 2**

No.30 内線規程 3302-4「電流計」第②号では，次のように規定している．

3302-4 電動機，加熱装置又は電力装置の回路に電流計を施設する場合は，次の各号により選定し，かつ，見やすいところに取り付けること．

② 普通目盛電流計を用いる場合は，最大使用電流の約 150％の定格目盛をもつものを選定すること．ただし，電動機用のものは，最大使用電流の約 200％の定格目盛をもつものとすること．

したがって，「電動機の回路に，最大使用電流の約 150％の定格目盛をもつ普通目盛電流計を使用した．」とした，1 が最も不適当なものである． **答 1**

No.31 電気設備技術基準の解釈第 148 条（低圧幹線の施設）第 1 項第二号では，

次のように規定している．

二　電線の許容電流は，低圧幹線の各部分ごとに，その部分を通じて供給される電気使用機械器具の定格電流の合計値以上であること．ただし，当該低圧幹線に接続する負荷のうち，電動機又はこれに類する起動電流が大きい電気機械器具（以下この条において「電動機等」という．）の定格電流の合計が，他の電気使用機械器具の定格電流の合計より大きい場合は，他の電気使用機械器具の定格電流の合計に次の値を加えた値以上であること．

イ　電動機等の定格電流の合計が50 A以下の場合は，その定格電流の合計の1.25倍

ロ　電動機等の定格電流の合計が50 Aを超える場合は，その定格電流の合計の1.1倍

以上の規定により設問の計算を行う．

幹線の許容電流＝200 A × 1.1 ＋ 80 ＝ 300 A

したがって，2が適当なものである．　**答　2**

No.32　JIS C 4620（2018）キュービクル式高圧受電設備「3. 用語及び定義」では，次のように規定している．

3.5　前面保守形（薄形）

機器の操作，保守・点検，交換などの作業を行うための外箱の外面開閉部を，キュービクルの前面に設けた構造で奥行寸法が1000 mm以下のもの．

したがって，3が不適当なものである．　**答　3**

No.33　問題図に示された受電方式は，ループ受電方式である．

したがって，1が適当なものである．　**答　1**

ループ受電方式は，配電線をループ状にする方式で，比較的需要密度の高い地域の高圧配電線に多く用いられている．ループ式には1回線ループ，2回線ループ，多重ループがあり，ループ点を通じてほかの配電線からも送電できるので，樹枝式に比較し，以下の特徴が上げられる．

① 信頼度が高い．

② 電力損失，電圧降下が小さい．

③ 建設費がやや高い．

④ 保護方式がやや複雑である．

ループ式には，オープンループ受電方式とクローズドループ受電方式とがある．

No.34　スポットネットワーク受電方式は，第34-1図に示すように大工場や高層ビルなど1箇所の負荷に供給する方式である．引込線は，ネットワーク変圧一次側の受電用断路器に接続されている．

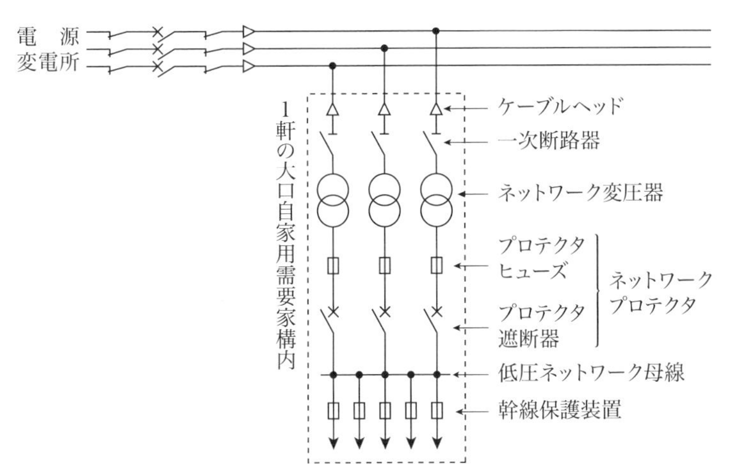

第34-1図　スポットネットワーク方式

したがって，1が正しいものである．　**答 1**

No.35 自家用発電設備のガスタービン機関の燃料は，灯油，軽油，A重油などの液体燃料および天然ガス等の気体燃料を使用することができる．

したがって，「使用燃料は気体燃料に限られている．」とした，1が不適当なものである．　**答 1**

No.36 コージェネレーションシステムにおける省エネルギー率は，次式で表される．

$$\text{省エネルギー率} = \frac{A-B}{A} \times 100\ \%$$

A：従来システムの年間一次エネルギー需要量（コージェネレーションシステムによる電気，蒸気を従来システムで賄ったときに必要な一次エネルギー量）

B：コージェネレーションシステム利用に伴う年間一次エネルギー需要量

したがって，3が最も不適当なものである．　**答 3**

なお，3の記述は総合エネルギー効率の定義である．

No.37 JIS C 8704-1「据置鉛蓄電池－一般的要求事項及び試験方法－」3. 定義では，次のように規定している．

e）ベント形蓄電池　　防まつ構造をもつ排気栓を用いて，酸霧が脱出しないようにした蓄電池．使用中補水を必要とする．

したがって，「ベント形蓄電池は，酸霧を放出するようにした蓄電池である．」とした，2が不適当なものである．　**答 2**

No.38 各種接地工事の接地抵抗値・接地線太さおよびその具体的規制事項を第38-1表に示す．

第38-1表　接地抵抗値と接地線の太さ

接地工事の種類	接地抵抗値R_N	接地線の太さ
A種接地工事	$R_N \leqq 10\,\Omega$	2.6 mm 以上 （8 mm^2 以上）
B種接地工事	$R_N \leqq \dfrac{150}{I_g}\,\Omega$ I_g：高圧または特別高圧側の1線地絡電流〔A〕 ○高圧または35 kV以下の特別高圧の電路と低圧電路を結合するもので，混触時低圧側の対地電圧が150 Vを超えたときに， ・1秒を超え2秒以下で高圧または特別高圧の電路を遮断する装置を設ける場合 $R_N \leqq \dfrac{300}{I_g}\,\Omega$ ・1秒以下で遮断する装置を設ける場合 $R_N \leqq \dfrac{600}{I_g}\,\Omega$	4.0 mm 以上 高圧電路または15 kV以下の中性点接地式で，地絡を生じたとき2秒以内に自動遮断する装置を有する特別高圧架空電線路の電路と低圧電路とを変圧器により結合する場合は，2.6 mm以上（8 mm^2 以上）
C種接地工事	$R_N \leqq 10\,\Omega$ ○低圧側で地絡時0.5秒以内に電路を自動遮断する場合 $R_N \leqq 500\,\Omega$	1.6 mm 以上 （0.75 mm^2 以上）
D種接地工事	$R_N \leqq 100\,\Omega$ ○低圧側で地絡時0.5秒以内に電路を自動遮断する場合 $R_N \leqq 500\,\Omega$	1.6 mm 以上 （0.75 mm^2 以上）

（注）接地線の太さで（　）は移動機器用接地線を示し，原則としてキャブタイヤケーブルを使用する．

この表より，遮断時間が3秒なので，150 Vを10 Aで除すればよい．

$$R_N = \frac{150}{I_g} = \frac{150}{10} = 15\,\Omega$$

したがって，1が正しいものである．　**答　1**

No.39　中央監視制御装置のトレンド表示は，ビルなどにおけるさまざまな計測データや設備の運転状況の履歴や現在の状態をグラフなどで表示して確認することができるようにした機能である．

設備系統図や平面図を表示装置上に表示して，機器の状態や警報をそのシンボルの色変化や点滅で表示を行うものは，状態監視表示である．

したがって，4が最も不適当なものである．　**答　4**

No.40　消防法施行規則第23条（自動火災報知設備の感知器等）第4項第七号，第八号では，次のように規定している．

七　煙感知器（光電式分離型感知器を除く．）は，次に定めるところによること．

イ　天井が低い居室又は狭い居室にあっては入口付近に設けること．

ロ　天井付近に吸気口のある居室にあっては当該吸気口付近に設けること．

ハ　感知器の下端は，取付け面の下方 0.6 m 以内の位置に設けること．

ニ　感知器は，壁又ははりから 0.6 m 以上離れた位置に設けること．

（以降省略）

八　感知器は，差動式分布型及び光電式分離型のもの並びに炎感知器を除き，換気口等の空気吹出し口から1.5 m 以上離れた位置に設けること．

したがって，「1.2 m 以上離れた位置に設ける」とした，4 が誤っている．　**答 4**

No.41　消防法施行規則第 30 条（排煙設備に関する基準の細目）第 1 項第八号では，

八　非常電源は，第 12 条第 1 項第四号の規定の例により設けること．

と規定しており，第 12 条第 1 項第四号ロでは，

ロ　自家発電設備は，イ（(ホ)及び(ト)を除く．）の規定の例によるほか，次の(イ)から(ニ)までに定めるところによること．

(イ)　容量は，屋内消火栓設備を有効に30 分間以上作動できるものであること．

つまり，排煙設備の非常電源の容量は，30 分以上が必要である．

したがって，2 が誤っている．　**答 2**

参考までに，消防法による防災設備と適応防災電源について次表に示す．

第 41-1 表　消防法による防災設備と適応防災電源

防災電源 ＼ 防災設備	非常用電源専用受電設備	自家発電設備	蓄電池設備	蓄電池設備と自家発電設備の併用	容量（以上）
屋内消火栓設備	△	○	○	—	30 分間
スプリンクラー設備	△	○	○	—	30 分間
水噴霧消火設備	△	○	○	—	30 分間
泡消火設備	△	○	○	—	30 分間
二酸化炭素消火設備	—	○	○	—	60 分間
ハロゲン化物消火設備	—	○	○	—	60 分間
粉末消火設備	—	○	○	—	60 分間
自動火災報知設備	△	—	○	—	10 分間
ガス漏れ火災警報設備	—	—	○	○*	10 分間
非常警報設備	△	—	○	—	10 分間
誘導灯		—	○	—	20 分間
排煙設備	△	○	○	—	30 分間
非常コンセント設備	△	○	○	—	30 分間
無線通信補助設備	△	—	○	—	30 分間

○：適応するもの．
△：特定防火対象物以外の防火対象物または特定防火対象物で延べ面積 1 000m^2 未満のものにのみ適応できるもの．
—：適応できないもの．

2018解答

No.42 局線中継台方式は，局線からの着信をすべて中継台で受信し，専任の交換手が応答して内線電話に転送する方式である.「局線からの着信を検出すると，あらかじめ指定された電話機に転送する.」という2の記述は，ダイレクトライン方式の説明である.

したがって，2が最も不適当なものである. **答 2**

No.43 ▀▄ は警報盤の図記号である. 表示器の記号は，□□□□ である.

したがって，4が誤っている. **答 4**

No.44 アンカリングは，地下鉄などに用いられる導電レール（第三軌条）の線路方向への動きを阻止するために，導電レールを固定する装置である. ふく進防止装置ともいう. 架空線方式の電車線には関係ない.

したがって，4が不適当なものである. **答 4**

No.45 直流電気鉄道では，電気車の回生電力を有効利用している.

一般に電力回生車により，ブレーキの際に制動エネルギーを電気エネルギーに変換して，そのエネルギーを同じ路線上近くで加速している列車に供給する.

回生エネルギーは，回生車近くの車両で利用されれば効率的であるが，この回生エネルギーが利用されないときは回生失効となり，空気ブレーキに切り替わるようになっている.

回生失効対策として，変電所にサイリスタインバータを設置して交流に変換し，高圧配電システムに供給する方法，サイリスタチョッパ装置を設置し，回生エネルギーを熱で消費させる方法がある. また，蓄電システムに充電して再利用する方法も開発されている.

このほか，変圧器のタップを変更して送り出し電圧を低くしたり，電圧を制御するサイリスタ整流器を採用したり，回生エネルギーによる回生車と力行車の重なりを増し，回生エネルギーの有効利用を目的に上下一括き電方式を採用したりしている.

したがって，「回生電力は，同じ回線の他の列車で消費する以外に利用する方法がない.」とした，2が不適当なものである. **答 2**

No.46 自動列車制御装置（ATC）は，列車運転の操作に関連して，先行列車との間隔や駅構内進路条件，あるいは曲線制限などから許容される走行速度を地上から車上に与え，かつ，列車の速度が許容速度以下となればブレーキを緩解させるよう，減速制御に関してすべて自動化したシステムをいう.

選択肢3は自動進路制御装置（PRC）に関する記述である.

したがって，3が不適当なものである. **答 3**

No.47 トンネルの入口部照明は入口から奥に向かって境界部，移行部，緩和部の三つの区間によって構成され，この順番に路面輝度を低減できる．

したがって，4 が最も不適当なものである． **答 4**

所要の照明レベルは野外輝度に応じて決定され，野外輝度が低い場合は入口照明の路面輝度も低減することができる．

No.48 挿入法（挿入損失法）では，損失増加の発生位置を検出することはできない．発生位置を検出できるのは，反射光を測定する OTDR である．

したがって，4 が最も不適当なものである． **答 4**

JIS C 6823（光ファイバ損失試験方法）で，規定されている測定方法には，①カットバック法，②挿入損失法，③ OTDR（後方散乱法），④損失波長モデル法がある．

挿入損失法は被測定光ファイバ及び両端に固定される端子に対して非破壊で試験できる利点がある．そのため，現場での使用に適している．この方法は光ファイバ長手方向での損失解析に使用することはできないが，事前に測定された光パワーから，この方法を用いて温度及び外力など環境条件の変化に対する連続的な損失変動を測定することが可能となる．

※問題番号【No.49】～【No.56】までの 8 問題のうちから，5 問題を選択し，解答してください．

No.49 変風量単一ダクト方式は，通称 VAV 方式と呼ばれ，定風量単一ダクト方式の各室の吹き出し口に変風量ユニットを設け，室内負荷の変動に応じて吹き出し容量を変化させるものである．VAV 方式には，空調機からの給気温度を一定にして風量を変化させるものと，給気温度と風量の両方を変化させるものの 2 とおりがあるが，部屋ごとに送風温度を変えることはできない．

したがって，3 が不適当なものである． **答 3**

No.50 二重トラップは建設省告示により禁止されている．二重トラップとすると，排水時にトラップ間の空気が閉じ込められ，円滑な排水が阻害され，大きな圧力振動を発生することがある．

したがって，4 が不適当なものである． **答 4**

No.51 コンクリートの硬化初期の期間中に急激な乾燥を生じたり，十分な水分が与えられないと，セメントの水和反応に必要な水分が不足し，必要なコンクリート強度が得られない．硬化初期の期間中はシート類で覆い，冬期は保温して凍結に注意し，夏期は散水をして水分の蒸発を防止するなど，十分な湿潤状態を保たなければならない．

したがって，「硬化初期の期間中は，乾燥した状態を保つようにする．」とした，

3が最も不適当なものである．　　　　　　　　　　　　　　　　　**答　3**

No.52　平板測量は，平板，第52-1図に示すアリダード，巻尺等を用い，現場でただちに図面上に一定の縮尺で作図する方法で，細部測量に用いられる．

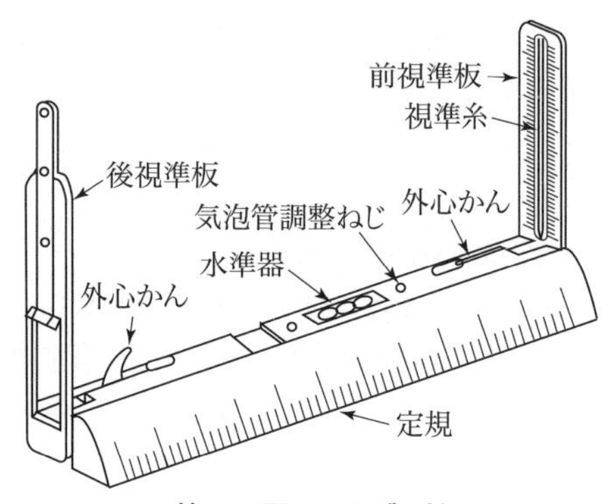

第52-1図　アリダード

したがって，3が適当なものである．　　　　　　　　　　　　　　**答　3**

No.53　鉄塔の基礎には主として，第53-1図のような4種類の基礎が用いられ，マット基礎は支持層が浅い地盤に採用される．

したがって，4が最も適当なものである．　　　　　　　　　　　　**答　4**

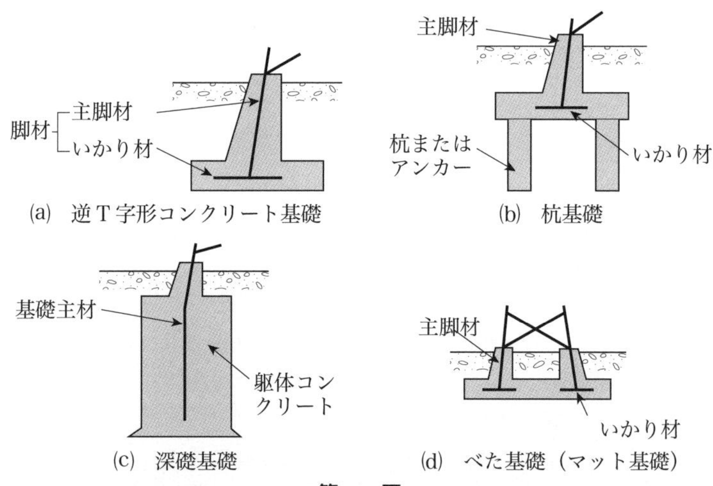

第53-1図

No.54　鉄道の軌道構造は第54-1図のようになっており，道床の厚さが大きいほど車両による道床振動加速度は減少し，路盤への伝達圧力は減少する．

したがって，「道床の厚さが大きいほど，路盤への伝達圧力は大きくなる．」とした，1が不適当なものである．　　　　　　　　　　　　　　　　　　　　**答　1**

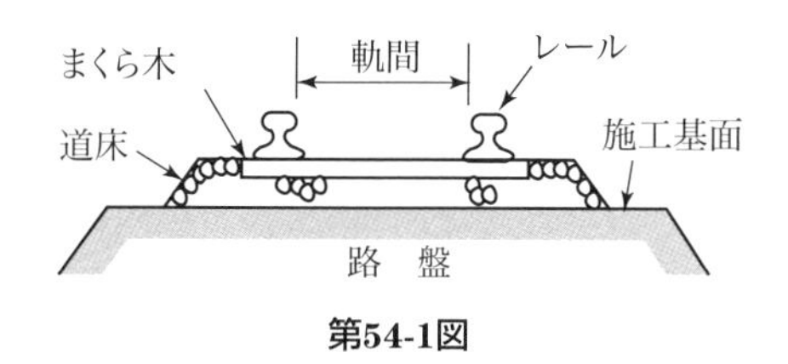

第54-1図

No.55 かぶり厚さとは，鉄筋表面とこれを覆うコンクリート表面までの最短距離をいう．柱や梁の場合は，帯筋，あばら筋の表面からの最短距離となる（第55-1図参照）．

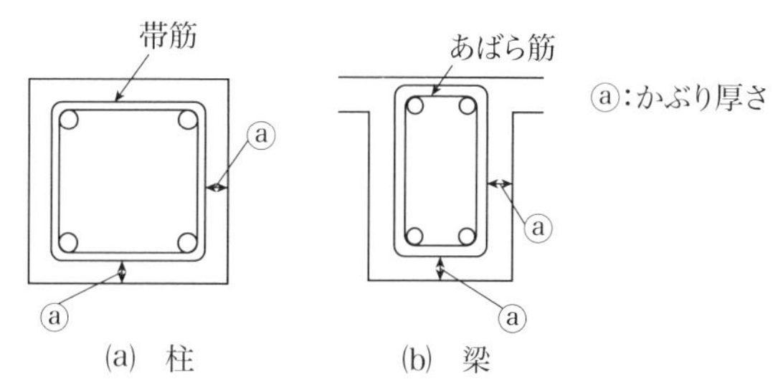

第55-1図　柱と梁のかぶり厚さ

したがって，3が最も不適当なものである． **答　3**

鉄筋は，火災などの高温によって降伏点も引張強さも著しく低下する．そこで，火熱やコンクリートの中性化による錆の影響が鉄筋に及ばないような適正なかぶり厚さとし，耐火性，耐久性及び構造性能に影響を与えないようにする必要がある．

No.56 H形鋼を用いた鉄骨構造の各部名称を第56-1図に示す．

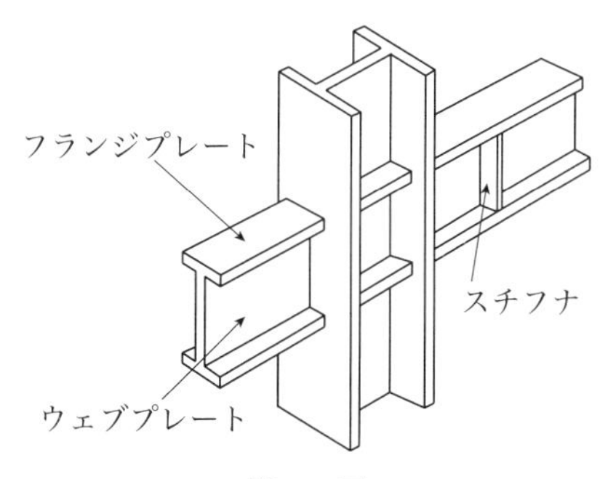

第56-1図

フランジプレートの大きさは，曲げモーメントによって決める．梁の全長で，曲げモーメントが変化するため，それに合わせて厚さを継ぎ足すこともある．この場合，断面形状の急激な変化を避けるため，厚い板の端部を1/5以下の勾配に削る．

ウェブプレートはせん断力によって断面形状を決める．あまり薄くするとウェブプレートに座屈を生じる恐れがあり，施工・運搬中の損傷，さびの影響を考慮して理論上必要な厚さより少し厚めにし，最少 6 mm とする．

スチフナはウェブプレートの板厚が板幅に比べ薄い場合に，ウェブプレートの座屈を防ぐために設けられる．スチフナには平鋼や山形鋼が用いられている．

ラチスは，第 56-2 図に示すように，柱や梁などの間にジグザグ状に渡された補強材をいう．

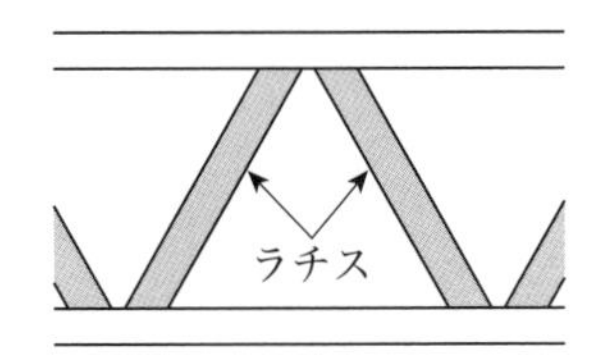

第 56-2 図　ラチス

したがって，3 が最も不適当なものである．　**答　3**

※問題番号【No.57】，【No.58】の 2 問題は，全問解答してください．

No.57　選択肢(1)に示された記号 varh は無効電力量計の記号である．無効電力計の記号は，(var) で示される．

したがって，1 が誤っているものである．　**答　1**

No.58　公共工事標準請負契約約款第 10 条（現場代理人及び主任技術者等）第 5 項では，次のように規定している．

5　現場代理人，主任技術者（監理技術者）及び専門技術者は，これを兼ねることができる．

したがって，3 が定められていないものである．　**答　3**

※【No.59】～【No.67】までの 9 問題のうちから，6 問題を選択・解答

No.59　消防法施行規則第 12 条第四号ロ(ハ)(3)に，

(3)　運転制御装置，保護装置，励磁装置その他これらに類する装置を収納する操作盤（自家発電装置に組み込まれたものを除く．）は，鋼板製の箱に収納するとともに，当該箱の前面に 1 m 以上の幅の空地を有すること．

と規定されている．

したがって，1 が不適当なものである．　**答　1**

No.60　高圧受電設備規程 1130-1 第 2 項②号では，次のように規定している．

② 保守点検に必要な通路は，幅 0.8 m 以上，高さ 1.8 m 以上とすること．（労働安全衛生規則第 542，543 条）

したがって，2 が不適当なものである． **答 2**

No.61 問題に示される方法は「等長法」である．

第 61-1 図に示された電線支持点からたるみ（弛度）d だけ下がった A_0 点に水糸，B_0 点に弛度定規をつけて A_0B_0 間を見通す直線上に電線の接点を見通す方法で，最も精度が高いことからよく用いられる方法であるが，この方法で弛度測定を行うためには，「A ～ A_0，B ～ B_0 の 2 点（たるみ d に等しい支持点より鉛直測点）が鉄塔に存在し共に直線的に見通しできる範囲内にあること」が必要である．

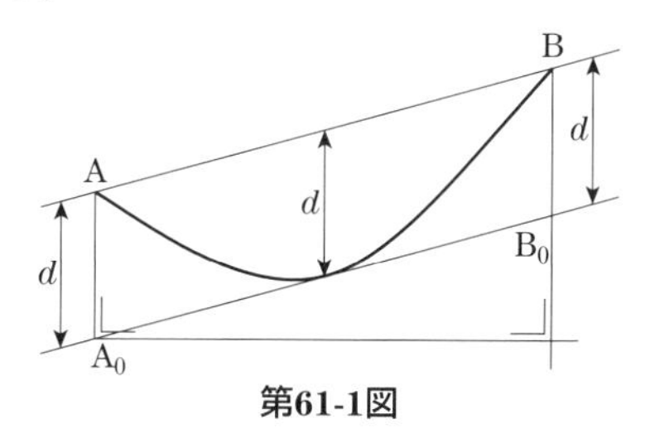

第61-1図

したがって，1 が適当なものである． **答 1**

架空送電線の弛度測定方法には，直接弛度の接線を見通して行う測視法と，両端を支持（吊架）された電線の物理的性質を利用して測定された値から計算によって求める間接的な方法とがある．前者を「直接法」，後者を「間接法」と呼ぶ．

直接法には，等長法，異長法，角度法，水平弛度法があり，間接法には，張力計法，横振の単振動周期測定，機械的衝撃波による方法などがある．

No.62 内線規程 3115-6（管及び附属品の連結及び支持）では，次のように規定している．

1. 合成樹脂管相互及び合成樹脂管とその附属品との連結及び支持は，堅ろうに，かつ造営材その他に確実に支持すること．（解釈 158）

2. 合成樹脂管をサドルなどで支持する場合は，その支持点間の距離を 1.5 m 以下とし，かつ，その支持点は，管端，管とボックスとの接続点及び管相互の接続点のそれぞれの近くの箇所に設けること．（解釈 158）

〔注 1〕近くの箇所とは，0.3 m 程度である．

〔注 2〕合成樹脂製可とう管の場合は，その支持点間の距離を 1 m 以下とするのがよい．

したがって，3 が最も不適当なものである． **答 3**

なお，公共建築工事標準仕様書（電気設備工事編）第 2 編電力設備工事　第 2 章施工　第 3 節合成樹脂管配線（PF 管，CD 管）　2.3.4「露出配管の敷設」では，

(1) 管の支持はサドル，クリップ，ハンガ等を使用し，その取付間隔は 1 m 以下とする．また，管相互の接続点の両側，管とボックス等の接続点及び管端に

近い箇所で管を固定する．
と規定されている．

No.63 電気設備の技術基準の解釈第 162 条（金属ダクト工事）第 3 項第四号では，次のように規定している．

四　ダクトの終端部は，閉そくすること．

したがって，3 が不適当なものである．　**答 3**

No.64 電気設備の技術基準の解釈第 181 条（小勢力回路の施設）第 1 項第一号では，次のように規定している．

第 181 条　電磁開閉器の操作回路又は呼鈴若しくは警報ベル等に接続する電路であって，最大使用電圧が 60 V 以下のもの（以下この条において「小勢力回路」という．）は，次の各号によること．

一　小勢力回路の最大使用電流は，181-1 表の中欄に規定する値以下であること．

181-1 表

小勢力回路の最大使用電圧の区分	最大使用電流	変圧器の二次短絡電流
15 V 以下	5 A	8 A
15 V を超え 30 V 以下	3 A	5 A
30 V を超え 60 V 以下	1.5 A	3 A

したがって，2 が不適当なものである．　**答 2**

No.65 鉄道に関する技術基準の解釈第Ⅵ -1（第 41 条関係）第 18 項に，

18　架空単線式の本線における電車線（剛体ちょう架式のものを除く．）は，日本工業規格「みぞ付硬銅トロリ線」の規格に適合する公称断面積 85 mm^2 以上（新幹線にあっては，公称断面積 110 mm^2 以上）の溝付硬銅線又はこれに準ずるものとすること．

と規定されている．

したがって，2 が誤っているものである．　**答 2**

No.66 駐車場法施行令第 8 条（車路に関する技術的基準）第 1 項第三号イでは，次のように規定している．

三　建築物である路外駐車場の自動車の車路にあっては，次のいずれにも適合する構造とすること．

イ　はり下の高さは，2.3 m 以上であること．

本規定により，信号灯などを設置する場合は，灯器具下端が，車路面から 2.3 m 以上の高さに設置しなければならない．

したがって，4 が最も不適当なものである．　**答 4**

なお，路外駐車場とは，道路の路面外に設置される自動車のための駐車設備であり，一般公共の用に供する駐車場（時間貸し駐車場，商業施設駐車場など）をいう．

No.67 需要場所に施設する高圧地中電線路に使用される防止鋳鉄管と鋼管の接続には，第67-1図に示すような異物継手（防水管対鋼管用）を用いる．鋼管用継手ではねじ山径が合わず，使用不可能である．

したがって，3が最も不適当なものである．　**答　3**

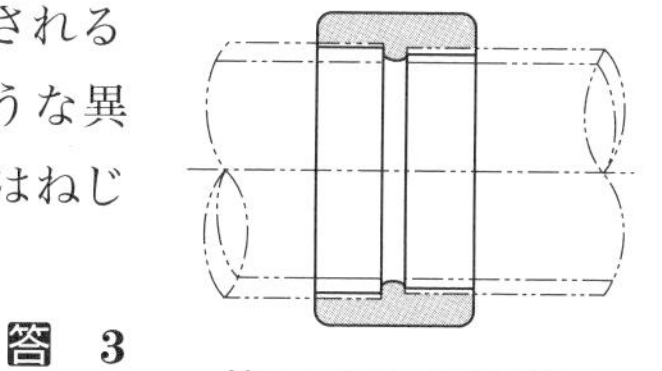

第67-1図　異物継手

※【No.68】～【No.79】までの12問題は，全問解答

No.68 着工時の施工計画を検討する際，まず現場説明書及び質問回答書を確認し，現場調査などにおいて塩害などの環境条件を確認する．また，図面に記載されている新工法や特殊な工法などを調査し，発注者により指示された期間内で，経済的で最適な工法を検討することなどが重要である．

建築業者，機械設備業者など関連業者との施工上の詳細取合い検討は，工事着工後の現場施工時における留意事項である．

したがって，4が最も重要度の低いものである．　**答　4**

No.69 施工要領書は，工事現場ごとに設計図書や総合施工計画書に基づいて作成され，工事施工上の特記事項，配線，機器等の据付工事，接地，耐震措置，試験等の詳細な方法が記載され，作業のフロー，管理項目，管理水準，管理方法，監理者・管理者の確認，管理資料・記録等を記載した品質管理表が使用されている．

施工要領書は，施工内容が具体的になったとき，その都度工事現場に合わせて作成し，発注者の承認を得る必要がある場合がある．

したがって，2が最も不適当なものである．　**答　2**

No.70 電気事業法第42条（保安規程）では，次のように規定している．

第42条　事業用電気工作物を設置する者は，事業用電気工作物の工事，維持及び運用に関する保安を確保するため，主務省令で定めるところにより，保安を一体的に確保することが必要な事業用電気工作物の組織ごとに保安規程を定め，当該組織における事業用電気工作物の使用（第51条第1項の自主検査又は第52条第1項の事業者検査を伴うものにあっては，その工事）の開始前に，主務大臣に届け出なければならない．

したがって，保安規程の届け出は，設置者が行うものであるから，電気主任技術者が行うとした，3が不適当なものである．　**答　3**

No.71 アロー形ネットワーク工程表におけるクリティカルパスは，開始点から終了点までのすべての経路のうち，最も時間の長い経路である．

したがって，3が不適当なものである．　**答　3**

No.72 アロー形ネットワーク工程表を用いて工程の短縮を検討する際，工程の組直しなどによって直列になっている作業を並列作業に変更が可能であれば，変更して工程短縮を図る．

したがって，2が最も不適当なものである． **答 2**

No.73 施工速度と費用の関係を示すと，第73-1図のようになる．

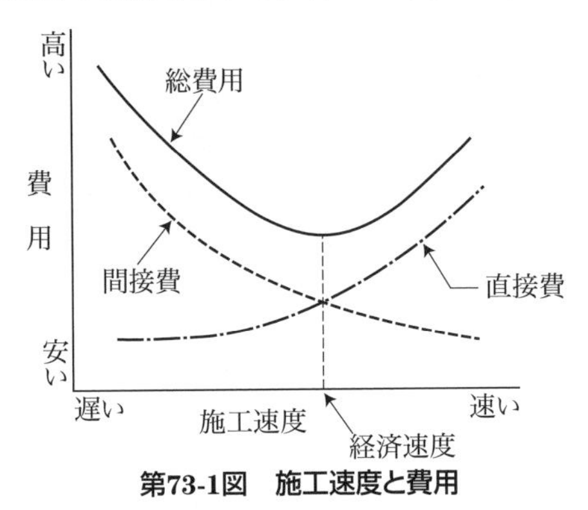

第73-1図　施工速度と費用

この曲線から，間接工事費は，一般に完成が早まれば（施工速度が速くなれば）安くなる．

したがって，1が最も不適当なものである．

直接費と間接費を総合した総費用曲線の最小点が最適の工程となる．この工事費が最小となる最も経済的な施工速度を経済速度という． **答 1**

No.74 ISO 9000の品質マネジメントシステムに関し，JIS Q 9000「品質マネジメントシステム−基本及び用語」では，次のように規定している．

3.12.8　手直し

要求事項に適合させるため，不適合となった製品又はサービスに対してとる措置．

3.12.4　再格付け

当初の要求事項とは異なる要求事項に適合するように，不適合となった製品又はサービスの等級を変更すること．

3.4.1　プロセス

インプットを使用して意図した結果を生み出す，相互に関連する又は相互に作用する一連の活動．

3.12.2　是正処置

不適合の原因を除去し，再発を防止するための処置．

したがって，2が正しいものである． **答 2**

No.75 設問の記述は，ヒストグラムに関するものである．

したがって，4が適当なものである． **答 4**

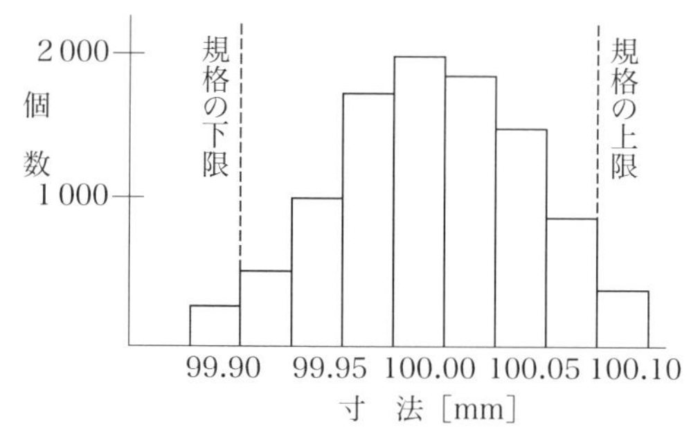

第75-1図 ヒストグラム

ヒストグラムは，第75-1図に示すようにデータを適当な幅に分け，その幅に含まれる値の度数を縦軸にとった柱状図である．データの分布状態が分かりやすく，一般に規格の上限と下限の線を入れて良・不良のバラツキ具合を調べやすくしており，次のことが分かる．

① 規格や標準値から外れている度合い

② データの片寄りなど全体的な分布

③ モード（最多値）やレンジ（範囲）およびメジアン（中央値）から観察される大体の平均やバラツキ

④ 片寄った形状から推理される工程の異常や天候等の外的要因

⑤ 作為的データ（異常に低い度数の隣の異常に高い度数のデータ）

No.76 電気設備技術基準の解釈第28条（計器用変成器の二次側電路の接地）第2項では，次のように規定している．

2 特別高圧計器用変成器の二次側電路には，A種接地工事を施すこと．

A種接地工事の接地抵抗値は10 Ω以下でなければならない（電気設備技術基準の解釈第17条）．

したがって，「接地抵抗値が20 Ωであったので，良と判断した」2が誤っているものである． **答 2**

No.77 労働安全衛生規則第552条（架設通路）第1項第二号，第三号では，架設通路の勾配について，次のように規定している．

二 勾配は，30度以下とすること．ただし，階段を設けたもの又は高さが2 m未満で丈夫な手掛を設けたものはこの限りでない．

三 勾配が15度を超えるものには，踏桟その他の滑止めを設けること．

したがって，1が正しいものである． **答 1**

No.78 労働安全衛生規則第194条の24第1項では，次のように規定している．

第194条の24　事業者は，高所作業車については，1月以内ごとに1回，定期に，次の事項について自主検査を行わなければならない．ただし，1月を超える期間使用しない高所作業車の当該使用しない期間においては，この限りでない．

したがって，3が誤っているものである．　**答 3**

No.79 労働安全衛生規則第373条（点検）では，次のように規定している．

第373条　事業者は，土止め支保工を設けたときは，その後7日をこえない期間ごと，中震以上の地震の後及び大雨等により地山が急激に軟弱化するおそれのある事態が生じた後に，次の事項について点検し，異常を認めたときは，直ちに，補強し，又は補修しなければならない．

一　部材の損傷，変形，腐食，変位及び脱落の有無及び状態

二　切りばりの緊圧の度合

三　部材の接続部，取付け部及び交さ部の状態

したがって，4が誤っているものである．　**答 4**

※【No.80】～【No.92】までの13問題のうちから，10問題を選択・解答

No.80 建設業法第26条（主任技術者及び監理技術者の設置等）第3項において，

3　公共性のある施設若しくは工作物又は多数の者が利用する施設若しくは工作物に関する重要な建設工事で政令で定めるものについては，前二項の規定により置かなければならない主任技術者又は監理技術者は，工事現場ごとに，専任の者でなければならない．

という定めはあるが，公共の建設工事は特定建設業の許可を受けたものでなければ請け負えないという規定はない．

建設業を営む者は，元請・下請を問わず一般建設業の許可を受けなければならないが，建設業法第16条（下請契約の締結の制限）および建設業法施行令第2条（法第3条第1項第二号の金額）により，発注者から直接工事を請け負い，かつ4,000万円（建築一式工事の場合は6,000万円）以上を下請契約して工事を施工する者は，特定建設業の許可を受けなければならない．つまり，一般建設業か特定建設業かの判断は，下請に発注する額によって決まり，公共工事か民間工事かで決まるものではない．よって，一般建設業でも特定建設業どちらでも公共の建設工事を請け負うことができる．

したがって，1が誤っているものである．　**答 1**

No.81 建設業法第23条（下請負人の変更請求）第1項では，次のように規定している．

第23条　注文者は，請負人に対して，建設工事の施工につき著しく不適当と認

められる下請負人があるときは，その変更を請求することができる．ただし，あらかじめ注文者の書面による承諾を得て選定した下請負人については，この限りでない．

したがって，「注文者は請負人に対して，建設工事の施工につき著しく不適当な下請負人であっても，その変更を請求することができない．」とする，4が不適当なものである．　**答 4**

No.82　建設業法第26条の3（主任技術者及び監理技術者の職務等）第1項では，次のように規定している．

第26条の3　主任技術者及び監理技術者は，工事現場における建設工事を適正に実施するため，当該建設工事の施工計画の作成，工程管理，品質管理その他の技術上の管理及び当該建設工事の施工に従事する者の技術上の指導監督の職務を誠実に行わなければならない．

したがって，4の「請負金額の管理」が定められていないものである．　**答 4**

No.83　電気関係報告規則第3条（事故報告）第2項では，次のように規定している．

2　前項の規定による報告は，事故の発生を知った時から24時間以内可能な限り速やかに事故の発生の日時及び場所，事故が発生した電気工作物並びに事故の概要について，電話等の方法により行うとともに，事故の発生を知った日から起算して30日以内に様式第13の報告書を提出して行わなければならない．（ただし書き以降省略）

したがって，2が誤っているものである．　**答 2**

No.84　電気用品安全法では，特定電気用品116品目を定めている．

具体的には，電気用品安全法施行令第1条の2（特定電気用品）で，法第2条第2項の特定電気用品は，別表第一の左欄に掲げるとおりとするとしており，次の用品（抜粋）が掲げられている．

二　ヒューズであって，次に掲げるもの（定格電圧が100V以上300V以下のものであって，交流の電路に使用するものに限る．）

(1)　温度ヒューズ

三　配線器具であって，次に掲げるもの（定格電圧が100V以上300V以下（蛍光灯用ソケットにあっては，100V以上1 000V以下）のものであって，交流の電路に使用するものに限り，防爆型のもの及び油入型のものを除く．）

(2)　開閉器であって，次に掲げるもの（定格電流が100A以下（電動機用のものにあっては，その適用電動機の定格容量が12kW以下）のものに限り，機械器具に組み込まれる特殊な構造のものを除く．）

2　フロートスイッチ

五　小形単相変圧器及び放電灯用安定器であって，次に掲げるもの（定格一次電圧（放電灯用安定器であって変圧式以外のものにあっては，定格電圧）が 100 V 以上 300 V 以下及び定格周波数（二重定格のものにあっては，その一方の定格周波数．以下同じ．）が 50 Hz 又は 60 Hz のものであって，交流の電路に使用するものに限る．）

⑵　放電灯用安定器であって，次に掲げるもの（その適用放電管の定格消費電力の合計が 500 W 以下のものに限る．）

2　水銀灯用安定器その他の高圧放電灯用安定器（電灯器具以外の機械器具に組み込まれる特殊な構造のものを除く．）

マルチハロゲン灯は高圧放電灯の一種であり，上記に該当する．

1. の電気温床線は，別表第二⑶に掲げられている特定電気用品以外の電気用品である．

したがって，1 が誤っているものである．　**答　1**

No.85　電気工事士法第 3 条（電気工事士等）では，次のように規定している．

第 3 条　第一種電気工事士免状の交付を受けている者（以下「第一種電気工事士」という．）でなければ，自家用電気工作物に係る電気工事（第 3 項に規定する電気工事を除く．第 4 項において同じ．）の作業（自家用電気工作物の保安上支障がないと認められる作業であって，経済産業省令で定めるものを除く．）に従事してはならない．

3　自家用電気工作物に係る電気工事のうち経済産業省令で定める特殊なもの（以下「特殊電気工事」という．）については，当該特殊電気工事に係る特種電気工事資格者認定証の交付を受けている者（以下「特種電気工事資格者」という．）でなければ，その作業（自家用電気工作物の保安上支障がないと認められる作業であって，経済産業省令で定めるものを除く．）に従事してはならない．

つまり，第一種電気工事士の資格を持っていても，自家用電気工作物に係る特殊電気工事（ネオン工事，非常用予備発電装置工事）の作業に従事することはできない．

したがって，「第一種電気工事士は，自家用電気工作物に係るすべての電気工事の作業に従事することができる．」とした，3 が誤っているものである．　**答　3**

No.86　建築基準法第 2 条（用語の定義）二では，特殊建築物について次のように規定している．

二　特殊建築物　学校（専修学校及び各種学校を含む．以下同様とする．），体育館，病院，劇場，観覧場，集会場，展示場，百貨店，市場，ダンスホール，遊技場，公衆浴場，旅館，共同住宅，寄宿舎，下宿，工場，倉庫，自動車車庫，危険物の貯蔵場，と畜場，火葬場，汚物処理場その他これらに類する用途に供する建築物をいう．

したがって，「共同住宅の用途に供する建築物は，特殊建築物ではない.」とした，2が誤っているものである.　　答　2

No.87　建築士法第3条（一級建築士でなければできない設計又は工事監理）第1項では，次のように規定している.

第3条　次の各号に掲げる建築物（応急仮設建築物を除く.）を新築する場合においては，一級建築士でなければ，その設計又は工事監理をしてはならない.

一　学校，病院，劇場，映画館，観覧場，公会堂，集会場（オーディトリアムを有しないものを除く.）又は百貨店の用途に供する建築物で，延べ面積が500 m^2 をこえるもの

二　木造の建築物又は建築物の部分で，高さが13 m又は軒の高さが9 mを超えるもの

三　鉄筋コンクリート造，鉄骨造，石造，れんが造，コンクリートブロック造若しくは無筋コンクリート造の建築物又は建築物の部分で，延べ面積が300 m^2，高さが13 m又は軒の高さが9 mをこえるもの

四　延べ面積が1 000 m^2 をこえ，且つ，階数が2以上の建築物

建築士法第3条の2（一級建築士又は二級建築士でなければできない設計又は工事監理）では，次のように規定している.

第3条の2　前条第1項各号に掲げる建築物以外の建築物で，次の各号に掲げるものを新築する場合においては，一級建築士又は二級建築士でなければ，その設計又は工事監理をしてはならない.

一　前条第1項第三号に掲げる構造の建築物又は建築物の部分で，延べ面積が30 m^2 を超えるもの

二　延べ面積が100 m^2（木造の建築物にあっては，300 m^2）を超え，又は階数が3以上の建築物

つまり，鉄筋コンクリート造の建築物を新築する場合，延べ面積が300 m^2，高さが13 mまたは軒の高さが9 mをこえなれば，二級建築士でも設計または工事監理ができる.

したがって，2が誤っているものである.　　答　2

No.88　消防法第17条の6では，消防設備士免状の種類について次のように規定している.

第17条の6　消防設備士免状の種類は，甲種消防設備士免状及び乙種消防設備士免状とする.

2　甲種消防設備士免状の交付を受けている者（以下「甲種消防設備士」という.）が行うことができる工事又は整備の種類及び乙種消防設備士免状の交付を受けてい

る者（以下「乙種消防設備士」という.）が行うことができる整備の種類は，これらの消防設備士免状の種類に応じて総務省令で定める.

乙種消防設備士が行うことができるのは整備のみで,工事を行うことはできない.

したがって，4が誤っているものである.　　**答　4**

No.89　労働安全衛生法第30条（特定元方事業者等の講ずべき措置）では，次のように規定している.

第30条　特定元方事業者は，その労働者及び関係請負人の労働者の作業が同一の場所において行われることによって生ずる労働災害を防止するため，次の事項に関する必要な措置を講じなければならない.

一　協議組織の設置及び運営を行うこと.

二　作業間の連絡及び調整を行うこと.

三　作業場所を巡視すること.

四　関係請負人が行う労働者の安全又は衛生のための教育に対する指導及び援助を行うこと.

五　仕事を行う場所が仕事ごとに異なることを常態とする業種で，厚生労働省令で定めるものに属する事業を行う特定元方事業者にあっては，仕事の工程に関する計画及び作業場所における機械，設備等の配置に関する計画を作成するとともに，当該機械，設備等を使用する作業に関し関係請負人がこの法律又はこれに基づく命令の規定に基づき講ずべき措置についての指導を行うこと.

六　前各号に掲げるもののほか，当該労働災害を防止するため必要な事項

以上から，選択肢4については定められていない.

したがって，4が誤っているものである.　　**答　4**

No.90　労働安全衛生規則第18条の8（店社安全衛生管理者の職務）では，次のように規定している.

第18条の8　法第15条の3第1項及び第2項の厚生労働省令で定める事項は，次のとおりとする.

一　少なくとも毎月1回法第15条の3第1項又は第2項の労働者が作業を行う場所を巡視すること.

二　法第15条の3第1項又は第2項の労働者の作業の種類その他作業の実施の状況を把握すること.

三　法第30条第1項第一号の協議組織の会議に随時参加すること.

四　法第30条第1項第五号の計画に関し同号の措置が講ぜられていることについて確認すること.

したがって，4が定められていないものである.　　**答　4**

No.91 労働基準法第59条では，次のように規定している．

第59条　未成年者は，独立して賃金を請求することができる．親権者又は後見人は，未成年者の賃金を代って受け取ってはならない．

したがって，3が誤っているものである．　**答 3**

No.92 建設工事に係る資材の再資源化等に関する法律第2条（定義）第5項において，

5　この法律において「特定建設資材」とは，コンクリート，木材その他建設資材のうち，建設資材廃棄物となった場合におけるその再資源化が資源の有効な利用及び廃棄物の減量を図る上で特に必要であり，かつ，その再資源化が経済性の面において制約が著しくないと認められるものとして政令で定めるものをいう．

と定められており，建設工事に係る資材の再資源化等に関する法律施行令第1条（特定建設資材）では，次のように規定している．

第1条　建設工事に係る資材の再資源化等に関する法律（以下「法」という．）第2条第5項のコンクリート，木材その他建設資材のうち政令で定めるものは，次に掲げる建設資材とする．

一　コンクリート

二　コンクリート及び鉄から成る建設資材

三　木材

四　アスファルト・コンクリート

したがって，1のガラスが定められていないものである．　**答 1**

2018年度（平成30年度）
実地試験・解答
出題数5　必要解答数5
解答は記述式です。

問題1（解答例）

1-1　危険性があると予測した電気工事

⑴　工 事 名　　　　○○太陽光事業配電線新設工事

⑵　工事場所　　　　●●県△△市□□町345-43番地

⑶　電気工事の概要

　(イ)　請負金額（概略額）　　4,500万円

　(ロ)　概　　要　　A種コンクリート柱40本新設

　　　　　　　　　ACSR/ACOE 120mm^2　3,500m新設

　　　　　　　　　区分開閉器（6600A）1台新設

⑷　工　　期　　　　平成25年10月～平成26年1月

⑸　上記工事でのあなたの立場　　　主任技術者

⑹　あなたが担当した業務の内容　　主任技術者として施工計画作成・施工管理を実施.

1-2　危険性があると予測した事項と理由・対策

⑴　柱上作業時の落下物災害

(a)　理　由

柱上作業での工具使用時，資機材上げ下ろし時の落下物災害が予測されたため.

(b)　対　策

①　落下防止ネットの取り付けを指示し，工具類は落下防止用のひも・鎖の取り付けを指示し，作業員同士での相互確認，報告をチェックした.

②　資機材の上げ下ろしには吊り袋の使用を徹底し，振れ止めロープを付け，作業時は吊りの直下に入らないことを専任監視の配備により徹底した.

⑵　柱上作業時の墜落災害

(a)　理　由

昇柱時・降柱時および高所作業車使用時の墜落災害が予測されたため.

(b) 対　策

① 昇降時は，昇柱前に胴綱・補助ロープの点検・報告，昇柱・降柱は3点支持を徹底し，無胴綱状態とならないよう指導した．

② 高所作業車使用時は，設置地盤の確認とアウトリガーの張り出し確認，輪締めの確認を行い，バケット内においても補助ロープの使用を徹底した．

1-3　感電災害が発生すると予測した作業内容と理由・対策

(作業内容)　架空ケーブルの撤去作業

(理　由)　高圧ケーブルは，停電しても残留電荷による感電が懸念されるため．

(対　策)　① 停電後，高圧保護具の確認･着用を指示し，検電を確実に行った．

② 検電後，三相短絡接地を取り付けてからの作業着手を徹底した．

問題2

1．資材の管理

① 電気用品安全法，電気設備技術基準，JIS，JAS，JEC規格等で規定されている事項の確認．

② 特殊製品については製作図，指定仕様，色見本などで確認．

③ 設計図書に示されたメーカリストなどの確認．

④ 搬入材料の数量・寸法確認と外観検査および不具合品（破損や変質など）の確認．

2．電線管の施工

① 設計図，仕様書，施工図により施工されているか確認．

② 管の曲げは適当であるか，管付属品の使用と管との接続は適切に実施されているか，管と管との接続および固定は仕様どおり適切に実施されているか確認．

③ 管の養生，清掃が行われているか確認．

④ 金属管の場合，適切な接地工事が実施されているか確認．

⑤ 金属管および付属品に錆止めはなされているか，管の外径をスラブ厚の1/3以内にとどめているかなど，建物に対する配慮がなされているか確認．

3．機器の取付け

① 設計図書に示された場所への取付け確認（壁からの位置，寸法など）．

② 電気設備技術基準（特に解釈），JIS，JAS，JEC規格等で規定されている事項の確認．

③ 防水，浸水，漏水，基礎工事などが適正に実施されているか確認．

④ 変圧器など，機器自体の振動･騒音などが周囲に影響を与えていないか確認．

4．電線相互の接続

① 接続部で電気抵抗を増加させない．リングスリーブと圧着マークの確認，差

込型コネクタの差込と絶縁体の状態確認，S形スリーブのねじり回数の確認.

② ねじり接続など，ろう付けが確実に行われているかの確認.

③ 絶縁電線の絶縁体部に電工ナイフなどの傷がないか等確認.

④ 絶縁処理が確実に実施されているか確認. 絶縁キャップの使用方法，絶縁テープ処理の確認.

⑤ 高圧電線などは特に接続部の絶縁処理が十分であるか確認.

問題3

⑴ **所要工期**…30日

所要工期を求める. 条件よりネットワーク工程表を描くと第3-1図のようになる.

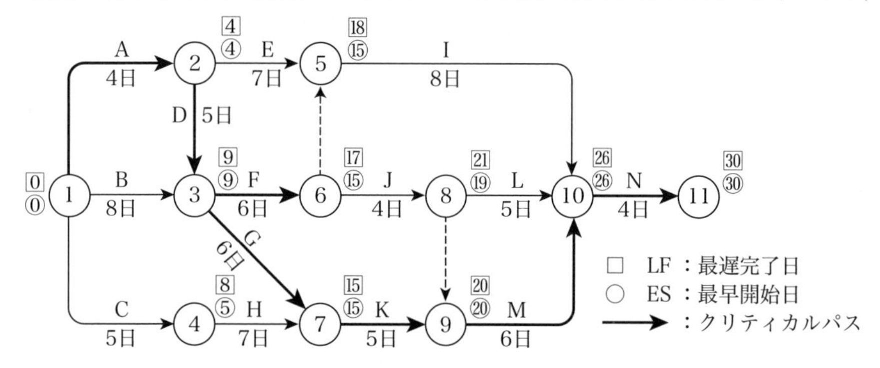

第3-1図

ⓐ ①→②→⑤→⑩→⑪……………………………23日

ⓑ ①→②→③→⑥→⑧→⑩→⑪………………28日

ⓒ ①→②→③→⑥→⑤→⑩→⑪………………27日

ⓓ ①→②→③→⑥→⑧→⑨→⑩→⑪…………29日

ⓔ ①→②→③→⑦→⑨→⑩→⑪………………<u>30日</u>

ⓕ ①→③→⑥→⑧→⑩→⑪……………………27日

ⓖ ①→③→⑥→⑤→⑩→⑪……………………26日

ⓗ ①→③→⑥→⑧→⑨→⑩→⑪………………28日

ⓘ ①→③→⑦→⑨→⑩→⑪……………………29日

ⓙ ①→④→⑦→⑨→⑩→⑪……………………27日

したがって，問題のネットワーク工程表のクリティカルパスはⓔの①→②→③→⑦→⑨→⑩→⑪であり，所要工期は30日となる.

⑵ **作業Iのフリーフロート**…3日

FFは，イベント⑩の最早開始日（ES ＝ 26日）からその作業の所要日数（I ＝ 8日）とイベント⑤の最早開始日（ES ＝ 15日）を差し引いたものとなる.

ネットワーク工程表から最早開始日（ES）と最遅完了日（LF）の表を作成すると，第3-1表のようになり，最早開始日（ES）と最遅完了日（LF）は，ネットワーク工程表に示したようになる．したがって，作業Iのフリーフロート（FF）は，

FF = 26 −(8 + 15)= 3 日

図で表すと第3-2図のようになる．

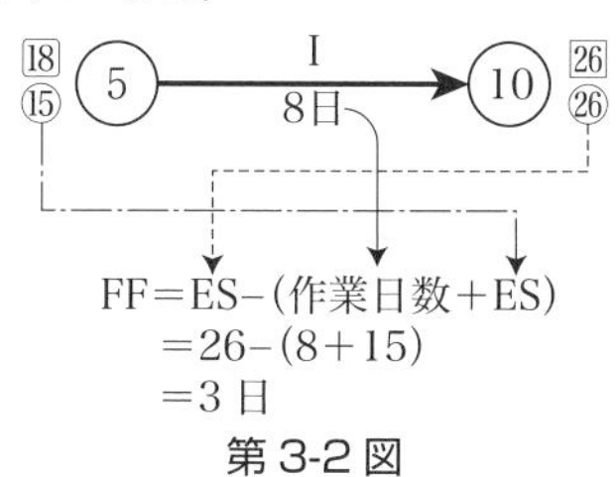

第3-2図

第3-1表

イベント番号	最早開始時刻（ES）		最遅完了時刻（LF）	
	計　算	時刻	計　算	時刻
①		0	4−4＝0 9−8 ＝ 1 8−5 ＝ 3　} 最小 0	0
②	0＋4＝4	4	18−7＝11 9−5＝4　} 4 < 11	4
③	4＋5＝9 0＋8＝8　} 9 > 8	9	17−6＝11 15−6＝9　} 9 < 11	9
④	0＋5＝5	5	15−7＝8	8
⑤	4＋7＝11 9＋6＋0＝15 8＋6＋0＝14　} 最大 15	15	26−8＝18	18
⑥	9＋6＝15 8＋6＝14　} 15 > 14	15	21−4＝17	17
⑦	9＋6＝15 8＋6＝14 5＋7＝12　} 最大 15	15	20−5＝15	15
⑧	15＋4＝19	19	26−5＝21	21
⑨	19＋0＝19 15＋5＝20　} 20 > 19	20	26−6＝20	20
⑩	15＋8＝23 19＋5＝24 20＋6＝26　} 最大 26	26	30−4＝26	26
⑪	26＋4＝30	30		30

問題 4

1．汽力発電のタービン発電機

① 風損を少なくする関係上，その磁極は横軸円筒形の構造であり，回転界磁形が採用されている．

② タービン発電機は回転数が高く（1,500 ～ 1,800 min^{-1}，3,000 ～ 3,600 min^{-1}），磁極も 2 極または 4 極が採用される．

③ 水素冷却方式が巻線コイルの保護と風損の低減などから採用されるが，空気が混入すると爆発の恐れがあるので，水素濃度の管理（90％以上）に注意が必要である．

2．スコット変圧器

① スコット変圧器は，スコット結線の巻数を有し，単相変圧器を 2 台使う代わりに単独で三相から位相の 90°異なった二相に変換を行う変圧器のことをいう．

② 構内における自家発電設備の三相回路から電灯のような単相負荷を取り出すときや，新幹線などの単相交流を取り出すときに，電源側に不平衡が生じないように使用される．

（参考） スコット結線とは，2 台の巻数比の等しい単相変圧器を用意し，1 台（主座巻線）は一次巻線の中点からタップを出し，他の 1 台（T 座巻線）は一次巻線の 86.6％の所からタップを出して結線したものをいう．

3．送電線の多導体方式

① 送電線の 1 相に 2 本またはそれ以上の電線を 30 ～ 50 cm 間隔に並列に架設する方式を多導体（1 相が 2 本の場合は複導体という）という．

② 単導体と比較して，インダクタンスは 20 ～ 30％減少，静電容量は 20 ～ 30％増加し，送電容量が 20％くらい上昇する．

③ 単導体と比較して，電線の電位傾度が低減できるので，コロナ臨界電圧が 15 ～ 20％くらい上昇する．

④ 単導体と比較して，表皮効果が少ないので電流容量を多くとれ，送電容量が増加する．

⑤ 単導体と比較して，インダクタンスが小さくなるので，安定度が向上する．

⑥ スペーサ取付等，構造が複雑になるため風圧・氷雪の荷重が増し，鉄塔が大きくなり，建設費も高くなる．

4．送電線の分路リアクトル

① 調相機に代わって多く用いられ，長距離送電線や地中送電線の増大に伴う充電電流の進相無効電流による系統電圧の上昇を抑制するために用いられる．

② 遅相無効電力を系統から吸収する手段として使用されるもので，単独あるい

は電力用コンデンサとともに使用される調相設備である.

③ 変圧器と似た構造となっており，構造が簡単で価格が比較的安い.

5. 電力デマンド制御

① 自家用電気設備は，電力会社との間で契約最大需要電力が取り決められている．この契約電力を超過しないように負荷調整を行うのが電力デマンド監視制御である.

② 電力デマンド監視制御は，受電電力量（パルス入力）を一定周期（例えば1分間）ごとに監視し，デマンドの予測監視を行う．これにより，基本料金の上昇を抑え，かつ，省エネルギーを推進することができる.

6. CB 形のキュービクル式高圧受電設備

① CB 形のキュービクル式受電設備は，変圧器，遮断器（CB），開閉器，計器用変圧器（VT），計器用変流器（CT）およびこれらの付属品などを，接地した金属箱に収めた高圧受電設備である.

② 専用の受電室が不要で，所要床面積が少なくてすみ，保守が容易で，充電部分がすべて密閉されているので安全で信頼度が高い.

③ CB 形は，主遮断装置として高圧交流遮断器（CB）を用いる形式のもので，短絡電流の遮断および負荷電流の開閉を CB で行う.

④ 受電容量は，4000 kV·A までとなっている.

7. 交流無停電電源装置（UPS）

① 変換装置，エネルギー蓄積装置（蓄電池が普通）および必要に応じてスイッチを組合せることによって，交流電源に停電やじょう乱による電圧，周波数，波形の変化があっても，負荷に対し所定の品質の交流電力を連続して供給するシステムである.

② 負荷には定電圧·定周波数の交流電力が供給されるため CVCF とも略称され，常時は，順変換器の整流作用により交流電力をいったん直流電力に変換し，この直流電力をインバータで定電圧・定周波数の交流電力に交換して負荷に電力を供給する.

③ 電力の供給方式は，UPS からのみ行われる方式と，常時は交流電源，UPS のいずれか一方から供給し，異常時，半導体スイッチによって負荷電力を瞬断することなく他方に切り替える方式がある.

④ UPS は，電源供給の信頼性を高める上で，単体設置だけではなく，並列冗長 UPS システム，バイパス付き UPS システム，バイパスおよび保守用バイパス付き UPS システム，複数母線システムなど，システムとして設置するとよい.

⑤ メンテナンスモニタや遠隔オンラインモニタなどのモニタリングシステムと

組合せることで，より高い信頼性を実現することが可能である．

8．LAN のスイッチングハブ

① ネットワークにおいて中継を行う機器（ハブ）の一種であり，ブリッジと同等の機能がある．

② 従来のリピータハブは，受信したデータ全てを接続された機器に同じように送信してしまうため，機器は自分と関係ないデータも受信してしまうが，データの送り先を解析し，機器に関係あるデータだけを送信することが可能である．

③ 通常のハブでは，上りと下りを合わせて 10 または 100 Mbps の帯域の通信路が割り当てられるが，全二重通信が採用でき，上りと下りそれぞれに 10 または 100 Mbps が確保される．

④ 全二重にすることで，理論的には倍の性能になるが，通常全二重通信を行うためには，スイッチングハブの対応だけでは不十分で，ツイストペアケーブルをカテゴリー 5 規格のものにしておく必要があり，さらに，ネットワークカードも全二重対応のものにしておく必要がある．

9．列車集中制御装置（CTC）

① CTC 装置は，制御所に 1 組の中央装置および各駅の駅装置の間を結ぶ制御用と表示用の 2 対の通信回線で構成されている．

② 各駅装置は順番に表示回線を通して中央装置へ各駅の情報を送り，中央装置は必要なときに制御回線を通して必要な駅に制御情報を送っている．

③ 機能の一つとして，制御所から送られてきた制御指令により，実際に信号機や転てつ器を制御したり，制御所に送るべき情報を検出する．

④ もう一つの機能としては，駅からは送られてきた列車位置，列車番号，信号機の現示，転てつ器の方向等を指令員に表示するとともに，指令員が遠隔制御したい信号機や転てつ器の制御指令を機械に与える．

⑤ さらに，制御所の表示盤，制御盤と各駅の継電連動装置，列車番号装置の間で制御情報や表示情報を，迅速，正確，かつ能率よく伝送することなどがあげられる．

10．電気鉄道の電食防止対策

① 電気鉄道側の電食防止対策としては，レールからの漏れ電流を減少させることであり，これはレールの電気抵抗を低減させることとなる．

② 一般にレールの継目にはレールボンドを設け，補助帰線や負き電線を設ける．また，き電区間の短縮も効果が高いがコストも高い．

③ レールの漏れ抵抗を増加すると漏れ電流を減少することができるので，不良枕木の交換，絶縁パットの使用，線路配水施設の完備などを行う．

11．交通信号の感応制御

① 道路に沿って連続するいくつかの信号機を関連づけることなく，各信号機を独立して制御させる方法を地点制御といい，大きく定周期方式と感応制御方式がある．

② 感応制御方式は半感応制御と全感応制御に分けられる．

③ 半感応制御は，従道路側の交通に必要最小限の青時間を与えて，その他の時間は主道路側を青信号とする方式のもので，従道路側に車両感知器が設置される．この場合，主道路側には最小の青時間を保証するようになっており，これを初期青時間という．

④ 全感応制御は，主道路側にも車両感知機を設置して，半感応制御の場合の従道路青時間の制御と同様のことを適用する方式である．したがって，この場合には主道路の初期青時間についても，従道路側の初期青時間の概念が適用される．

⑤ 全感応制御は，各時点の交通需要に適した信号制御ができる点で優れているが，コストが高いという欠点があるため，変形交差点等で3現以上を要する場合や，交通需要が不定形あるいは変動が激しい交差点に適している．

12．過電流継電器（OCR）の動作試験

① 過電流継電器は，過負荷あるいは短絡による異常電流を検出して遮断器をトリップさせ，故障部分を速やかに開放する役目を担っている．

② 誘導円板形と静止形があり，試験は次のような試験を実施し，その性能確認をするとともに，誤差範囲を設定して良否の判定を行うものである．

③ 最小動作電流試験では，誤差はタップ値の±10%以内を良とする．

④ 動作時間特性試験は，個々に計算して誤差範囲を設定している．

⑤ 瞬時要素試験は，誤差範囲は整定値の±15%以内を良としている．

問題5

5-1 建設業法第26条の3（主任技術者及び監理技術者の職務等）からの出題である．

第26条の3では，主任技術者及び監理技術者は，工事現場における建設工事を適正に実施するため，次の職務を誠実に行わなければならない，と規定している．

① 当該建設工事の施工計画の作成，工程管理，品質管理その他の技術上の管理および，

② 当該建設工事の施工に従事する者の技術上の指導監督

したがって，上記①，②を記載すればよい．

5-2

① 20

② 検査

建設業法第24条の4（検査及び引渡し）では，次のように規定している．

第24条の4 元請負人は，下請負人からその請け負った建設工事が完成した旨の通知を受けたときは，当該通知を受けた日から20日以内で，かつ，できる限り短い期間内に，その完成を確認するための検査を完了しなければならない．

5-3

① 事業用

② 保安規程

電気事業法第42条（保安規程）第3項では，次のように規定している．

3 主務大臣は，事業用電気工作物の工事，維持及び運用に関する保安を確保するため必要があると認めるときは，事業用電気工作物を設置する者に対し，保安規程を変更すべきことを命ずることができる．

── 著　者　略　歴 ──

大嶋 輝夫（おおしま　てるお）

1974年　年東京電力株式会社　入社
1986年　エネルギー管理士　合格
1988年　技術士（電気電子技術部門）合格
1995年　第一種電気主任技術者　合格
現在　株式会社オフィスボルト　代表取締役

1級電気工事施工管理技術検定試験
過去問題集　2024年版

2023年12月19日　　第1版第1刷発行

著　者　大　嶋　輝　夫
発行者　田　中　聡

発　行　所
株式会社　電　気　書　院
ホームページ　https://www.denkishoin.co.jp
（振替口座　00190-5-18837）
〒101-0051　東京都千代田区神田神保町1-3 ミヤタビル2F
電話(03)5259-9160／FAX(03)5259-9162

印刷・製本　中央精版印刷株式会社
Printed in Japan／ISBN 978-4-485-22053-5

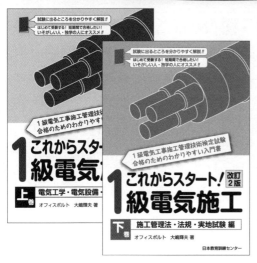

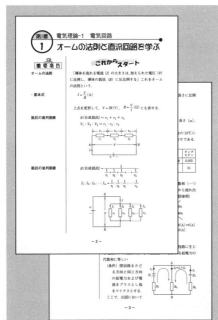

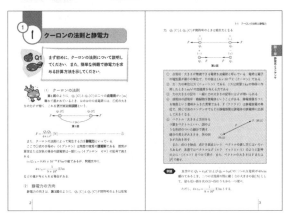

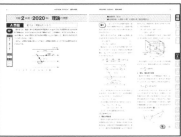

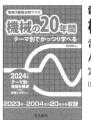

試験合格を目指すための学習記事

昭和8年の発刊から，数多くの受験者を合格へと導いてきた講座は必見．
第1回から順を追って学んでいくことで，試験の合格に向けた基礎学習として役立つ，スケジュール学習となっています．

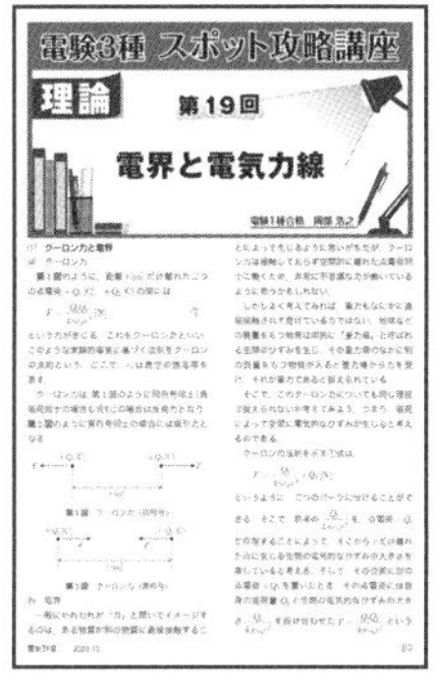
電験3種 スポット攻略講座
理論 第19回
電界と電気力線

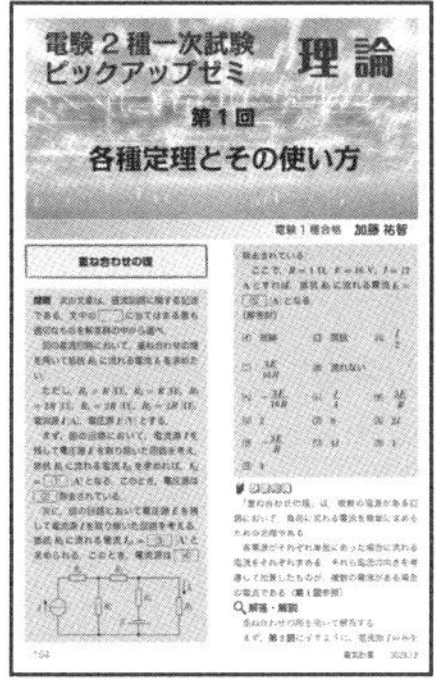
電験2種一次試験 ピックアップゼミ 理論
第1回
各種定理とその使い方
電験1種合格 加藤祐智

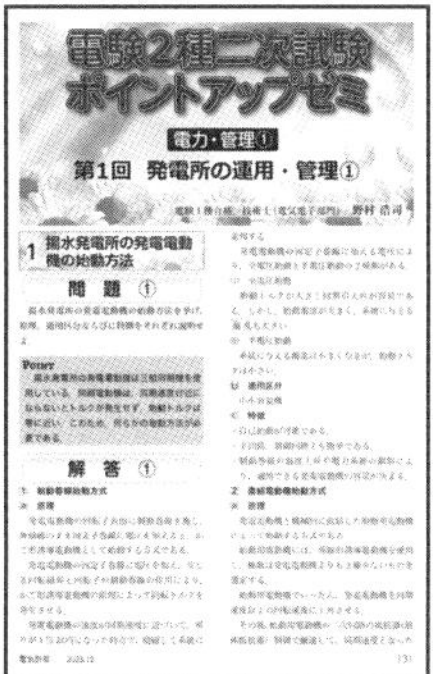
電験2種二次試験 ポイントアップゼミ
電力・管理①
第1回 発電所の運用・管理①
1 揚水発電所の発電電動機の始動方法
問題 ①
解答 ①

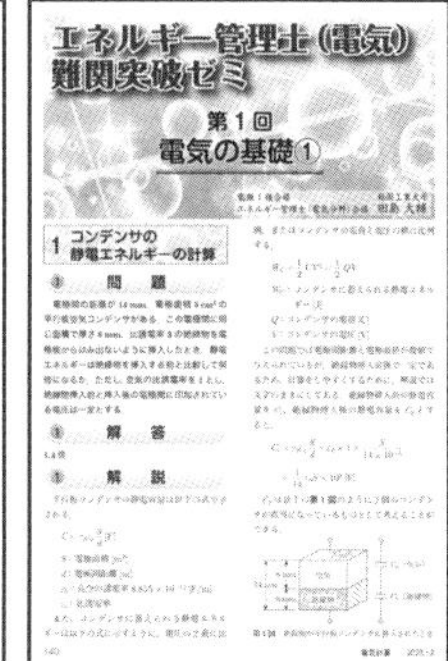
エネルギー管理士（電気） 難関突破ゼミ
第1回
電気の基礎①
1 コンデンサの静電エネルギーの計算
問題
解答
解説

便利でお得な年間購読をお勧めします

買い忘れることもなく，発売日にご自宅・ご勤務先などご指定の場所へお届けします．
弊社より直接購読されると，購読料金を特別価格でご提供します．購読期間中の送料はすべてサービスします．また，購読期間中に定価や税率の改正等があっても追加料金はいただきません．
定期購読についてご不明な点がございましたら，下記の弊社営業部までお問い合わせください．

半年間	**10,560 円**（税込）	定価 1,760 円（税込）×6 冊（6 ヶ月）分
1 年 間	**20,000 円**（税込）	定価合計 21,120円より 5%程お得です！
2 年 間	**38,500 円**（税込）	定価合計 42,240 円より 8%程お得です！
3 年 間	**56,000 円**（税込）	定価合計 63,360 円より 11%程お得です！

※購読期間 半年間は定価の合計となります．購読期間1年間・2年間・3年間から割引となります．
ご契約期間中の途中解約は行っておりません．

〒101-0051
東京都千代田区神田神保町1-3 ミヤタビル2F
TEL:03-5259-9160　FAX:03-5259-9162
https://www.denkishoin.co.jp/

書籍の正誤について

万一，内容に誤りと思われる箇所がございましたら，以下の方法でご確認いただきますようお願いいたします．

なお，正誤のお問合せ以外の書籍の内容に関する解説や受験指導などは**行っておりません**．このようなお問合せにつきましては，お答えいたしかねますので，予めご了承ください．

正誤表の確認方法

最新の正誤表は，弊社Webページに掲載しております．「キーワード検索」などを用いて，書籍詳細ページをご覧ください．
正誤表があるものに関しましては，書影の下の方に正誤表をダウンロードできるリンクが表示されます．表示されないものに関しましては，正誤表がございません．

弊社Webページアドレス
https://www.denkishoin.co.jp/

正誤のお問合せ方法

正誤表がない場合，あるいは当該箇所が掲載されていない場合は，書名，版刷，発行年月日，お客様のお名前，ご連絡先を明記の上，具体的な記載場所とお問合せの内容を添えて，下記のいずれかの方法でお問合せください．
回答まで，時間がかかる場合もございますので，予めご了承ください．

郵便で 問い合わせる

郵送先

〒101-0051
東京都千代田区神田神保町1-3
ミヤタビル2F
㈱電気書院　出版部　正誤問合せ係

ファクス番号 **03-5259-9162**

弊社Webページ右上の「**お問い合わせ**」から
https://www.denkishoin.co.jp/

お電話でのお問合せは，承れません

(2022年1月現在)